模具材料选择与制造技术

黄立宇　著

北　京
冶金工业出版社
2009

内容简介

本书较全面、系统地讲述了模具材料的种类及其性能、典型模具的选材和热处理工艺以及模具的制造工艺方法，并阐述了它们对模具寿命的影响。全书的主要内容有：模具失效与使用寿命、模具材料与热处理工艺基础知识、常用模具材料及其典型模具的选材和热处理工艺、模具制造技术基础、模具的机械加工技术、模具的特种加工技术、模具的无屑加工制造技术、模具的现代加工制造技术、典型模具零件的制造以及模具失效分析实例。

本书可供从事模具设计、制造、使用及管理的工程技术人员，以及高等院校相关专业的师生参考。

图书在版编目(CIP)数据

模具材料选择与制造技术/黄立宇著. —北京：冶金工业出版社，2009.4

ISBN 978-7-5024-4880-6

Ⅰ.模…　Ⅱ.黄…　Ⅲ.①模具-材料　②模具-制造　Ⅳ.TG76

中国版本图书馆CIP数据核字(2009)第054023号

出 版 人　曹胜利
地　　址　北京北河沿大街嵩祝院北巷39号，邮编100009
电　　话　(010)64027926　电子信箱　postmaster@cnmip.com.cn
责任编辑　张爱平　贾　玲　美术编辑　张媛媛　版式设计　葛新霞
责任校对　侯　瑂　责任印制　牛晓波
ISBN 978-7-5024-4880-6
北京兴华印刷厂印刷；冶金工业出版社发行；各地新华书店经销
2009年4月第1版，2009年4月第1次印刷
148mm×210mm；13印张；383千字；404页；1-3000册
39.00元

冶金工业出版社发行部　电话：(010)64044283　传真：(010)64027893
冶金书店　地址：北京东四西大街46号(100711)　电话：(010)65289081
(本书如有印装质量问题，本社发行部负责退换)

前　言

随着现代化生产的不断发展，提高工业产品的质量成为加强企业竞争力的关键因素，这对模具工业的发展是一个新的挑战。加速发展大型、复杂、高精度、高效率、长寿命的模具是我国模具工业的需要，提高模具寿命已成为实现模具发展目标的关键，而模具寿命的提高又极大地依赖于模具的正确选材及其合理的制造工艺。因此了解模具失效的规律与机理、常用模具材料的种类、典型模具的失效形式及选材方法、模具的制造工艺等知识，对模具工程技术人员及生产管理人员来说至关重要。

本书共分9章。第1章介绍了模具失效与使用寿命的基本概念、主要失效形式的机理分析及影响模具寿命的主要因素；第2章介绍了模具材料的使用性能及其热处理方法；第3章着重介绍了常用的冷作模具材料、热作模具材料、塑料模具材料的种类，各种典型模具的失效类型、材料选用和热处理方法；第4章介绍了模具的机械加工基础知识；第5~7章着重介绍了模具的机械加工、模具的特种加工、模具的无屑加工以及模具的现代加工等各种模具的制造工艺方法；第8章介绍了模具典型零件的制造方法；第9章是作者总结出来的有关模具失效的典型实例。

在编写过程中，作者参阅了大量的文献和相关专著，在此向有关作者表示衷心的感谢。

由于作者水平所限，加之时间比较仓促，书中不妥之处敬请读者批评指正。

作　者

2008年12月

目　录

绪　论

模具是工业生产的基础工艺装备，在电子、汽车、电机、电器、仪表、家电和通讯等产品中，60% ~80% 的零部件都依靠模具成形。模具质量的高低决定着产品质量的高低，因此，模具被称之为“百业之母”。模具又是“效益放大器”，用模具生产的最终产品的价值，往往是模具自身价值的几十倍甚至上百倍。模具生产的工艺水平及科技含量的高低，已成为衡量一个国家科技与产品制造水平的重要标志，它在很大程度上决定着产品的质量、效益、新产品的开发能力，决定着一个国家制造业的国际竞争力。

随着模具工业的迅速发展，对模具的质量也提出了更高的要求。模具质量的高低，将直接影响到产品的质量、产量、成本、新产品投产及老产品更新换代的周期、企业产品结构调整速度与市场竞争力。那么如何才能更合理地提高模具质量呢？也就是说，怎么样才能让模具在高精度、低成本、高效率条件下，更长时间地、更多模次地生产出质量合格的制件呢？这已经越来越成为人们关注的焦点。模具质量并不是一个简单的话题，它包括以下几个方面：

（1）制品质量，即制品尺寸的稳定性、符合性，制品的表面粗糙度、制品材料的利用率等；

（2）使用寿命，即在确保制品质量的前提下，模具所能完成的工作循环次数或生产的制件数量；

（3）模具的使用维护，即模具是否属于最方便使用的、脱模最容易的、生产辅助时间尽可能短的；

（4）维修成本、维修周期性等。

在这四个方面中，最主要的就是模具的使用寿命。

影响模具使用寿命的主要因素有模具的结构设计、模具的工作条件、模具材料的选择及热处理、模具的制造工艺等。在模具使用寿命的影响因素中，模具材料的正确选择、恰当的热处理工艺至关重要。而当正确地选定材料及其热处理工艺后，模具制造技术的合理选用就显得尤为重要了,因为这两者的关系是相辅相成、相互促进的。材料和热处理工艺的正确选择是制造的前提,而制造又是材料和热处理工艺正确选择的保证。只有选材和热处理工艺正确、合理,制造工艺才能做到正确选择;而只有了解了各种制造工艺的适应范围并且能做到合理的选择,才能极大程度地发挥材料的内在性能潜力,保证材料的选择是最优的。

0.1 模具材料的现状及其发展

20 世纪 50 年代,我国模具用钢全部沿袭国外钢号,60 年代以来我国模具钢生产技术工作发展迅速,形成了我国自己的模具钢系列,总产量已居世界前列,建成不少先进的生产工艺装备,但是模具钢的生产技术、产品质量方面还存在着许多差距,很多制造大型、精密、长寿命模具的钢材仍需国外进口,我国近年来每年进口模具费用约为 10 亿美元,已成为世界上进口模具最多的国家,针对以上问题,目前亟待开展以下工作:

(1) 加速模具钢生产的制品化、精料化和模具钢经销的商品化。我国每年模具用钢超过 20 万 t,且逐年增长。近年,国外模具钢的进口量,约占模具钢需要量的 1/3,呈逐渐增加趋势。主要问题是我国模具钢的品种规格较少,模具钢生产的制品化、精料化和经销的商品化程度低。在一些工业发达国家,冶金企业供应经机加工的模具钢制品已达 50% ~60%,而中国 80% 以上的模具钢仍以黑皮圆棒供货。越来越多的模具制造厂要求在模具设计完成后,模具钢供应厂商能迅速提供所需钢材,减少库存钢材数量,缩短制模周期。中国钢材生产企业尚不适应这一商品市场机制,这是进口模具钢材在中国日益扩大的重要原因。

(2) 大力推广应用性能优良的新型模具钢,不断完善模具钢钢种系列。我国已开发出性能优异、达到或超过国外同类水平的特色新型模具钢,但这些新型模具钢的推广数量还不够多,应用范围还不够大。为此应有选择地开发先进模具钢,例如粉末冶金模具钢、多元易切削系塑料模具钢,以及玻璃、陶瓷、耐火砖和地砖等成形模具用钢,完善中国的模具钢系列。

(3) 进一步提高模具钢的质量。我国某些特殊钢厂已采用炉外精炼、真空冶炼、快锻机和精锻机等生产模具钢,模具钢的质量有大幅度提高,如 D2、P20 等,出口产品的质量可以达到国际先进水平。但国外对纯度要求较高的模具钢大部分采用电渣重熔,进一步提高了钢的纯净度、致密度、等向性和均匀性,减少了偏析。我国还需要在这方面进一步开展工作。

(4) 加强先进模具热处理技术的推广与应用。模具的可控气氛热处理与真空热处理应进一步得到发展。针对一些行之有效的模具表面热处理技术,应完善其工艺,加强其推广和应用。提高装备和工艺材料的制造水平,加强热处理专业厂的建设。

0.2　模具制造的现状及其发展

我国的模具制造工业起步较晚,中华人民共和国建国初期主要靠钳工完成,而且模具品种少、质量差,但随着科技的发展,新加工技术也不断涌现,如成形磨削、电火花加工、电火花线切割、数控技术、CAD/CAM、快速原型技术、逆向工程技术等先进技术的出现,使模具的寿命、质量和精度不断提高,促进了模具行业的快速发展。1999 年以来,我国模具工业一直以每年 15% 左右的增长速度快速发展。但我国的模具设计制造水平总体上还与德、美、日、法、意等工业发达国家有较大差距。当前主要存在的问题和差距主要表现在以下几个方面:

(1) 企业组织结构、产品结构和技术结构均不合理。我国模具生产厂中多数是自产自配的工模具车间(分厂),自产自配比例高达 60%,而国外模具超过 70% 属商品模具。国内专业模具厂大多是“大而全”、“小而全”的组织形式,而国外大多是“小而专”、“小而精”。国内大型、精密、复杂、长寿命的模具占总量比例不足 30%,而国外在 50% 以上。现代模具工业早已走出以前手工制模的时代,进入了数字化时代,实现了无图化生产,通过电脑输入数据加工制作模具。我国不少厂家由于设备不配套,很多工作依赖手工完成,严重影响了精度和质量。模具就其本质而言属于工装,生产出合格制品才是最终目的。因此,模具的质量、性能依赖于试模结果检验。国内模具厂因交货期短,试模设备局限,往往把质量检验工作放在用户处试模,易给用户造成大量的损失和浪费。而且由于修模受时间、场地限制,往往难以调试出最佳状态。而国外一些发展较好的企业都拥有自己的试模场所和设备,可以模拟用户的工作条件试模,所以能在最短的时间内达到很好的效果。

(2) 标准化水平不高。模具是专用成形工具产品,虽然个性化强,但也是工业产品,所以标准化工作十分重要。模具标准化工作主要包括模具技术标准的制订和执行、模具标准件的生产和应用以及有关标准的宣传、贯彻和推广等工作。中国模具标准化工作起步较晚,因此模具标准化落后于生产,更落后于世界上许多工业发达的国家。

贯彻模具标准,采用模具标准件,不但能有效提高模具质量,而且能降低模具生产成本及大大缩短模具生产周期。有关统计资料表明:采用模具标准件可使企业的模具加工工时节约25% ~45%,能缩短模具生产周期30% ~40%。随着工业产品多品种、小批量、个性化、快周期生产的发展,为了提高市场经济中的快速应变能力和竞争能力,在模具生产周期显得愈来愈重要的今天,模具标准化的意义更为重大。

(3) CAD/CAE/CAM 技术刚起步。CAD/CAE/CAM 是面向制造的工程设计技术群中的核心技术,是提高企业产品自主开发能力和产品档次的重要手段,也是提高企业对市场的应变能力和快速响应能力的重要途径,是现阶段应大力推广应用的关键性技术,是模具设计的发展方向,在欧美 CAD/CAE/CAM 已成为模具企业普遍采用的技术。而我国只是刚刚起步。在采用 CAD/CAE/CAM、CAPP 等技术设计与制造模具方面,无论是应用的广泛性,还是技术水平上都存在很大的差距,这无疑将影响到企业的设计能力和生产能力,并且竞争力和效益也会受到影响。因此加快 CAD/CAE/CAM 等高技术应用是行业发展壮大的必由之路。

(4) 开发能力较差,经济效益欠佳。当今世界正进行着新一轮的产业调整,一些模具制造逐渐向发展中国家转移,中国正成为世界模具大国,但我国模具行业人才紧缺成为一个迫在眉睫的问题。而模具行业是一个需长期积累经验的行业,由于最初的学习非常枯燥,因此许多初学者常半途而废,导致我国模具企业技术人员比例低,水平较低,且不重视产品开发,在市场中经常处于被动地位。

因此,为促进我国模具制造工业的发展,今后应主要做到以下几点:

(1) 模具制造技术向高效、快速、精密化发展。随着模具制造技术的发展,许多新的加工技术、加工设备不断出现,模具制造手段越来越丰富,越来越先进。快速原型制造技术的推出,使复杂的三维实体能够快速自动的完成,采用这种方法制造模具,所需时间仅为传统加工方法的三分之一。近年来发展的高速铣削加工促进了模具加工技术的发展。高速铣削加工和传统铣削加工相比具有加工效率高、温升低、热变形小等优点,目前正在进一步向敏捷化、智能化、集成化方向发展。高速铣削加工促进了模具加工技术的发展,特别给汽车、家电行业中大型型腔模具制造注入了新的活力。

(2) 模具加工向标准化方向发展。经过一段时间的建设,我国模具标准化程度正在不断提高。我国模具标准件使用覆盖率已达到30%,国外发达国家一般为80%左右。为了适应模具工业的发展,必将加强模具标准化工作,模具标准化程度将进一步提高,模具标准件生产也必将得到发展。

(3) 模具CAD/CAE/CAM技术将有更快的发展。积极开发和推广应用模具CAD/CAE/CAM技术,提高模具制造过程的自动化程度。加快研究和自主开发三维CAD/CAE/CAM软件,同时搞好引进软件的二次开发,提高软件智能化、集成化程度。随着计算机技术的发展和进步,现已经基本具备了普及CAD/CAE/CAM技术的条件。

(4) 先进制造技术的应用发展。例如热流道技术、气辅技术、虚拟技术、纳米技术、高速扫描技术、逆向工程、并行工程等技术在模具研究、开发、加工过程中的应用,将大大缩短模具的研制周期。

(5) 模具研磨抛光向自动化、智能化方向发展。模具表面的精加工是模具加工中未能很好解决的难题之一。模具表面质量对模具使用寿命、制件外观质量等均有较大的影响,我国模具仍以手工研磨抛光为主,不仅效率低,而且工人劳动强度大,质量不稳定,制约了我国模具加工向更高层次发展。因此,研究抛光的自动化、智能化是重要的发展趋势。日本已经研制出数控研磨机,可实现三维曲面模具的自动化研磨抛光。

1　模具失效与使用寿命

1.1　概述

要研究模具的失效问题,首先要了解失效与使用寿命的基本概念,熟悉失效的各种形式及机理,掌握影响模具失效的各种因素,进而能够运用失效分析的基本知识来判断模具失效的性质、分析失效的原因,最终从各个方面提出预防失效或推迟失效的防护措施。

1.1.1　模具的失效与使用寿命的概念

模具在服役过程中丧失了正常工作能力,其生产出的产品已成为废品,而且不能通过一般的修复方法(如刃磨、抛磨、焊接等)使其重新服役的现象就是模具的失效。模具失效有两种形式:

模具失效
- 正常失效:正常失效指模具使用一定期限后,由缓慢的塑性变形、均匀的磨损或疲劳破坏,达到预定寿命而产生的失效。正常失效比较安全。
- 早期失效(非正常失效):非正常失效指模具未达到一定工业水平公认的使用寿命而产生的失效。发生在模具使用的初期,主要是由模具设计和制造过程中的缺陷引起的。它是在意料之外的,不可以预测,因此会造成人身或设备的恶性事故,并造成经济上的损失,因此应尽量加以避免。

模具的使用寿命是指模具在正常失效前生产出的合格产品的数目,若其在使用过程中经过多次修模,则模具的使用寿命为首次寿命与各次修复寿命的总和。模具寿命是在一定时期内模具材料性能、模具设计与制造、模具热处理工艺、模具使用与维护等各项指标的综合体现,在一定程度上反映了一个国家或地区的冶金、机械制造等工业水平。

模具的失效一般都存在一个变化过程,如断裂失效就可能经历:

表面产生缺陷——→表面微裂纹——→裂纹扩展——→断裂

因此,把在模具使用过程中,出现变形、微裂纹、腐蚀等现象但没有立即丧失服役能力的现象就称为模具损伤。显然,损伤是模具破坏的起源,损伤的累积可导致模具的失效。

1.1.2 模具失效的分类

研究失效的目的不同,分类方法也不同。常用的分类方法有两种:按经济法观点分类和按失效的形式及失效机理分类。

(1) 按经济法观点分类。按经济法观点对失效分类,是为了明确失效造成损失的法律责任和经济责任。由此可将失效分为以下四种情况:

模具失效
- 正常损耗失效:模具的使用时间已到寿命终止期,属正常失效,应由产品使用者自己负责。但若产品制造者提供的说明书没有对使用寿命等作出明确规定,则制造者也要承担一定责任。
- 产品缺陷失效:属于产品质量问题,应由产品制造者承担责任。
- 误用失效:属于使用不当造成的损失,应由产品使用者承担责任。但若产品制造者提供的说明书没有对有关操作作出明确规定,则制造者也要承担责任。
- 受累性失效:属于其他原因或自然灾害等不可抗拒的因素所导致的失效。

(2) 按失效的形式及失效机理分类。按失效形式及失效机理分类如下:

模具失效
- 过量变形失效
  - 过量弹性变形失效
  - 过量塑性变形失效(模具的塑性变形)
  - 蠕变超限
- 断裂失效
  - 韧性断裂
  - 蠕变断裂
  - 脆性断裂
  - 应力腐蚀断裂
  - 疲劳断裂
- 表面损伤失效
  - 表面磨损失效
  - 表面腐蚀失效
  - 接触疲劳失效

1.1.3　模具的主要失效形式及其机理分析

1.1.3.1　磨损失效

由于模具表面的相对运动，而从模具的接触表面逐渐失去物质的现象称为磨损。模具在工作中会与坯料的成形表面相接触，产生相对运动而造成磨损，当这种磨损使模具的尺寸发生变化或使模具表面的状态发生改变而使其不能正常工作时，称为磨损失效。

磨损有很多种类型，按磨损机理不同可分为磨粒磨损、黏着磨损、疲劳磨损、气蚀和冲蚀磨损以及腐蚀磨损等。

A　磨粒磨损

a　磨粒磨损的特征和机理

工件表面上的硬突出物和外来硬质颗粒在加工时刮擦模具表面，引起模具表面材料脱落的现象称为磨粒磨损。磨粒磨损的机理如图1－1所示。

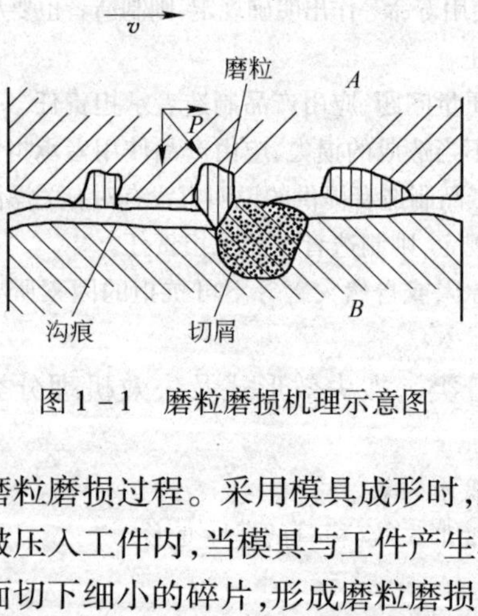

图1－1　磨粒磨损机理示意图

当磨粒与工件和模具表面相接触时，作用在磨粒上的作用力可以分为模具表面平行和垂直的两个分力，垂直分力使磨粒压入金属表面，平行分力使磨粒与金属表面产生相对切向运动，从而构成一个完整的磨粒磨损过程。采用模具成形时，通常模具硬度比工件高，则磨粒首先被压入工件内，当模具与工件产生相对运动时刮擦模具表面，从模具表面切下细小的碎片，形成磨粒磨损。当模具表面存在凹坑、沟槽等缺陷时，磨粒可能会嵌在其中或黏结在模具的表面上随模具一起运动，磨粒将会耕犁或犁皱工件表面，影响工件的加工质量。

b　影响磨粒磨损的因素

影响磨粒磨损的因素有以下几点：

(1) 磨粒尺寸与几何形状。磨粒尺寸越大，金属表面的体积磨损量越大，但当磨粒尺寸超过一定值后，体积磨损量增加的幅度明显减小。

磨粒的几何形状对磨损率也有较大的影响。当磨粒的棱角尖锐且凸出较高时,金属表面磨损率较大。当磨粒棱角不尖锐且凸出较小时,磨损率较小。

(2) 磨粒硬度 H_m 与模具材料硬度 H_0。磨粒磨损与磨粒硬度 H_m 和模具材料硬度 H_0 之间的相对值的大小有关。图 1－2 为金属磨损体积与相对硬度 H_m/H_0 的关系曲线,表示了通过试验得到的三种不同磨损状态。

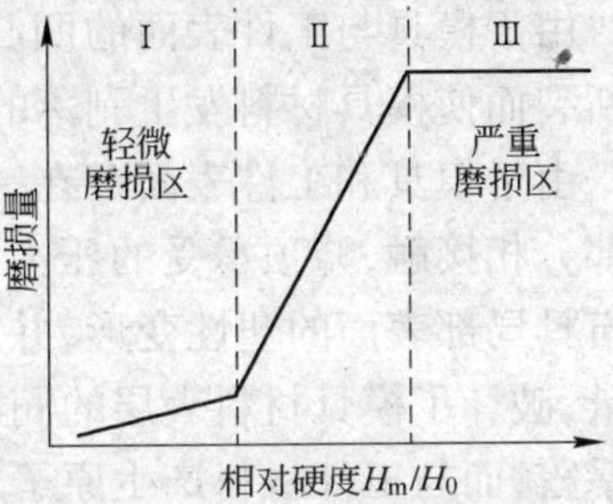

图 1－2　相对硬度对磨损量的影响

当 H_m 小于 H_0 时,即图 1－2 中的Ⅰ区为轻微磨损状态:金属表面产生轻微磨损,磨损率较小,曲线上升平缓。

当 H_m 等于 H_0 时,即图 1－2 中的Ⅱ区为磨损过渡状态:磨损轻重转化阶段,磨损率急剧增加,曲线上升很陡。

当 H_m 大于 H_0 时,即图 1－2 中的Ⅲ区为严重磨损状态:金属表面产生严重磨损,磨损量大,磨损率小,曲线平缓。

(3) 模具与工件表面压力。模具与工件之间的表面压力越大,磨粒压入金属表面的深度越深,则磨损量越大。但当压力达到一定值后,磨粒棱角变钝,使磨损量的增加减缓。

(4) 工件厚度。工件厚度越大,磨粒越易嵌入工件,嵌入工件的深度越深,对模具的磨损量越小。

c　提高耐磨粒磨损的措施

可从以下几个方面来提高模具耐磨粒磨损的性能:

(1) 对于低应力磨损,应选择碳含量高的材料,并经热处理获得回火马氏体组织,提高材料表面硬度。

(2) 对于重载荷或大冲击载荷下的磨粒磨损,则基体材料组织最好是高硬度、良好韧性的贝氏体,也可以选择良好韧性的材料,再通过热处理提高表面硬度。

(3) 采用合金钢时,通过热处理工艺控制和改变碳化物数量、分布和形态可提高抗磨粒磨损的能力。

(4) 在模具表面加润滑油,并且经常进行防尘保养,可减小磨粒磨损。

(5) 确定材料硬度时,应使 H_m 小于 H_0。硬度相同时,钢中碳含量越高,形成的碳化物越多,抗磨损能力就越高。

B　黏着磨损

a　黏着磨损的特征和机理

由于模具与工件表面的凹凸不平,其在相对运动中造成黏着点发生断裂而使模具材料发生剥落的现象称为黏着磨损。

由于模具和工件表面存在一定的不平度,其中只有少数微观凸起的部分相接触,峰顶承受的压力很大(有时会高达 5000 MPa),因而导致模具局部表面的塑性变形,并且由于塑性变形和摩擦而产生很高的热量,破坏了模具材料表层的润滑膜和氧化膜,造成新鲜模具材料表面的暴露,而与工件材料产生原子之间的相互吸引和相互渗透,造成材料之间的局部黏着。随着模具和工件之间相对运动的进行和接触部分的迅速冷却,峰顶金属相当于进行了一次局部淬火处理,黏着部分的金属强度与硬度迅速提高,并形成淬火裂纹,随后在运动中造成撕裂和最后剥落,形成黏着磨损。如图 1－3 所示,黏着磨损过程如下:

(1) 微凸体开始接触,在接触峰顶产生弹－塑性变形;

(2) 微凸体接触点产生黏着,并形成黏着点;

(3) 黏着点附近产生裂纹;

(4) 黏着点在裂纹处被剪切,使微凸体分离;

(5) 微凸体附近弹性恢复,一个黏着磨损过程完结。

b　黏着磨损分类

相对运动的接触表面发生黏着以后,根据运动产生的切应力、接触处的黏合强度、金属本体强度三者之间的不同关系而产生的不同破坏现象,可以把黏着磨损分为以下四种类型:

(1) 涂抹。涂抹是指当软金属的剪切强度小于接触处的黏合强度,也小于外加的切应力时,剪切破坏发生在离黏着结合面不远的较软金属层内,被剪切的软金属涂抹在硬金属表面上的现象。

(2) 擦伤。擦伤是指软金属表面有细而浅的划痕,有时硬金属表面

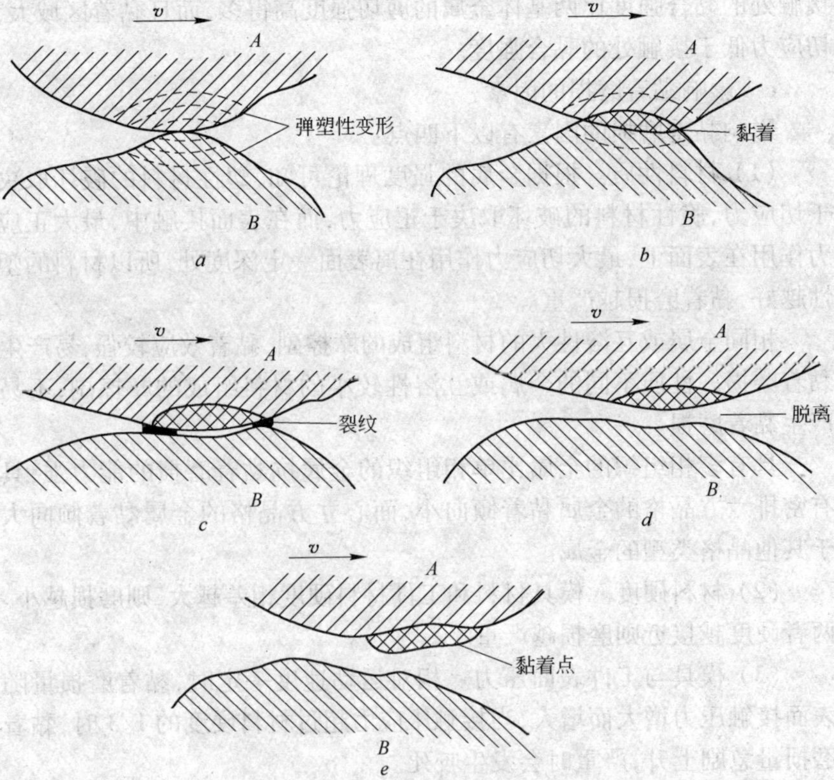

图 1-3 黏着磨损机理示意图

a—微凸体开始接触；*b*—微凸体接触点产生黏着；*c*—黏着点附近产生裂纹；*d*—黏着体在裂纹处被剪切；*e*—微凸体附近弹性恢复

也有划伤的现象。造成擦伤的原因是由于两基体金属的剪切强度都低于接触处的黏合强度，也低于切应力，剪切发生在较软金属的亚表层内或硬金属的浅表层内；转移到硬表面上的黏着物质对软金属表面产生的刮擦。

（3）撕脱。撕脱是指剪切破坏发生在摩擦副一方或两方金属较深处，有较深划痕的现象。撕脱与擦伤损坏原因基本相同，但接触处的黏合强度比两基体金属的剪切强度更高一些。

（4）咬死。摩擦副之间咬死，不能相对运动的现象。产生咬死时，接触处的黏合强度比两基体金属的剪切强度高得多,而且黏着区域大,切应力低于接触处的黏合强度。

c　影响黏着磨损的因素

影响黏着磨损的因素有以下四点:

(1) 材料性质。根据金属的强度理论可知,塑性材料的破坏取决于切应力,脆性材料的破坏取决于正应力,而在表面接触中,最大正应力作用在表面上,最大切应力作用在离表面一定深度处,所以材料的塑性越好,黏着磨损越严重。

相同金属或互溶性大的材料组成的摩擦副,黏着效应较强,易产生黏着磨损。性质不同的金属或互溶性较小的材料组成的摩擦副,不易产生黏着磨损。

具有多相组织的金属比单相组织的金属抗黏着磨损的能力强;具有密排六方晶格的金属黏着倾向小,面心立方晶格的金属黏着倾向大于其他晶格类型的金属。

(2) 材料硬度。模具材料和工件材料硬度相差越大,则磨损越小。两者硬度越接近则磨损越严重。

(3) 模具与工件表面压力。相对运动速度一定时,黏着磨损量随表面接触压力增大而增大,当接触压应力超过材料硬度的1/3时,黏着磨损量急剧上升,严重时会发生咬死。

(4) 滑动摩擦速度。滑动速度增加会引起温度升高,实际接触的微凸点由于摩擦会达到很高的温度。这对磨损有两方面的影响。一方面,温度升高会促进氧化膜的形成,从而使黏着倾向减小;另一方面,温度升高,金属的硬度下降,也可能加速摩擦副之间的原子扩散,这又导致黏着磨损倾向增加。两者综合作用的结果是:当滑动速度较低时,真实接触点的温度不高,相对运动速度增加导致的轻微升温有助于氧化而不会削弱表面强度,滑动速度在一定范围内,温度上升有利于抗黏着磨损;而超过这一范围,则不利于抗黏着磨损的影响占主导,使黏着磨损增加。另外随着滑动速度的增加,磨损机理可能会由黏着磨损转变为氧化磨损。

d　提高耐黏着磨损的措施

为有效提高耐黏着磨损的性能,可采取以下措施:

(1) 尽量选择互溶性少、黏着倾向小的材料配对;选择强度高、不易塑性变形的材料。

(2) 提高氧化膜的稳定性,提高氧化膜与基体的结合力;降低表面粗糙度,改善润滑条件。

(3) 采用表面渗硫、渗磷、渗氮等处理工艺,在材料表面形成化合物或非金属层,降低接触层原子间结合力,减小摩擦系数,避免直接接触,以降低磨损量。

C 疲劳磨损

a 疲劳磨损的形成

在循环应力作用下,两接触面相互运动时产生的表层金属疲劳剥落的现象称为疲劳磨损。在模具和工件的相对运动中,会承受一定的作用力,模具的表面和亚表面存在多变的接触压力和切应力,这些应力反复作用一定的周期后,模具表面就会产生局部的塑性变形和冷加工硬化现象。在那些相对薄弱的地方,会由于应力集中而形成裂纹源,并在外力的作用下扩展,当裂纹扩展到金属表面或与纵向裂纹相交时,便会形成磨损剥落。

模具疲劳磨损的外载有机械载荷和冷热载荷,因此可分为机械疲劳磨损和冷热疲劳磨损。

b 影响疲劳磨损的因素

影响疲劳磨损的因素有以下几点:

(1) 材料的冶金质量。钢材中的气体含量,非金属夹杂物类型、大小、形貌和分布状态是影响疲劳磨损的重要因素,特别是钢材中的脆性和带有棱角状的非金属夹杂物的存在,破坏了基体的连续性,在循环应力的作用下,会在夹杂物的尖角处形成应力集中,并因塑性变形产生加工硬化而引起显微裂纹。

(2) 材料硬度。当硬度增加、强度增加时,材料表面抗疲劳能力增加。但硬度过高,疲劳裂纹扩展速度加快,引起材料抗疲劳磨损能力降低。

(3) 表面粗糙度。材料表面粗糙时,接触压力作用在很小的面积上,造成很大的接触应力,使材料抗疲劳磨损能力降低。表面粗糙度值越小,接触面积越大,使接触应力减小,越有利于提高抗疲劳磨损的能力。

c　提高抗疲劳磨损的措施

为提高抗疲劳磨损性能,可采取以下措施:

(1) 提高冶金质量,提供优质纯净材料;或钢中含有适量塑性硫化物夹杂,能将脆性氧化物夹杂包住形成共生夹杂物,降低氧化物的破坏作用,可提高材料抗疲劳磨损的能力。

(2) 在基体为马氏体的组织中,减小碳化物粒度并使其呈球状均匀分布,使基体中马氏体、残余奥氏体和未溶碳化物量之间有最佳匹配,可最大限度地提高疲劳磨损抗力。

(3) 合理选择表面硬化工艺,在一定深度范围内保持残余压应力,非常有利于提高疲劳磨损抗力。

(4) 改善模具表面状态,减少冷热加工缺陷,降低表面粗糙度,降低摩擦系数,也是很有效的措施。例如,在模具表面电镀一层锡和铜类软金属,接触时,表层软金属可以封住裂纹开口,阻止润滑油浸入使裂纹进一步扩大,从而提高接触疲劳强度。

D　其他磨损

a　气蚀磨损

当模具表面与液体作相对运动时,在液体与模具接触处的局部压力比其蒸发压力低的情况下,将形成气泡。同时溶解在液体中的气体也可能析出形成气泡。当这些气泡承受的外部压力超过气泡内部压力时,气泡便会破裂。金属表面的气泡破裂,产生瞬间的冲击和高温,使模具表面形成微小麻点和凹坑的现象称为气蚀磨损,如图1-4所示。

在这种气泡的形成和破裂的反复作用下,模具浅表面将萌生疲劳裂纹,最后扩展至表面,局部金属脱离表面或气化形成泡沫海绵状空穴。

b　冲蚀磨损

液体和固体微小颗粒高速落下,反复冲击到模具表面,使局部材料流失,在金属表面形成麻点和凹坑的现象称为冲蚀磨损,如图1-5所示。

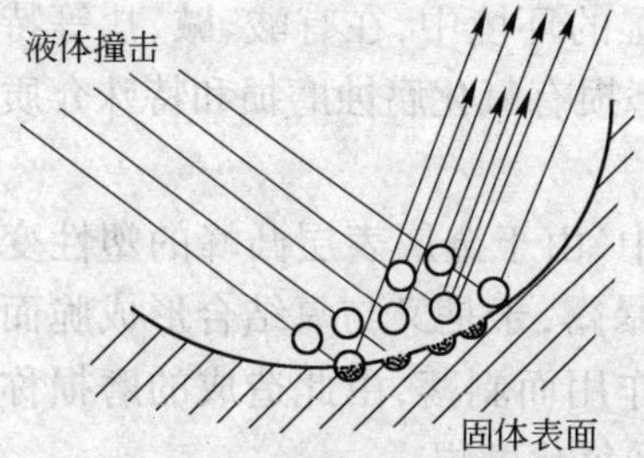

图 1-4 气蚀磨损机理示意图

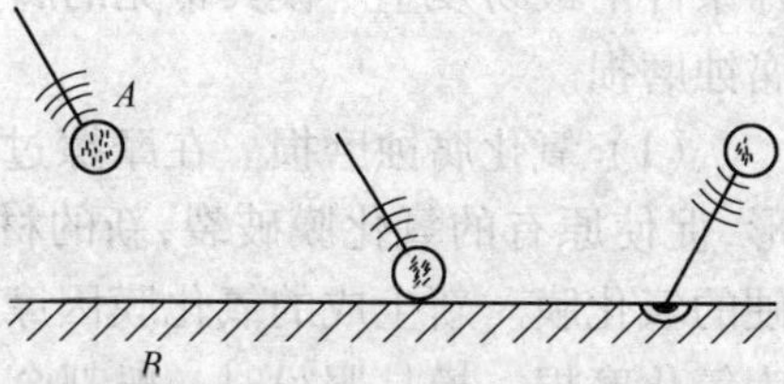

图 1-5 冲蚀磨损机理示意图

当小液滴以 100 m/s 的高速落到模具表面上时，会产生很高的应力，一般可以超过金属材料的屈服强度，甚至造成局部材料断裂。但速度不高的反复冲击会萌生疲劳裂纹，形成麻点和凹坑。

气蚀磨损和冲蚀磨损是疲劳磨损的一种派生形式，易在注塑模和压铸模中出现。一般来说，若材料具有较好的抗疲劳性和抗腐蚀性，又有较高的强度和韧性，则抗气蚀和冲蚀磨损的性能较好。工艺上，降低流体对模具表面的冲击速度，避免产生涡流，消除产生气蚀的条件，也能有效地减少气蚀和冲蚀磨损。

c 腐蚀磨损

在摩擦过程中，模具表面与周围介质发生化学或电化学反应，再加上摩擦力机械作用，引起表层材料脱落的现象叫做腐蚀磨损。

当一对摩擦副在一定的环境中发生摩擦时，在摩擦面上便产生与环境介质的反应，并形成反应物，这是腐蚀磨损的第一个阶段；表面反应物在其后的两摩擦副的相对运动中被磨掉，这是腐蚀磨损的第二个阶段。一旦反应物被磨掉，使未反应表面暴露出来，就又开始了腐蚀磨损的第一个阶段，如图 1-6 所示。

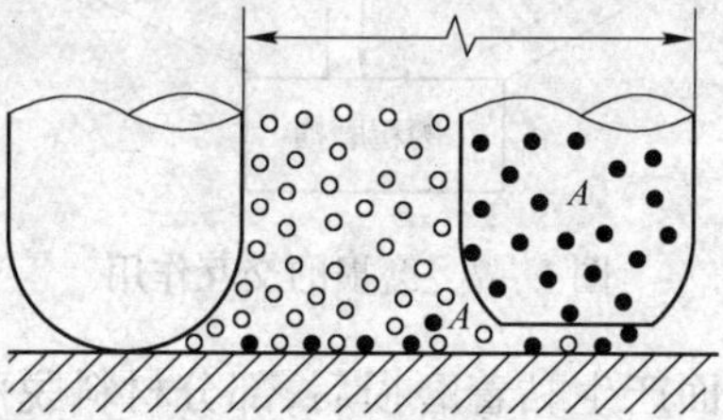

图 1-6 腐蚀磨损机理示意图

腐蚀磨损形式常发生于高温或潮湿的环境中，在有酸、碱、盐等特殊条件下最易发生。模具常见的腐蚀磨损有氧化腐蚀磨损和特殊介质腐蚀磨损。

（1）氧化腐蚀磨损。在摩擦过程中，由于金属表层凸峰的塑性变形，促使原有的氧化膜破裂，新的材料暴露，于是又与氧结合形成脆而硬的氧化膜。新生成的氧化膜因摩擦作用而剥落，由此造成的磨损称为氧化磨损。模具服役时一般都会出现氧化磨损。

氧化磨损速度与氧化膜的性质有关。若氧化物密度与原金属差不多，则氧化膜能牢固地覆盖在金属表面上，磨损小；若氧化物密度比原金属密度大，则氧化膜中易出现拉应力，使膜破裂或出现多孔疏松的膜；若氧化物的密度小于原金属的密度，则随着氧化膜的生长，膜的体积不断膨胀，在膜内形成平行于表面的压应力和垂直于表面使膜脱离表面的拉应力，膜越厚，则内应力越大，会使表面氧化膜形成裂纹或从表面脱落。如果氧化膜与金属基体线膨胀系数不同，当表面温度发生变化时，也会因内应力而脱落。

（2）特殊介质腐蚀磨损。在腐蚀性环境中，金属表面与酸、碱、盐等特殊介质发生化学反应，形成化合物。在摩擦力的作用下，引起表层化合物的脱落，由此引起的磨损称为特殊介质腐蚀磨损。

E　磨损的交互作用

在模具与工件相对运动中，摩擦磨损情况很复杂，磨损一般不止以一种形式存在，往往是多种形式并存，并相互促进。图1-7表示了几种模具磨损形式之间的关系。

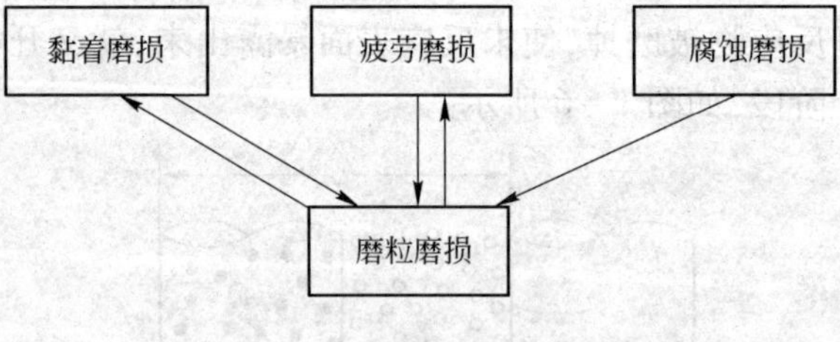

图1-7　磨损的交互作用

模具与工件表面产生黏着磨损后，部分材料脱落会形成磨粒，进而伴生磨粒磨损。磨粒磨损出现后，使得模具表面变得更粗糙，又造成进一步的黏着磨损。

模具出现疲劳磨损后，同样出现磨损后的磨粒，造成磨粒磨损。磨粒磨损使得模具表面出现沟痕、粗化，这又加重了进一步的黏着磨损和疲劳磨损。

模具出现腐蚀磨损后，随之而来的将是磨粒磨损，进而伴随黏着磨损和疲劳磨损。

1.1.3.2 断裂失效

模具在工作中出现较大裂纹或部分分离而丧失正常服役能力的现象称为断裂失效。如图 1－8 所示为几种常见模具断裂实例。对于模具来说，断裂是最严重的失效形式，它是各种因素产生裂纹扩展的结果。

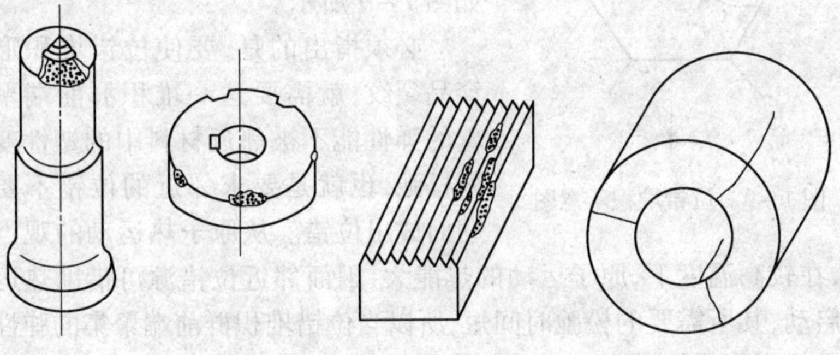

图 1－8 局部断裂示意图

断裂失效有很多种分类方法，按照断裂的性质可分为脆性断裂和韧性断裂；按照断裂路径可分为沿晶断裂、穿晶断裂和混晶断裂；按照断裂机理可分为一次性断裂和疲劳断裂等。由于模具材料多为中、高强度钢，塑性相对较差，断裂时没有或仅有少量的塑性变形发生，因而经常表现为脆性断裂。

脆性断裂是指断裂时不发生或发生较小的宏观塑性变形（变形率小于 2%～5%）的断裂。脆性断裂包括一次性断裂和疲劳断裂两种。

A 一次性断裂

一次性断裂是指在承受很大变形力或在冲击载荷的作用下，裂纹产生并迅速扩展所造成的断裂。其断口为结晶状。

一次性断裂按照断裂裂纹扩展路径的走向，分为穿晶断裂和沿晶断裂两种类型。

a　穿晶断裂

穿晶断裂是一种因拉应力作用而引起的解理断裂。所谓解理断裂是指沿特定晶面的断裂。当模具材料韧性差，存在表面缺陷，承受高的冲击载荷时，容易发生穿晶断裂。

材料在应力作用下产生局部变形时，某一滑移面上的位错源开始启动，形成一系列的位错，并在切向应力的作用下沿滑移面的某一晶向移动，当遇到晶界、孪晶界、第二相时，便发生位错堆积，引起应力集中并导致裂纹的萌生，如图 1 – 9 所示。

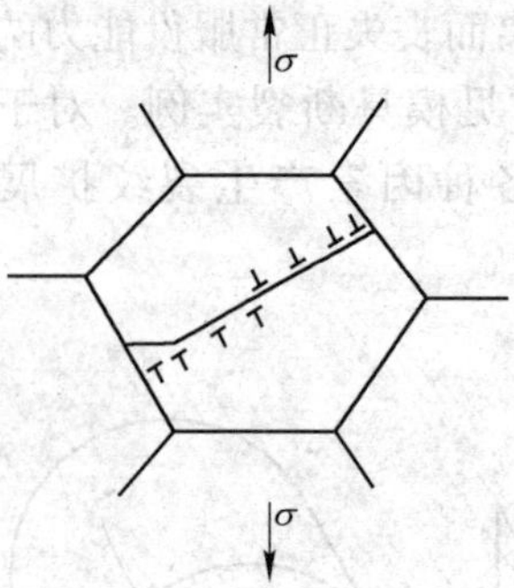

图 1 – 9　位错堆积示意图

必须指出的是，要使位错堆积形成穿晶裂纹，就需要这一堆积群前端聚集着的弹性能不被邻近材料中的塑性变形所松弛，也就是要求邻近的位错不要启动而放出位错。从原子热运动的观点来看，在较高温度下，原子运动的热能大，因而邻近位错源可借助热运动来启动，其所需要的松弛时间短，所以当位错堆积群前端聚集的弹性能尚未达到形成解理裂纹所需要能量时，邻近位错源就已经启动而释放位错，使聚集的弹性能松弛，也就是使解理裂纹不易形成。但是在低温下，邻近的位错要得到足够的热运动较困难，位错堆积群前端所聚集的弹性能难以通过邻近的位错运动而松弛，易导致脆性解理断裂。

b　沿晶断裂

沿晶断裂是指裂纹沿晶界扩展而造成材料脆性断裂的现象。一般情况下晶界处的键合力高于晶内，只有在晶界被弱化时才会产生沿晶断裂。而造成晶界弱化的基本原因有两个：一是材料的性质；二是环境介质或高温的促进作用。晶界是易形成析出相的地方，晶界上的析出相是不连续的，通常呈块状、球状、棒状或树枝状分布，在析出相周围存在微孔，这些微孔在力的作用下经扩展、连通而形成裂纹。杂质元素的原子经常存在于晶界上，降低晶界的键合能，当晶界上的杂质元素含量达到某一数值时,便会引起沿晶断裂。

一般来说,晶界强度与晶内强度都随温度发生变化,如图 1－10 所示。在某一温度时,晶界强度与晶内强度相等,这一温度称为等强温度。材料温度高于等强温度时易产生沿晶断裂,材料温度低于等强温度时易产生穿晶断裂。

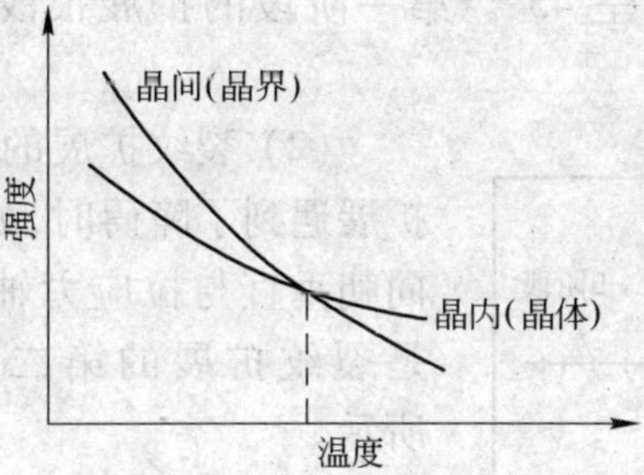

图 1－10 晶界强度、晶内强度与温度的关系

B 疲劳断裂

疲劳断裂是指在较低的循环载荷作用下,模具工作一段时间后,由裂纹缓慢扩展,最后发生断裂的现象,其断口为纤维状。疲劳裂纹总是在应力最高、强度最弱的部位上形成,模具的疲劳裂纹萌生于外表面或次表面,但其形成方式各有不同。当模具内部受力不均时,就会在局部范围内出现较大的应力集中,在循环载荷的作用下,裂纹便会在应力集中处最先出现,而在裂纹的前沿形成尖锐的缺口,造成新的应力集中区,并在以后的模具工作过程中,使裂纹不断扩展直到模具发生破坏。

a 裂纹的萌生

疲劳裂纹常常在表面不均匀处、晶界、夹杂物和第二相处形成。模具上的尺寸过渡处、加工刀痕、磨损沟痕等易产生应力集中,在循环应力的作用下易产生滑移变形,而出现的变形台阶极易成为疲劳裂纹源。高温下金属材料的晶界强度低于晶内强度,在循环应力的作用下,晶界将先产生变形而形成位错堆积,造成晶界处的应力集中,当应力超过材料的强度极限时,便在晶界处产生开裂并形成微裂纹。若在模具材料内存在夹杂物和第二相,则在循环应力作用下,易在其与基体的界面处产生脱开现象,形成疲劳裂纹。

b 裂纹的扩展

裂纹的扩展可分为以下两个阶段：

(1) 裂纹扩展的第一阶段。裂纹萌生后，在循环载荷的作用下，沿滑移带的主滑移面向模具金属内部扩展，此滑移面的取向与拉应力轴呈45°角，当裂纹遇到晶界时，其位向会稍有偏移，但就总的走向来说，仍保持与拉应力轴呈45°。第一阶段的扩展很浅，一般为几微米到100 μm左右。

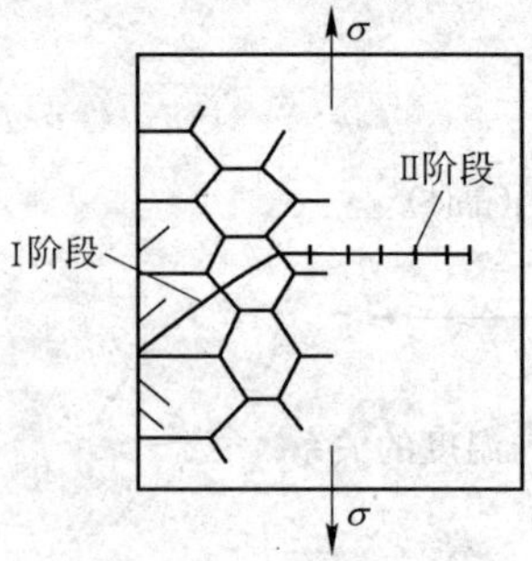

图1-11 疲劳裂纹扩展的第二个阶段

(2) 裂纹扩展的第二阶段。当裂纹扩展遇到了障碍时，如晶界杂质等，就转向朝垂直与拉应力轴的方向扩展，这就是裂纹扩展的第二阶段，如图1-11所示。

图1-12是裂纹扩展第二阶段的塑性机制。在拉伸疲劳情况下，当卸载时，裂纹闭合，尖端处于尖锐状态(图1-12*a*)。开始加载时，在切应力作用下，裂纹尖端上下两侧沿45°方向产生滑移(图1-12*b*)，使裂纹尖端变钝。当拉应力达到最高值时，裂纹停止扩展(图1-12*c*)。开始卸载时，尖端的金属又沿45°反向滑移(图1-12*d*)。继续卸载时，裂纹尖端处由逐渐闭合(图1-12*e*)到全部闭合(图1-12*f*)。这样，每经过一个加载-卸载循环后，裂纹向前扩展一段长度Δa。

C 影响断裂失效的主要因素

模具的断裂是由裂纹萌生及裂纹扩展两个过程来实现的，能对这两个过程产生影响的因素，也就是影响断裂失效的因素。

(1) 模具表面性质。由于成形件结构与工艺的需要，模具零件存在截面突变凹槽、圆角半径及尖角。在这些部位，易产生应力集中，形成裂纹并导致断裂。因此，适当增大圆角半径，减小凹模深度及截面突变，能降低应力集中，减少断裂失效。

(2) 模具材料。模具材料的冶金质量及加工质量对断裂失效影响较大，具体反映在材料的断裂韧度上。模具材料的断裂韧性高，能有效

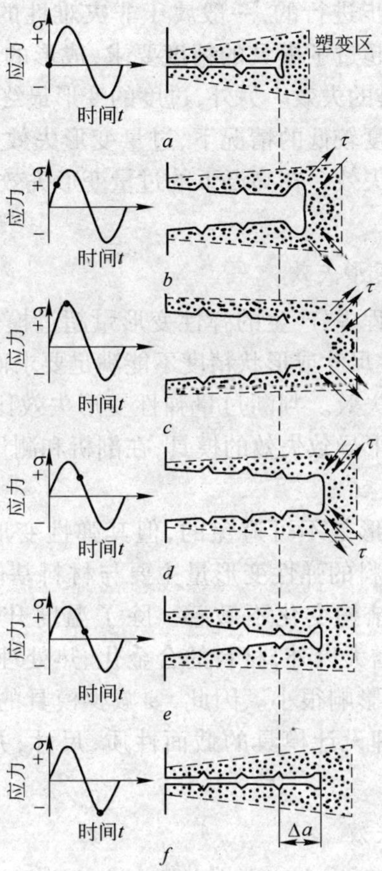

图 1-12 疲劳条带的形成过程

a—卸载时,裂纹闭合; *b*—开始加载时,裂纹开始扩展; *c*—拉应力达到最高值时,裂纹停止扩展;
d—开始卸载时,裂纹开始闭合; *e*—继续卸载时,裂纹逐渐闭合;
f—压应力达到最高值时,裂纹全部闭合

防止裂纹的产生及降低裂纹的扩展速度,从而减少断裂失效。

1.1.3.3 过量变形失效

材料受到力的作用就会产生变形。随着力的增加,材料的变形总是要经历弹性变形阶段、塑性变形阶段、出现裂纹到裂纹扩展直至断裂阶段的过程。

变形失效是逐步进行的,一般属于非灾难性的,因此不易被人关注。但是当变形量超过了模具的精度要求,成形的工件成为次品或废品时,也会造成模具的失效。另外,过度的变形最终会导致模具断裂。

在模具工作温度较低的情况下,过量变形失效主要有过量弹性变形失效和塑性变形失效。在高温下的过量变形失效主要是蠕变失效和热松弛失效。

A　过量弹性变形失效

模具在使用过程中,产生的弹性变形量超过模具匹配所允许的数值,使得成形的工件尺寸或形状精度不能满足要求而不能服役的现象,称为过量弹性变形失效。判断过量弹性变形失效比较困难,因为在工作状态下引起的变形导致失效的模具,在剖析和测量尺寸时,变形已经恢复。

模具的弹性变形是不可避免的,但其弹性变形量不能超过一定的允许值。金属材料的弹性变形量主要与材料基体原子本身的性质有关,而对材料的结构变化不敏感。除了温度升高,原子结合力减小,弹性变形量会增大以外,材料的合金化、热处理、冷变形等强化手段对弹性变形量的影响很小。因此,要减少模具的弹性变形,提高其刚度,只能通过合理设计模具的截面性质、尺寸,并提高其结构刚度来解决。

B　塑性变形失效

模具在使用过程中,由于发生塑性变形改变了几何形状或尺寸,而不能通过修复继续服役的现象称为塑性变形失效。

塑性变形失效的主要形式有塌陷、镦粗、弯曲等(如图 1 – 13 ~ 图 1 – 15 所示)。模具在工作时,一般承受很大的不均匀应力。当模具的某些部位所承受的应力超过工作温度下模具材料的屈服强度时,就会产生过量的塑性变形而造成模具的失效。在不同温度下工作的模具是否会产生塑性变形失效,主要取决于不同温度下模具材料的强度。在室温下工作的模具是否会发生塑性变形失效,主要取决于模具的载荷与室温屈服强度;而在高温下工作的模具是否会产生塑性变形失效,主要取决于模具的工作温度和模具材料的高温强度。

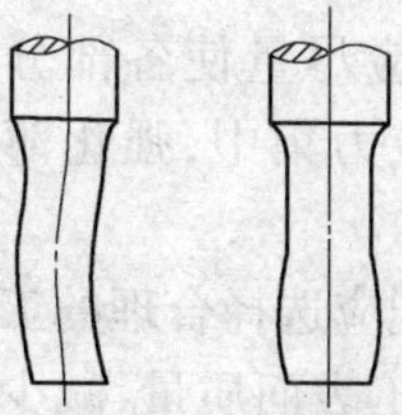

图1-13 冲头弯曲

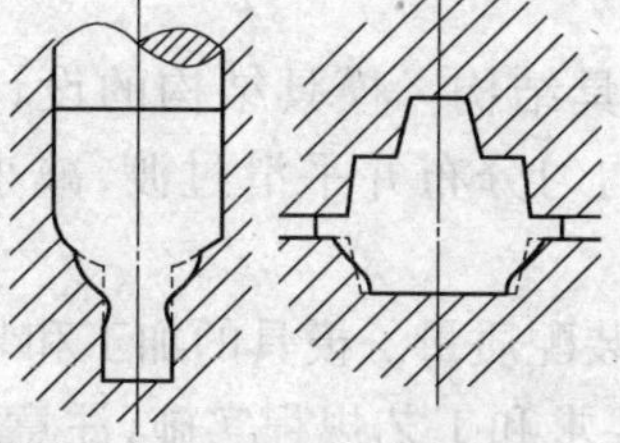

图1-14 冲头镦粗

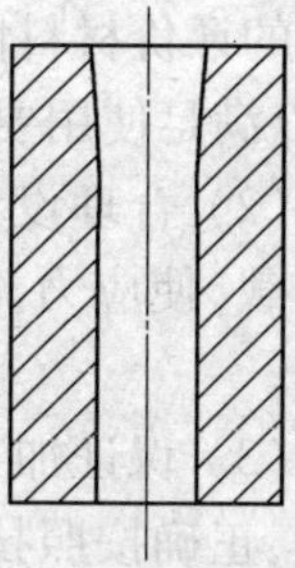

图1-15 凹模模口胀大

1.1.3.4 多种失效形式的交互作用

模具的工作条件极为复杂恶劣,一副模具在使用过程中可能出现多种损伤形式,这些损伤又相互促进,最后以一种主要形式失效。

A 磨损失效对断裂及塑性变形的促进作用

磨损沟痕可成为裂纹的发源地。当由磨损形成的裂纹在有利于其向纵深发展的应力作用下,就会造成断裂。模具局部磨损后,会带来承载能力的下降以及易受偏载,造成另一部分承受过大的应力而产生塑性变形。

B 塑性变形对磨损和断裂的促进作用

局部塑性变形后,改变了模具零件间正常的配合关系。如塑性变形后,模具间隙不均匀,间隙变小,必然造成不均匀磨损,磨损速度加快,进而促进磨损失效;另外,塑性变形后,模具间隙不均匀,承力面变小,会带来附加的偏心载荷以及局部应力过大,造成应力集中,并由此产生裂纹,促进断裂失效。

1.1.4 模具失效分析的任务

模具失效分析的任务就是判断模具失效的性质,分析模具失效的原因,并提出防止或延迟模具失效的具体措施。要正确判断模具失效的性质,主要依据模具失效形貌特征、失效模具的应力状态、失效模具材料的实际性能指标值和工作环境因素等。因此模具失效分析应当从以下几个方面考虑:

(1) 合理选择模具材料。根据模具的工作条件和失效形式,提出相应的评价材料性能的指标,并由此选用合适的模具材料及热处理工艺,以满足使用要求。

(2) 合理设计模具结构。模具结构的设计,应尽量使各部分均匀受载,使应力流线均匀分布并平滑过渡,减小应力集中,强化薄弱环节。

(3) 保证加工和装配质量。模具的加工和装配应选择合理的工艺方案,正确按照技术要求和工艺规程实施,注意加工表面质量,减少可能造成的应力集中,达到模具的设计性能要求。

(4) 严格模具的质量控制。控制模具材料的冶金质量及锻造、冷加工和热处理质量,防止或减少制造中的内外缺陷,从而防止或减少模具失效。

(5) 进行模具的表面强化。在对模具整体进行强韧化的同时,采取各种方法对模具工作表面进行强化和改性,是很有效的防护措施,能明显提高模具的服役寿命。

(6) 合理的使用、维护和保养模具。按照操作规程对模具正确安装、合理使用并加强维护保养,减少环境损伤失效和随机失效。

1.1.5 模具失效分析的方法和步骤

1.1.5.1 现场调查与模具断裂件的处理

进行模具失效的现场调查,主要包括:保护事故现场、察看断裂的形式和部位、询问操作情况和失效过程、统计模具的寿命、收集并保存失效的模具等工作,以供失效分析用。若模具为断裂失效,应注意收集齐全所有的断裂碎块,以便确定主断口和进行断口分析。在收集模具的断裂碎块时,要保证断口的洁净和新鲜。

1.1.5.2 模具材料、制造工艺和工作情况调查

采用无损探伤、化学成分分析、力学性能测定及组织鉴定等方法,复查模具材料的化学成分和冶金质量。通过翻阅有关技术资料和检测报告、检查同批原材料、询问生产人员等方式,详细了解模具的材质状况、锻造质量、机械加工质量、热处理和表面处理质量、装配质量等情况,核实各个环节是否符合有关标准规定以及模具设计和工艺上的技术要求。查阅模具工作记录、检修与维护记录,了解生产设备的工作状

况及被加工坯料的实际情况,调查有关模具的使用条件和具体使用状况,了解模具按操作规程操作时有无异常现象。

1.1.5.3 模具的工作条件分析

模具工作条件包括模具的受载状况、工作温度、环境介质、组织状态等。受载状况包括载荷性质、载荷类型、应力分布、应力集中状况、是否存在最大应力以及最大应力的大小及分布等;模具的工作温度包括工作温度的高低、工作温度的变化幅度、热应力的大小等;环境介质包括介质的种类、含量、均匀性以及是否带有腐蚀性等;组织状态包括模具的组织类型、组织的稳定性、组织应力的大小与分布等。

1.1.5.4 模具失效的综合分析

对失效的模具进行损伤处的外观分析、断口分析、金相分析、无损探伤等,了解模具损伤的种类,寻找模具损伤的根源,观察损伤部位的表面形貌和几何形状、断口的特征、模具的内部缺陷、金相组织的组成及特征,结合各部分的分析结果,综合判断模具的失效原因以及影响模具失效过程的各种因素。

模具失效的原因一般有模具的工作环境、模具质量、操作人员的水平和经验、生产管理制度等,其中最主要的是模具的质量。因此,在分析模具失效原因的时候,应将重点放在主要影响模具质量的因素上面。

在实际生产中,模具的工作条件和工作环境往往比较复杂,因而其失效形式以及引起模具失效的原因也是多种多样的,对其进行失效分析的具体方法和步骤也各不相同。但只要掌握了模具失效分析的一般规律,充分利用已有的技术资料和分析手段对失效模具进行综合分析,就能准确找出其失效原因。

1.1.5.5 提出防护措施

找出引起模具失效的原因后,有针对性地提出防护措施,避免或减少该种失效的重复发生。但是,同一模具可能有不同的损伤出现,而最终先导致模具失效的形式可能是其中的一种。在采取相应的措施防止了该种形式的失效以后,则另外一种失效形式又可能成为主要的失效形式,又需要我们采取另外的措施去解决新出现的失效问题,直到获得满意的程度。

1.2　影响模具使用寿命的主要因素

1.2.1　模具的结构设计

模具的结构设计是模具制造过程中重要的一环，若模具设计不合理，在随后的热处理和使用时，常会出现裂纹、折断、崩刃及塌陷等形式的失效，显著降低模具的使用寿命。

模具工作条件很复杂，准确计算其服役应力相当困难，因此模具的结构设计主要凭经验，但有些技术关键必须严格遵守，否则就会造成不正确的或者危险的设计。

（1）模具厚、薄壁相接处的设计。设计具有不同壁厚型腔的模具，当进行淬火冷却时，因不同壁厚冷却不均匀，在厚、薄壁相接处容易产生淬火裂纹。这种淬火裂纹在以后的使用中由于应力集中进一步扩展，造成开裂、模具失效。例如，有一副 20 kN 空气锤用锤锻模，模具尺寸为 350 mm ×500 mm ×600 mm，型腔底部厚度仅为 8 mm，比型腔深度小得多，由于壁厚过薄、强度不够，很快产生裂纹，锤锻 200 次后就出现早期裂纹，然后在反复应力作用下裂纹进一步扩展而造成开裂。而当加大壁厚后，模具的寿命明显提高。

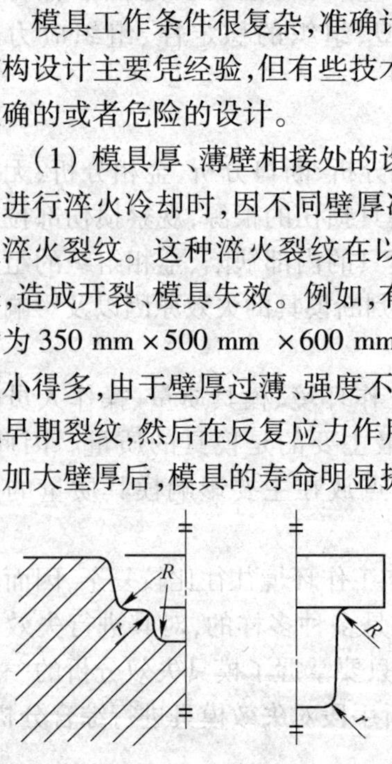

图 1 – 16　模具中的过渡圆角

（2）模具过渡角的设计。模具零件的面交界处大多含有过渡圆角，如图 1 – 16 所示。

模具型腔过渡圆角的合理性对模具的使用寿命影响很大。当模具型腔内或外部有尖角或过渡角太小时，在热处理和使用中常会因应力集中而开裂。当外圆角半径增大时应力可减少，不易产生裂纹。冷挤压凹模圆角半径对模具使用寿命的影响如图 1 – 17 所示。

（3）工作间隙的设计。冲裁间隙的大小对冲件质量和冲模寿命有极大影响。间隙过大或过小，都会加速磨损过程。间隙过小，模具由于刃口迅速磨损而过早失效;间隙过大,模具由于刃口迅速塑性变形钝化而失效。三种不同间隙对冲裁过程的影响如图 1-18 所示。

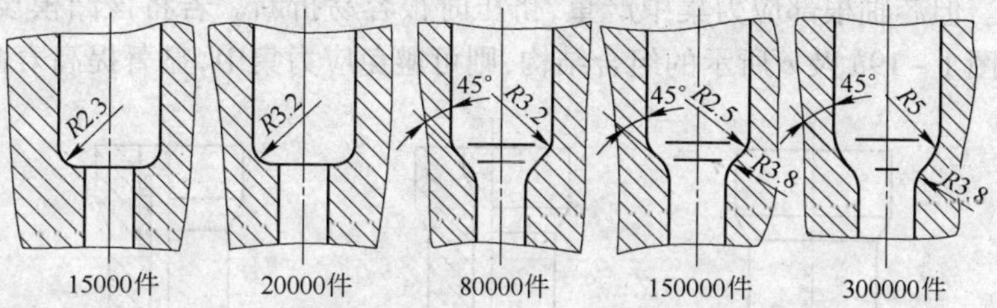

图 1-17 冷挤压凹模圆角半径对模具使用寿命的影响

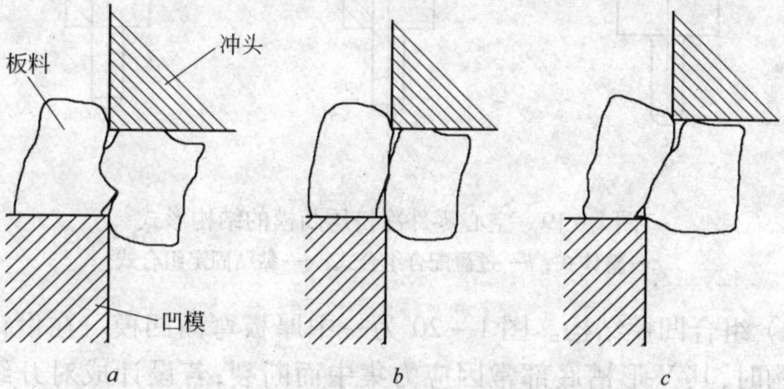

图 1-18 冲模的间隙对切断过程的影响

a—间隙过小; *b*—间隙合理; *c*—间隙过大

近来,各国根据具体情况,提出了不同的适用间隙范围。我国所选间隙适用范围为板料厚的 16% ~22%。生产实践表明,适当放大间隙可使冲模寿命及冲件截面质量提高。

(4)组合结构的设计。冷挤压模、冷镦模、热锻模等,一般所受应力较大,冲击力较高,模具的服役条件复杂。如采用整体式结构的模具,则不可避免地会存在凹圆角半径,这很容易造成模具工作部位的应力集中,易引起模腔局部开裂或整体开裂。因此,模具的结构设计应十分注意尺寸的变化与过渡,必要时可采用组合结构,即把模具在应力集中处分割为两部分或几部分,再组合起来使用。具体组合方式有下述几种:

1）组合凸模结构。图 1－19*a* 为一正挤压空心零件的整体凸模。它工作时，其前端小直径芯轴部分先塞入毛坯孔内，以控制挤压件的孔径。但芯轴根部应力集中严重，挤压时很容易折断。若将该凸模设计成图 1－19*b* 及 *c* 所示的组合结构，则可避免应力集中，显著提高寿命。

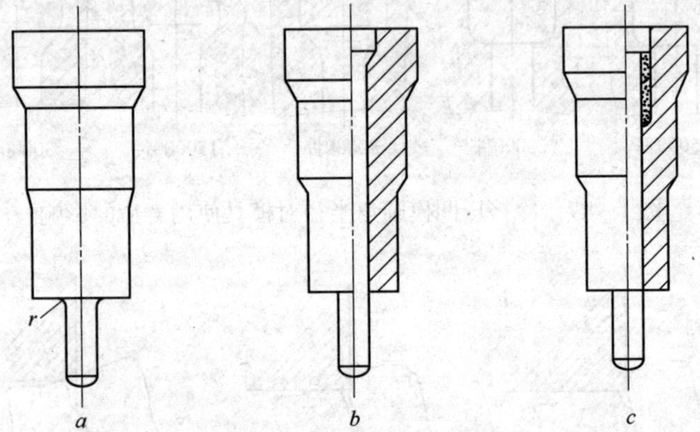

图 1－19　空心零件冷挤压凸模的结构形式

a—整体式；*b*—过盈配合组合式；*c*—黏结固定组合式

2）组合凹模结构。图 1－20 为一中厚板弯曲凹模。在设计成整体结构时，其 V 形槽底部常因应力集中而断裂；若设计成对开组合结构，镶入强韧性高的模架内，可防止早期胀形失效。

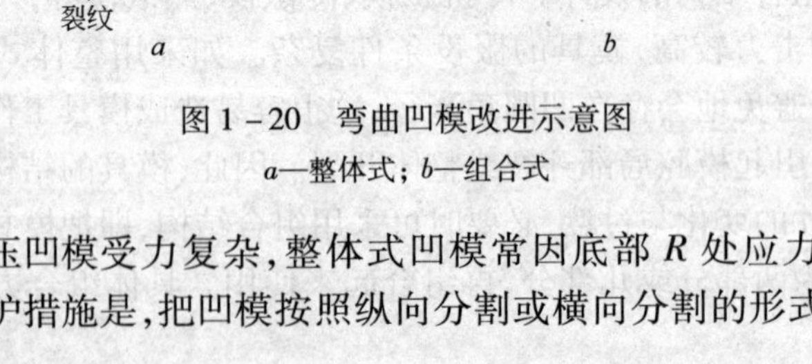

图 1－20　弯曲凹模改进示意图

a—整体式；*b*—组合式

冷挤压凹模受力复杂，整体式凹模常因底部 *R* 处应力集中而开裂。其防护措施是，把凹模按照纵向分割或横向分割的形式设计成镶块组合结构,可使 R 处的应力集中大为减少,如图 1-21 所示。

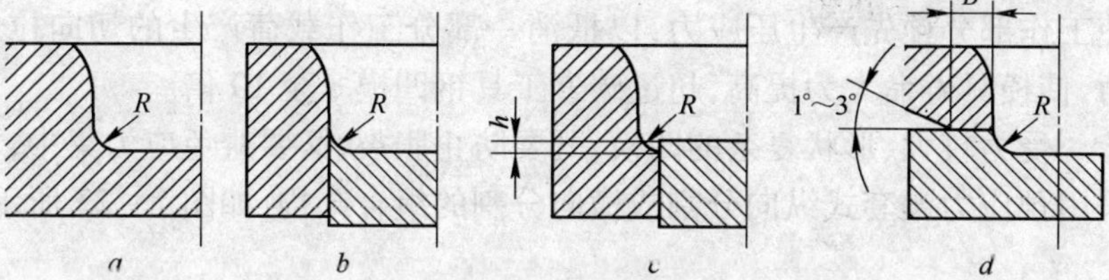

实心镶块的分割结构

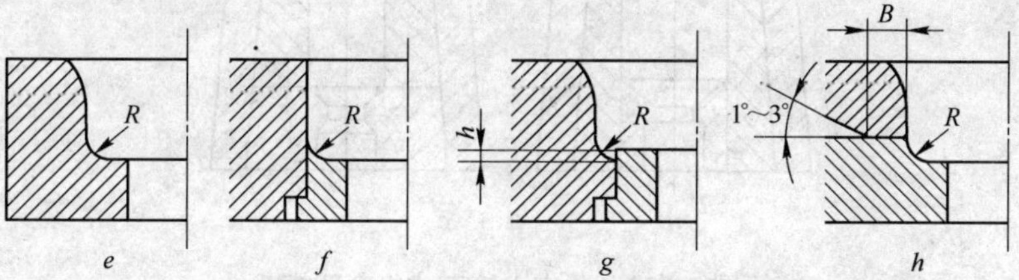

空心镶块的分割结构

图 1-21 凹模的各种分割组合形式

a,*e*—整体式; *b*,*c*,*f*,*g*—纵向分割式; *d*,*h*—横向分割式

3）预应力镶套结构。冷镦、冷挤压凹模既要求高的硬度和耐磨性,又要求高的强韧性以防止胀裂,采用整体结构难以同时满足这两方面的性能要求。为此,可采用预应力镶套结构,即凹模体采用高强韧性材料制造,工作部分为压力镶入的高硬耐磨材料,使之兼有型腔耐磨和整体强韧的优点。如图 1-22 所示的 M12 螺栓冷镦模, 原用高速钢整

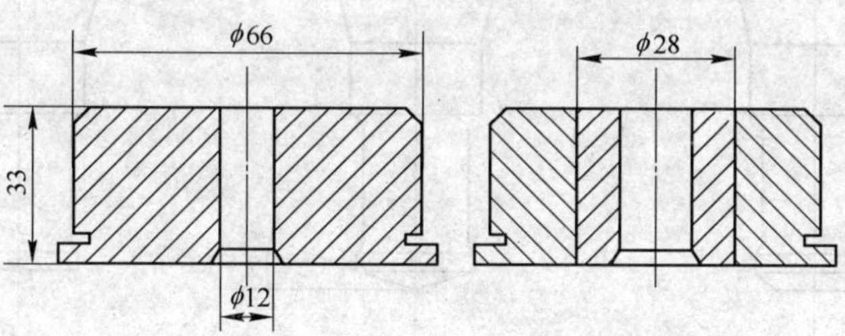

图 1-22 螺栓冷镦凹模改进示意图

a—整体式; *b*—镶套式

体式，常发生早期胀裂失效，寿命不及碳素工具钢凹模的 1/4。后改为预应力镶套结构，模体采用结构钢，工作部分为高速钢，两者过盈配合使工作部分预先产生压应力，以抵消一部分工作载荷产生的切向拉应力，使模具寿命大为提高，超过碳素工具钢凹模 8 至 10 倍。

受力较大、形状复杂的凹模，既要防止胀裂，又要避免应力集中，可采用预应力镶套式纵向分割或横向分割的组合结构，如图 1－23 所示。

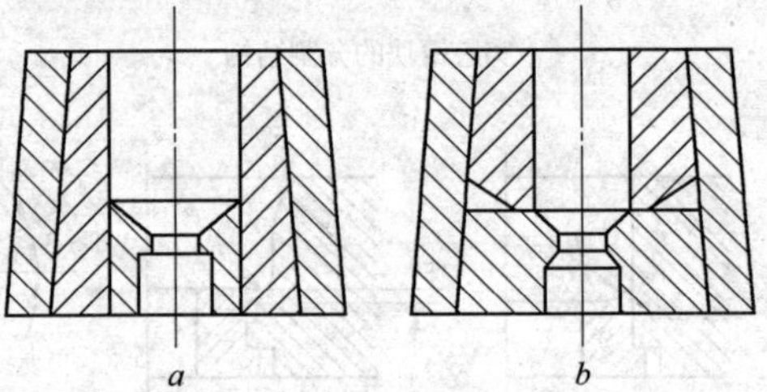

图 1－23　预应力镶套式组合凹模

a—纵向分割式；*b*—横向分割式

（5）模具工作部位角度的设计。模具工作部位的角度对成形过程中金属坯料的流动及成形力都会产生很大的影响。例如，反挤压凸模端面设计有三种方案，如图 1－24 所示。图 1－24*a*，*b* 所示结构的凸模，其单位挤压力比图 *c* 所示平端面凸模降低 20%。因此，前两者凸模

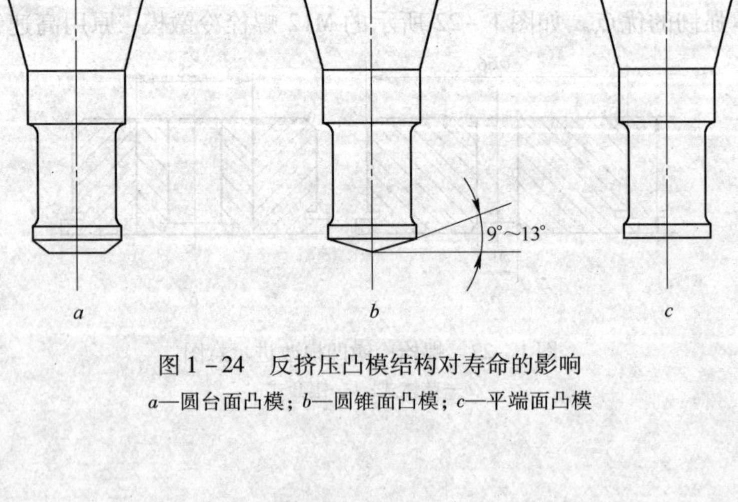

图 1－24　反挤压凸模结构对寿命的影响

a—圆台面凸模；*b*—圆锥面凸模；*c*—平端面凸模

的寿命高于后一种。如采用图 b 所示的结构,其端面的倾斜角为 9°~13°。角度过大,虽然可以降低挤压力,但工作时容易因偏载而导致模具弯曲折断。

(6) 模具脱模斜度的设计。锤锻模、压铸模、塑料模等型腔模具的脱模斜度,对制件的脱模及模腔底部圆角处的应力状态有直接的影响,设计模具时要给予考虑。例如,柴油机连杆锻模,当脱模斜度由 7°改为 10°后,模具寿命由 3000 件提高到 5000 件。

1.2.2 模具的工作条件

1.2.2.1 被加工件的变形抗力及表面状态

被加工零件的材质不同、厚度不同对模具寿命有很大影响。例如同样模具,当冲裁硅钢片与冲裁 Q235 钢板时,虽然厚度相同。但因材质不同,模具寿命相差很大。即使冲裁同一种钢材,如被加工材料充分退火,钢材球化完全、硬度低、塑性好,则减轻了对模具的抗力,提高模具寿命。例如冷镦 35 钢内六角螺钉的六角凸模,当被加工材料未充分退火时,凸模频繁发生早期折断,无法正常生产;当严格控制钢材退火工艺,降低硬度后,凸模寿命可稳定在 0.5 万次到 1 万次。

被加工材料的表面状态,对冷作模具的磨损、咬合均有很大影响。材料表面无氧化黑皮,也无脱碳层,仅存在极薄的氧化膜时,对模具工作最为有利,模具寿命较长。如 T10A 钢冷冲模,冲裁表面光亮的薄钢板时,每刃磨一次可冲 3 万次;改冲同等厚度的热轧钢板时,冲模寿命下降为 1.7 万次左右。

1.2.2.2 成形设备特性

A 设备的精度与刚度

模具成形工件的力是由设备提供的,在成形过程中,设备运动部位相对导轨作运动,同时,设备因受力将产生弹性变形。

如果成形设备的运动部分精度高、刚度大,则模具不易错移,对中性能好,弹性变形小,能保证良好的配合状态,不易出现附加的横向载荷和转矩,模具受到的是均匀磨损,则使用寿命较高。

设备成形过程中的弹性变形,在成形过程结束的瞬间会释放,造成上下模的瞬时抖动。设备刚度越差,弹性变形越大,这种抖动越大,越加速模具的不均匀磨损。为了克服设备弹性变形对模具工作精度的影响,精密冲裁时,冲裁力应小于设备吨位的50%,普通冲裁时,冲裁力不超过设备吨位的80%。

B　速度

设备施加给模具及工件的力是在一段时间内逐渐增加的,设备速度影响施力过程。设备速度越高,模具在单位时间内受到的冲击力越大;时间越短,冲击能量越来不及传递和释放,容易集中在局部,造成局部应力超过模具材料的屈服强度或断裂强度,因此,设备速度越高,模具越容易断裂或塑性变形失效。

在模具所用的设备中有液压机、曲柄压力机、螺旋压力机、锤、高速锤,它们的速度是逐次变高的,在其他工艺条件相同的情况下,这些设备上所用的模具寿命是依次下降的。

C　润滑条件的影响

良好润滑条件可以显著减小摩擦热及摩擦力。如不锈钢表壳挤光模,采用机油润滑,寿命只有90件;改用二硫化钼配制油剂润滑,模具寿命达到1万件。热强钢叶片精锻模采用二硫化钼与玻璃复合润滑,比石墨油剂润滑,模具寿命提高5倍。对压铸模用涂料进行润滑,可有效地提高模具寿命。如用3Cr2W8V钢制作的压铸模压铸20钢,不用涂料的使用寿命150次;若每压铸3次刷一次涂料,使用寿命可提高到350次;而当每压铸一次即刷一次涂料时,使用寿命可高达700次。

D　模具冷却条件的影响

热作模具的使用寿命与预热及冷却条件密切相关。有效的冷却可以减缓模具温度的升高,防止由于模具的温度升高,造成其强度下降而产生塑性变形,有利于提高模具的使用寿命。如3Cr2W8V等钨含量较高的热作模具钢模具,使用前必须充分预热,并应避免喷水冷却,如果用喷水强制冷却,则容易出现早期热疲劳开裂。对此类模具应以油、水雾和通水内冷为宜。对4Cr5MoSiV1等以铬铜为主的合金模具钢,较能适应喷水强制冷却。如以4Cr5MoSiV1钢制作黑色金属热挤压芯棒,挤压坯料温度1200℃,由于接触时间长,芯棒表面温度急剧上升,芯棒温度可升至700℃以上,因未采取强制冷却措施,故而发生显著软化,使用中挤压几次即发生缩颈而被拉断。为此,必须采用强烈通水冷却,使芯棒保持较高的高温强度与硬度,避免早期失效,延长使用寿命。

1.2.3 模具材料的选择

为了提高生产效率,提高毛坯精度和材料利用率,采用和发展少、无切削新工艺、新设备,对模具提出了向精密、多型腔、高寿命方向发展的要求,模具寿命的提高,最根本的办法是采用高性能的模具材料。尽管影响模具寿命的因素是多方面的,但模具材料的选用是一个很重要的因素。因此,作为模具工作者包括模具设计人员,首要任务是正确选用并合理使用模具材料,以保证模具的正常使用寿命。

以下是模具选材的一般原则和应注意的问题。

1.2.3.1 模具材料的选用原则

模具选材的总体原则与其他机械零件的选材相同,即应满足使用性、工艺性和经济性的要求。根据这些原则,结合模具的使用特点,模具选材应具体考虑被加工零件的批量、被加工材料的性质和被选模具材料的性能特点。

A 被加工零件的批量

模具的预期寿命是由被加工零件的生产批量来决定的。生产批量的大小是合理选用模具材料的重要因素之一。生产批量很小时,在满足模具正常工作的前提下,可选用价格低廉,便于加工制造的模具材料,如锌合金、铸铁等,若对材料要求过高会造成浪费。在大量加工产品时,则应选用高性能、高质量的材料,以满足对模具高寿命的要求,否则需要多套模具才能完成生产任务,也是不经济的。

B 被加工材料的性质

被加工材料的性质,如变形抗力、磨耗作用、咬合倾向及腐蚀性等,对模具的寿命有很大的影响,因而也是模具选材必须考虑的因素。

例如,被挤压材料不同时,冷挤压模具所承受的载荷差别很大,如表1-1所示。若用Cr12MoV钢制作冷挤压模,当挤压铝材时,寿命可达5万件以上,失效形式为磨损、拉毛;而当用它反挤压钢材时,由于反挤压应力已接近Cr12MoV钢的极限承载能力,凸模寿命只有几十件,失效形式为镦粗变形或断裂。这时,选用承载能力更高的高速钢才能基本满足使用要求,寿命在3000件以上。

表1-1　被挤压材料与冷挤压应力的关系

被挤压材料	正挤压应力/MPa	反挤压应力/MPa
铝	400~600	800~1200
铜	800~1000	1500~2000
黄铜	1000~1300	2000~2500
低碳钢	1200~1800	2500~3500

拉深镍基合金板料时极易发生咬合,采用Cr12MoV钢制作拉深模,加工时很快就会出现咬合、拉毛现象,使用寿命极低。采用GT35型钢结硬质合金制作拉深凹模,硬度为65~67HRC,可大大减弱咬合倾向,寿命大为提高。

塑料制件的表面质量要求很高,因而注射模型腔必须精细加工,加工费用所占比例很大。这要求塑料模具材料应在满足使用寿命的基础上,具有良好的加工和抛光工艺性能。

聚氯乙烯等塑料在注射成形过程中会分解出腐蚀性气体,若采用一般钢材制作模具将很快腐蚀失效。采用不锈钢或能进行表面防腐蚀改性的材料制作模具,才能取得良好效果。

C　模具材料的性能及失效特点

按照选材的使用性原则,模具材料的性能必须满足模具的使用要求。因而必须了解模具材料本身的性能特点,易于发生的失效形式,以及采用工艺手段发挥其性能潜力的可能性,以便正确评价它在特定条件下的承载能力。

任何材料都不可能同时具备各个方面的优良性能。模具的选材,实质上是选择性能,用其所长,避其所短。具体地说,就是通过分析模具的工作条件、失效形式,提出某几方面的性能要求,进而选出最能满足这些性能要求而又最切实可行的材料。因此,掌握材料的性能特长,发挥材料的性能特长是非常重要的。

例如,某螺栓冷镦凹模,原用Cr12钢制作,工作中常出现早期劈裂失效,寿命仅1千~2千件。先采用增加凹模壁厚的方法,结果壁厚达40 mm也无多大效果。后改用碳素工具钢T8A制作,采用内孔喷水激冷薄壳淬火,有效地克服了早期劈裂现象,寿命高达2万件以上。这一选材实例说明掌握材料性能特点，在使用时扬长避短的重要性。类似厚壁筒状的凹模，在工作时内壁承受很大的脉动循环切向拉应力。Cr12 钢的韧性、塑性很差，抗拉强度和疲劳强度较低，在脉动拉应力的作用下很容易发生自内壁起始的纵向劈裂。这时，Cr12 钢的高抗压强度和高耐磨性未能发挥作用。而 T8A 钢相对地韧性较高，内壁的薄壳硬化层不仅硬度较高，耐磨性也较好，而且产生很大的表面压应力，使其疲劳抗力大为提高，钢的性能潜力得到很好的发挥。

1.2.3.2 模具材料的工作硬度

模具零件的工作硬度是最重要的技术要求。这是因为硬度指标与材料的其他力学性能指标密切相关。经验表明，模具的早期失效大多数是由于硬度过高而断裂，少数是由于硬度过低而变形、磨损。因而，在一定条件下存在着模具工作硬度的最佳值。例如，采用 T10 钢制作硅钢片冲裁模，硬度为 53～56HRC 时，只冲几千次，模具便产生磨损，冲裁件上的冲裁毛刺就已经很大；若将硬度提高到 60～63HRC，则刃磨寿命可达(2～3)万次；但如果继续提高硬度，则会使模具出现早期断裂。

又如对于 Cr12MoV 钢生产的六角螺母冷镦凹模，硬度为 56～60HRC 时，模具的使用寿命只有(2～3)万件，即出现崩裂失效；但若将硬度降低到 50～56HRC 时，则模具的使用寿命可提高到(6～8)万件。所以，模具的硬度范围应根据具体的工作条件及主要失效形式进行综合确定。

1.2.3.3 模具材料的冶金质量

模具钢的冶金质量问题，主要出现在大、中截面模具（如锤锻模、大型覆盖件模具等）以及碳和合金元素含量高的模具钢（如过共析合金钢 Cr2、CrWMn、3Cr2W8V 等，莱氏体钢 Cr12、Cr12MoV 等），其具体表现形式有非金属夹杂、碳化物偏析、中心疏松及白点等。它们对钢的热处理质量和模具的服役寿命影响很大。

A 非金属夹杂

钢中的非金属夹杂物自身的强度和塑性很低，容易形成裂纹源，引起模具早期断裂失效。非金属夹杂物还影响钢的切削加工及抛光性能，从而影响模具的表面抛光质量。

模具钢经锻压加工后,非金属夹杂物呈一定走向的流线分布,使其纵向、横向性能出现差异,横向强度和韧性下降。如冲头中的流线走向与轴线平行,则冲头有可能发生纵向劈裂;若流线走向与冲头轴线垂直,则易发生横向折断。

B 碳化物偏析

过共析合金钢和莱氏体钢的组织中含有较多的合金碳化物。这些碳化物在一次结晶和二次结晶过程中常呈不均匀结晶或析出,形成大块状、网状或带状偏析。如果通过锻压加工能使碳化物均匀细化,呈细粒状弥散分布,则它对钢的硬度、耐磨性、抗压强度、抗咬合性、热强性都是有益的,对钢的塑性、韧性也影响不大。但如果上述碳化物偏析得不到消除或改善,则将明显降低刚度、塑性、韧性、断裂抗力及其他力学性能,并将使钢的工艺性能恶化。

C 中心疏松和白点

大截面合金钢模具中,易存在中心疏松和白点。这类缺陷将降低钢的抗压强度,易发生模具工作面凹陷和淬火开裂。

因此,在选择材料时要严格按照材料的技术条件和标准选购,以减少钢中的夹杂物。并通过合理锻造及锻后热处理改善材质。

1.2.4 模具材料的热处理工艺

模具材料的热处理包括预备热处理,如正火、高温回火、球化退火、调质处理等,也包括最终热处理,如淬火、回火、表面强化处理等。模具通过热处理从而获得所需的组织和性能,保证在正常服役条件下能具有一定的使用寿命。但是,如果热处理工艺不合理或操作不当,将会产生明显缺陷,如变形、开裂或严重影响到模具钢的组织状态,引起模具早期失效,缩短模具寿命。

预备热处理主要目的是为模具最终热处理做组织准备。热处理关键是加热温度的选择(保证碳化物充分溶解或合金元素充分固溶),冷却速度或等温温度的选择(保证所析出的碳化物均匀分布,能获得合适的切削硬度)。

最终热处理的关键是淬火工艺的制定。淬火加热温度过高会引起钢中晶粒长大,从而使冲击韧性下降,导致模具开裂及脆断;如果淬火温度太低，则不能保证有足够的合金元素固溶于基体之中，就会降低钢的高温强度、组织稳定性及冷热疲劳抗力，使模具容易产生塑性变形或压塌等早期失效。淬火冷却速度也要严格掌握，如果冷却过快或油温过低均容易出现淬火裂纹，这将会严重缩短疲劳寿命，甚至引发早期断裂。淬火时的保护或盐浴炉脱氧也很重要，如果不当，将引起表面脱碳。脱碳层强度低、耐磨性差、易产生微裂纹，如未经去除，则会降低模具耐磨性及疲劳抗力。

最终热处理中的回火也是重要工序，首先模具回火要充分，高合金模具一般要求回火两次以上，这是因为钢中的残留奥氏体是在回火冷却过程中转变为回火马氏体，经两次以上回火可以使残留奥氏体充分转变。否则，将在模具中残留较大的淬火应力、降低模具韧性容易发生早期断裂。为缩短工时，提高设备利用率，回火时间可适当缩短些。

具体热处理工艺的制定要依据模具类型及对模具的性能要求而定。如淬透性很高的火焰淬火模具钢，退火冷却制度相当重要，稍不注意就可能硬度偏高而难以加工。如果冷速过快，还可能产生裂纹。应用于压力机厂的较高合金含量的机锻模与用于锻锤上的锤锻模相比，因机锻模具经受冲击力较小，与热工件接触时间较长，这就要求高温强度高而冲击韧性可低于锤锻模。在制定淬火工艺时则可采用较高的温度淬火，以保证有足够的合金元素固溶于基体之中，以提高钢的高温强度、组织稳定性和冷热疲劳抗力。

对于高精度、高合金钢制造的模具，为提高硬度及尺寸稳定性，在淬火后可采用 -40 ~ -80℃ 或 -180℃ 的深冷处理，处理时间为 30 ~ 120 min。为减少深冷处理的内应力，应分级冷却。深冷处理后，温度也应分级回升到室温，并立即进行回火。

对于精密模具及性能要求高的模具，可以采用真空加热或保护气氛加热。特别是真空热处理，可确保无表面缺陷，能脱除部分有害杂质，提高硬度，显著提高模具的强韧性及使用寿命。如 Cr12MoV 钢制造的录音机机芯冷冲模，常规热处理平均使用寿命 10 万次，采用调质和真空热处理，使模具寿命提高到 25 万次，接近日本同类模具的寿命水平。

为了提高模具使用寿命，还可采用一些表面强化技术，特别是化学热处理技术，如渗硼、渗硫、渗氮、气体及液体氮碳共渗、化学气相沉积、物理气相沉积、表面涂覆、刷镀等，在提高模具使用寿命上均有显著效果。

1.2.5　模具的制造工艺

1.2.5.1　锻造工艺

目前我国模块标准化程度很低，钢材规格也很少，用户需将所购进的圆钢改锻成所需的模具毛坯，因此，锻造的首要目的是使钢材达到模具毛坯的尺寸及规格，为后续加工做好准备。

改锻的第二个目的是改善模具钢的组织和性能。如使大块碳化物打碎，获得均匀分布状态；改善模具金属纤维的方向性，使流线合理分布；消除或减轻冶金缺陷如焊合气孔、提高钢的致密度等。

从冶金厂购进的钢材首先要检验共晶碳化物的不均匀度，如果碳化物不均匀度级别大于 3 级，则钢材力学性能下降，如果未经充分改锻，则会因组织不均匀而造成组织应力，热处理时易发生变形及开裂。因此，对这类钢材最好采取多向多次镦拔，以便尽量击碎碳化物和改善锻件金属纤维方向性。

模具钢碳含量及合金元素含量均较高，导热性差，特别是高碳高合金钢锻造温度范围较窄，如操作不当极易锻裂。因此，模具钢要有严格合理的锻造工艺。首先，加热速度不能太快，加热要均匀，注意钢料在炉中的位置要适当，有时加热还要翻转棒料，以便其受热均匀。加热温度不能过高，要防止过热和过烧。锻打时要轻重掌握适度，打击力过大，变形量太大，易产生裂纹。停锻后的冷却速度也很重要，冷却过快也易开裂。因此，如果锻造工艺不合理，不仅达不到改善模具钢质量和提高其性能的目的，甚至会造成锻造缺陷而恶化钢材质量。

作为因改锻工艺的改进而提高模具寿命的实例很多，如某配件厂的冷冲模材质为 Cr12，毛坯尺寸 ϕ90 mm，共晶碳化物大于 5 级，不经改锻，由轧材直接车削加工，使用寿命仅数件至数十件，最高达 3000 件，均以崩刃、纵向开裂或碎裂而失效；后改用 ϕ60 mm 棒料，经镦粗锻制成 ϕ90 mm，共晶碳化物为 3 ~ 4 级，分布也较均匀，制成模具后，使用寿命达 8000 件以上。

1.2.5.2 机械加工

A 车削中的刀痕

模具的型腔或凸模圆角部分,在机加工中常因进刀太深而留下局部刀痕,造成严重的应力集中。当模具淬火时或模具服役过程中,深刀痕便成为裂纹源,在应力集中的刀痕部位极易产生微裂纹,这种微裂纹在反复使用过程中进一步扩展,最后导致开裂而失效。因此可在零件粗加工的最后一道切削时尽量减小进给量,避免留下粗刀痕,防止出现不正常的折断失效。

B 磨削加工

模具在淬火、回火后一般都要进行磨削加工,以获得极低的表面粗糙度。对模具型腔表面研磨时,由于磨削速度过大,冷却条件差等因素会导致磨削表面过热,引起表面软化、硬度降低,使模具在使用中因磨损严重或由于热应力而产生磨削裂纹。具有磨削过烧和磨削裂纹的模具,其疲劳强度降低,模具易发生早期失效。因此可采用切削力强的粗颗粒砂轮或黏结性较差的砂轮;选用合适的冷却剂;磨削后采用消除磨削应力回火来避免。

C 表面粗糙度及脱碳层

表面粗糙度对静弯强度有一定影响,进而影响模具寿命。如6Cr3VSi钢制作的冷挤压模具,表面粗糙度为 $R_a=6.3\sim3.2$ μm 时,模具平均寿命为3万次左右,后将模具精抛到 $R_a=0.8\sim0.4$ μm 时,模具平均寿命达到(4.5~5)万次。表面脱碳层在切削加工时应除尽,否则淬火后会出现软点或软区,表面硬度普遍降低。表面脱碳层也加剧了模具淬裂及磨裂倾向。

1.2.5.3 电火花加工

无论冷、热模具均广泛采用电火花穿孔、线切割、电火花成形等。模具进行电加工时,因放电会产生大量的热,将被加工部位加热到很高温度,在最表层会发生熔融,然后激冷并很快凝固,形成所谓白亮层,在显微镜下可看出许多微细裂纹。白亮层硬度高、脆性大,层下区域分别为淬火层及回火层,硬度较软。因此可用机械加工方法去除白亮层及其中的微观裂纹。电加工后进行一次低温回火,减轻电火花加工层的脆性,防止裂纹扩展。

1.2.6　模具的维护和管理

1.2.6.1　模具维护

A　模具预热

对导热性差的钨系热作模具钢，模具使用前必须进行预热。模具预热可以提高韧性，降低模具型腔表面层的温度梯度和热应力，防止早期开裂失效。但过高的预热温度，会降低模具屈服点和疲劳强度。因此，预热温度要选择适宜。如压铸13钢肋骨的3Cr2W8V钢压铸模，使用前不预热时，只压铸509次，即因裂纹而失效。将模具预热到300℃，并在模腔上喷涂经加热的石墨水剂，使模温保持在260～300℃，模具寿命可提高到1190次，且未出现大的裂纹，通常3Cr2W8V钢铝合金压铸模的预热温度以250～300℃为宜。对锻模或热挤压、热镦锻模也应进行预热，尤其是冬天气温低时，更有必要对热作模具进行预热。

B　服役期间去应力回火

热作模具服役一定时间后，由于服役期间既受机械力又受温度的作用，在模具内发生了不均匀的塑性变形及组织变化。因而，在模具内部逐渐产生了内应力。内应力积累到相当大的数值，则足以导致模具开裂。因此，对服役一定时间的模具，中间应适当进行低温回火，以消除模具中的内应力，延长模具使用寿命。例如3Cr2W8V钢制作的铝合金压铸模，采用中间去应力回火，可使模具寿命提高1～2倍，中间去应力回火温度要比模具回火温度低30～50℃。

C　模具间歇工作时的保温

热作模具在长时间工作过程中，易积累起较大的热应力和组织应力，中间停机时，特别是停机后仍在喷水冷却时，容易导致裂纹发展，甚至引起意外的断裂失效。为保证模具获得较高寿命，中间停机时，应对模具作适当的保温，至少不能继续通水冷却，保温温度以控制在250～300℃为宜，保温方法可采用电热丝或煤气加热保温。

D　模具停工时的缓冷

模具服役后，隔天再用或为了维修拆下前，不能让模具直接冷到室温，必须缓冷，使模具的温度缓慢下降，减小“冷冲击”。

E 超前修模

模具服役一段时间以后，为了提高模具总寿命，把模具拆卸下来修理称为超前修模。

模具服役一段时间后，不同程度地出现了小塑性变形、微裂纹及不均匀磨损。一旦这些现象出现，模具的失效过程就会加快。如塑性变形出现后，会使载荷更集中于另一局部，加速某一部分的塑性变形；微裂纹出现后，在工作应力的作用下，会迅速扩展到临界值，很快造成断裂。因此，提前消除隐患，有利于模具寿命的提高。

1.2.6.2 模具的管理

模具的管理是指模具在制造和使用过程中要严格按照规程要求进行，生产中则指模具在安装、调试、拆卸、运行保管时要遵守规则，避免人为的疏忽而带来的模具的损伤。

模具安装前，应检查模具技术状态是否完好，并把设备调到正确的位置，安装时必须严格按照装模顺序进行，并把模具装在正确位置后固定紧。

使用过程中随时清除杂物并定期检查模具的紧固件是否有松动。如松动，应及时固定紧。使用完后应清理杂物后再合模。

模具进库保管时，应在滑动表面及某些防锈部位涂上润滑油，其他部位涂漆。

2 模具材料与热处理工艺基础知识

2.1 常用模具材料的分类

模具材料按模具类别的不同可分为：冷作模具材料、热作模具材料、塑料模具材料和其他模具材料。广义地说，塑料模具材料应属于热作模具材料的一种，但因其广泛应用而单独列出。

模具材料按材料的类别可分为：钢铁材料、非铁金属材料和非金属材料。钢铁材料包括结构钢、工具钢、特殊钢和铸铁材料；非铁金属材料包括钢结硬质合金、硬质合金、铜基合金、难熔合金、高温合金和低熔点合金等；非金属材料包括陶瓷、橡胶和塑料。

2.2 模具材料的性能

2.2.1 模具材料的常规力学性能要求

模具材料的性能是由模具材料的成分和热处理后的组织所决定的。模具钢的基本组织由马氏体基体以及在基体上分布着的碳化物和金属间化合物等构成。

模具钢的性能应该满足某种模具完成额定工作量所具备的性能，但因各类模具服役条件及所完成的额定工作量指标均不相同，故对模具性能要求也不同，又因为不同钢的化学成分和组织对各种性能的影响不同，即使同一牌号的钢也不可能同时获得各种性能的最佳值。一般某些性能的改善会损失其他的性能。比如：一般硬度越高，耐磨性就越高。在同样的硬度下，钢材碳含量越高，耐磨性也就越高。热稳定性与加入元素的种类及数量有关，只有在高合金含量的情况下，才能达到所要求的抗软化能力。韧性则与前二者相反，碳化物中合金元素增加，钢材变脆，这样就形成耐磨性和韧性之间以及稳定性和韧性之间的两对矛盾。因而，模具工作者常根据模具工作条件及工作定额要求选用模具钢及最佳处理工艺，使之达到主要性能最优，而其他性能损失最小的目的。

对各类模具钢提出的性能要求主要包括：硬度、强度、塑性和韧性等，以下分别予以介绍。

2.2.1.1 硬度

硬度表征了钢对变形和接触应力的抗力。硬度是很容易测定的一种性能，而且硬度与强度也有一定的关系，可通过硬度强度换算关系得到材料硬度值。按硬度范围可对模具的类别进行划定，如高硬度（52～60HRC）一般用于冷作模具，中等硬度（40～52HRC）一般用于热作模具。

钢的硬度与成分和组织均有关系，通过热处理，硬度可以在很宽的范围内改变，如新型模具钢 012A1 和 CG－2 可分别采用低温回火（处理后硬度为 60～62HRC）和高温回火（处理后硬度为 50～52HRC）处理，因此可用来制作硬度要求不同的冷、热作模具。因而这类模具钢可称为冷作、热作兼用型模具钢。

模具钢中除马氏体基体外，还存在更高硬度的其他相，如碳化物、金属间化合物等。

模具钢的硬度主要取决于马氏体中溶解的碳量（或碳含量），马氏体中的碳含量取决于奥氏体化温度和时间。当温度和时间增加时，马氏体中的碳含量增多，马氏体硬度会增加，但淬火加热温度过高会使奥氏体晶粒粗大，淬火后残留奥氏体量增多，又会导致硬度下降。因此，为选择最佳淬火温度，通常要先作出该钢的淬火温度－晶粒度－硬度关系曲线。

马氏体中的碳含量在一定程度上与钢的合金化程度有关，尤其当回火时表现更明显。随着回火温度的增高，马氏体中的碳含量在减少，但当钢中合金含量越高时，由于弥散的合金碳化物析出及残留奥氏体向马氏体的转变，所发生的二次硬化效应越明显，硬化峰值越高。

常用硬度测量方法有以下几种：

（1）洛氏硬度（HRC）：洛氏硬度是最常用的一种硬度测量法，测量简便、迅速。

（2）布氏硬度（HBS）：布氏硬度测试主要用于退火、正火、调质等模具钢的硬度测定。

（3）维氏硬度（HV）：此法可以测试任何金属材料的硬度，但最常用于测定显微硬度，即金属内部不同组织的硬度。

三种硬度大致有如下的关系：即 HRC = 1/10HBS，HV 约等于 HBS（当硬度小于 400HBS 时）。

2.2.1.2　强度

强度即钢材在服役过程中，抵抗变形和断裂的能力，对于模具来说则是整个截面或某个部位在服役过程中抵抗拉伸力、压缩力、弯曲力、扭转力或综合力的能力。

衡量钢材强度常用的方法是进行拉伸试验。分析拉伸曲线图就可以得出金属的强度指标。

对于模具钢，特别是碳含量高的冷作模具钢，由于塑性很差，一般不用抗拉强度而是以抗弯强度作为实用指标。抗弯试验甚至对极脆的材料也能反映出一定的塑性，而且，弯曲试验产生的应力状态与许多模具工作表面产生的应力状态极相似，能比较精确地反映出材料的成分及组织因素对性能的影响。

对于在压缩条件下工作的模具，还经常给出抗压强度。屈服点是衡量模具钢塑件变形抗力的指标，也是经常用的强度指标。对模具材料要求具有高的屈服强度，如果模具产生了塑性变形，那么模具加工出来的零件尺寸和形状就会发生变化，产生废品，模具也就失效了。

2.2.1.3　塑性

模具钢塑性较差，尤其是冷变形模具钢，在很小的塑性变形时即发生脆断。衡量模具钢塑性好坏，通常采用断后伸长率和断面收缩率两个指标表示。

断后伸长率是指拉伸试样拉断以后长度增加的相对百分数，以 δ 表示。断后伸长率 δ 数值越大，表明钢材塑性越好。热模钢的塑性明显高于冷模钢。

断面收缩率是指拉伸试棒经拉伸变形和拉断以后，断裂部分截面的缩小量与原始截面之比，以 Ψ 表示。塑性材料拉断以后有明显的缩颈，所以 Ψ 值较大。而脆性材料拉断后，截面几乎没有缩小，即没有缩颈产生，Ψ 值很小，说明塑性很差。

2.2.1.4 韧性

韧性是模具钢的一种重要性能指标，韧性决定了材料在冲击试验力作用下对破裂的抗断能力。材料的韧性越高，脆断的危险性越小，热疲劳强度也越高。对于衡量模具脆断倾向，冲击韧性试验具有重要意义。

冲击韧性是指冲击试样缺口处截面积上的冲击吸收功，而冲击吸收功是指规定形状和尺寸的试样在冲击试验力一次作用下折断时所吸收的功。

影响冲击韧性的因素很多。不同材质的模具钢冲击韧性相差很大，即使同一种材料，因组织状态不同、晶粒大小不同、内应力状态不同，冲击韧性也不相同。通常是晶粒越粗大，碳化物偏析越严重（带状、网状等），马氏体组织越粗大，这些都会促使钢材变脆。温度不同，冲击韧性也不相同。一般情况是温度越高冲击韧性值越高，而有的钢常温下韧性很好，当温度下降到－20～－40℃时会变成脆性钢。

为了提高钢的韧性，必须采取合理的锻造及热处理工艺。锻造时应尽量打碎碳化物，并减少或消除碳化物偏析，热处理淬火时防止晶粒过于长大，冷却速度不要过高，以防内应力产生。模具使用前或使用过程中应采取一些措施减小内应力。

2.2.2 模具材料的特殊力学性能要求

由于模具种类繁多，工作条件差别很大，因此模具的常规性能及相互配合要求也各不相同，而且某种模具实际性能与试样在特定条件下测得的数据也不一致。所以，除测定材料的常规性能外，还必须根据所模拟的实际工况条件，对模具使用特性进行测定，并对模具的特殊性能提出要求，建立起正确评价模具性能的体系。

对热作模具必须测试在高温条件下的硬度、强度和冲击韧性。因为热作模具是在某一特定温度下服役，在室温下测定的性能数据，当温度升高时要发生变化。性能变化趋势和速率相差也很大，如A种材料在室温下硬度虽比材料B高，但随温度上升，硬度下降显著，到达一定温度后，硬度值反而会低于材料B。那么，当在较高温度工作条件下要求耐磨性高时，就不能选用A种材料，而需选用室温下硬度值虽较低但随温度上升,硬度下降缓慢的材料 B。

对热作模具除要求室温及高温条件下的硬度、强度、韧性外,还要求具有某些特殊性能:

(1) 热稳定性。热稳定性表征钢在受热过程中保持金相组织和性能的稳定能力。通常,钢的热稳定性用回火保温 4 h,硬度降到 45HRC 时的最高加热温度表示。这种方法与材料的原始硬度有关,据有关资料介绍,将达到预定强度级别的钢加热,保温 2 h,使硬度降到一般热锻模失效硬度 35HRC 的最高加热温度定为该钢热稳定性指标。对于因耐热性不足而堆积塌陷失效的热作模具,可以根据热稳定性预测模具的寿命水平。

(2) 回火稳定性。回火稳定性指随回火温度升高,材料的强度和硬度下降快慢的程度。也称回火抗力或抗回火软化能力。通常以钢的回火温度 - 硬度曲线来表示,硬度下降慢则表示回火稳定性高或回火抗力大。回火稳定性也是与回火时组织变化相联系的,它与钢的热稳定性共向表征钢在高温下的组织稳定性程度,表征模具在高温下的变形抗力。

(3) 热疲劳抗力及断裂韧度。热疲劳抗力表征了材料热疲劳裂纹萌生前的工作寿命和萌生后的扩展速率。热疲劳通常以 20℃ 到 750℃ 条件下反复加热冷却时所发生裂纹的循环次数或当循环一定次数后测定裂纹长度来确定。热疲劳抗力高的材料不易发生热疲劳裂纹,或当裂纹萌生后,扩展量小、扩展缓慢。断裂韧度则表征了裂纹失稳扩展抗力,断裂韧度高,则裂纹不易发生失稳扩展。

(4) 高温磨损与抗氧化性能。高温磨损是热作模具主要失效形式之一,正常情况下,绝大多数锤锻模及压力机模具都因磨损而失效。抗热磨损是对热作模具的使用性能的要求,是多种高温力学性能的综合体现。

实际使用表明,模具材料抗氧化性能的优劣,对模具使用寿命影响很大。因氧化会加剧模具工作过程中的磨损,导致模具型腔尺寸超差而报废。氧化还会使模具表面产生腐蚀沟,成为热疲劳裂纹起源,加剧模具热疲劳裂纹的萌生与扩展。因此,要求模具具备一定的抗氧化性能。

对冷作模具钢除常规力学性能外,还常要求具有下列性能:

(1) 耐磨性能。冷作模具服役时,被成形的坯料会沿着模具表面既滑动又流动,在模具与坯料间产生很大摩擦力。这种摩擦力使模具受到切应力作用,在其表面划刻出凹凸痕迹,这些痕迹与坯料不平整表面相咬合,逐渐在模具表面造成机械破损即磨损。冷作模具,特别是正常失效的冷作模具,多数因磨损而报废。因此,对冷作模具最基本的要求之一就是耐磨性。一般条件下,材料硬度越高,耐磨性越好。但耐磨性与在软基体上存在的硬质点的形状、分布也有很大关系。

冷作模具的磨损包括磨粒磨损、黏着磨损、腐蚀磨损与疲劳磨损。

(2) 断裂抗力。除常规力学性能如冲击韧性、抗压强度、抗弯强度等一次性断裂抗力指标外,小能量多次冲击断裂抗力更切合冷作模具实际使用状态性能。作为模具材料性能指标还包括抗压疲劳强度、接触疲劳强度等。这种疲劳断裂抗力指标是由在一定循环应力下测得的断裂循环次数,或在一定循环次数下导致断裂的载荷来表征的。

(3) 抗咬合能力及抗软化能力。抗咬合及抗软化能力分别表征了模具对发生"冷焊"及承载时因温度升高对硬度、耐磨的抵抗能力。

对塑料模具钢除常规力学性能外,还常要求具有下列性能:

(1) 耐腐蚀性。当塑料成形过程中有腐蚀性物质析出时,要求具有较好的耐腐蚀性。如热固性塑料中一般含有固体填料,并且在交联反应中,时常会有腐蚀性化学气体等物质释放,因此要求模具材料应同时具有较高的耐磨性和耐腐蚀性。

(2) 尺寸稳定性。为保证塑料制品的成形精度,塑料模具在长期服役过程中的尺寸稳定性至关重要,因此,塑料模具除应具有足够的刚度外,还要求具有较低的线膨胀系数和稳定的组织。

(3) 热导性。由于高速注射成形塑料制品的需要,模具材料应具有良好的热导性,以使塑料制品尽快在模具中冷却成形。材料的热导性主要与材料的种类有关。

2.2.3 模具材料的加工工艺性能要求

2.2.3.1 热加工工艺性能

热加工工艺性能包括锻轧、铸造、焊接等性能。根据模具的不同制造工艺,可提出不同的加工性能要求。这些性能受到模具材料的化学成分、冶金质量、组织状态等因素的影响。

2.2.3.2　冷加工工艺性能

冷加工工艺性能包括切削、抛光、研磨等性能。对现代的压制产品有时要求很高的表面质量、低的表面粗糙度及高的精度,所以对切削性能和抛光性能均有很高要求。例如对有些塑料模具要求有很好的镜面加工性,很低的表面粗糙度值。发展易加工、抛光性能好的钢材是塑料模具的发展方向之一。同时要求材料杂质少,组织微细均一,无纤维方向性。

2.2.3.3　热处理工艺性能

热处理工艺性能实际上是一种热加工工艺性能,因为它的重要性,所以单独列出。由于模具失效事故中,热处理造成的因素,一般占50%以上,以致热处理在整个模具的制造过程中占有重要的地位,它的好坏对模具质量有较大的影响。它要求热处理变形小,淬火温度范围宽,过热敏感性小,脱碳敏感性低,特别是要有足够的淬硬性和淬透性。淬硬性保证了模具的硬度和耐磨性,淬透性保证了大尺寸模具的强韧性及断面性能的均匀性。对要求表面高硬度的冲裁、拉深模具,淬硬性显得更为重要,而对于要求整个截面的均匀一致性能的热锻模来说,淬透性往往更为重要。

2.3　模具的热处理工艺

2.3.1　模具的常规热处理

模具钢的常规热处理工艺主要包括:退火、淬火和回火。

2.3.1.1　退火

退火是将模具加热到钢的临界温度以上20~30℃,保温一定时间后缓冷,获得接近平衡状态的组织,退火组织一般是铁素体基体上分布碳化物。

退火的目的是消除应力,降低硬度,使毛坯易于冷加工成形以及使钢的成分均匀化、晶粒细化,为最终热处理做组织准备。

模具钢几种常见退火工艺如下:

(1) 扩散退火。将钢锭或钢坯加热到1000℃以上，并较长时间保温，使钢中元素进行扩散，使之均匀分布并消除偏析，从而提高钢的质量，此工序通常在钢厂进行。

(2) 完全退火。将钢加热到 Ac_3 以上30~50℃，使其完全奥氏体化，然后随炉缓慢冷却，以获得接近平衡的组织。模具钢完全退火的目的是为后续热处理做组织准备，是一种预备处理工艺。除此之外，完全退火也可达到改善钢的切削加工性能的目的。

(3) 等温退火。这是模具钢经常采用的一种退火工艺，其特点是奥氏体化以后不是随炉冷却，而是迅速降到适当温度保温，使奥氏体在这个温度下进行等温转变，形成珠光体及碳化物。对于合金模具钢，特别是在大批量生产条件下，采用等温退火不但方便、易行，可以缩短生产周期，而且由于过冷奥氏体等温转变所形成的组织比较均匀；而在连续冷却转变时，会形成不均匀的组织。但应用这种方法时，对该钢的等温转变温度要掌握好，并要求准确控制等温温度。

(4) 球化退火。球化退火是模具钢中应用最普遍的退火工艺，采用此工艺可使片层状珠光体变成粒状珠光体。通常是在等温冷却过程中，钢在加热时残留下来的细颗粒碳化物作为晶核，使珠光体转变时新生成的碳化物围绕晶核长大成球状。如果模具钢中存在大块碳化物或网状碳化物时，必须先进行正火加以改善或消除才能进行球化退火。由于粒状珠光体硬度比片层状珠光体低，因而改善了模具切削加工性能。

球化退火的质量由碳化物的形状和颗粒大小评定，而球化效果好坏的关键是加热温度。温度过高，碳化物会全部溶入奥氏体，钢经缓冷会获得片状珠光体；温度过低，原片状珠光体部分保留，冷却后也不能获得好的球状珠光体组织。冷却速度对退火后的组织和硬度也有影响。

(5) 去除应力退火。一般温度在600~650℃，目的是消除冷加工或粗加工产生的应力，主要是为后续加工或后续处理创造适当条件。

2.3.1.2　淬火

淬火是将钢加热到 Ac_3 或 Ac_1 点以上的某一温度并保温一定时间，然后以适当速度冷却获得马氏体组织或贝氏体组织的热处理。模具钢淬火温度均较高,主要是使合金元素尽可能多地溶解。而当回火时,处于过饱和状态的马氏体会析出弥散、细小、均匀分布的碳化物,达到所需的性能及耐磨性。淬火是模具最终热处理的重要工艺,其关键是控制加热速度、淬火温度、保温时间、冷却速度。

A 淬火加热

淬火加热时需控制好以下三个因素:

(1) 淬火加热速度。加热时升温太慢,工件容易氧化、脱碳、生产效率低、成本高;但若升温太快,模具表面和中心会产生温差。温差越大,热应力越大,因而产生变形和开裂的可能性也越大。

(2) 淬火加热温度。淬火加热温度是淬火的关键。对模具钢不仅要使钢奥氏体化,还要考虑合金碳化物的溶解。原则上,在能够保证适当奥氏体晶粒度的情况下,淬火加热温度应适当提高。对每种钢都要预先做出淬火温度与硬度和晶粒度的关系曲线,由曲线综合考虑选择淬火温度。

(3) 淬火加热时间。模具钢中合金元素含量较高,导热性差,而且模具形状复杂,因而应保温较长时间,但也要防止保温时间长会加剧模具的脱碳和氧化。通常,每种模具钢淬火加热系数可从有关手册中查出,并计算出适当的加热保温时间。

淬火加热可以在盐浴炉也可以在箱式电阻炉内进行,有时甚至用油炉、煤气炉、反射炉加热。但不管用哪种方式加热,都必须考虑加热速度(热传导形式不同)及解决脱碳、氧化、变形、开裂问题。模具钢淬火加热最好采用盐浴炉加热,并对盐浴炉经常脱氧捞渣,升温时最好采用二级甚至三级分级预热。

B 淬火冷却

淬火介质及冷却方式、冷却速度的选择主要取决于钢的化学成分、模具尺寸大小及其形状。

a 淬火介质

模具淬火冷却可以在水、油或空气中进行。淬火介质的选择主要考虑模具的化学成分、尺寸大小和形状;在保证模具淬透的条件下,为减小热处理应力,应尽量选择较缓和的冷却介质;为获得较大的奥氏体过冷度,使转变后的马氏体细小,在保证不发生变形及开裂的前提下,应尽量选用较激烈的冷却介质，由于碳素工具钢淬透性较低，油淬难以淬透，而水淬又易于开裂，故通常采用双介质淬火，即所谓水淬油冷方式；而对于合金模具钢则采用油冷淬火。

b 喷射淬火

喷射淬火主要用于模具的局部淬火，即将模具放入喷射装置中，在细小密集的高压水流或高压雾流强力喷射下冷却，其优点是欲淬硬部位冷却迅速而均匀，而且可以在一定范围内调整冷却速度。

c 分级和等温淬火

模具在具有一定温度的介质中冷却，使奥氏体在恒定温度下转变为马氏体或贝氏体。这种淬火工艺主要应用于尺寸较小、形状较复杂的模具。优点是减小淬火过程中产生的热应力和组织应力，获得比较均匀的淬火组织。但经此工艺处理的模具，存在较多的残余奥氏体，在随后回火时应予以注意。

C 深冷处理

对于马氏体转变温度较低及残余奥氏体较多的模具钢，为了保证硬度、耐磨性及尺寸稳定性可以采用深冷处理。常用温度是 -75℃左右，介质是干冰加酒精。深冷处理实际上是淬火工艺的继续，深冷处理后应立即进行回火。

2.3.1.3 回火

回火是将已淬火的模具钢加热到低于临界温度 Ac_1 保温一定时间后，以适当的速度冷却，达到所需要的综合力学性能的工艺。不同温度回火，获得的组织及性能各不相同。按回火加热温度的不同，回火工艺可以分为低温回火、中温回火和高温回火。模具钢常用的是低温回火和高温回火。

(1) 低温回火。冷作模具一般在 150～250℃范围回火，其目的是获得尽量高的硬度，并通过回火消除淬火应力，获得一定韧性。

(2) 高温回火。热作模具一般在 500～650℃范围回火，其目的是获得尽量高的强度和良好韧性，并在使用温度具有稳定的组织和性能。

对于高合金模具钢，为了保证组织的稳定性，使组织尽量达到完全转变，一般要进行二次回火，有时还要进行更多次数的回火。对高合金模具钢进行多次回火是由于淬火后有较多残余奥氏体。当一次回火后，残余奥氏体分解转变为马氏体（相当于淬火马氏体），因未进行回火，故韧性很低。如果不再回火，则使用过程中将会成为裂纹源。只有再次回火，才能使一次回火转变产物经受回火，使整个组织均匀并避免因脆性相的存在引起的开裂。在实际操作中，应注意第一次回火后必须冷到室温后才能进行第二次回火（残余奥氏体充分转变为马氏体）。

某些高合金钢回火后因合金碳化物的析出可能会发生二次硬化现象，即在回火温度曲线上出现峰值。然而，在硬度峰值处往往韧性最低，所以选择回火温度时一般应选在稍高于二次硬度峰值的温度回火，以保证模具的韧性。

对于可能产生回火脆性的模具钢，回火保温后最好油冷，可防止钢的脆化。回火后油中快速冷却也可以提高回火炉的效率，缩短回火处理时间。

2.3.1.4 模具热处理缺陷及其解决方法

A 过热和过烧

由于加热温度过高、保温时间过长及炉内温度不均匀等，引起模具钢晶粒粗大的现象称为过热。当加热温度过高而引起晶界出现局部熔化和氧化的现象称为过烧。

过热现象会使模具的力学性能变差，尤其是冲击韧性下降，产生变形和开裂，使用时，易引起早期损坏。过热现象通过重新加热的方法可以消除。而出现过烧现象时模具只能报废。这种缺陷常见于碳化物偏析严重的高碳高合金钢的高温淬火加热。

B 氧化和脱碳

模具淬火加热时保护不良，介质中含有较多氧化物或腐蚀物质，加热超过一定温度时会使模具表面氧化、脱碳或腐蚀。氧化会使模具表面形成氧化皮，影响冷却的均匀性。氧化和腐蚀使模具表面的粗糙度变差和精度下降。脱碳则造成淬火后硬度不足或出现软点，并降低模具的耐磨性、抗咬合能力、疲劳强度和热疲劳抗力。采用盐浴炉加热和箱式保护加热可以有效防止氧化脱碳的产生。

C 热处理裂纹

模具预处理组织不良、碳化物偏析严重、冷加工应力过大、淬火操作不当、模具本身形状复杂、薄厚不均等，都可能导致产生淬火裂纹。

淬火裂纹将使模具报废,不易发现的裂纹将引起模具的早期断裂。

a 产生裂纹的原因

产生裂纹的原因有以下几种:

(1) 原材料内部有显微裂纹。

(2) 未经预热而使用过急的加热速度。

(3) 冷却介质选择不当,冷却速度过于剧烈。

(4) 在 M_s 点以下,冷却速度过大。

(5) 多次淬火而中间未经充分退火。

(6) 淬火后未及时回火、回火不足或在回火脆性区域回火。

(7) 表面增碳、脱碳。

(8) 化学热处理不当,多次渗金属或渗金属温度过高。

b 防止裂纹出现的措施

针对上述原因,可采取以下措施来防止裂纹出现:

(1) 为了防止由于原材料缺陷而导致模具在热处理过程中出现的裂纹,应严格控制其内在质量。

(2) 采用预热或充分烘烤,高合金钢尽量采用两次预热。

(3) 凹槽丝孔、尖角、非工作部位的直角,尽可能用耐火泥、石棉绳、薄铁皮堵塞或包扎,以减少这部分的冷却速度。

(4) 模具加热后淬火前应进行充分的预冷以减小温差,防止开裂。

(5) 正确选用冷却介质。形状复杂、截面相差悬殊的模具,采用碱浴或硝盐分级淬火或等温淬火。

(6) 凡水－油双介质淬火模具,在水中停留时间必须严格控制,一般每 4 ~6 min 取出 1 s。

(7) 分级冷却模具,自分级冷却介质中取出,待冷到室温后再清洗,严禁立即放在水中清洗。

(8) 凡已淬好的模具须立即回火。

(9) 合金钢模具应采用两次以上的回火。

(10) 凡需返修或重新淬火的模具,必须进行充分的中间退火。

D 硬度不足或软点

模具钢经过热处理出现硬度不足或软点的缺陷,使材料的性能变化,承载能力下降,尤其是耐磨性受到影响。

a　产生硬度不足的原因

产生硬度不足的原因主要有以下四点：

(1) 淬火前原材料内部存在组织缺陷等质量问题，如碳素工具钢出现石墨碳。

(2) 加热温度过低或保温时间不足，使奥氏体合金化不充分，甚至没有完成全部相变。如淬火后亚共析钢中出现铁素体组织。加热温度过高钢的表面出现脱碳现象，会使表面硬度下降。

(3) 冷却速度过慢，使得部分奥氏体在冷却过程中发生了分解而不能形成足够数量的马氏体。例如淬火后亚共析钢中出现屈氏体组织。

(4) 回火温度过高，使硬度降低过多。二次硬化钢，回火温度太低或太高，都会造成硬度不足的现象。

b　产生软点的原因

软点是材料表面硬度不均匀的表现，产生的原因有：

(1) 模具钢中存在化学成分偏析、组织不均匀的缺陷，造成热处理后硬度不均匀。

(2) 加热温度过高，模具表面出现氧化皮、锈斑及局部脱碳等现象，造成局部硬度下降。

(3) 冷却过程中模具零件之间的互相接触，使各部位受热不均匀、冷却速度不均匀，造成硬度的不均匀。

(4) 淬火冷却介质达不到足够强烈的冷却效果；冷却介质使用过久，杂质过多；碱浴水分过多。

(5) 大尺寸模具淬入冷却介质中没有做上下和左右的往复运动，致使凹模型腔或厚壁交界处粘附气泡，降低了此部位的冷却速度。

c　防止硬度不足的措施

在热处理中采取一定的措施，可以防止出现硬度不足的现象。例如：碳素工具钢不宜多次退火，以防石墨化；采用仪表测量，严格准确地控制加热温度、保温时间和回火温度，以满足硬度合格为依据；使淬火冷却速度大于钢的临界冷却速度；做好盐浴的脱氧捞渣和箱式炉等加热工件的保护。

d　防止软点的措施

在热处理中采取一定的措施，可以防止出现软点的现象。例如：选择模具材料的碳化物偏析应在规定级别;应经过良好的预备热处理,并检查退火金相质量;淬火加热前除去模具表面的氧化皮和锈斑;加热时注意保护,防止氧化和脱碳;选择合适的淬火冷却介质,冷却介质应保持清洁、定期清理与更换,严格控制碱浴水分;淬火冷却时,将模具上下、左右往复运动,并防止模具零件在冷却过程中互相接触。

E 黑色断口

黑色断口是高碳工具钢(T10~T13)易出现的缺陷,是钢产生石墨化的特征。产生黑色断口的主要原因是:熔炼脱氧时用了过量的铝和硅;锻造、轧制停锻温度过高(约为1000℃)或退火过程中,高温阶段停留时间过长或退火次数过多,都会有石墨析出。

黑色断口的钢在淬火时容易出现硬度不均匀和裂纹,其模具的寿命是较低的。这种缺陷单靠热处理是难以消除的,必须重新锻造,然后快速冷却,才可以消除。

F 脆性

a 产生脆性的主要原因

产生脆性的主要原因有以下两点:

(1) 材料的冶金质量差;原始组织粗大、碳化物分布不均匀。

(2) 热处理工艺不当,例如:淬火加热温度过高,或高温停留时间过长;回火温度偏低,回火时间不足;在回火脆性区回火等。

b 防止脆性的措施

针对以上原因,采取以下措施防止脆性:

(1) 严格控制钢材的内在质量,进行预先热处理(退火、正火)改善组织。

(2) 选定合适的回火温度,保证足够的回火时间,尽量避免在回火脆性温度区域回火。

G 表面腐蚀

a 产生表面腐蚀的原因

产生表面腐蚀的原因有以下几点:

(1) 在箱式炉中防护剂使用不良,引起氧化、脱碳。

(2) 在盐浴炉中加热,盐浴校正剂选用不当,或校正剂中带有腐蚀性杂质,或脱氧后未捞渣。

(3) 模具进行空冷淬火,或在空气中预冷时间过长。

(4) 硝盐浴中存在大量氯离子,使模具产生电化学腐蚀;硝盐使用温度过高,对模具产生强烈的氧化腐蚀;模具在硝盐中淬火,没有做往复运动,使模具周围局部范围内硝盐温度过高。

(5) 模具淬火后没有及时清洗,使得残余盐腐蚀模具或模具淬火后虽及时清洗,但放置时间过长,没有采取防锈措施时,也将产生麻点。

b 防止腐蚀的措施

可采取以下措施防止腐蚀:

(1) 装箱保护(使用保护剂前要烘干)。

(2) 盐浴及时脱氧、捞渣;尽量不进行空冷淬火。

(3) 硝盐使用温度不应超过500℃;淬火与回火后及时清洗并采取防锈措施。

H 热处理变形

热处理后的变形可分为体积变形和形状变形,产生的主要原因是淬火和回火时,热应力、残余应力以及组织应力使得模具变形。减少热处理变形可以通过选择合理的预处理和热处理工艺、合理的加热速度和加热温度、淬火介质和冷却方式,最后合理地校正来进行。同时,还应从正确地选用钢材、合理地设计模具结构等方面进行。

2.3.2 模具的强韧化处理

2.3.2.1 模具预处理工艺

A 改善模具钢组织的双重热处理法

模具钢的性能与钢中碳化物的尺寸、形态、分布以及晶粒度密切相关。粗大碳化物可以诱发解理断裂;晶粒粗大会降低钢的冲击韧性;碳化物偏析呈网状或带状分布会很容易开裂。双重淬火法的目的就是要获得一种没有明显带状,又呈细小均匀分布的碳化物组织,而又使钢的晶粒不过于粗大。该工艺的关键是要使钢的初始碳化物在淬火加热时尽量溶解,即高温固溶,同时,又要保证晶粒不要过于粗大,硬度不能过高,要保证模具能进行加工。

双重热处理法的具体工艺是:将加工好的模具经盐浴炉高温加热,使过剩碳化物充分溶解,快冷后再经高温回火或将刚停锻的模具毛坯立即返回锻造炉升温，使碳化物充分溶解，然后快冷，再经高温回火获得合适的硬度。经上述预处理后的模具获得了细小均匀分布的碳化物及较细的晶粒，经双重处理的凸模与常规处理比较，模具寿命提高2～8倍。对于经受强烈水冷以热裂为主要失效形式的模具，采用双重处理工艺更为有效。

B 消除链状碳化物的正火处理

中碳中合金热作模具钢锻后缓冷，或因模块截面较大，冷却较慢时，在组织中容易出现链状碳化物，链状碳化物容易形成裂纹并导致模具早期脆断、热裂或龟裂，失效分析表明，链状碳化物相是M_6C，在锻后冷却过程中，随停锻温度、截面尺寸、冷却速度的不同，产生链状碳化物的程度也不相同，但裂纹的形成均与链状碳化物密切相关。

采用正火工艺，使M_6C溶解，当速度较大时，链状碳化物不会再形成，经退火后获得颗粒细小分布均匀的碳化物，经此正火预处理后冲击韧性明显提高，断口由沿晶断裂又变成晶间断裂，模具使用寿命提高将近1倍。

C 快速球化退火预处理

此工艺是在远高于传统退火工艺的加热温度下，进行短时加热，均温后迅速冷却，以获得剩余碳化物均匀而且细小。随后在高于等温球化的温度下二次加热，随炉冷。快速球化退火后碳化物呈细小、均匀状态分布，提高了钢的硬度及强韧性。经此法处理的HM3钢铝合金压铸模，使用寿命达23万件以上。

2.3.2.2 高温淬火及低温淬火处理工艺

热作模具在高温条件下工作，要求模具具有高强度、高韧性、高耐磨、高热稳定性和高的冷热疲劳抗力等性能。因此，要求制定出最佳热处理工艺，以获得强韧性的最佳配合，即所谓综合力学性能。

A 高温淬火工艺

合金模具钢中含有较多的高熔点合金元素如钨、钼、铬、钒等，这些元素与碳结合而生成高熔点的合金碳化物。只有当奥氏体化温度相当高时才能使合金碳化物固溶于钢的基体中，提高基体的合金化程度，从而提高钢的淬透性、淬硬性、高温强度及热稳定性。例如对3Cr2W8V钢，将常规淬火温度1050℃提高到1150℃甚至1200℃，则模具寿命大大提高。此高温淬火工艺在汽车变速箱主轴齿轮胎膜、M16 螺母热冲压模等模具上都得到很好应用。模具寿命比常规热处理工艺均有成倍提高。

当模具高温奥氏体化停留时间较长时，可导致晶粒长大，因而降低钢的冲击韧性。但实际工作中，热挤压模、压力机模等受冲击载荷并不大、高温奥氏体化虽使模具冲击韧性略有下降，但并不会导致早期断裂，而且在高温加热时，由于高温强度和热疲劳抗力增加，又使疲劳裂纹不易萌生及扩展，这样会使模具不易开裂。此外，在热处理工艺方面也采取了不少弥补措施，如高温快速加热淬火、高温淬火加高温回火工艺等，可使模具综合性能提高。

B　低温淬火

低温淬火可以阻止晶粒长大，控制基体碳含量，使淬火后获得板条状马氏体并能减小模具变形，对使用中容易发生崩刃、掉块、开裂的冷作模具，如高速钢 Cr12MoV、CrWMn 等钢均适用。Cr12 钢制衡器刀具冷冲模如采用常规热处理工艺，则模具寿命为(0.3～0.5)万件；当采用 930～950℃淬火，320～360℃回火的低温淬火、低温回火工艺，硬度为 52～56HRC 时，刀具冷冲模寿命可达(0.7～1)万件。

2.3.2.3　等温淬火

等温淬火是将奥氏体化的模具浸入熔融的硝盐浴槽中，停留一定时间，然后取出空冷到室温。盐浴槽温度要高于 M_s 点，而且停留时间要保证使过冷奥氏体转变为下贝氏体。每种模具等温停留时间应参照奥氏体连续冷却转变曲线选定。模具等温淬火后有高的硬度及强韧性配合，且变形小不易开裂。等温淬火后，模具寿命明显提高。如 Cr12MoV 钢制滚丝模常规热处理，硬度为 54～56HRC，使用寿命(1～2)万件；采用 1000℃加热、280℃等温 4 h，400℃回火的等温处理工艺，组织为下贝氏体＋极少量回火马氏体＋残余奥氏体＋碳化物。硬度虽仍为 54～56HRC，但强韧性高，变形小，模具内孔精度高，模具寿命达(5～8)万件，提高寿命 4～5 倍。

2.3.2.4　真空热处理

采用真空热处理，模具表面光洁、硬度均匀、变形小，对要求高精度、低的表面粗糙度的模具尤其适用。例如 Cr12MoV 钢收音机机芯冷冲模，常规处理平均寿命10万次；真空处理后寿命提高到25万次，接近日本同类模具寿命水平。

2.3.3 模具的表面处理技术

模具在使用过程中往往承受着各种形式的复杂应力，模具的表面更是处于较大的、较复杂的应力状态下，其工作条件尤为恶劣。模具的失效和破坏，同样也是发生在表面或由表面开始。因此，模具表面性能的优劣将直接影响模具的使用及寿命。实践证明，提高模具性能的有效途径除选择正确的加工方法、模具材料外；关键在于正确选择热处理方法和表面处理工艺。模具的表面处理是制造高质量模具的重要基础工艺之一。

模具表面处理使基体材料表面具有原来没有的性能，或者是进一步提高其所固有的性能。这些性能主要是表面的耐磨性、抗咬合性、抗冲击性、抗热黏附性、抗冷热疲劳性及抗腐蚀性等。

2.3.3.1 模具的表面化学处理技术

化学热处理是模具在特定介质中，加热到适当温度进行保温，使介质中产生一种或某几种元素的原子，这些原子被模具钢吸收，并向内部扩散（渗入）。从而使模具在一定深度的表层发生化学成分及组织的变化。以此提高模具的耐磨性、抗咬合性、疲劳强度、抗氧化性、抗腐蚀性等力学性能或提高其物理、化学性能的热处理技术。

表面化学热处理的种类很多，一般都以渗入的元素来命名。常用的表面化学热处理方法有：渗碳、渗氮、碳氮共渗、渗硼等。无论是哪一种化学热处理，活性原子渗入工件表层都是由以下三个基本过程组成的：

(1) 分解。由化学介质分解出能够渗入工件表层的活性原子。

(2) 吸收。工件表面吸收活性原子，也就是活性原子由钢的表面进入铁的晶格而形成固溶体，甚至可能形成化合物。

(3) 扩散。被工件吸收的原子，在一定的温度下，由表面向内部扩散，形成一定厚度的扩散层。

A 渗碳及碳氮共渗

a 渗碳

渗碳是把钢置于渗碳介质（即渗碳剂）中，加热到单相奥氏体区，保温一定时间，使碳原子渗入钢表层的表面化学热处理工艺。一般情况下，渗碳在 Ac_3 以上（850 ~ 950℃）进行。渗碳方法是最古老、应用最广泛的一种表面化学热处理工艺方法。

渗碳的目的在于使模具的表面在热处理后碳浓度提高，从而使表层的硬度、耐磨性、接触疲劳强度较心部有较大的提高，而心部仍保持一定强度和较高的韧性。

根据采用的渗碳剂不同，渗碳方法可分为固体渗碳、液体渗碳、气体渗碳、真空渗碳和离子渗碳。目前生产中广泛采用气体渗碳。

气体渗碳是将工件置于密封的渗碳炉中，加热到 900 ~ 950℃（常用 930℃），通入渗碳气体（如煤气、石油液化气、丙烷等）或易分解的有机液体（如煤油、甲苯、甲醇等），在高温下通过反应分解出活性碳原子，活性碳原子渗入工件表面的高温奥氏体中，并通过扩散形成一定厚度的渗碳层。渗碳的时间主要由渗碳层的深度决定，一般保温 1 h，渗碳层厚度约增 0.2 ~ 0.3 mm，渗碳层中碳含量为 0.8% ~ 1.1%。工件渗碳后必须进行淬火和低温回火。

气体渗碳的渗碳层质量高，渗碳过程易于控制，生产率高，劳动条件好，易于实现机械化和自动化，适于成批或大量生产。

渗碳技术主要应用于模架零部件的表面强化，以及低碳钢制模具的表面强化。如汽车软管凸模，原用 Cr12MoV 钢制造，硬度 58 ~ 62HRC，因模具承受很大的冲击载荷，寿命不足 2000 件就断裂了；凸模材料改用 20Cr 钢，经渗碳处理，渗层深 1.0 ~ 2.0 mm，硬度为 60 ~ 62HRC，一次寿命提高到了 3 万件。

b　碳氮共渗

同时有氮原子渗入的渗碳称碳氮共渗。与单一渗碳相比，碳氮共渗有许多特点，如碳氮共渗温度较渗碳温度低，因而渗碳过程中奥氏体晶粒较细小，有些钢种可直接淬火，这就简化了工序，节约能耗并显著减少了模具的变形。

碳氮共渗因共渗剂形态不同，可以分为气体碳氮共渗、液体碳氮共渗、固体碳氮共渗三大类，下面主要介绍前两种碳氮共渗工艺。

气体碳氮共渗是在渗碳的同时，向炉内送入一定量的干燥无水氨气，控制其流量及流速，使新生的活性碳原子和氮原子同时为模具吸收并向内部扩散,达到既渗碳又渗氮的目的。

液体碳氮共渗是在含氰化盐的盐浴中进行,与液体渗碳比较,共渗温度较低,氰化盐含量较高,这就既可降低碳的扩散速度和渗入深度,又可增加氮在共渗层中的浓度,使共渗层中碳、氮含量和浓度梯度有适度配合。

碳氮共渗的主要优点是由于渗入氮,增加了钢的淬透性,共渗后用冷速较缓的介质进行淬火,从而减小模具变形,同时可以用较便宜的碳素钢代替低合金钢制造某些模具。

生产实践中注意气体碳氮共渗的安全操作。因共渗气体有毒、易燃、易爆,应采取措施予以防止。

B 渗氮及氮碳共渗

在化学热处理中,渗氮及氮碳共渗技术是模具最常用的强化工艺。该工艺最大优点是处理温度低(一般是500~600℃),热处理变形小,生成的氮化物层很硬,耐磨性特别高,耐蚀性、耐热性和疲劳强度也较理想。

a 渗氮

渗氮是把钢件置入含有活性氮原子的气氛中,加热到一定温度,保温一定时间,使氮原子渗入工件表面形成氮化物的热处理工艺。渗氮的目的是提高工件的表面硬度、耐磨性、疲劳强度及耐蚀性能。模具在渗氮前一般要进行调质处理,为不影响模具的整体性能,渗氮温度一般不超过调质处理的回火温度,一般为500~570℃。常用的渗氮方法有气体渗氮、液体渗氮、固体渗氮、离子渗氮等。气体渗氮处理时间较长,气体消耗量大,且渗氮层显示脆性,对承受大负荷的模具表面常出现裂纹和脆皮剥落;盐浴渗氮温度低、时间短、模具变形小,但盐浴或盐浴反应产物有一定毒性,需考虑盐浴的危害及防止措施;离子渗氮速度快,而且可以通过改变处理参数而达到最好的渗氮层组织及所需的性能,表面质量好,易于局部防渗氮处理,无公害。因此,离子渗氮被广泛应用于模具。

b 氮碳共渗

氮碳共渗主要渗入元素是氮,与气体渗氮相比,低温气体渗氮具有以下特点:

(1) 渗入温度低,时间短,工件变形小;

(2) 不受钢种的限制,碳钢、低合金钢、工具钢、不锈钢等材料均可以进行低温气体氮碳共渗;

(3) 能显著提高工件的疲劳强度、耐磨性和耐蚀性;

(4) 共渗层硬且具有一定的韧性,不易剥落。

氮碳共渗可以使高速钢和基体钢的耐磨性提高2~5倍,大幅度提高模具使用寿命。如W18Cr4V钢制冷挤压模,经560℃,1.5 h气体氮碳共渗处理后模具平均寿命由(2~3)万件提高到7.5万件。

C 渗硫及硫氮共渗

a 渗硫

渗硫层具有摩擦系数小、耐磨性好、抗咬合性高、抗擦伤力强等特点。渗硫方法可按介质的物理状态分为熔盐渗硫和气体渗硫,而目前生产中应用较多的是低温熔盐电解渗硫。低温熔盐电解渗硫的优点是渗硫时间短、渗层质量稳定,加热温度接近钢的低温回火温度,淬火工件经低温电解渗硫后仍能保持高硬度,模具尺寸及形状畸变十分轻微。

b 硫氮共渗

硫氮共渗或硫氮碳共渗可获得复合处理效果,进一步提高抗咬合性能和耐磨性。对高速钢和模具钢制造的各种模具,共渗温度为540~560℃,共渗时间为1.3 h。为获得韧性较高的渗层,共渗后可进行去氢处理。3Cr2W8V热模钢硫氮碳三元共渗后比离子渗氮、离子氮碳共渗有更高的渗层硬度、耐磨性和抗咬合性。

D 渗硼处理

模具钢渗硼后,表面硬度可达1300~2000 HV,耐磨性极高,即使加热到接近600℃仍能保持很高的硬度,因此渗硼工艺在模具上获得广泛应用。

模具钢渗硼后,渗硼区主要由两种不同的硼化合物Fe_2B和FeB组成。FeB中的硼含量高,具有较高的硬度,为1800~2000 HV,但其脆性大,易剥落;Fe_2B的硬度较低,为1400~1600 HV,但脆性较小。通常希望渗硼区中FeB的量少些,甚至希望得到单相的Fe_2B层。

按所用介质的物理状态,渗硼可分为固体渗硼、液体渗硼、膏剂渗硼和气体渗硼。固体渗硼的优点是设备简单、操作简便、工件表面易清洗,因而应用较广;熔盐渗硼温度一般为 950 ~ 1000℃,时间一般不超过 6 h,时间过长易使渗硼层变脆。熔盐渗硼设备也比较简单,操作也很方便,但工件沾盐后不易清洗,带有小孔、不通孔的模具不宜熔盐渗硼;膏剂渗硼是固体渗硼的一种发展。膏剂渗硼既保持了固体渗硼的优点,又可减少渗硼剂的消耗量,而且易于局部渗硼,因而特别适用于模具渗硼;气体渗硼的优点是渗硼层均匀,渗硼后易于清洗,渗剂配比、处理温度及时间均有很大的调整范围;但主要渗剂二硼烷不稳定及有爆炸性。

模具渗硼处理的缺点是渗层脆性高,淬火时易产生裂纹。因此,最好是渗硼温度与钢的淬火温度相近,渗硼与淬火相结合进行。

渗硼工艺广泛应用于各种冷作模具,如拉伸模、冷锻模、冷挤模等,也适用于热锻模、压铸模、热挤压模及塑料模等。

E 渗金属(TD 工艺)

渗金属与渗硼工艺相近,区别在于加入了金属元素。熔盐渗金属时,如果向硼砂盐浴中加入对氧亲和力小于硼的金属元素,则该金属在硼砂盐浴中不会与 B_2O_3 发生反应,呈热力学稳定状态。在高温下,金属原子由于热振动而由颗粒中逸出成为活性原子扩散到模具表面并渗入,使表面形成一层极硬的碳化物层,使模具表面的耐磨性、耐热性、耐蚀性、耐冷热疲劳性都显著提高。又由于渗层与基体结合力强,因而渗金属被广泛应用于各种模具、特别是冷冲模、冷挤压模、压铸模等。常用的渗金属方法有固体法、热浸渍法及熔盐法,渗剂包括供渗剂、催渗剂和填充剂。渗入的金属主要有铬和钒等。

a 渗铬

将铬渗入工件表面的化学热处理工艺称为渗铬,其目的是提高工件的耐磨性、耐蚀性和抗氧化性。例如 9CrWMn 钢制铁壳拉深模,在没有渗铬时只能拉深几百次或 1000 次就产生拉毛磨损现象,后经渗铬处理,其使用寿命延长到 10 万次。与电镀铬相比,渗铬层更致密、均匀,并且与基体的结合比较牢固,同时渗铬层的耐蚀性、抗氧化性也比镀铬层好。

模具在渗铬过程中,由于在高温下长时间加热,引起基体组织中晶粒剧烈长大,使基体的力学性能降低,特别是高碳模具,其渗铬层很薄,要求强度较高的基体来支持,否则在使用中受力会使基体发生塑性变形,导致渗铬层脆性剥落。因此,渗铬后还需对模具进行热处理,其热处理工艺仍按照基体材料的钢号及要求进行,不必考虑渗铬层的组织,因为渗铬层的组织、硬度和耐磨性基本上不受热处理的影响。

b 渗钒

渗钒的目的是为了提高工件表面的耐磨性和耐蚀性。其方法是将工件置于能产生活性钒原子的介质中,加热到一定温度保温,使钒渗入工件表面,并与碳形成碳化物。渗钒层在众多硬化层中具有最高的显微硬度,从而使渗钒层具有非常好的耐磨性。例如,Cr12 钢制作的螺母冷镦模经渗钒处理后使用寿命提高 6 倍;GCr15 钢制作的冷挤轴承环凹模,渗钒后寿命提高 8 倍。

TD(Toyota Diffusion Coating Process 或 Thermal Diffusion)工艺发展很快,其设备及工艺简单、操作方便、质量可靠、生产效率高、成本低、经济效益显著。除此之外,TD 工艺还具有以下优点:无论模具形状如何复杂,都能形成均匀的碳化物覆盖层;处理后的表面粗糙度与处理前大致相同;熔盐的使用寿命长;碳化物层磨损后可重新处理,不需要清除残留的碳化物,不影响与基体的结合力;母材钢种较广,且可通过淬火使基体强化。

但 TD 工艺与渗硼一样,同属高温化学热处理技术,处理温度高,易使模具产生变形。因此,近年来复合渗工艺得到广泛研究试验。复合渗是硼与一种或多种元素(如 Cr、V、Al、Si、稀土等)同时扩散到钢材表面,其目的是降低处理温度和渗层脆性,加快扩散速度以及使模具表面具有更高的性能。

2.3.3.2 模具的表面强化技术

对模具进行表面强化处理,除常用的化学热处理外,还包括对其表面进行强化工艺,在实际生产中显示出优越性,取得了经济效益。如激光强化技术、电子束、离子注入、热喷涂、堆焊、物理气相沉积、化学气相沉积、化学镀、电镀、喷丸强化、电火花强化等。

A 电镀

电镀是一门具有悠久历史的表面处理技术。近几年来,随着新的工艺技术方法,尤其是一些新的镀层材料和复合镀技术的出现,极大拓展了这一项表面处理技术的应用，并使其成为现代表面工程技术的重要组成部分。

电镀的目的在于改变固体材料的表面特性，改善外观，提高耐蚀、耐磨、减摩性能，或制取特定成分和性能的金属覆层，提供特殊的电、磁、光、热等表面特性和其他物理性能等。

电镀是指在直流电的作用下，电解液中的金属离子还原沉积在零件表面而形成一定性能的金属镀层的过程。电镀的基本装置包括电镀槽、直流电源、阴极与阳极、电镀液等。其中，阴极即为被镀材料，阳极分为可溶性阳极和不溶性阳极。电镀液的基本组成包括盐溶液和络合物溶液两种类型。除此之外，还有一些为改善镀层质量而加入的化合物，如导电盐、阳极活化剂和添加剂等。

电镀工艺通常包括镀前表面处理、电镀和镀后处理三个部分。为了获得高质量的镀层，必须对工件进行镀前处理，主要是去油除锈和活化处理，活化处理是把工件在弱酸中浸蚀一段时间。镀后处理有钝化处理（在一定溶液中进行的化学处理，使电镀层上形成一坚固致密的稳定的薄膜）、氧化处理、着色处理、抛光处理等，可根据不同需要选择使用。

在模具上应用较多的是镀铬。镀铬层硬度为 900 ~ 1200 HV。有良好的耐蚀性，摩擦系数低，尤其是干摩擦系数是所有金属中最低的，因此可有效提高耐磨性，且不引起工件变形，对形状复杂的模具十分有利。镀铬层的种类很多，在模具上的应用主要包括以下两种：

(1) 镀硬铬。硬度高，摩擦系数低，耐磨性好，耐蚀性好且镀层光亮，与基体结合力较强，可用作冷作模具和塑料模具的表面防护层，以改善其表面性能。镀层的厚度达 0.3 ~ 0.5 mm，可用于尺寸超差模具的修复。镀硬铬是在模具上应用较多的表面涂镀工艺。

(2) 松孔镀铬。采用松孔镀铬，使镀层表面产生许多微细沟槽和小孔以便吸附、储存润滑油，这种镀层具有良好的减摩性和抗黏着能力。

随着电镀技术的发展，现已出现了合金电镀、复合电镀、电镀非晶体等技术。合金电镀是在一个镀槽中，同时沉积含有两种或两种以上金属元素镀层的电镀方法。复合电镀则是将金属与悬浮在电镀液中的固体微粒同时沉积到工件表面，形成复合镀层的电镀方法。例如把金刚石粉和金属一起镀到工件表面，可以获得极耐磨的复合镀层。通过复合电镀还可以得到耐蚀性镀层、自润滑镀层和耐热性镀层等。电镀非晶体是在单金属镀液中添加 Mo、W、Fe 之类的高熔点金属，形成非晶态合金镀层。

B　电刷镀

电刷镀是在可导电模具表面需要镀覆的部位快速沉积金属镀层的新技术。它与普通电镀的原理相同，但形式特殊。电刷镀装置及工作原理如图 2-1 所示。

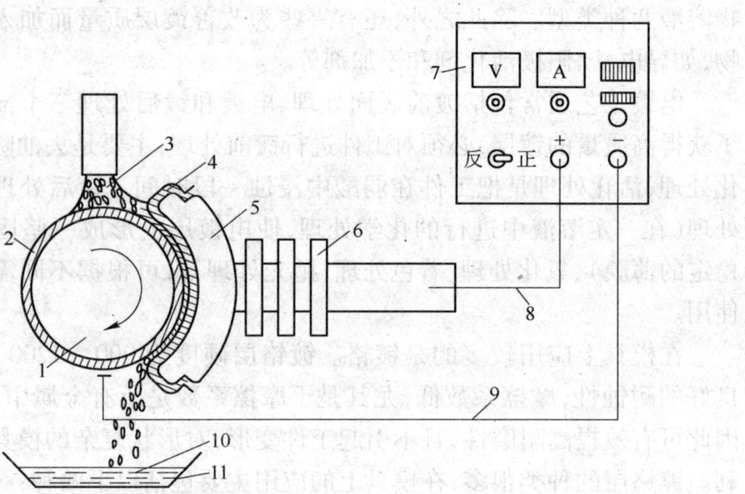

图 2-1　电刷镀装置及工作原理示意图

1—工件；2—镀层；3—镀液；4—包套；5—阳极；6—导电柄；7—电刷镀电源；8—阳极电源；9—阴极电源；10—循环使用溶液；11—拾液盘

电刷镀时，直流电源的负极连接工件作为电镀的阴极，正极与镀笔中的不溶性阳极连接。镀笔由高纯度细结构的石墨阳极及前端包裹的涤棉套组成，石墨阳极做成与被镀表面相配合的形状，涤棉套浸满镀液以代替镀槽。施镀过程中，使阳极前端的涤棉套接触工件表面并沿表面相对滑动，镀液不断地添加在涤棉套和工件表面之间，镀液中的金属离子在电场作用下向工件表面迁移，在表面上还原成金属原子并沉积成镀层。

电刷镀具有以下特点：

(1) 镀层结合强度高，在钛、铝、铬、铜、高合金钢和石墨上也具有很好的结合强度。

(2) 设备简单，工艺灵活，操作方便，可在现场作业。

(3) 可以进行槽镀困难或实现不了的局部电镀。例如对某些质量重、体积大的零件实行局部电镀。

(4) 生产率高。电刷镀的速度一般是槽镀的10~15倍，辅助时间少，可节约能源，是槽镀耗电量的几十分之一。

(5) 操作安全，对环境污染小。电刷镀的溶液不含氰化物和剧毒药品，可循环使用，耗量小，不会因大量废液排放而造成污染。

C 电铸

电铸是利用电沉积原理制造产品的方法。它是在预定形状、尺寸和表面粗糙度的模芯上进行控制性的电解沉积，当沉积层达到所需厚度时，使之与模芯分离，获得独立的型腔模壳。

电铸的基本原理也与电镀相同，但电镀的目的是为了改善基体材料的某些性能，这就要求镀层与基体结合牢固，镀层厚度浅。电铸则是将沉积层直接用作产品，这就要求沉积层和模芯能够分离，镀层要厚并具有所需的力学性能、机加工性能等。

电铸最突出的优点是具有高度的复制能力，甚至能复制出0.5 μm以下的金属线，并可以复制表面粗糙度 R_a 达0.05 μm的表面。电铸型腔与模芯的误差极小，可以控制在±2.5 μm。电铸还可以通过改变钢种或沉积条件，加工出具有各种力学性能和物理性能的产品。另外电铸还可以将其他方法难于加工的凹腔形零件，转化为易于加工的凸形模芯，通过电铸即可获得所需产品。因此，电铸制模可用于加工精度和表面粗糙度要求高、形状复杂、机加工办法加工困难的各种塑料模具、印刷板模具、工艺制品模具等。如电铸制模可用来复制出各种表面花纹，加工出印刷滚筒、滤网、电动剃须刀网罩、波纹管、雷达反光镜等产品。

电铸制模应用的实例有电风扇精密齿轮、注塑模、门铃注塑模具、自行车尾灯反射器注塑模具及仪表、玩具、无线电行业的模具。

D 化学镀

化学镀是将工件置于镀液中，镀液中的金属离子获得从镀液的化学反应中产生的电子，在工件表面还原沉积形成镀层的过程，是一个无外加电场的电化学过程。

化学镀可获得单一金属镀层、合金镀层、复合镀层和非晶态镀层。与电镀相比，化学镀的均镀能力好，仿形性良好，镀层致密，设备简单，操作方便。复杂模具进行化学镀，还可以避免热处理引起的变形。

a Ni－P 化学镀

Ni－P 化学镀的基本原理是以次亚磷酸盐为还原剂，将镍盐还原成镍，同时使镀层中含有一定量的磷，沉积的镍膜具有自催化性，可使反应继续进行下去。

化学镀工艺已在多种模具上得到应用，采用 Ni－P 化学镀强化模具，既能提高模具表面的硬度和耐磨性，又能改善模具表面的自润滑性能，提高模具表面的抗擦伤能力和耐蚀性能，适用于冲压模、挤压模、塑料成形模。如 45 钢制拉深模，经化学镀 10 μm 厚的 Ni－P 层后，模具表面硬度达到 1000 HV 以上，模具寿命延长 10 倍，产品表面质量明显提高。

Ni－P 化学镀应用于模具有以下优点：

(1) 能提高模具表面的硬度、耐磨性、抗擦伤和抗咬合能力，脱模容易，并可提高模具的使用寿命。

(2) Ni－P 化学镀层与基体的结合强度高，能够承受一定的切应力，适用于冲压模和挤压模。

(3) Ni－P 合金层具有优良的耐蚀性，对塑料模和橡胶模可以进行表面强化处理。

(4) 沉积层厚度可以控制，模具尺寸超差时，可通过化学镀恢复到规定尺寸。

(5) 挤塑模和注射模等形状复杂的模具进行 Ni－P 化学镀，镀层厚度均匀且无变形。

b 化学镀复合材料

凡是能够化学镀的金属或合金，原则上都能得到其复合材料。研究最多的是化学镀镍及其合金复合材料，其中研究较多的是采用 SiC、Al_2O_3 和金刚石的复合材料。含 SiC 化学镀复合材料是最常用的复合材料之一。由于SiC具有高硬度，从而使复合材料具有良好的耐磨性。实验测试表明，Ni－B－SiC复合镀层的硬度和耐磨性不仅明显优于Ni－B化学镀层，而且远远优于镀铬镀层。经适当处理后，复合镀层的硬度和耐磨性将进一步提高。

E 热浸镀

热浸镀是将一种基体金属浸在熔融状态的另一种低熔点金属中，在其表面形成一层金属保护膜的方法。镀层金属主要有锌、锡、铝、铅等及其合金。镀层金属为锌时镀层耐蚀性好，黏附性好；镀层金属为铝时镀层有优异的耐蚀性，良好的耐热性，对光、热有良好的反射性。目前，热浸镀锌、热浸镀铝被广泛应用于模具制造业中。

根据热浸镀前处理方法的不同，其工艺可分为溶剂法和保护气法两大类。溶剂法是最常用的热浸镀方法。热浸镀之前，在清洁的金属表面涂一层助镀剂，防止钢铁腐蚀。浸入镀液后，助镀层能迅速分解，并起到清除基体金属表面的氧化物、降低熔融金属表面张力的作用，以提高镀层质量。热浸镀工艺分镀前表面处理、助镀处理、热浸镀和镀后处理四个基本工艺阶段，主要包括以下几个处理步骤：预镀件碱洗──→酸洗──→水洗──→稀盐酸处理──→水洗──→溶剂处理──→烘干──→热浸镀──→镀后处理──→制品。其中，溶剂处理是该工艺的重要环节，是提高镀层质量、防止漏镀的关键步骤。

F 激光强化技术

激光作为热源对材料表面进行强化，包括相变硬化、表面熔化、表面合金化、表面涂覆等。激光表面强化技术发展很快，大功率激光器研制成功及技术的完善为开展模具激光表面强化的研究和应用提供了有利条件。

在模具表面激光强化方法中，激光相变硬化（激光淬火）应用比较普遍。它是利用高能量激光束在模具刃口或型腔需要强化表面进行扫描照射。激光束产生的巨大热量，将材料表面在短时间内加热到1000℃以上，当激光束离开加热点后，此点即以相当大的冷速淬火。因为是“自淬火”，所以模具变形小，获得的表层组织比感应淬火及火焰淬火都要细，在一条件下表层还可能形成非晶态结构，因而表面强化性能更高。此外，激光束火焰集中，易于实现对窄深沟槽、拐角、不通孔、深孔、刃口等部位的强化处理。由于激光处理表面冷却速度快，对低碳钢、中碳钢、低合金工具钢等进行处理后，表面强化效果可与高强度模具钢媲美。

激光表面合金化是以激光做热源的复合强化技术，是在模具表面涂上合金粉，以足够功率，适当扫描速度，使表面温度升到熔点，形成一层合金熔化层。根据对模具的耐磨、耐蚀、耐热、抗氧化等要求，配制适当的表面合金化成分，进行表面合金化。近来还发展了激光表面陶瓷化强化技术，能使材料表面形成超硬陶瓷层。

激光强化的不足之处是强化面积小，相邻两个强化带之间存在回火软化现象，对需要大面积强化的模具受到限制。激光相变强化和表面合金化能使模具寿命提高 1~3 倍。

G 气相沉积

气相沉积是一种利用气态物质（气相）中发生的某些物理、化学过程，在模具表面形成具有某些特殊性能的金属或化合物涂层的技术。根据涂层形成过程，气相沉积可以分为化学气相沉积、物理气相沉积和等离子体化学气相沉积三大类；在模具表面镀覆一层超硬镀层是提高模具寿命的有效途径，先进的表面超硬镀层是以 TiN、TiC、TiCN、金刚石、立方氮化硼等为代表。

a 化学气相沉积

化学气相沉积简称 CVD。其特点是通过发生反应的混合气体在模具表面发生化学反应，使模具表面生成一层薄的固相沉积物层。如图 2-2 所示是 CVD 法装置示意图。

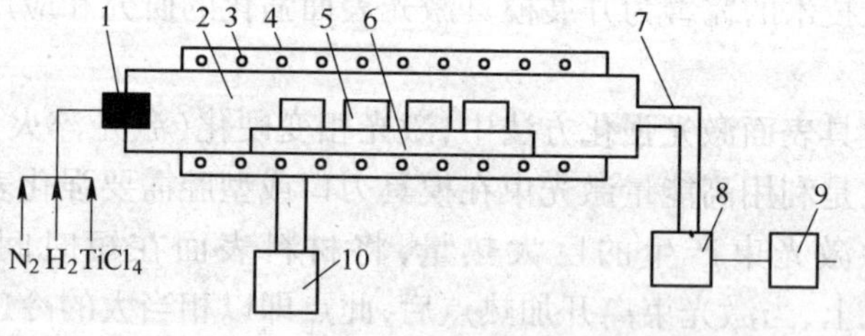

图 2-2 CVD 法装置示意图

1—进气系统；2—反应器；3—加热炉丝；4—加热炉体；5—工件；6—卡具；7—排气管；8—机械泵；9—废气处理系统；10—加热炉电源及测温仪表

CVD 法可以用来沉积各种金属和碳化物、氮化物、氧化物、硅化物、硼化物等。目前应用较普遍的是气相沉积 TiC，基本原理是将工件加热到 900～1200℃ 范围内，使四氯化钛和材料中的碳在材料表面进行化学反应，经过一定时间即可生成一层 TiC 镀层。

化学气相沉积设备简单、操作维护方便、多用性强，可以对形状复杂或带有槽沟及孔的工件进行均匀涂覆。由于温度高，TiC 与基体结合牢固。镀层硬度相当高，可达 3000 HV，耐磨性极好，而且摩擦系数小，具有很好的减磨性和抗咬合性。

模具表面主要沉积 TiC 和 TiN，特别适用于承受高负荷的模具。如对 Cr12MoV 钢落料模、拉深模、弯曲模、冲孔模等进行气相沉积 TiC，模具寿命比常规处理提高 3 倍以上。对各类高速钢制作的冷作模具，沉积 TiC 和 TiN 后使用寿命提高 6～10 倍。

CVD 法属高温处理技术，突出缺点是容易引起模具变形。为解决变形问题，现已发展了中温 CVD 和低温 CVD 技术，特别是等离子化学气相沉积 PCVD，其工作原理与离子渗氮相似，沉积速度快、加热温度低、工件变形较轻微，具有应用前景。

b 物理气相沉积

物理气相沉积简称 PVD，是用物理的方法把欲涂覆物质沉积在工件表面上形成膜的过程。目前常用的有三种物理气相沉积方法，分别为真空蒸镀、真空溅射和离子镀。其中离子镀在模具中的应用较广。离子镀是在真空条件下，利用气体放电使气体或被蒸发物质离子化，在气体离子或蒸发物质离子轰击作用下，把蒸发物质或其反应物蒸镀在工件上。

(1) 真空蒸镀。真空蒸镀法一般在 10^{-3} Pa 或更高真空度的反应室中，将镀层材料加热变成蒸发原子，蒸发原子在真空条件下撞击工件表面而形成沉积层。图 2－3 为真空蒸镀装置示意图。真空蒸镀装置通常由真空室、排气系统、蒸发源、加热系统等几部分组成。真空室由高真空机组抽真空，真空度达 10^{-3}～10^{-2} Pa。将欲蒸镀的材料放置在蒸发源上，在蒸发电极上通低电压、大电流交流电，使蒸镀材料加热至熔化、蒸发。大量的蒸发原子离开熔池表面进入气相，径直达到基板表面，凝结成金属薄膜。

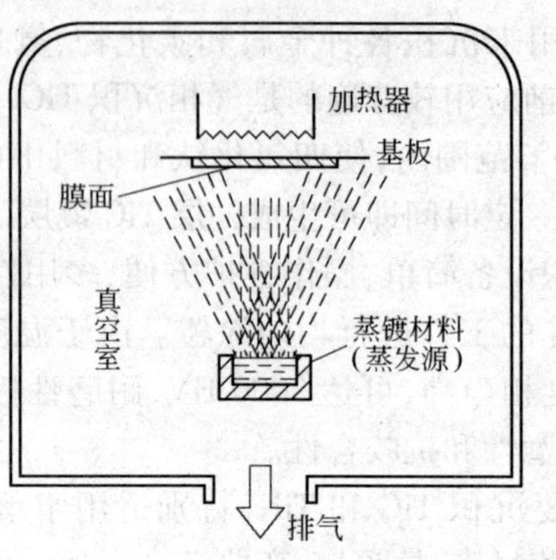

图2-3　真空蒸镀装置示意图

基板入槽前要进行充分的清洗。同时,蒸镀时,一般在基板背面设置一个加热器,使基板保持适当温度,使膜(涂层)和基层之间形成一薄的扩散层,以增大附着力。膜厚的分布由蒸发源和基板的相对位置以及蒸发源的分布特性所决定。实际蒸镀过程中,为了得到均匀的镀膜,可以采取一些措施,诸如把多个蒸发源安排在适当的位置。其中最简单的方法是把多个点蒸发源排成一列,也可使基板相对点蒸发源移动。

蒸发用热源主要分三类:电阻加热源、电子束加热源和高频感应加热源。最近还采用了激光蒸镀法和离子蒸镀法(离子注入和蒸镀同时进行的镀膜法)。真空蒸镀的主要缺点是膜-基结合力弱,镀膜不耐磨,并有方向性;但设备简单,工艺操作容易,可镀材料广,镀膜纯洁,广泛用于光学、电子器件和塑料制品的表面处理。

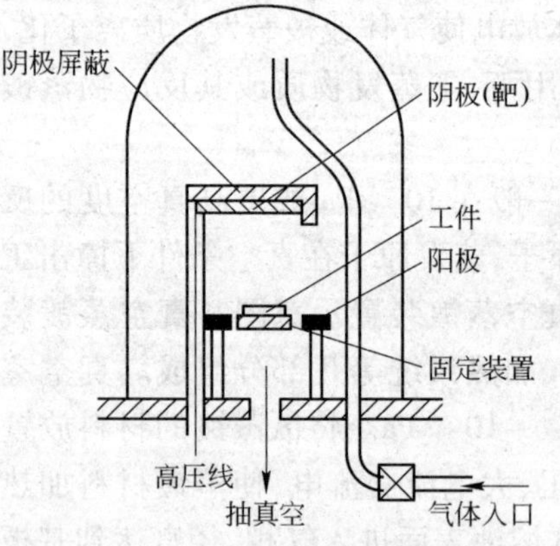

图2-4　真空溅射装置示意图

(2) 真空溅射。真空溅射是不用蒸发技术的物理气相沉积方法。此法用高能离子冲击欲沉积的金属或化合物(靶子)表面,产生溅射现象,从靶子溅射出来的粒子堆积在工件上形成覆盖层。图2-4为真空溅射装置示意图。一般用氩气作为工作气体，压强为2.66~13.3 Pa，靶（靶源材料如TiC）上带数百到数千伏负压，加热灯丝至1700℃左右，并使之带负电（30~100 V），此时灯丝发射电子，使氩气电离成氩离子轰击靶材，使靶材以原子或分子状态溅射到工件表面上，形成厚度为几微米至几十微米的沉积层。

溅射下来的材料原子具有10~35 eV的动能，比蒸镀时的原子动能大得多，因而溅射膜的附着力也比蒸镀膜大。溅射性能取决于所用的气体、离子的能量、轰击所用的材料等。离子轰击所产生的投射作用可用于任何类型的材料，难熔材料W、Ta、C、Mo、WC、TiC和TiN也能像那些低熔点材料一样容易被沉积。溅射出的合金组成常常相当于靶的成分。

具体的溅射工艺很多，如果按电极的构造及其配置方法进行分类，有代表性的几类如：二极溅射、三极溅射、磁控溅射、对置溅射、离子束溅射、吸收溅射等。常用的是磁控溅射，目前已开发了多种磁控溅射装置。

常用的磁控高速溅射方法的工作原理为：用氩气作为工作气体，充氩气后反应室内压强为1.3~2.6 Pa，以欲沉积的金属和化合物为靶（如Ti、TiC、TiN），在靶附近设置与靶表面平行的磁场，另在靶和工件之间设置阳极，以防工件过热。磁场导致靶附近等离子密度（亦即金属离化率）的提高，从而提高溅射与沉积速率。磁控溅射效率高，成膜速度高（可达2 μm/min），而且基板温度低，因此，此法适用性广，可沉积纯金属、合金或化合物。例如以钛为靶，引入氮或碳氢化合物气体可分别沉积TiN和TiC等。

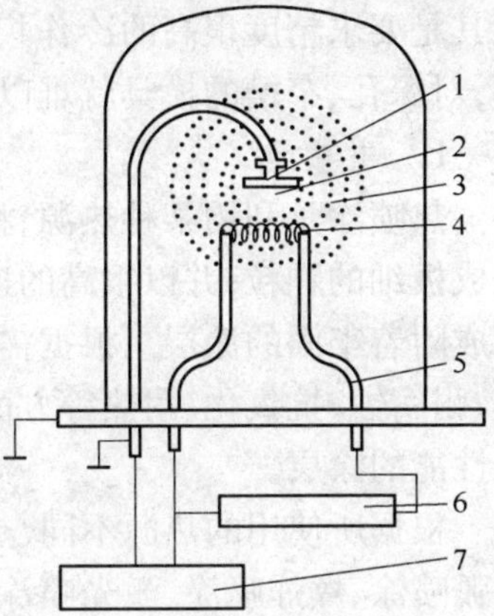

图2-5 离子镀装置示意图

1—基板（阴极）；2—阴极暗部；
3—辉光放电区；4—蒸发灯丝（阳极）；
5—绝缘管；6—灯丝电源；7—高压电源

（3）离子镀。图2-5为离子镀装置示意图。离子镀是借助于一种惰性气体的辉光放电，使欲镀金属（或合金）蒸发离子化，离子经电场加速，而沉积在带负电荷的被镀物基板上。惰性气体一般采用氩气,压强为 133×10^{-3} ~ 133×10^{-2} Pa,两极电压在500~2000 V之间。离子镀包括镀膜材料(如TiC和TiN)的受热、蒸发、沉积的过程。蒸发的镀膜材料原子在经过辉光区时,一小部分发生电离,并在电场的作用下飞向工件,以几千电子伏的能量射到工件(模具)表面上,可以打入基体约几纳米的深度,从而大大提高涂层的结合力。而未经电离的蒸发材料原子直接在工件上沉积成膜。惰性气体离子与镀膜材料离子在基板表面上发生的溅射,还可以清除工件表面的污染物,从而改善结合力。如果提高金属蒸气原子的离子化程度,显然可以增加镀层的结合力,为此而发展了一系列的离子镀设备和方法,如高频离子镀、空心阴极放电离子镀、热阴极离子镀、感应加热离子镀、活性化蒸发离子镀、低压等离子镀等。

离子镀除了涂层结合力强之外,还具有如下优点:离子绕射性强,没有明显的方向性沉积,工件的各个表面都能镀上;涂层均匀性较好,并且具有较高的致密度和细的晶粒度,即使经镜面研磨过的工件,进行离子镀后,表面依然光洁致密,无需再研磨。

物理气相沉积的优点是温度低、变形小,用PDV法提高冷作模具,尤其是要求精度很高的冷作模具寿命最为适宜。但PVD法的绕镀性差,对深孔、窄槽的模具就难以进行。

H 热喷涂

热喷涂是利用某种热源,将涂层材料加热熔化,以高速气流将其雾化成极细的颗粒,并以很高的速度喷射在经过预先处理的工件表面上,形成附着牢固的涂层。根据需要选用不同的涂层材料,可以获得耐磨损、耐腐蚀、抗氧化、耐热等方面的一种或数种性能,也可以获得其他特殊性能的涂层。

根据所使用的热源不同,热喷涂方法有:火焰喷涂、电弧喷涂、等离子弧喷涂、爆炸喷涂、激光喷涂等。根据喷涂材料的形状不同,热喷涂方法可以分为:粉末喷涂、金属丝喷涂、金属带喷涂和熔罐喷涂等。下面介绍几种常见的热喷涂方法。

火焰粉末喷涂尤其是氧乙炔火焰粉末喷涂是目前应用面较广、数量较多的一种喷涂方法,是通过采用粉末火焰喷枪来实现的。粉末随送粉末气流从喷嘴中心喷出进入火焰，被加热熔化或软化，焰流推动熔流以一定速度喷射到基材表面形成涂层。火焰粉末喷涂可以获得结合力较高的涂层，可喷涂的材料也较广，而设备简单、便宜，操作方便，容易推广。

电弧喷涂是将两根被喷涂的金属丝作为自耗性电极，输送直流或交流电，利用丝材端部产生的电弧做热源来熔化金属，用压缩气流雾化熔滴并喷射在基材表面形成涂层。电弧喷涂的优点是电喷涂枪构造简单，操作灵活，喷涂材料的利用率高，材料价格低，气源单一，总的处理成本低。缺点是喷涂材料局限于能制成丝的金属和合金材料。另外，金属丝导孔易磨损；金属丝往往由于接触不良而打火，甚至焊住；金属丝导孔内锈皮等脏物易卡住而不能顺利送丝。

等离子喷涂是以电弧放电产生等离子体作为高温热源，以喷涂粉末材料为主，将喷涂粉末加热至熔化或熔融状态，在等离子射流加速下获得很高的速度，喷射到基材表面形成涂层。等离子弧温度高，可熔化目前已知的任何固体材料；喷射出的微粒高温、高速，形成的喷射涂层结合强度高，质量好，用途十分广泛。

热喷涂技术的优点是几乎所有材料，不论是金属母材还是非金属母材均可对其表面喷涂而制作模具，涂层材料也是种类繁多，包括各种金属和合金、陶瓷、塑料、石墨、尼龙等。热喷涂涂层厚达数毫米，硬度高达2000 HV以上。结合牢固，操作迅速，涂层形成速度快，对模具大小不限。

另外，热喷涂层还具有耐磨、耐蚀、耐热、耐振、隔热、密封、润滑、绝缘、导电等多种性能，对模具能提供耐磨而坚韧的厚涂层，特别适合于大型模具，严重磨损条件下的模具。如冷拔无缝钢管内模与钢管产生强烈摩擦和挤压，使内模产生严重的黏着磨损，原采用45钢渗碳、再镀铬，使用寿命20～40根，采用氧乙炔火焰喷涂镍基耐磨涂层后，可以拉拔无缝钢管250根。

I 电火花强化

电火花强化是采用脉冲放电技术，直接利用火花放电时释放的能量，将一种导电材料涂覆或熔渗到另一种材料的表面，形成合金化的表面强化层，从而达到改善被强化工件表面的物理、化学及力学性能。

电火花强化的优点是强化层与基体结合强度高，不会剥落或脱落；被强化工件的表面不需经过特殊预处理，也不需后处理，强化后即可以使用。电火花强化设备轻小，使用方便，通用范围广，可对模具进行局部强化。电火花强化工艺不足之处是强化层比较薄，表面粗糙度值比较高，因手工操作效率较低，涂层均匀性较差。

电火花应用于模具强化时间很早，效果也较明显，用硬质合金强化冷冲模、拉深模、玻璃模、剪裁模等均获得良好效果。如冲压厚度0.35 mm厚的硅钢片及4 mm的钢板的落料模。经电火花强化后使用寿命延长2～3倍。

J　离子注入

离子注入是20世纪70年代初逐渐发展起来的一种新的表面改性方法。它是把工件(金属、合金、陶瓷等)放在离子注入机的真空靶室中，在几十至几百千伏的电压下，把所需元素的离子注入到工件表面的一种工艺。实验证明，离子注入能使金属和合金的摩擦系数、耐磨性、抗氧化性、抗腐蚀性、耐疲劳性以及某些材料的超导性能、催化性能、光学性能等发生显著变化。目前，离子注入已在改善工业零件的抗蚀、耐磨等性能方面得到应用。载有一定能量的离子射入固体后，就与其中的原子核和电子发生碰撞。碰撞过程中，离子不断消耗能量，离子的运动方向不断发生偏折。在走过一段曲折的路程之后，当离子的能量几乎耗尽时，就在靶中某处停留下来。

离子注入除了在表面层中增加注入元素含量之外，还在注入层中增加了许多空位、间隙原子、位错、位错团、空位团、间隙原子团等缺陷，显然这些微观缺陷对注入层的性能有很大的影响。具有足够能量的入射离子或被撞出的离位原子，与晶格原子碰撞并给后者大于其能量时，晶格原子就发生离位。离位原子最终在晶格间隙处停留下来，成为一个间隙原子，它与原先位置上留下的空位形成空位－间隙原子对，这就是辐照损伤。辐照损伤对晶体的性能产生显著影响的另一个原因是辐照提高了原子在晶体的扩散速度。

离子注入技术与气相沉积、等离子喷涂、电子束和激光束热处理等表面处理工艺不同，其主要特点有：

(1) 离子注入是一个非热平衡过程，注入离子的能量很高，可以高出热平衡能量的2～3个数量级。因此，原则上讲，元素周期表上的任何元素，都可注入任何基体材料。

(2) 注入元素的种类、能量、剂量均可选择，用这种方法形成的表面合金，不受扩散和溶解度的经典热力学参数的限制，即可得到用其他方法得不到的新合金相。

(3) 离子注入层相对于基体材料没有边缘清晰的界面，因此表面不存在黏附破裂或剥落问题，与基体结合牢固。

(4) 离子注入控制电参量，故易于精确控制注入离子的密度分布，浓度分布可以通过改变注入能量加以控制。

(5) 离子注入一般是在常温真空中进行，加工后的工件表面无形变，无氧化，能保持原有尺寸精度和表面粗糙度，特别适于高精密部件的最后工序。

(6) 可有选择地改变基体材料的表面能量，并在表面内形成压应力。

离子注入技术的缺点是设备昂贵，成本高。离子注入层较薄，不能用来处理具有复杂凹腔表面的零件，并且离子注入零件要在真空室中处理，受到真空室尺寸的限制。离子注入金属能显著地提高金属的表面硬度、耐磨性、抗蚀性等，因此，离子注入使模具的寿命延长数倍。例如，YG2拉丝模未注入氮离子时使用寿命为6年，产量为193 kg，注入氮离子后使用寿命为13年，产量为432 kg。

3　常用模具材料、典型模具的选材及其热处理工艺

3.1　冷作模具材料

3.1.1　常用冷作模具材料

冷作模具钢是应用最广的冷作模具材料。按化学成分、工艺性能和承载能力可将冷作模具钢分类，见表 3－1。

表 3－1　冷作模具钢分类

类　型	钢　号
低淬透性冷作模具钢	T7A、T8A、T10A、T12A、8MnSi、Cr2、9Cr2、Cr06、GCr15、CrW5
低变形冷作模具钢	9Mn2V、CrWMn、9SiCr、9CrWMn、9Mn2、MnCrWV、SiMnMo
高耐磨、微变形冷作模具钢	Cr12、Cr12Mo1V1(D2)、Cr12MoV、Cr5Mo1V、Cr4W2MoV、Cr12Mn2SiWMoV、Cr6WV、Cr6W3Mo2.5V2.5
高强度、高耐磨冷作模具钢	W18Cr4V、W6Mo5Cr4V2、W12Mo3Cr4V3N
高强韧性冷作模具钢	6W6Mo5Cr4V、65Cr4W3Mo2VNb(65Nb)、7Cr7Mo2V2Si(LD)、7CrSiMnMoV(CH-1)、5Cr4Mo3SiMnVAl(012Al)、6CrNiSiMnMoV(GD)、8Cr2MnWMoVS
高耐磨、高强韧性冷作模具钢	9Cr6W3Mo2V2(GM)、Cr8MoWV3Si(ER5)
特殊用途冷作模具钢	9Cr18、Cr18MoV、Cr14Mo、Cr14Mo4、1Cr18Ni9Ti、5Cr21Mn9Ni4W、7Mn15Cr2Al3V2WMo

3.1.1.1　低淬透性冷作模具钢

A　碳素工具钢

常用的碳素工具钢有 T7A 钢、T8A 钢、T10A 钢和 T12A 钢，其中 T7A 钢为亚共析钢，T8A 钢为共析钢，T10A 钢、T12A 钢为过共析钢。它们的化学成分见表 3－2。

表 3-2 常用碳素工具钢的化学成分

钢 号	质量分数/%		
	C	Mn	Si
T7	0.65~0.74	0.3	0.3
T8	0.75~0.84	0.3	0.3
T10	0.95~1.04	0.3	0.3
T12	1.15~1.24	0.3	0.3

a 力学性能

力学性能主要受以下三个因素的影响：

（1）碳含量的影响。钢的硬度主要由碳含量决定，碳含量越高硬度越高。钢的耐磨性取决于碳含量，碳含量越高，耐磨性越好，如 T12 钢比 T10 钢耐磨性稍高。钢的韧性随碳含量的增加而逐渐下降。钢的强度随碳含量的增加而增加。

（2）淬火温度的影响。提高淬火温度可使碳素工具钢的强韧性下降。实践证明，适当提高淬火温度，可增加硬化层厚度，从而提高模具的承载能力。因此，对于直径小于 15 mm、容易完全淬透的小型模具，可采用较低的淬火温度（760~780℃）；对于大、中型模具，应适当提高淬火温度（800~850℃）或采用高温装炉快速加热工艺（炉温可高于上述温度）。

（3）回火温度的影响。碳素工具钢的硬度随回火温度的提高而下降。在低温回火阶段（150~300℃），弯曲强度及韧性随回火温度的升高而明显增高。但是碳素工具钢的扭转试验结果表明，在 200~280℃回火温度范围内出现一个脆性区。由于实际模具绝大多数承受弯曲及拉、压载荷，故目前在生产中仍采用 220~280℃回火。

b 工艺性能

碳素工具钢的工艺性能如下所述：

（1）锻造性能。碳素工具钢热变形抗力低，锻造温度范围大，因而锻造工艺性能好。

（2）球化退火和正火。经锻造后的模具毛坯需进行球化退火处理，以使其具有良好的力学性能，并为淬火做好组织准备。如果退火前钢中存在较严重的网状渗碳体，则应先正火，通常是经高温加热后鼓风冷却，使二次渗碳体来不及呈网状析出。若渗碳体网状不太严重，则不一定先正火，只需在球化退火时增加保温时间即可。

(3) 淬火和回火。最终淬火一般采用分级加热的方法，以减少变形开裂和高温保温时间，这样也可以使氧化脱碳减少。

淬火冷却一般采用分级-等温工艺，可减少变形，获得良好性能，但淬透性差。采用160～180℃碱浴分级淬火可获得较高硬度(55～62HRC)，只是淬硬层较薄。

淬火后应力很大，应尽快回火，通常在油炉或硝盐中进行。碳素工具钢的最终热处理规范见表3-3。

表3-3　碳素工具钢的热处理规范

钢号	淬火规范				回火规范	
	预热温度/℃	加热温度/℃	淬后硬度，HRC	淬火介质	回火温度/℃	回火后硬度，HRC
T7A	400～500	780～820	59～62	水或油	160～180	57～60
T8A	400～500	780～820	60～63	水或油	160～180	58～61
T10A	400～500	760～810	61～64	水或油	160～180	59～62
T12A	400～650	760～810	61～64	水或油	160～180	59～62

c　应用范围

碳素工具钢的应用范围如下所述：

T7A钢为高韧性碳素工具钢，其强度及韧性都较高，适合制作易脆断的小型模具或承受冲击载荷较大的模具；T10A钢是最常用的钢材，是性能较好的代表性碳素工具钢，耐磨性也较高，经适当热处理可得到较高强度和一定韧性，适合制作要求耐磨性较高而承受冲击载荷较小的模具；T8A钢淬透性、韧性等均优于T10A钢，耐磨性也较高，适于制作小型拉拔、拉深、挤压模具；T12A钢对于要求高硬度和高耐磨性而对韧性要求不高的切边模等可以采用。

B　GCr15钢

GCr15钢是专用的轴承钢之一，但也常用来制造冷作模具，如落料模、冷挤压模和成形模等。该钢具有过共析成分，并加入少量的铬以提高淬透性和耐回火性。GCr15钢的化学成分见表3-4。通过适当的热处理可以获得高硬度、高强度和良好的耐磨性，并且淬火变形小。

表 3-4 GCr15 钢的化学成分

元素名称	C	Mn	Si	Cr	P	S
质量分数/%	0.95~1.05	0.25~0.45	0.15~0.35	1.40~1.65	≤0.025	≤0.025

a 力学性能

GCr15 钢的力学性能主要受淬火温度和回火温度的影响。

(1) 淬火温度的影响。GCr15 钢的正常淬火加热温度为 830~860℃,多用油冷,最佳淬火加热温度为 840℃,淬火后的硬度达 63~65 HRC。在实际生产条件下,根据模具有效截面尺寸和淬火介质的不同,所用的淬火温度可稍有差别。如尺寸较大或用硝盐分级淬火的模具,宜选用较高淬火温度(840~860℃),以便提高淬透性,获得足够的淬硬层深度和较高的硬度;尺寸较小或用油冷的模具一般选用较低的淬火温度(830~850℃);相同规格的模具,在箱式炉中加热应比在盐浴炉中加热温度稍高。

(2) 回火温度的影响。随着回火温度升高,回火后的硬度下降。回火温度超过 200℃后,则将进入第一类回火脆性区,所以,GCr15 钢的回火温度一般为 160~180℃。

b 工艺性能

GCr15 钢的工艺性能如下所述:

(1) 锻造性能。GCr15 钢的锻造性能较好,锻造温度范围宽。锻造工艺规程一般为:加热到 1050~1100℃,始锻温度为 1020~1080℃,终锻温度为 850℃,锻后空冷。锻后的组织应为细片状珠光体,这样的组织不经正火就可进行球化退火。

(2) 正火。GCr15 钢正火加热温度一般为 900~920℃,冷速不能小于 40~50℃/min。小型模坯可在静止空气中冷却;较大模坯可采用鼓风或喷雾冷却;直径在 200 mm 以上的大型模坯,可在热油中冷却至表面温度约为 200℃时取出空冷。后一种冷却方式形成的内应力较大,容易开裂,应立即进行球化退火或补加去应力退火。

(3) 球化退火。GCr15 钢的球化退火工艺规范一般是加热温度为 770~790℃,保温 2~4 h,等温温度为 690~720℃,等温时间为 4~6 h。退火后组织为细小均匀的球状珠光体,硬度为 217~255HBS,具有良好的切削加工性能。

GCr15 钢淬透性较好(油淬临界淬透直径为 25 mm),油淬情况下获得的淬硬层深度与碳素工具钢水淬相近。

3.1.1.2 低变形冷作模具钢(高碳低合金冷作模具钢)

低变形冷作模具钢是在碳素工具钢的基础上加入了适量的铬、钼、钨、钒、硅、锰等合金元素,可以降低淬火冷却速度,减少了热应力、组织应力和淬火变形及开裂倾向,钢的淬透性也明显提高。因此,碳素工具钢不能胜任的模具,可考虑用高碳低合金钢来制作。

低变形冷作模具钢常用的钢号有:CrWMn、9Mn2V、9SiCr、9CrWMn、9Mn2、MnCrWV、SiMnMo 等,下面介绍其中常用的两个钢种,即 CrWMn 和 9Mn2V 钢。

A 化学成分

低变形冷作模具钢 CrWMn、9Mn2V 的化学成分见表 3-5。

表 3-5 CrWMn 和 9Mn2V 钢的化学成分(质量分数/%)

钢号	化学成分							
	C	Mn	Si	Cr	W	V	P	S
CrWMn	0.90~1.05	0.80~1.10	≤0.40	0.90~1.20	1.20~1.60		≤0.030	≤0.030
9Mn2V	0.85~0.95	1.70~2.00	≤0.40			0.10~0.25	≤0.030	≤0.030

B 力学性能

CrWMn 钢在淬火及低温回火状态下含有较多的碳化物,因而具有较高的硬度和耐磨性。钨还能细化晶粒,使钢具有较好的韧性。当 800℃淬火时,钢的抗弯强度、韧性最高。在 270℃以下回火时,强度及冲击韧性随回火温度升高而显著上升。约在 300℃左右回火,冲击韧性为最低值,应尽量避免在 300℃附近回火。

9Mn2V 钢含有 0.2% 的矾,能抑制过热敏感性及网状碳化物的析出,冶金质量易于保证,碳化物细小。与 CrWMn 钢相比,耐磨性相近,碳化物不均匀性和淬火开裂的倾向性比 CrWMn 钢小,但淬透性低。回火稳定性也稍差。

C 工艺性能

低变形冷作模具钢的工艺性能如下所述:

(1) 锻造工艺。

1) CrWMn 钢始锻温度为 1100～1140℃,终锻温度为 800～850℃,锻后要空冷到 650～700℃再缓冷,否则容易形成网状碳化物。

2) 9Mn2V 钢始锻温度为 1130～1160℃,终锻温度不小于 800℃,锻后要空冷到 650～700℃再缓冷。

(2) 退火工艺。

1) CrWMn 钢退火加热温度为 790～830℃,等温温度为 700～720℃。如果锻后已有较严重的网状碳化物析出或晶粒粗大,则球化退火之前应进行一次正火处理,正火加热温度为 930～950℃,然后空冷。

2) 9Mn2V 钢加热温度为 750～770℃,保温 3～5 h,等温温度为 680～700℃,保温 4～6 h。

(3) 淬火及回火工艺。

CrWMn 和 9Mn2V 钢的最终热处理规范见表 3-6。

表 3-6 CrWMn 和 9Mn2V 钢的热处理规范

钢号	淬火规范				回火规范	
	预热温度/℃	加热温度/℃	淬后硬度,HRC	淬火介质	回火温度/℃	回火后硬度,HRC
9Mn2V	400～650	780～820	≥62	油	150～200	60～62
CrWMn	400～650	820～850	62～65	油	140～160	62～65

D 应用范围

CrWMn 钢的硬度、强度、韧性、淬透性及热处理变形倾向均优于碳素工具钢,主要用做轻载冷冲裁模(料厚小于 2 mm)、轻载拉深模及弯曲翻边模等。

9Mn2V 钢冷加工性能好,热处理变形及淬裂倾向小,但该钢淬透性、淬硬性、回火抗力、强度等方面不如 CrWMn 钢。9Mn2V 钢适于制造一般要求的尺寸较小的冷冲压模和雕刻模等。用 9Mn2V 钢制作冲件厚度小于 4 mm 的冷冲裁模,其刃磨寿命稳定在(2～3.5)万次的水平。

3.1.1.3 高耐磨微变形冷作模具钢

高耐磨微变形冷作模具钢常用钢号有:Cr12、Cr12MoV、Cr12Mo1V1(简称 D2)、Cr5Mo1V、Cr4W2MoV、Cr2Mn2SiWMoV、Cr6WV、Cr6W3Mo2.5V2.5。这里主要介绍常用的高碳高铬的三种

Cr12 型钢。

A　化学成分

Cr12、Cr12MoV 和 Cr12Mo1V1(D2)钢的化学成分见表 3 - 7。

表 3 - 7　三种 Cr12 型高耐磨微变形钢的化学成分(质量分数/%)

钢　号	化学成分					
	C	Mn	Si	Cr	Mo	V
Cr12	2.0 ~ 2.3	≤0.40	≤0.40	11.5 ~ 13.0		
Cr12MoV	1.45 ~ 1.70	≤0.40	≤0.40	11.0 ~ 12.5	0.40 ~ 0.60	0.15 ~ 0.30
Cr12Mo1V1	1.40 ~ 1.60	0.40	≤0.60	11.0 ~ 13.0	0.70 ~ 1.20	≤1.10

B　组织与性能

Cr12 型钢属莱氏体钢,钢中存在大量铬元素,其硬度很高,因而提高了钢的耐磨性。铬又增加了钢的淬透性,模具截面尺寸为 300 ~ 400 mm以下时,油冷均可淬透,并且钢淬火时变形很小。在 Cr12 钢中加入钼和钒的 Cr12MoV 及 Cr12Mo1V1 钢,除进一步提高钢的回火稳定性和淬透性外,还进一步细化了晶粒,改善了钢的韧性。

C　锻造与退火

Cr12 型钢由于是莱氏体钢,铸态存在鱼骨状共晶碳化物,因为轧制或锻造存在方向性。加工后碳化物分布仍不均匀,会给热处理带来变形、开裂等缺陷。碳化物越不均匀,抗弯强度越低,并产生各向异性,所以对原材料必须进行改锻,降低碳化物的不均匀性,对提高 Cr12 型钢的模具质量十分重要。

Cr12 型钢锻后一般采用等温球化退火,退火加热温度为 850 ~ 870℃,等温温度为 720 ~ 750℃,随炉冷却到 600℃后出炉空冷,退火后为索氏体加合金碳化物,硬度为 207 ~ 255HBS。

D　淬火和回火

Cr12 型钢的最终淬火温度在 1000 ~ 1075℃时可获得较好的力学性能,如图 3 - 1 ~ 图 3 - 3 所示。在低于 1040℃的温度下淬火,大部分可保持细的奥氏体晶粒。由于淬透性高,可采用空冷、油冷、硝盐分级淬火。淬后正常组织为马氏体加残余奥氏体及粒状碳化物。对韧性要求较高的小型模具,可采用等温淬火获得一定数量的下贝氏体,虽然硬

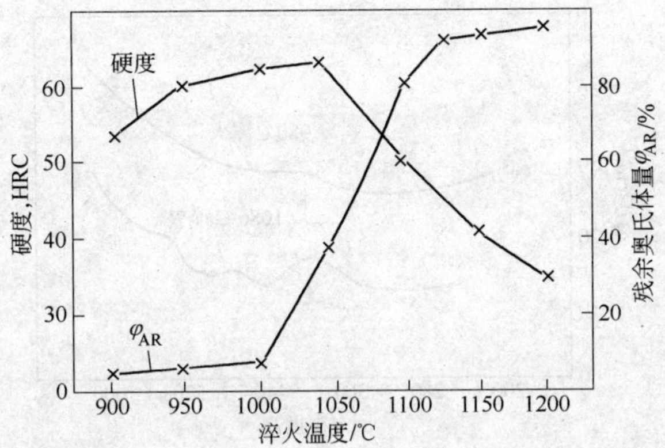

图 3-1 Cr12MoV 钢的硬度及残余奥氏体量与淬火温度的关系

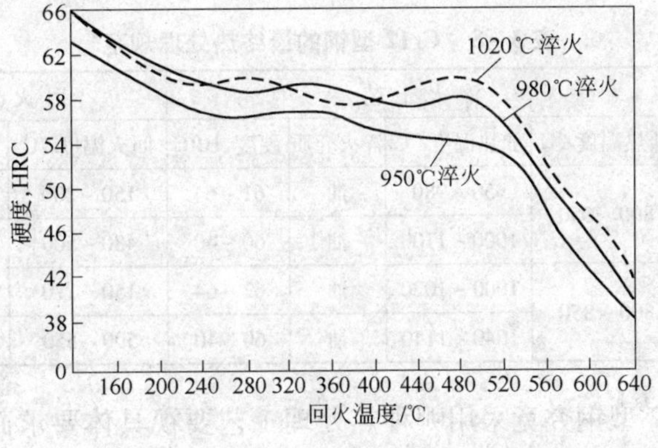

图 3-2 Cr12MoV 钢的硬度与回火温度的关系

度较低,但韧性较好,淬火变形也较小。

Cr12 型钢,根据需要可采用高温回火或低温回火。回火温度高,硬度连续下降,升至 300℃硬度基本保持不变,高于 300℃回火,从马氏体中析出弥散的合金碳化物,同时残余奥氏体转变为马氏体,使钢的硬度增加,产生“二次硬化”,回火温度继续升高,碳化物继续长大,硬度下降。可采用多次回火,防止早裂。还可采用控制马氏体分解和残余奥氏体的转变,从而控制体积的收缩或胀大,适当调整模具尺寸。高铬钢在 275 ~375℃间有回火脆性,应予避开。

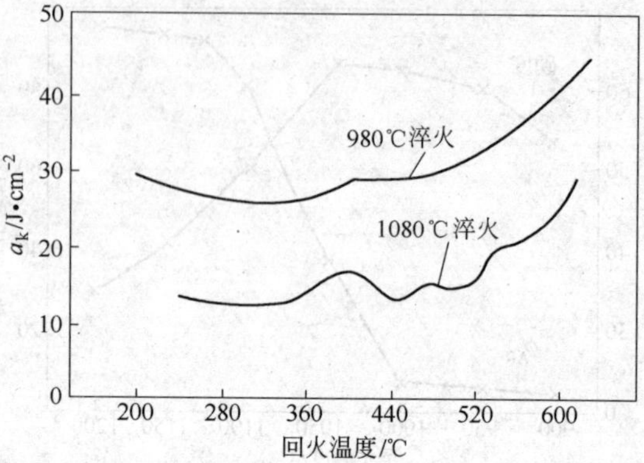

图 3－3　Cr12MoV 钢的冲击韧性与回火温度的关系

Cr12 型钢的最终热处理规范见表 3－8。

表 3－8　Cr12 型钢的最终热处理规范

钢　号	淬火工艺				回火工艺	
	预热温度/℃	加热温度/℃	淬火介质	硬度,HRC	回火温度/℃	硬度,HRC
Cr12	800～850	950～980	油	61～64	150～200	50～62
		1000～1100	油	60～40	480～500	60～63
Cr12MoV	800～850	1000～1020	油	62～64	150～170	61～63
		1040～1140	油	60～40	500～550	60～61

对 Cr12 型钢究竟采用哪种热处理工艺要视具体要求而定。如对 Cr12MoV 钢采用低温淬火（950～1000℃）及低温回火（200℃），可获得高硬度及高韧性，但抗压强度较低；采用高温淬火（1100℃）及高温回火（500～520℃），可获得较高硬度及高抗压强度，但韧性太差；而采用中温淬火（1030℃）及中温回火（400℃），可获得最好的强韧性和较高的断裂抗力。

E　应用范围

Cr12 型钢是应用最广、数量最大的冷作模具钢。由于 Cr12 钢脆性最大、最易断裂，只适合用于制造冲击负荷小、耐磨性要求高的冲切薄硬钢板的冲裁模；而 Cr12MoV 和 Cr12Mo1V1 钢的脆断倾向较小，综合性能也优于 Cr12 钢，所以广泛用于制造大截面、形状复杂的重载冷作模具,如切边模、落料模、滚边模、拉丝模等。

3.1.1.4 高强度高耐磨冷作模具钢

高速钢具有很高的硬度、抗压强度和耐磨性,采用低温淬火、快速加热淬火等工艺措施可以有效地改善其韧性。因此,高速钢越来越多地应用于要求重载荷、长寿命的冷作模具。常用高速钢的钢号有W18Cr4V、W6Mo5Cr4V2 和 W12Mo3Cr4V3N(V3N)。这些钢在制造重载荷的冷作模具方面取得了良好的使用效果。但高速钢作为冷作模具钢也存在一定的局限性,主要表现为合金元素消耗量大,价格贵,制造工艺性能不佳,热处理工艺复杂,淬火、回火后的变形难以控制。

A 化学成分

几种用于制作冷作模具的高速钢的化学成分见表 3-9。

表 3-9 几种用于制作冷作模具的高速钢的化学成分(质量分数/%)

钢 号	化学成分					
	C	Cr	W	Mo	V	N
W18Cr4V	0.70~0.80	3.80~4.40	17.50~19.00		1.00~1.40	
W6Mo5Cr4V2	0.80~0.90	3.80~4.40	5.55~6.75	4.50~5.50	1.75~2.20	
W12Mo3Cr4V3N	1.10~1.25	3.50~4.30	11.00~12.50	2.50~3.50	2.50~3.10	0.04~0.10

B 工艺性能

高强度高耐磨冷作模具钢如下所述:

(1) 锻造和退火。钢厂供应的高速钢材,虽经轧制或锻造,但碳化物的分布仍然不均匀,尤其是大截面钢材,碳化物往往呈现严重的带状及网状,降低了钢材热处理后的基体硬度、强度和韧性。因此,用于制造模具的高速钢材,都要经过改锻,并通过反复镦粗和拔长来改善碳化物的分布。

高强度高耐磨冷作模具钢的退火有普通球化退火和等温退火两种工艺。高速钢退火是为了降低硬度,以利于切削加工,也是为淬火做组织准备和消除锻造加工中产生的内应力。高速钢退火温度不宜过高,否则不仅不能进一步降低钢的硬度,反而会增加氧化和脱碳倾向。

(2) 淬火。根据模具使用条件不同,对 W18Cr4V 钢制冷作模具的淬火温度推荐为 1220~1250℃;而对 W6Mo5Cr4V2 钢制冷作模具的淬火温度推荐为1160～1200℃。

高速钢模具淬火加热系数一般选在8～16 s/mm，具体保温时间选定与多种因素有关。淬火加热温度高，则保温时间可缩短（低温淬火则需延长保温时间）；大型模具选用小的加热系数，小型模具则选用大的加热系数，但最少的加热时间不应低于2 min。

（3）回火。淬火后的组织处于不稳定状态，内应力高，脆性大，故必须进行回火。在500～600℃之间回火时，会析出高度弥散的钨、钼、钒的碳化物（W_2C、Mo_2C 和 VC）。550～575℃是VC析出最强烈的温度区，此区间回火钢的硬度显著提高并达到最高值，即发生了所谓"二次硬化"现象；当回火温度超过600℃时，钢的硬度下降。高速钢必须经三次以上的回火，经三次回火后硬度达64HRC以上。

高强度高耐磨冷作模具钢的最终热处理规范见表3－10。

表3－10　高强度高耐磨冷作模具钢的最终热处理规范

钢号	淬火工艺									回火工艺				
	第一次预热		第二次预热		淬火加热			冷却介质	硬度,HRC	温度/℃	时间/h	次数	冷却	硬度,HRC
	温度/℃	时间/h	温度/℃	时间/s·mm^{-1}	介质	温度/℃	时间/s·mm^{-1}							
W18Cr4V	400	1	850	24	盐浴	1260～1280	15～20	油	≥63	560	1	3	空	63～66
W6Mo5Cr4V2	400	1	850	24	盐浴	1150～1200	20	油	≥63	550	1	3	空	63～66

（4）淬火、回火注意事项。

淬火、回火注意事项如下所述：

1）为减少淬火变形及开裂，淬火时必须进行预热，预热温度为800～850℃，预热时装炉量大小与模具形状也是考虑的因素，时间取淬火保温时间的2～3倍。

2）如需二次淬火时，必须预先再次进行退火。

3）回火必须三次以上，对大尺寸或等温淬火的模具甚至需进行四次回火处理，决不能用一次较长时间的回火操作代替多次短时间的回火操作。

C　应用范围

高速钢的抗压强度、耐磨性及承载能力居各冷作模具钢之首，主要用于重载荷凸模，如冷挤压凸模、重载冷镦凸模、中厚钢板冲孔凸模（厚度为10～25 mm）、直径ϕ小于5～6 mm的小凸模以及各种用于冲裁奥氏体钢、弹簧钢、高强度钢板的中、小型凸模和粉末冶金压模等。

高速钢合金元素含量高，价格贵，工艺性能不佳，脆性较大，使其应用受到一定限制。钨钼系高速钢因其碳化物分布较均匀，颗粒细小，故W6Mo5Cr4V2钢的强韧性优于W18Cr4V钢，应用比较广泛。

3.1.1.5　高强韧性冷作模具钢

长期以来，重载冷镦、冷挤压模具，均采用高速钢或高碳高铬钢制造。由于这些钢的韧性较低，模具的早期脆断失效严重，使用寿命不高。近年来，国内外研制开发了多种高强韧性冷作模具钢，其强度、韧性、冲击疲劳断裂抗力，均优于高速钢或高碳高铬钢，而抗压性及耐磨性稍逊于前者。使用寿命较高速钢、高碳高铬钢大为提高。此类钢包括基体钢、低合金高强度钢、降碳减钒的低碳M2钢和马氏体时效钢等。

A　降碳高速钢（6W6Mo5Cr4V）的特性

6W6Mo5Cr4V钢属于降碳减钒型钨钼系高速钢。与W6Mo5Cr4V2相比，碳含量降低20%，钒含量降低50%，使用效果良好，是我国目前较成熟的一种高强韧性、高承载能力的冷作模具。

a　性能特点

6W6Mo5Cr4V钢，由于降低了碳与钒的含量，降低了MC型碳化物的总含量，改善了碳化物分布的不均匀性，使共晶碳化物的不均匀度降低1～2级，淬火硬化状态的抗弯强度与塑性提高30%～50%，冲击韧性提高50%～100%，仍保持了良好的二次硬化能力和热稳定性，560～580℃回火后硬度为60～63HRC。

b　工艺性能

降碳高速钢的工艺性能如下所述：

(1) 锻造及退火。6W6Mo5Cr4V的锻造温度范围较窄，钢材始锻温度低于1100℃，仍需按莱氏体钢的锻造操作要领进行深透锻造，并控制流线方向。退火易软化，硬度低于229HBS，机械加工性能良好。

6W6Mo5Cr4V钢锻后退火可采用普通退火或等温退火。常用的锻后等温退火工艺如图3－4所示。

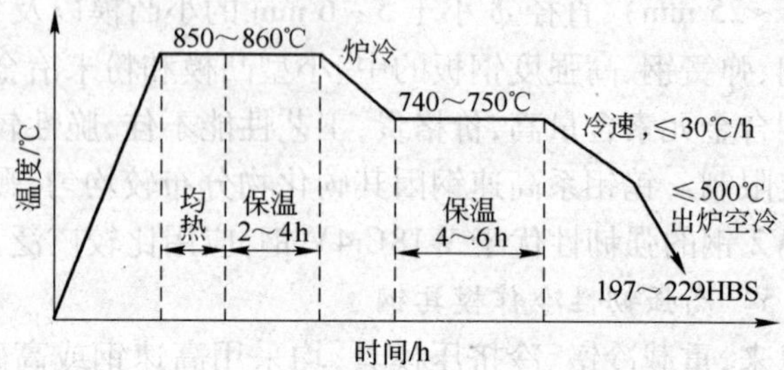

图3－4　6W6Mo5Cr4V钢锻后等温退火工艺

（2）淬火及回火。6W6Mo5Cr4V钢的淬火加热温度上限为1180～1200℃，经560～580℃三次回火后，硬度为60～63HRC。不同淬火温度对力学性能的影响如图3－5所示；不同温度回火对力学性能的影响如图3－6所示。回火时强度峰值位于560～580℃区间，但冲击韧性呈现谷值。

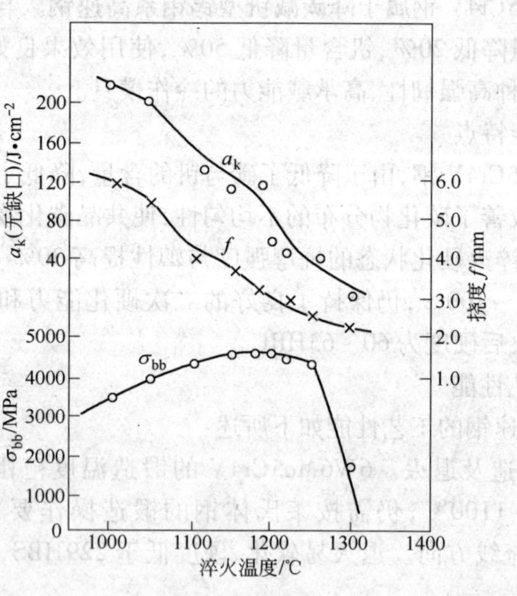

图3－5　淬火温度对力学性能的影响（淬火后经560℃三次回火）

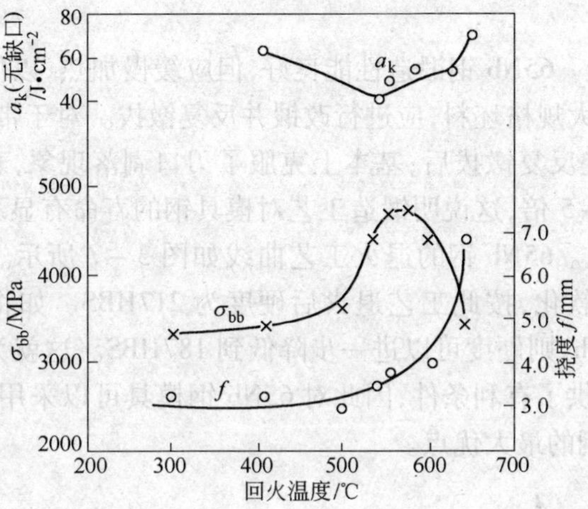

图 3-6 不同温度回火三次后的力学性能(1200℃淬火后回火)

c 应用范围

6W6Mo5Cr4V 钢主要用于取代高速钢或高碳高铬钢制作易于脆断或劈裂的冷挤压凸模或冷镦凸模,可成倍提高模具的使用寿命,用于大规格的圆钢下料剪刃,能提高寿命数十倍。

B 基体钢

基体钢是指具有高速钢正常淬火后基体成分的钢,这类钢的碳质量分数一般为 0.5% 左右,合金元素质量分数在 10% ~20% 范围内,在具有一定耐磨性和硬度的前提下,抗弯强度和韧性得到显著改善。对于基体钢,下面主要介绍其中常用的两种:65Cr4W3Mo2VNb(65Nb)和 7Cr7Mo2V2Si(LD)钢。

a 65Cr4W3Mo2VNb(65Nb)钢

65Nb 钢的性能特点、工艺性能与应用范围如下所述:

(1) 性能特点。65Nb 中合金元素 Cr、W、Mo、V 的含量设计取自淬火态的 W6Mo5Cr4V2 高速钢的基体成分,合金元素在模具钢中的作用与高速钢中相似。加入的合金元素铌与钢中的碳生成高稳定性的 NbC,使淬火后基体的碳含量降低,显著提高钢的韧性,铌还改善了钢的工艺性能。

(2) 工艺性能。65Nb 钢的工艺性能主要包括锻造、退火、淬火及回火性能。

1）锻造。65Nb 钢锻造性能良好，但应缓慢加热，以保证烧透。对锻坯尤其是大规格坯料，应进行改锻并反复镦拔。对于带刃口的模具，如切边模，经反复镦拔后，基本上克服了刃口剥落现象，寿命仅比拔长的模具长 4 ~ 5 倍，这说明锻造工艺对模具钢的寿命有显著影响。

2）退火。65Nb 钢的退火工艺曲线如图 3 – 7 所示。加铌的基体钢容易退火软化，按此工艺退火后硬度为 217HBS。如将等温时间由 6 h延长到 9 h，则硬度可以进一步降低到 187HBS。这就为模具自身冷挤压成形提供了有利条件，因此对 65Nb 钢模具可以采用冷挤压成形，这是 65Nb 钢的最大优点。

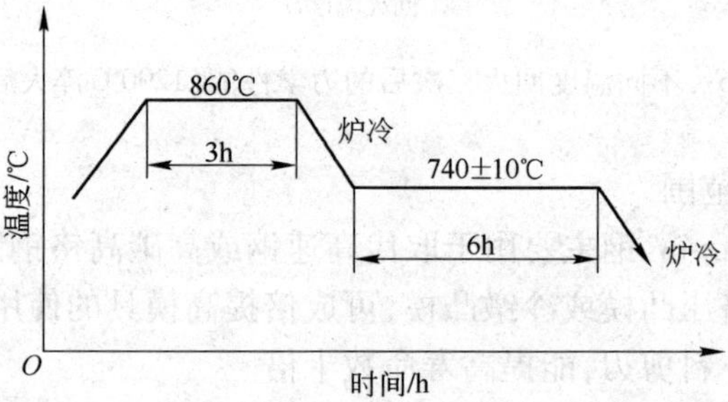

图 3 – 7　65Nb 钢的退火工艺曲线

3）淬火及回火。适合的淬火温度范围是 1080 ~ 1180℃。淬火加热时间应保证碳化物充分溶解并均匀化，同时不使晶粒增大，在盐浴炉中加热系数以 15 ~ 20 s/mm 为宜。冷却方式根据模具形状和对变形的要求，可采用油冷、油淬 – 空冷和分级淬火。回火温度范围为 520 ~ 560℃，一般采用二次回火。随淬火温度升高，挠度降低，抗弯强度开始上升，超过 1160℃淬火后逐渐下降，最大抗弯强度出现在 520 ~ 540℃二次硬化峰值处；冲击韧性随淬火温度升高而下降，随回火温度的变化规律正好与硬度的变化规律相反，在二次硬化峰值处，a_k 值处于低谷。

（3）应用范围。65Nb 钢锻造及退火工艺性能良好，热处理温度范围大，淬火加热可在 1080 ~ 1180℃，回火温度可在 520 ~ 600℃之间选择，通过调整热处理参数，可以得到强度、韧性和耐磨性的不同配合，适应多种模具的性能要求。

65Nb 钢制作冷挤压模、冷镦模，不易开裂，制作形状复杂的有色金属冷挤压模、单位挤压力为 2.5 GN 左右的黑色金属冷挤压模以及轴承、标准件行业的冷镦模，使用寿命较现用的 Cr12MoV 等模具钢及高速钢模具成倍延长。65Nb 钢对于单位挤压力超过 2.5 GN 的黑色金属冷挤压模具及要求高耐磨的模具，其抗压屈服强度和耐磨性则均显不足。

b 7Cr7Mo2V2Si(LD)钢

7Cr7Mo2V2Si(LD)钢的性能特点、工艺性能和应用范围如下所述：

(1) 性能特点。7Cr7Mo2V2Si(LD)钢经适当热处理后的抗弯强度可达 5000 MPa 以上，冲击韧性值可达 100 J/cm^2 以上，如图 3-8 所示，其强韧性远高于高速钢或高碳高铬钢，同时具有高的耐磨性。与 6W6Mo5Cr4V 钢相比，在抗弯强度均达到 5000 MPa 时，7Cr7Mo2V2Si 钢的冲击韧性值比 6W6Mo5Cr4V 高出近一倍。

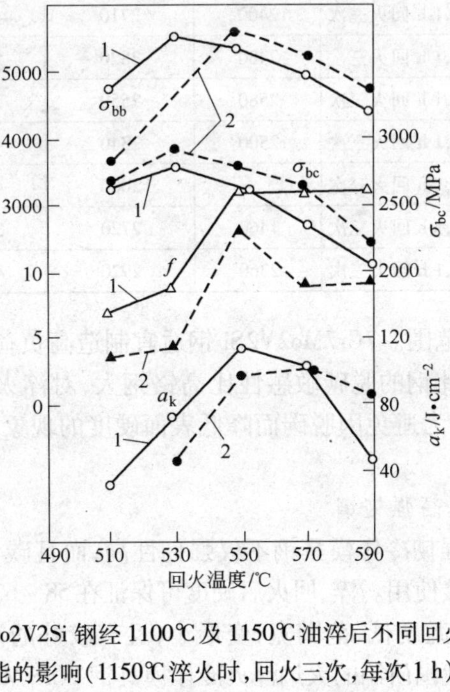

图 3-8 7Cr7Mo2V2Si 钢经 1100℃及 1150℃油淬后不同回火温度对力学性能的影响(1150℃淬火时，回火三次，每次 1 h)

1—1100℃油淬；2—1150℃油淬

（2）工艺性能。LD 钢的工艺性能主要包括锻造、退火、淬火及回火性能。

1）锻造。加热温度为 1120～1130℃，应严格控制不超过 1130℃。始锻温度为 1110～1120℃，终锻温度不小于 850℃。锻后采用缓冷。模坯可反复镦拔。

2）退火。LD 钢模具锻后要进行球化退火，其工艺为 850～870℃加热保温 2～3 h，降温至 730～750℃等温 4～6 h 后随炉缓冷，球化退火后的硬度为 200～250HBS。

3）淬火及回火：LD 钢经不同温度淬火、回火后的力学性能见表 3－11。

表 3－11 LD 钢经不同温度淬火、回火后的力学性能

热处理工艺		抗拉强度 σ_b/MPa	抗压屈服强度 σ_{bc}/MPa	抗弯强度 σ_{bb}/MPa	挠度 f/mm
1100℃淬火	510℃，1 h 回火三次	2400	2710	4690	6.7
	530℃，1 h 回火三次	2480	2820	5520	8.9
	550℃，1 h 回火三次	2580	2550	5430	16.5
	570℃，1 h 回火三次	2500	2340	4990	16.5
	590℃，1 h 回火三次		2080	4380	16.5
1150℃淬火	510℃，1 h 回火三次	1460	2720	3570	3.7
	530℃，1 h 回火三次	2360	2920	4670	4.7

（3）应用范围。7Cr7Mo2V2Si 钢适宜制造高负荷的冷挤、冷镦、冷冲模具。但是此钢的脱碳敏感性比高铬钢大，对淬火后不再加工就直接使用的模具，为避免因脱碳而降低表面硬度的现象发生，最好采用真空加热淬火。

C 低合金高强韧钢

低合金高强韧冷作模具钢不仅强韧性高，而且碳化物偏析小，可不经改锻下料直接使用。淬、回火后硬度可保证在 58～62 HRC。该类钢工艺性能好，淬火温度低，范围宽，变形小，且有较好的淬透性和耐磨性。下面主要介绍我国研制的火焰淬火冷作模具钢 7CrSiMnMoV（CH-1）。

7CrSiMnMoV 钢可用于模具刃口部位，经氧－乙炔火焰加热到淬火温度，然后空冷即达到淬硬目的，变形小，不需再经其他处理。经火焰淬火处理的模具与碳素工具钢、低合金钢模具相比，具有较长的使用寿命，并可使模具生产周期缩短近10%，价格降低10% ~20%，热处理节省能源80%左右，为冷冲裁模制造工艺实现高效、低成本、节能开辟了新的途径。

a 化学成分

7CrSiMnMoV 钢化学成分见表3－12。

表3－12 7CrSiMnMoV 钢的化学成分

元素名称	C	Si	Mn	Cr	Mo	V	S	P
质量分数/%	0.65 ~ 0.75	0.85 ~ 1.15	0.90 ~ 1.05	0.90 ~ 1.20	0.20 ~ 0.50	0.15 ~ 0.30	≤0.03	≤0.03

b 工艺性能

7CrSiMnMoV 的工艺性能主要包括锻造、退火、淬火及回火性能。

(1) 锻造。7CrSiMnMoV 钢合金含量低，塑性变形抗力低，锻造性能好。锻造加热温度为1150 ~1200℃，始锻温度为1100 ~1150℃，终锻温度为800 ~850℃，锻后空冷或灰冷，按此工艺改锻时未发现开裂等异常现象。

(2) 退火。退火工艺如图3－9所示，按此工艺退火后硬度为217 ~241 HBS。

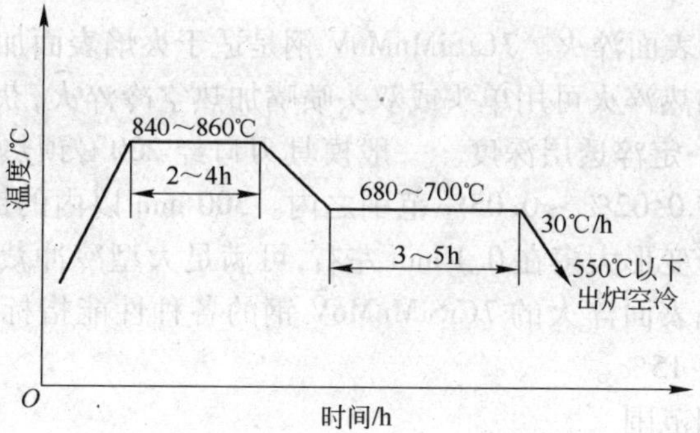

图3－9 7CrSiMnMoV 钢退火工艺曲线

（3）淬火及回火。淬火及回火工艺分为整体淬火、回火与火焰表面淬火。

1）整体淬火、回火。7CrSiMnMoV 钢淬透性好，将 ϕ80 mm 试样在盐浴炉中经 880℃加热淬火，测其硬度值沿截面变化的结果表明，当油淬时距表面 30 mm 处硬度仍有 60HRC，心部比表面仅低 3HRC；空冷时硬度比油淬低 2HRC，表面与心部硬度差仅有 4HRC。该钢的淬火温度范围大，当 820℃以上淬火即可获得 60HRC 的硬度。

推荐的 7CrSiMnMoV 钢整体淬火、回火工艺的曲线如图 3－10 所示。按此工艺处理后，硬度为 58～62 HRC。该钢变形量较小，与常用钢种 Cr12MoV 和 Cr2Mn2SiWMoV 钢变形量相近，是良好的微变形钢。

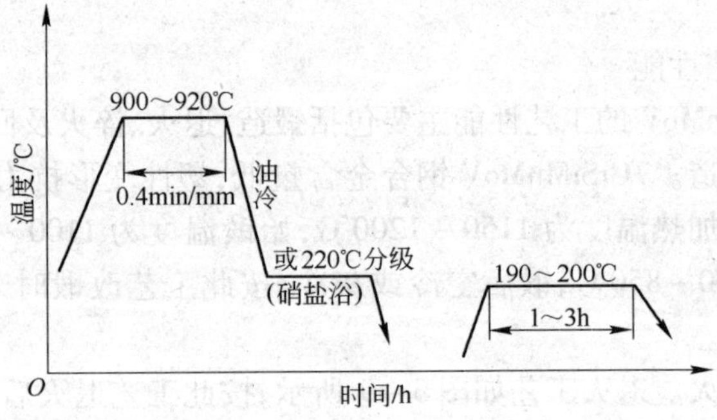

图 3－10　7CrSiMnMoV 整体淬火、回火工艺曲线

2）火焰表面淬火。7CrSiMnMoV 钢是适于火焰表面加热淬火的模具钢，火焰加热淬火可用单头或双头喷嘴加热空冷淬火，获得的硬度为 58 HRC，有一定淬透层深度。一般模具刃口经 200℃预热单件加热淬火，变形率在 0.02%～0.05% 范围之内。300 mm 以内的镶块，火焰淬火后，接合缝变形大多在 0.1 mm 左右，可满足大型冷冲裁模制造技术的要求，火焰表面淬火的 7CrSiMnMoV 钢的各种性能指标比整体加热淬火低 5%～15%。

c　应用范围

7CrSiMnMoV 钢具有高于 T10A、9Mn2V、CrWMn、Cr12MoV 钢的强韧性，在要求强韧性较高的落料模、冲孔模、切边模、弯曲模、压形模、拉深模、冷镦模等冷作模具,用该钢取代上述模具钢,可使模具寿命延长1~3倍以上。火焰加热淬火具有设备简单,操作方便,生产率高等优点,并解决了大型模具表面局部淬火的难题。火焰淬火能使刃口获得表面高硬度、心部高韧性、模具不易发生开裂、崩刃等,同时表面硬化层形成压应力,可显著提高疲劳强度,延长模具使用寿命。7CrSiMnMoV钢热处理变形小,提高了模具制造精度,已广泛应用在标准件、轴承、电子电器、汽车等行业。

3.1.2 新型冷作模具材料

3.1.2.1 高耐磨高强韧性冷作模具钢

高强韧性钢虽然克服了高铬钢、高速钢的脆断倾向,但由于钢中碳含量的减少,其耐磨性不如高铬钢和高速钢。对一些以磨损为主要失效形式的模具,上述钢种仍满足不了要求。为此研制了高耐磨、高韧性的冷作模具钢,其典型钢种主要有9Cr6W3Mo2V2(GM)和Cr8MoWV3Si(ER5)钢。

A 9Cr6W3Mo2V2(GM)钢

a 化学成分

GM钢的化学成分见表3-13。

表3-13 GM钢的化学成分

元素名称	C	Cr	W	Mo	V	Si,Mn	S	P
质量分数/%	0.86~0.96	5.60~6.40	2.80~3.20	2.00~2.50	1.70~2.20	各≤0.40	≤0.03	≤0.03

b 工艺性能

GM钢的工艺性能主要包括锻造、退火、淬火及回火性能。

(1)锻造。加热温度为1100~1150℃,始锻温度为1100℃,终锻温度为850~900℃。加热温度按中下限控制,锻造时严格按“轻、重、轻”法操作,否则易出现龟裂或劈头等缺陷。

(2)退火。退火工艺曲线如图3-11所示。冶金厂对钢锭常用图3-11*a*所示的工艺,模具毛坯则采用等温球化退火工艺,如图3-11*b*所示。通常要求尽可能降低硬度,但也要考虑生产效率。

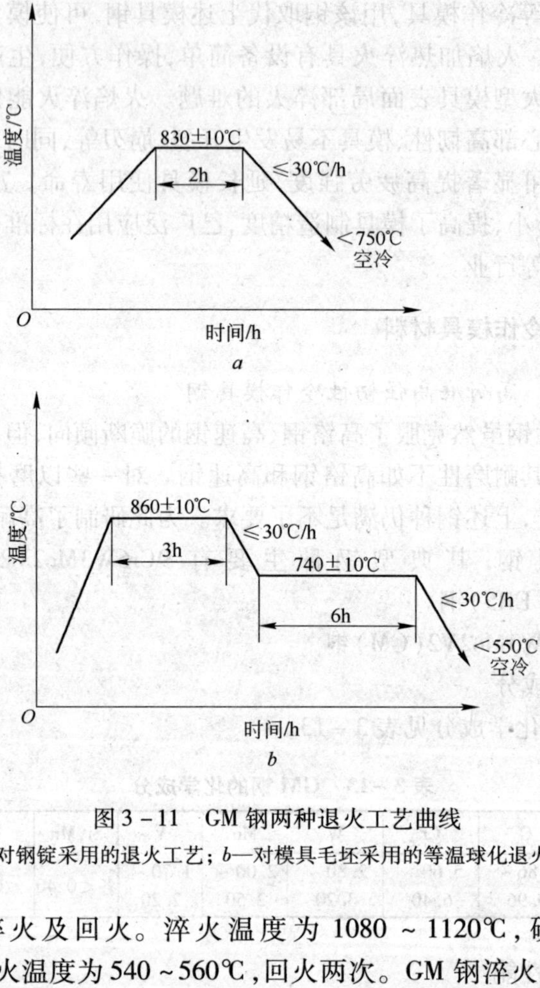

图 3－11 GM 钢两种退火工艺曲线

a—对钢锭采用的退火工艺；*b*—对模具毛坯采用的等温球化退火工艺

（3）淬火及回火。淬火温度为 1080 ~ 1120℃，硬度为 64 ~ 66 HRC。回火温度为 540 ~ 560℃，回火两次。GM 钢淬火、回火工艺曲线如图 3－12 所示。

c 力学性能

GM 钢的力学性能如下所述：

（1）硬度。淬火、回火温度对 GM 钢硬度的影响如图 3－13 ~ 图 3－15 所示。为了对比，图中还给出了 Cr12MoV 和 D2 钢以及 W18Cr4V 高速钢的硬度曲线。由图 3－14 可知，GM 钢的二次硬化能力显著高于 Cr12 型高碳高铬钢，接近高速钢水平。也可看出，GM 钢硬化峰值在

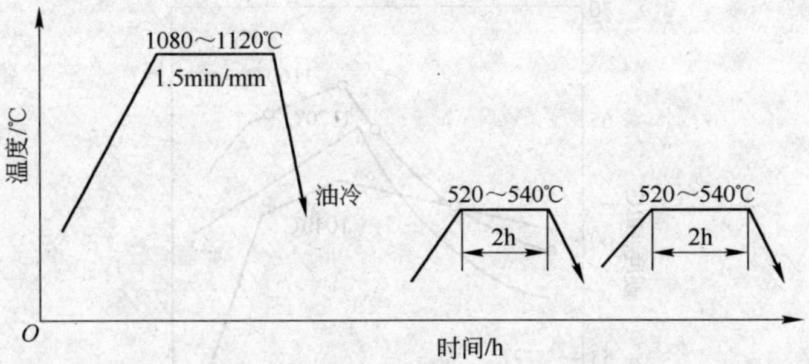

图 3－12　GM 钢淬火、回火工艺曲线

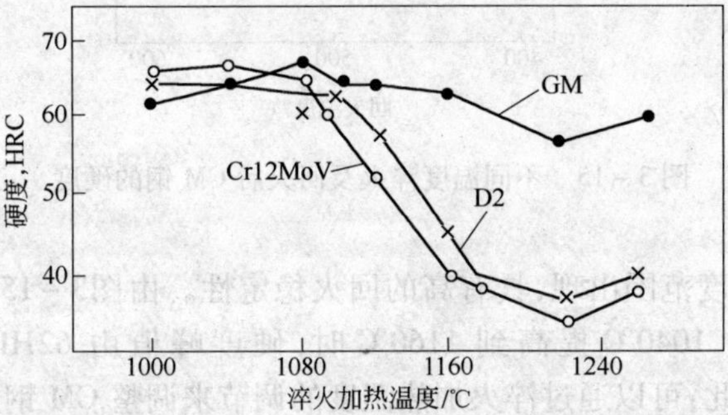

图 3－13　淬火温度对 GM 钢及其他钢硬度的影响

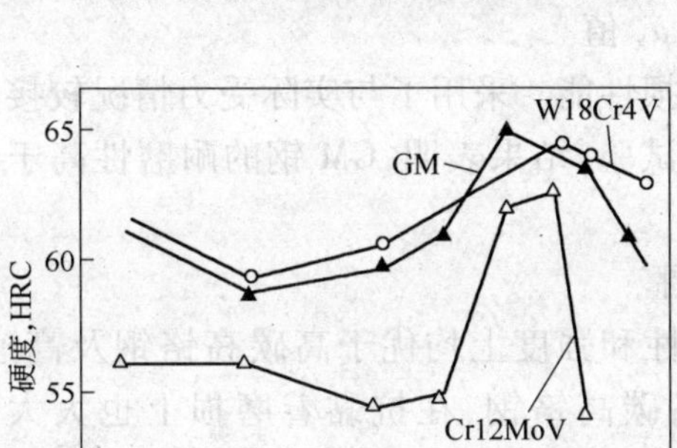

图 3－14　回火温度对 GM 钢及其他钢硬度的影响

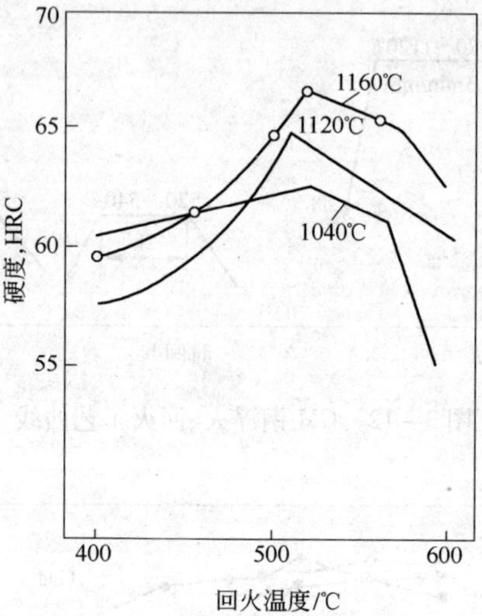

图 3 - 15　不同温度淬火及回火后 GM 钢的硬度

较宽回火温度范围出现,具有高的回火稳定性。由图3 - 15可知,淬火加热温度由 1040℃ 提高到 1160℃ 时,硬度峰值由 62HRC 提高到 66 HRC,因此,可以通过淬火加热温度的调节来调整 GM 钢的硬度。

(2) 冲击韧性。在高的抗压、抗弯强度及高韧度状态下,GM 钢仍保持一定水平的 a_k 值。

(3) 冲击磨损性能。采用了与实际受力情况较接近,并在冲击载荷下的动态磨损试验,结果表明,GM 钢的耐磨性高于 Cr12 型高碳高铬钢。

d　使用范围

GM 钢在韧性和强度上均优于高碳高铬钢及高速钢;硬度指标高于基体钢及高碳高铬钢,在抗黏着磨损上也大大优于基体钢和高铬钢,并与高速钢相近;抗弯强度和压缩屈服点远高于高铬钢,其抗弯强度约高出 70% 。由于 GM 钢中 Cr、W、Mo、V 等合金元素配比合理,有较强的二次硬化效应。各项工艺性能好,易于加工制模。因而,在高速冲床多工位级进模、滚丝模、切边模、拉深模等方面已得到较好应用,与 Cr12MoV 及某些基体钢相比,延长寿命 2 ~

6 倍。在标准件、电器仪表和电机行业都有广泛应用前景。

B Cr8MoWV3Si(ER5)钢

a 化学成分

ER5 钢的化学成分见表 3 – 14。由表可见,与基体钢比较,ER5 钢提高了碳含量、钒含量以及 Cr、Mo、W 等碳化物形成元素,因而使 ER5 钢具有高耐磨性及高强韧性。

表 3 – 14 ER5 钢的化学成分

元素名称	C	Cr	W	Mo	V	Mn	Si
质量分数/%	0.95 ~ 1.10	7.00 ~ 8.00	0.80 ~ 1.20	1.40 ~ 1.80	2.20 ~ 2.70	0.30 ~ 0.60	0.90 ~ 1.20

b 工艺性能

ER5 钢的工艺性能如下所述:

(1) 锻造工艺。ER5 钢锻造性能良好,始锻温度为 1150℃,终锻温度不低于 900℃。锻后缓冷并及时退火,当接近终锻温度时应轻锤快打,可提高锻造质量。

(2) 退火。ER5 钢的退火工艺曲线如图 3 – 16 所示,退火后硬度为 200 ~240 HBS。

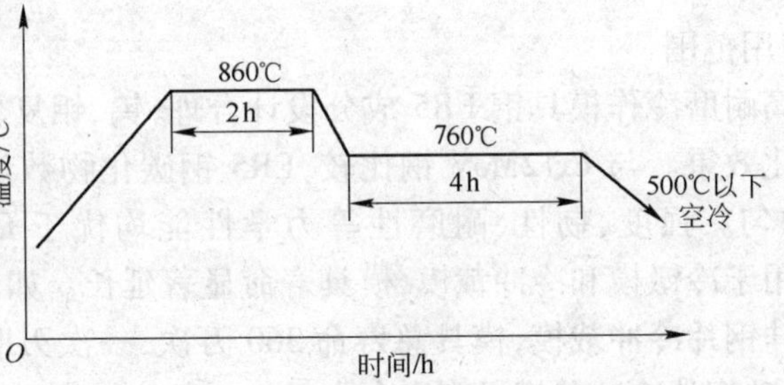

图 3 – 16 ER5 钢的退火工艺曲线

(3) 淬火、回火工艺。不同淬火、回火温度对 ER5 钢硬度的影响见表 3 – 15。

表 3－15　不同淬火温度及三次回火（每次 1 h）后的硬度，HRC

回火温度/℃		500	530	550	570	600	630
淬火温度/℃	1000	56.5	54.7	53.2	51.2	45.1	37.2
	1050	61.0	60.0	53.0	56.2	51.2	40.2
	1100	63.2	62.7	60.8	57.8	51.0	44.7
	1120	64.0	65.0	64.0	62.2	57.0	47.7
	1150	63.5	64.0	64.0	62.2	57.4	47.3
	1180	63.3	64.7	64.7	63.8	59.1	49.2

（4）推荐热处理工艺。对耐磨性要求高又能保证高强韧性时，应采用 1150℃淬火，520～530℃回火三次；对重载服役条件下的模具，采用 1120～1130℃淬火，550℃回火三次。

c　力学性能

ER5 钢的力学性能如下所述：

（1）抗拉性能。当 1100℃淬火、550℃回火时，具有最高抗拉强度（2480 MPa）。

（2）抗压性能。当 1180℃淬火、550℃回火时，具有最高抗压屈服强度（3487 MPa）。

（3）抗弯性能。当 1100℃淬火、550℃回火时，获得最高抗弯强度（4965.7 MPa）。

d　使用范围

新型高耐磨冷作模具钢 ER5 成分设计合理，钨、钼复合加入，增加了二次硬化效果。与 Cr12MoV 钢比较，ER5 钢碳化物数量少，颗粒细小，分布均匀。强度、韧性、耐磨性等力学性能均优于 Cr12MoV 钢。ER5 钢应用于冷镦模和冷冲裁模，模具寿命显著延长。如采用 ER5 钢制作电机硅钢片冷冲裁模，模具总寿命 360 万次，一次刃磨寿命 21 万次，达国内硅钢片冷冲裁模最高寿命水平。

3.1.2.2　特殊用途冷作模具钢

特殊用途冷作模具钢主要有两类：耐蚀冷作模具钢 9Cr18、Cr18MoV、Cr14Mo 和 Cr14Mo4 以及无磁模具钢 1Cr18Ni9Ti、5Cr21Mn9Ni4W 和 7Mn15Cr2Al3V2WMo 等。

A 耐蚀冷作模具钢

耐蚀冷作模具钢的成分特点是高碳高铬。淬火后马氏体中铬的质量分数高达 12%，既具有高的硬度和耐磨性，又具有良好的耐蚀性能。典型的耐蚀冷作模具钢有 9Cr18、Cr18MoV、Cr14Mo 和 Cr14Mo4 钢等。

这类钢的锻造加热温度一般为 1100～1130℃，始锻温度为 1050～1080℃，终锻温度为 850～900℃，锻后进行砂冷或灰冷。软化退火温度为 800～840℃，保温后炉冷至不大于 500℃出炉空冷。退火后硬度一般为 197～255HBS。这类钢的淬火温度一般为 1050～1100℃，保温后油冷，回火温度为 160～260℃。

B 无磁冷作模具钢

作为无磁冷作模具钢，除具备一般冷作模具钢的使用性能外，还具有在磁场中使用时不被磁化的特性。并具有非常低的磁导率、高的硬度、高的强度和较好的耐磨性。

常用的无磁冷作模具钢有 1Cr18Ni9Ti、5Cr21Mn9Ni4W、7Mn15Cr2Al3V2WMo 等。下面主要介绍 7Mn15Cr2Al3V2WMo 无磁模具钢。

新型无磁模具钢 7Mn15Cr2Al3V2WMo 属于高锰奥氏体钢，其热处理加工工艺规范为锻造加热温度为 1140～1160℃，始锻温度为 1080～1100℃，终锻温度不小于 900℃，锻后空冷，硬度为 34～35HRC。高温退火工艺为：加热温度 870～890℃，保温 3～6 h，炉冷至 500℃出炉空冷，硬度为 28～32HRC。固溶处理温度为 1150～1180℃，盐浴炉 15～20 h 或空气炉 30 h，水冷，固溶后硬度为 20～22HRC。时效处理温度为 700℃，保温 2 h，空冷，硬度为 48.5HRC。

7Mn15 钢适于制造无磁模具。由于其具有较高的高温强度和硬度，也可用来制造 700～800℃温度下使用的热作模具。

3.1.2.3 硬质合金

硬质合金的种类很多，但制造模具用的硬质合金通常是金属陶瓷硬质合金和钢结硬质合金。

A 金属陶瓷硬质合金

金属陶瓷硬质合金是将一些高熔点、高硬度的金属碳化物粉末（如 WC、TiC 等）和黏结剂（钴、镍等）混合后加压成形，再经烧结而成的一种粉末冶金材料。根据金属碳化物种类通常将其分为钨钴类硬质合金和钨钴钛类硬质合金。冷冲裁模用的硬质合金一般是钨钴类。

金属陶瓷硬质合金的共性是:具有高的硬度、高的抗压强度和高的耐磨性,脆性大,不能进行锻造及热处理,主要用来制作多工位级进模、大直径拉深凹模的镶块。

B　钢结硬质合金

a　概况

钢结硬质合金是以难熔金属碳化物为硬质相,以合金钢为黏结剂,用粉末冶金方法生产的一种新型模具材料,它具有金属陶瓷硬质合金的高硬度、高耐磨和高抗压性,又具有钢的加工性和热处理性。它的出现填补了工具钢与普通硬质合金的空白。硬质相主要是碳化钨和碳化钛,我国是以 TiC 为硬质相起步,并以 GT35 牌号供应市场。WC 钢结硬质合金是我国 20 世纪 60 年代研制的,牌号为 TLMW50。

第二代 WC 硬质合金是我国在 20 世纪 80 年代初研制成功的,简称 DT 合金。它保持了 TLMW50 的高硬度、高耐磨性,又较大幅度地提高了强度和韧性,因而能承受较大负荷的冲击,同时还具有较好的抗热裂能力,不易出现崩刃、淬裂等,是较理想的工模具材料之一。

b　钢结硬质合金的锻造

对烧结态的合金必须经锻造成形,提高合金的密度,又降低烧结中产生的严重碳化物偏聚。始锻温度为 1150 ~ 1200℃,终锻温度为 900 ~ 950℃。其导热性较差,加热应缓慢、均匀,预热要充分,并要防止氧化脱碳。应控制每次的变形量在 10% ~ 15%,不能太大,采用轻拍快打,以防止锻打碎裂。锻后冷却应缓慢,必须在细石灰、草木灰、炉渣等材料覆盖下进行缓冷,严禁水冷、空冷,以防开裂。

c　钢结硬质合金的热处理

锻造后,经退火软化后才能进行机械加工,之后,又必须经过淬火、回火后才能投入使用。

(1) 退火。一般采用等温退火,可消除应力,使组织均匀化,降低硬度以利于机加工。退火最高温度为 820 ~ 880℃,碳化钨系稍高于碳化钛系,等温处理的等温温度皆取 720 ~ 740℃,退火后的硬度为 35 ~ 45HRC。一般碳化钨系合金硬度稍低于碳化钛系的硬度。

(2) 淬火。一般与合金工具钢相同，但粉末冶金烧结体，存在空隙及大量在钢基体上弥散分布的合金碳化物，导热性低于一般钢料，加热速度要缓慢。并须一次甚至二次预热，也可随炉升温达到预热目的。淬火加热温度可在较大范围内选取，保温时间也可长一些，原因是碳化物能稳定晶界，可抑制奥氏体晶粒的长大，淬火过热敏感性比钢要小，因此不必担心奥氏体晶粒会过分长大。由于作为硬质相的碳化物颗粒数量已经很多，退火冷却时黏结相会析出二次复合碳化物，如淬火温度偏低，过多的未溶二次碳化物将会引起碳化物偏聚、连接现象，使钢基体作为黏结相的黏结作用减弱，降低了合金的韧性。所以淬火加热温度一般不宜过低，特别是硬质相含量较高的合金，淬火加热温度更应适当提高一些。不过淬火温度也不宜过高，否则又会增大淬火时的热冲击，使其在淬火时形成裂纹的危险增大。

淬火方法一般采用分级淬火，对于形状复杂或截面尺寸变化较大的坯料的淬火，为了减少热应力和相变应力，宜采用等温淬火。

(3) 回火。淬火后应尽快进行回火，特别是大型复杂件，以消除应力，防止开裂。回火温度通常取 180 ~ 220℃，保温时间取 1.0 ~ 1.5 h，要求高韧性，可用较高温度回火。在 450 ~ 550℃ 出现有二次硬化现象。但在高温回火时，有大量碳化物析出并发生连接现象而使冲击韧性降低。在 250 ~ 350℃ 回火，冲击韧性有明显下降，说明出现有低温回火脆性现象，应以注意。

d 机加工

与普通硬质合金相比，钢结硬质合金在退火软化后具有较好的切削加工性，可进行车、铣、刨、钻、攻螺纹等各种切削加工。钢结硬质合金切削加工的难易，除与坯料退火软化程度有关外，还与切削加工工艺参数（如切削速度、吃刀量、刀具几何角度等因素）有很大关系。加工钢结硬质合金时，一般采用较低的切削速度、较大的吃刀量和中等的进给量。

钢结硬质合金磨削加工时，易烧伤表面或产生网状裂纹。因淬火、低温回火后的硬度比退火后的高，所以常在退火状态下将其磨削至最终尺寸或接近最终尺寸，尽量少留磨削余量，以免淬火后磨削遇到困难。对精度要求不高时，可在淬火前磨削至最终尺寸，淬火、回火后稍加研磨抛光即可；对精度要求高时，可留少量精磨余量，以减少淬火、回火后的磨削困难。磨削时应采用高转速、小磨削量，并供给充足的冷却液，以免过热，造成模具刃口回火软化或烧伤。但磨削退火状态的工件，最好采用干磨。

钢结硬质合金和普通硬质合金一样可以进行电加工，如电火花加工和线切割加工等。电火花加工时，常用钢结硬质合金凸模做电极来加工钢结硬质合金凹模。电火花加工后，模具加工表面往往有几微米非常硬脆且伴有微裂纹的放电硬化层，一般采取二次回火来消除。同时要仔细研磨电火花加工面，以去除残存的放电硬化层中的微裂纹。用钢结硬质合金制作模具时，一般都采用组合连接方法，这是因为粉末冶金件不可能压制得很大，以及为了节约钢结硬质合金材料并发挥与其组合连接的钢材的优点。常用的组合连接方法有镶套、焊接、黏结和机械连接等。

e　应用范围

钢结硬质合金中的 DT 合金性能优越，越来越多的 DT 合金用来制造冷镦模、冷挤压模、冷冲裁模、拉深模等，使用效果良好。据不完全统计，在定转子冷冲裁模、落料模方面，DT 合金模具比 W18Cr4V，Cr12MoV 模具的使用寿命至少延长 6 ~ 30 倍；在民用五金行业的冷镦模、拉深模方面，DT 合金模具比 Cr12 模具寿命延长 10 ~ 32 倍，从而使成本大幅度降低。DT 合金价格比合金钢贵几倍，小批量生产时，技术经济效益不明显。

3.1.3　典型冷作模具的工作条件、失效形式及性能要求

典型的冷作模具有冷冲裁模、冷拉深模、冷挤压模和冷镦锻模。各种冷作模具的工作都是在常温下对被加工材料施加压力，使其产生分离或变形，从而获得一定形状、尺寸和性能的零件。不同种类的冷作模具，其具体工作条件不同，它们的失效形式又各有不同的特点。

3.1.3.1　冷冲裁模

A　工作条件及主要失效形式

冷冲裁模用于冷冲压加工的分离工序，主要是使各种板料冲切成形。冲裁模的主要工作部位是凸模（冲头）、凹模的刃口，它们对板料

施加压力,使板料弹性变形、塑性变形,直至被剪裂。图 3-17 表示出这一冲裁过程的三个阶段。在板料弹性变形阶段,冲头端面的中央部位与板料脱离接触,压力集中于刃口附近的狭小范围内,使刃口上的单位面积压力增大。在板料塑性变形和剪裂阶段,冲头切入板料,板料挤入凹模洞口,使模具刃口的端面和侧面产生挤压和摩擦。

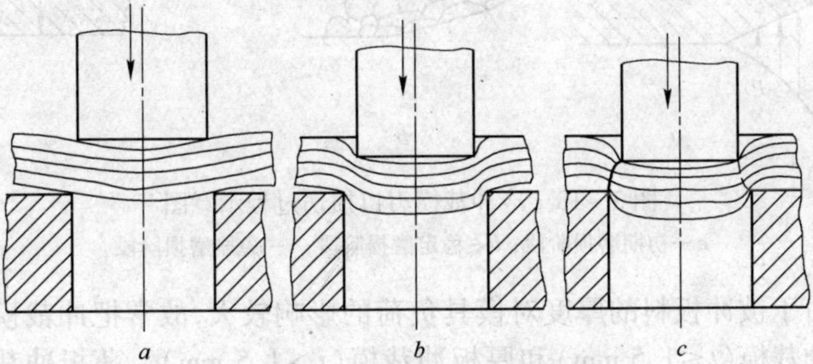

图 3-17 冷冲裁过程示意图

a—弹性变形阶段; *b*—塑性变形阶段; *c*—剪裂阶段

模具刃口受力的大小与板料的厚度和硬度有关。冲头的压力通常大于凹模,尤其是在厚板上冲制小孔时,冲头的单位压力很大。

模具刃口在压力和摩擦力的作用下,最常见的失效形式是磨损。其中,冲头的受力较大,且在一次冲裁过程中经受两次摩擦(冲入和退出各一次),因而冲头的磨损较快。磨损使刃口变钝,棱角变圆,甚至产生表面剥落,从而使冲裁件毛刺增大,尺寸超差。

模具在服役中的磨损过程,可分为初期磨损、稳定磨损和急剧磨损三个阶段。在模具服役初期,刃口锋利,与板料接触面积小,单位面积压力大,易造成刃口局部塑变,如图 3-18*a* 所示。故初期磨损阶段的磨损速度较大。刃口磨损至一定程度,单位面积压力减轻,且刃口表面塑变强化,不再继续塑变,如图 3-18*b* 所示。这时刃口的磨损主要由坯料的摩擦引起,磨损速度变缓,即进入稳定磨损阶段。模具服役相当长的时间后,刃口因经受多次冲裁而趋于疲劳,局部表面开始剥落,如图 3-18*c* 所示,即进入急剧磨损阶段。这时,会因冲裁件不合格而导致模具失效。

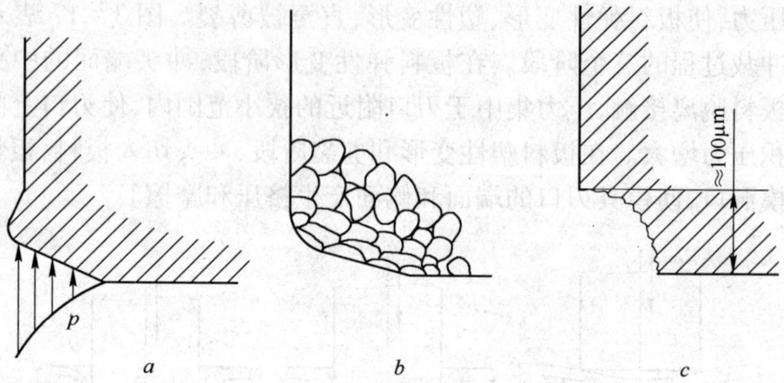

图 3-18　冷冲裁模刃口损伤过程示意图
a—初期磨损阶段；b—稳定磨损阶段；c—急剧磨损阶段

由于被冲板料的厚度对模具负荷的影响较大，故常把冲裁模分为薄板冲裁模（$t \leqslant 1.5$ mm）和厚板冲裁模（$t > 1.5$ mm）。薄板冲裁模受力较小，其失效的主要形式是磨损。厚板冲裁模受力较大，其失效形式除了磨损外，还可能发生局部断裂（崩刃）、冲头的宏观塑性变形或折断。

B　性能要求

依据上述分析，冲裁模的主要性能要求是高的硬度和耐磨性，足够的抗压、抗弯强度和适当的韧性。由于被冲板料厚度不同，对其性能要求有所差异。对于薄板冲裁模以高耐磨性、高精度要求为主；对于厚板冲裁模，除需要高耐磨性外，还应具有良好的强韧性。模具的功能不同，对模具的性能要求也不同。表 3-16 列出了不同冲裁模的硬度要求，供选材和制定热处理工艺时参考。

表 3-16　冲裁模的硬度要求

名称	单式、复式硅钢片冲模	级进式硅钢片冲模	薄钢板冲模	厚钢板冲模	修边模	剪刀片	ϕ5 mm 以下的小冲头
凸模	58~62	56~60	56~60	56~58	50~55	52~56	54~58
凹模	58~62	57~61	56~60	56~58	50~55	—	—

3.1.3.2　冷挤压模和冷镦锻模

冷挤压模和冷镦锻模都是使金属坯料在模具型腔内冷变形成形的

模具。金属坯料的冷变形成形需要强大的压力或冲击力，使冷固态金属在型腔内塑变流动并充满型腔。因而，这类模具要承受很大的机械载荷和摩擦作用。

A 冷挤压模

a 工作条件及主要失效形式

按照被挤压金属流动方向与凸模运动方向之间的关系，冷挤压可分为正挤压、反挤压和复合挤压三种，如图 3－19 所示。由图可知，不论哪种挤压工艺，其挤压模具的工作零件都是凸模和凹模。在模具的作用下，金属沿凸模、凹模间隙或凹模模口流动，使原来的坯料成形为薄壁空心件或横截面较小的成品、半成品。

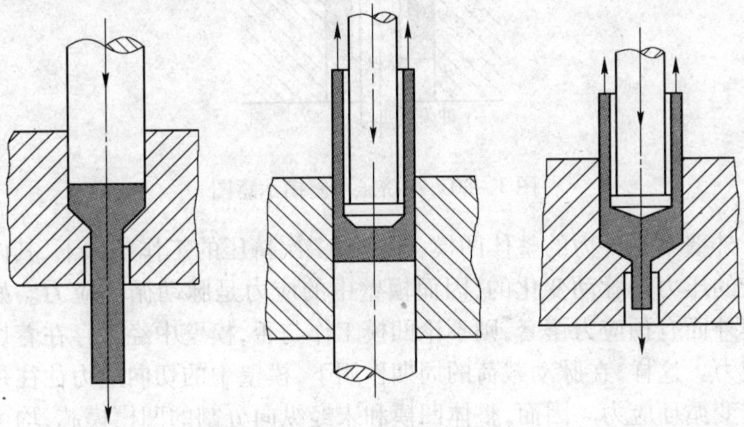

图 3－19 冷挤压工艺分类示意图

a—正挤压；*b*—反挤压；*c*—复合挤压

以挤压活塞销的正、反复合挤压工艺为例，如图 3－20 所示。挤压在 1600 kN 压力机上进行。挤压时，上冲头向下运动，下冲头固定不动，被挤压坯料沿轴向在冲头与凹模的间隙中流动，最后形成中间带连皮的管状活塞销。挤压时，冲头（尤其是上冲头）承受很大的三向压应力，如果坯料是抗拉强度为 400 MPa 的低碳钢，则冲头承受的最大名义压应力可达 2500 MPa。在冲头的尺寸过渡处，实际应力水平更高。而在脱模时，冲头又承受挤压件对其作用的摩擦阻力所引起的拉应力。

此外，由于坯料端面不平整、冲头与凹模间隙不均匀和中心线不一致等因素，还会使冲头在挤压时承受很大的偏载或横向弯曲载荷。在这些应力作用下，冲头的失效形式可能有塑性变形、折断、疲劳断裂和纵向开裂等。

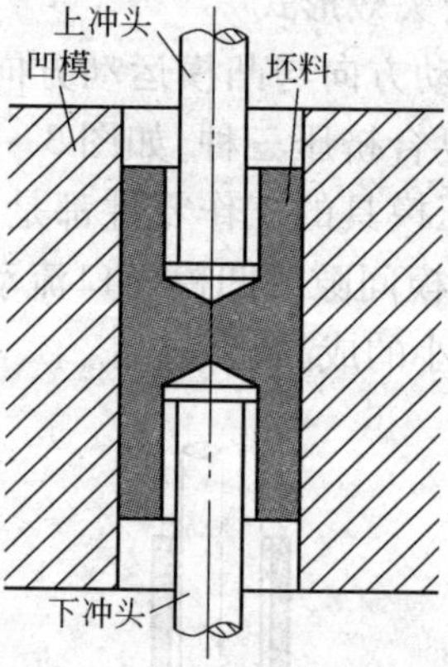

图 3－20　冷挤压活塞销示意图

外壁不受外力的整体凹模，在进行多次挤压的工作条件下，其内壁承受的压力是脉动变化的，因而模壁中的应力是脉动循环应力。如果凹模外面有预应力镶套，则不论凹模工作与否，模壁中经常存在着切向压应力。这样，在脉动载荷的周期作用下，模壁中的切向应力往往是拉压交变循环应力。因而，整体凹模和未经纵向分割的凹模模芯，均可因循环应力的多次作用而发生疲劳开裂。当模具负荷较重时，坯料变形、摩擦生热可使型腔表面的瞬时温度达到 200 ~ 300℃，由此造成的循环热应力将加速疲劳裂纹的萌生。

冷挤压凸模和凹模，都要经受坯料塑变流动的剧烈摩擦，从而产生磨粒磨损和黏着磨损。模具工作表面的磨损损伤将导致应力集中，在拉应力作用下有可能成为裂纹源。模具表面温度升高可导致材料表层软化或屈服强度降低，从而加速磨损失效过程。

b　性能要求

根据以上分析，冷挤压模必须具有高的强韧性，良好的耐磨性。一般凸模要求硬度为 61 ~ 63HRC，凹模要求硬度为 58 ~ 62HRC。由于冷挤压时产生较大的温升,所以还应具有一定的冷热疲劳抗力和热硬性。

B 冷镦锻模

a 工作条件及主要失效形式

冷镦模冲头与凹模的受力情况和冷挤压模类似。不同的是,冷镦冲头是以冲击力使杆状坯料在凹模型腔内镦粗(或局部镦粗)而成形,工作条件差,凸模承受的冲击压应力最大可超过 2500 MPa,并且冲击频率很高,约每分钟 60 ~ 120 次。另外,凹模的型腔表面和凸模的工作表面还受到剧烈的冲击性摩擦,产生的温度可达 300℃。此外,由于坯料的硬度不均、端面不平、冷镦机精度不够等原因,还使凸模受到弯曲应力。

因此,冷镦模的主要失效形式是:凸模、凹模工作表面出现磨损损伤,产生沟痕或剥落、凸模折断、凹模开裂、凸模镦粗、凹模模口胀大和棱角堆塌等。

b 性能要求

冷镦模要求有足够的硬度(凸模为 60 ~ 62HRC,凹模为 58 ~ 60HRC)、高的抗压强度和高的冲击韧性。尤其是冷镦凹模,需要有良好的强韧性配合,因此整个截面不能淬透,硬化层深度一般控制在1.5 ~ 4 mm。硬化层深度过深,易碎裂、崩块;硬化层深度过浅,模腔易磨损、拉毛、黏模而使工件精度下降。

3.1.3.3 冷拉深模

A 工作条件及主要失效形式

冷拉深模主要用于板材的冷拉深成形。模具在工作时,冲击力很小,单位面积的压力也不大,主要是模具型腔表面承受板材变形的剧烈摩擦。因而这种模具的失效形式主要是磨粒磨损和黏着磨损。

B 性能要求

对拉深模用钢的性能要求,主要是模具应有高的强度和耐磨性,在工作时不发生黏附和划伤,具有一定的韧性及较好的切削加工性能,并要求热处理时模具变形小。

3.1.4 典型冷作模具的选材及热处理特点

模具材料的选材及热处理是影响模具的承载能力、工作寿命、制造精度、制造成本和合格品率的关键因素，合理选材并实施正确的热处理是保证模具的短时承载能力和长期使用寿命的基础。

选择冷作模具材料时，首先应考虑所选材料制作模具的寿命长短，同时兼顾材料的工艺性和经济性；其次要综合考虑模具结构、工作条件、制品的形状、尺寸、材质性质、加工精度和生产批量等方面对模具的影响。在模具材料选定之后，还必须配以正确的热处理，这样才能保证模具的使用性能和寿命。

3.1.4.1　冷冲裁模的选材及热处理特点

A　冷冲裁模的选材

a　薄板冷冲裁模的选材

薄板冷冲裁模的主要失效形式是磨损，其选材的依据是制品的生产批量、尺寸大小和复杂程度所提出的对耐磨性和强韧性的要求而定的。

(1) 传统模具材料。对于小批量（1000 件以下）、尺寸小、形状简单的薄板冲模，模具可选用碳素工具钢 T8A、T10A，甚至可选用锌合金或加镶钢片刃口的锌合金。对于中小批量（$10^3 \sim 10^5$ 件）生产的中负荷模具，可选用低合金工具钢，如 9Mn2V、9CrWMn、CrWMn、GCr15 等钢种；对于大批量（10^6 件）、尺寸较大、形状复杂的模具，选用高耐磨的 Cr12 型钢，包括 Cr12、Cr12MoV、Cr12Mo1V1 等钢种；对于负荷较大的易损小冲头，选用承载能力很高的高速钢 W18Cr4V、W6Mo5Cr4V2 等钢种；对于特大生产批量，可选用硬质合金 YG10X、YG15 等材料。

(2) 新型模具用钢。随着生产的发展，要求模具材料既保持 Cr12 型模具钢的一系列优点，又克服其韧性不足的缺点，于是研制了各种新型模具用钢。应用在薄板冲裁模上的钢种主要包括 Cr4W2MoV (120)、6CrNiSiMnMoV (GD)、7Cr7Mo2V2Si (LD)、9Cr6W3Mo2V2 (GM)、Cr8MoWV3Si (ER5)、7CrSiMnMoV (CH-1)、8Cr2MnWMoVS (8Cr2S) 以及引进国外的新钢号 Cr12Mo1V1 (D2) 及 Cr5Mo1V 等。

b　厚板冷冲裁模的选材

厚板冲裁模承受的负荷大，刃口更易磨损，凸模更易崩刃、折断，因此选材主要考虑材料的强韧性和高耐磨性。

(1) 传统模具用钢。制造厚板冲裁模的常用传统钢种有

Cr12Mo1V1、W18Cr4V、W6Mo5Cr4V2、9SiCr、60Si2Mn、5CrW2Si、6CrW2Si 及 T8A 等。冲件批量较小时可用 T8A。对于批量较大的中厚板冷冲裁模常用 W18Cr4V、W6Mo5Cr4V2 钢做凸模，用 Cr12Mo1V1 钢做凹模。要求韧性更高的模具，可选用抗冲击模具钢 60Si2Mn、5CrW2Si、6CrW2Si 及 9SiCr 等制造，其中低合金工具钢 9SiCr 钢可用于中等载荷模具；弹簧钢 60Si2Mn 的韧性和疲劳强度高，但耐磨性低，可用于负荷不大的小型冲剪模具；5CrW2Si 其强韧性和耐磨性较好，可用于中厚板穿孔冲头或整套冲裁模；而当模具以磨损或堆塌为主要失效形式时，可改用 6CrW2Si 钢。

(2) 新型模具用钢。为了提高重载冲裁模的寿命，要求模具材料既具有高耐磨性，又具有高强韧性。为此，可选用新研制的一些新型模具钢 LD、65Nb、012Al、CG2、LM1、LM2、GD、低碳 M2、火焰淬火模具钢 7CrSiMnMoV 及马氏体时效钢，代替传统模具材料制造厚板冲裁模，可以大幅度延长其寿命。

B 冷冲裁模的热处理工艺特点

冷冲裁模的服役条件不同，对热处理的具体要求也不同。厚板冲裁模的载荷较重，常产生早期脆断失效，应在保证强韧性的基础上提高耐磨性。提高钢的强韧性的热处理工艺措施主要包括使晶粒细化，使碳化物弥散化，使基体强韧化(获得较多的板条马氏体或下贝氏体)，还要防止产生回火脆性。

a 薄板冲裁模热处理特点

薄板冲裁模主要要求尺寸精度和耐磨性，其热处理工艺应在获得高硬度的同时减小热处理变形。通常采用双液淬火、碱浴淬火、低温淬火和分级淬火等方法。

首先来看碳素工具钢的热处理特点。碳素工具钢淬透性差、耐磨性低、热处理操作难度大，淬火变形、开裂难以控制。可以采用的热处理工艺有：

(1) 双液淬火工艺。采用盐水—油或碱水—油双液介质淬火。双液淬火冷却能力强，淬硬层深，但易于淬裂，且难以控制变形。为此，常采取以下一些措施来减小变形和开裂。

1) 对易淬裂的边、孔部位或易变形的部位，可采用螺栓堵孔、包扎铁皮等防护措施。

2）对小型冷冲裁模可采用低温淬火以减少变形，进行低温长时间回火等。

3）采用升高炉温，快速加热，严格控制加热时间，避免整体透烧，只需刃口、棱角部位硬化。

4）易变形的凸模采用局部淬火，整体回火。

5）应用预冷淬火，可避免边孔开裂，减轻胀缩变形。

（2）碱浴淬火。可减少变形量，消除开裂，但小孔及窄槽内壁难以硬化，大、中型模具淬硬层过薄。

（3）等温淬火工艺。可使钢在保持高硬度的同时具有更好的强韧性配合，有效地减少热处理变形。

（4）超细化处理。T10A 钢制冷冲裁模可采用如图 3－21 所示的常规热处理工艺，模具在使用中会经常脆性断裂；采用如图 3－22 所示的碳化物超细化处理工艺，获得小而圆的细粒状超细碳化物，可提高小能量多次冲击疲劳断裂强度、抗弯强度、抗压强度和耐磨性，并具有较高的韧性和塑性，延长模具使用寿命。

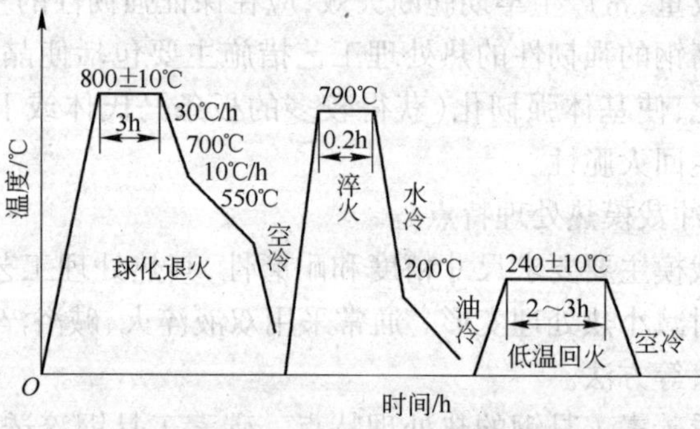

图 3－21 T10A 钢制冷冲裁模的常规热处理工艺曲线图

再来看低合金钢（低变形钢）的热处理特点。与碳素工具钢比较，低合金冷作模具钢具有淬裂及变形敏感性低，淬硬层深，窄槽、小孔可充分硬化，耐磨性较好等特点。此类钢的问题是易于形成网状碳化物，淬火后型腔易胀大，型腔内尖角处易淬裂，热处理措施如下：

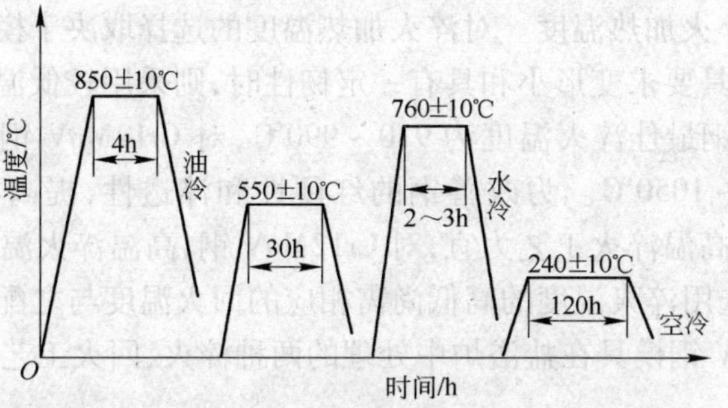

图 3－22 T10A 钢制冷冲裁模的碳化物超细化处理工艺曲线

（1）增加工艺孔及局部包扎铁皮。以促使各部位在冷却过程中均匀，避免淬火开裂，减少淬火变形。

（2）采取低温淬火和恒温延迟冷却淬火。可防止淬裂，减少变形，提高韧度。如对于小型凸模，CrWMn 钢以 790～810℃淬火，9Mn2V 钢以 750～770℃淬火，可兼顾微变形和强韧化的效果。

（3）快速加热淬火。对于形状较匀称，孔距精度要求较高的冷冲裁模，运用快速加热分级淬火工艺，效果较好。

（4）优选的淬火冷却方式。油冷适用于形状简单的冷冲裁模，可促使凹模型腔收缩，但淬裂及翘曲倾向较强，对韧性不利；热油冷可减少变形及翘曲；硝盐淬火可减轻翘曲，注意硝盐配比及含水量的控制；碱浴淬火可提高大、中截面模具的淬火硬度，克服型腔膨胀的趋势；也可用油冷—热浴复合淬火等。

（5）回火。防止回火膨胀。在 220～320℃回火，有明显的体积膨胀与型孔胀大现象，对于回火时不允许发生型腔胀大的模具，应避开此温度区间回火。为避开回火脆性区，对于 CrWMn 钢在 290～340℃范围内回火，9Mn2V 钢在 220～300℃范围内回火，韧性明显降低，应避开此温度回火，通常回火温度为 120～220℃。应进行两次回火，以最大限度地消除残余应力。

最后看高铬钢薄板冷冲裁模的热处理特点。这类钢的特点是具有高的淬透性，硬化过程体积变化小，在热处理前原始组织状态和流线方向对热处理变形影响很大。其热处理要点如下：

（1）淬火加热温度。对淬火加热温度的选择取决于模具的使用要求，当对模具要求变形小和具有一定韧性时，则采用较低温度淬火。此时对 Cr12 钢最佳淬火温度为 970～990℃，对 Cr12MoV 钢最佳淬火温度为 1020～1050℃。为改善钢的红硬性和淬透性，提高模具使用温度，则采用高温淬火工艺为宜，对 Cr12MoV 钢，高温淬火温度为 1100～1150℃。选用淬火温度的高低尚需相应的回火温度与之配合，图3－23为 Cr12MoV 钢模具在盐浴炉中处理的两种淬火、回火工艺。

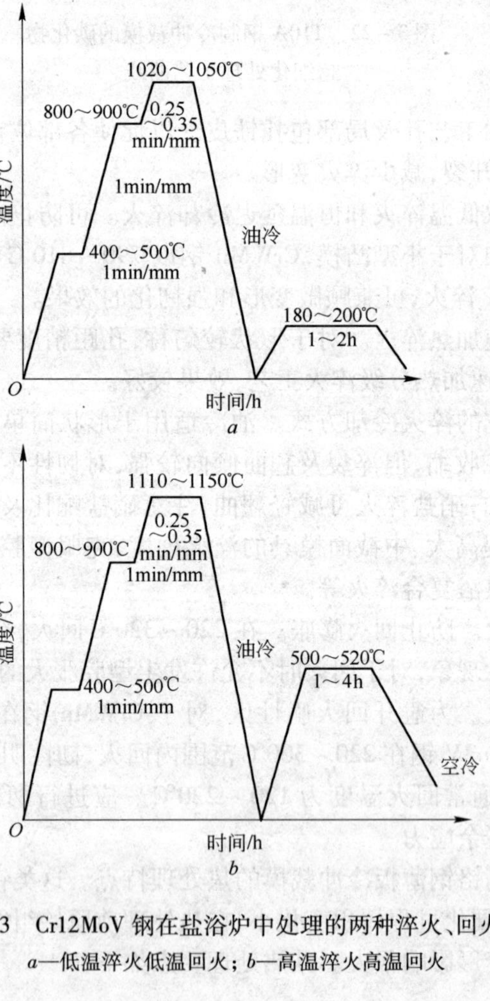

图 3－23　Cr12MoV 钢在盐浴炉中处理的两种淬火、回火工艺

a—低温淬火低温回火；*b*—高温淬火高温回火

(2) 保温时间。保温时间也影响到模具的淬火变形,保温时间短,模具尺寸趋于胀大,反之,淬火后模具尺寸趋于缩小。模具几何形状简单,厚薄相差不大时,在盐浴炉中每毫米保温时间按 6 ~ 10 s 计算。对形状复杂、厚薄相差大的模具,则需经实践及经验控制。

(3) 冷却方式。油冷是最常用的方式,但淬裂倾向大,易翘曲,采用热油淬火,效果较好。通常油温为 50 ~ 80℃,模具本身的温度冷却到 150 ~ 200℃时从油中取出空冷;风冷、空冷或箱冷是冷却作用较缓和的方式,但需注意保证各部位均匀降温;硝盐分级或等温淬火是 Cr12 型冷作模具钢基本的淬火冷却方式,可以调节模具型腔胀缩趋势,避免在空冷中脱碳。分级淬火介质的温度在 300 ~ 400℃范围模具变形最小。分级或等温淬火也可在电炉中进行,同时可获得良好的微变形效果。

(4) 回火。回火一般在 160 ~ 200℃进行,主要是为消除淬火应力,通过回火温度的调整也可调节模具尺寸的变化。

(5) 深冷处理。Cr12 型冷作模具钢马氏体转变终止点低(M_f 为 -80 ~ -70℃),通常模具淬火冷至室温,仍有许多残余奥氏体未转变成马氏体,为提高模具的耐磨性,可采用深冷处理工艺。深冷处理温度为 -60 ~ -40℃,对要求耐磨性更高的模具采用 -80 ~ -60℃。淬火后模具应尽快进行深冷处理,处理后应立即回火,以消除内应力,防止模具变形和开裂。回火温度的选择视模具硬度而定,为避开回火脆性区(290 ~ 330℃),回火温度对形状简单的模具为 280℃,对形状复杂的模具为 400 ~ 500℃。深冷处理可显著延长冷冲裁模的寿命,如 Cr12 钢复式冷冲裁模普通热处理后硬度为 56 ~ 59 HRC,刃磨一次使用寿命为 7020 次;采用 -70℃深冷处理 2 h,硬度为 62 ~ 64 HRC,刃磨一次使用寿命达 28350 次,寿命延长 4 倍。

b 厚板冷冲裁模的热处理

厚板冷冲裁模的主要失效形式是崩刃和折断,为使模具寿命延长,关键是提高模具的强韧性,即保证模具具有高的断裂抗力。为提高厚板冷冲裁模的强韧性,采用细化奥氏体晶粒处理、细化碳化物处理、等温淬火工艺、低温淬火低温回火等方法。具体工艺已在第 2.3.2 节模具的强韧化处理中介绍过。

c　冷冲裁模的热处理

冷冲裁模的热处理如下所述：

（1）淬火。淬火时最容易产生的缺陷是模具的变形与开裂，因此，淬火操作的关键是既要保证模具在热处理时不开裂，又要减少热处理后模具的变形。模具通常需缓慢加热，特别是形状复杂、厚薄不均的模具更要保证模具各部位温度均匀，以防止热膨胀引起翘曲变形。箱式电阻炉加热比盐浴炉加热缓慢，加热均匀，对形状复杂的模具一般在箱式电阻炉中加热。箱式电阻炉加热时，为防止氧化脱碳应装箱保护，在模具四周填些保护剂。常用的保护剂有木炭、铸铁屑等。

（2）回火。选择回火介质时要注意安全，热油回火温度不应超过250℃。为防止发生火灾应备有密合的盖子和干砂，万一热油烧着，则应立即用盖子盖严并在四周撒上干砂。硝盐是强氧化剂，如遇还原性物质或发生漏盐遇明火，则会引起燃烧或爆炸。硝盐回火规定使用最高的温度是550℃，回火时避免超过此温度。

d　冷冲裁模的表面强化处理

常规热处理后，模具硬度在60HRC左右，难以满足对模具耐磨性及长寿命要求，为提高冷冲裁模的耐磨性和延长其使用寿命，常进行表面强化处理，主要工艺方法有：氮碳共渗、渗硼、化学气相沉积（CVD法）、化学镀等，具体工艺见第2章。

3.1.4.2　冷挤压模的选材及热处理特点

A　冷挤压模的选材

冷挤压包括铝件冷挤压、铜件冷挤压和钢件冷挤压。因变形抗力相差极大，故碳素工具钢T10A、低合金工具钢CrWMn、弹簧钢60Si2Mn、高铬钢Cr12型钢、高速钢W18Cr4V、6W6Mo5Cr4V及新型冷作模具钢均可作为冷挤压模材料，但目前工厂最常用的是60Si2Mn、Cr12及Cr12MoV、W18Cr4V及降碳高速钢6W6Mo5Cr4V、基体钢LD、65Nb、012Al、LM1、LM2、低合金高强韧性钢GD、马氏体时效钢、硬质合金等。

冷挤压模材料的选用及工作硬度可见表3－17。

表3-17 冷挤压模常用材料

模具种类	加工对象		材料牌号	要求硬度,HRC
轻载冷挤压模	铝合金	凸模	60Si2Mn、CrWMn、Cr5Mo1V、Cr6WV、Cr12MoV、W18Cr4V、LD	60~62
		凹模	T10A、MnCrWV、Cr4W2MoV、Cr12Mo1V1、W6Mo5Cr4V2、65Nb	58~60
			YG15、YG20C	
	铜合金	凸模	Cr12MoV、W18Cr4V、LD	60~62
		凹模	CrWMn、Cr4W2MoV、Cr12Mo1V1、65Nb	58~60
重载冷挤压模	钢(比压1500~2000 MPa)	凸模	Cr12MoV、W6Mo5Cr4V2、6W6、65Nb、LD、CH	60~62
		凹模	CrWMn、Cr4W2MoV、Cr12Mo1V1、65Nb、LD	58~60
			YG15、YG20C	
	钢(比压2000~2500 MPa)		W6Mo5Cr4V2、W18Cr4V、LD、65Nb、GT35、TLMW50	61~63 66~72
			YG15、YG20C	
模具型腔挤压凸模	一般中小件		T10A、9SiCr、GCr15	59~61
	大型复杂件		5CrW2Si	59~61(渗碳)
	复杂精密件		Cr12MoV、Cr12Mo1V1	59~61
	批量压制用		65Nb、LD、6W6、W6Mo5Cr4V2	59~61
	高强度件(比压大于2500 MPa)		Cr12、W6Mo5Cr4V2、W18Cr4V	61~63

B 冷挤压模的热处理特点

根据冷挤压模材料的性能要求,即具有高的硬度、耐磨性、抗压强度、高强韧性,一定的耐热疲劳性和足够的回火抗力。为了满足这一要求,在材料选定的情况下,必须注意其热处理特点。

(1) 对于易断裂或易胀裂、回火抗力和耐磨性要求不高的冷挤压模,一般采用常规工艺的下限温度淬火,再经回火就可以得到高的强韧性。

（2）高碳高合金钢制冷挤压模，一般要采用较长时间的回火或多次回火，消除应力，提高韧性，稳定尺寸。

（3）对于以脆性破坏（折断、劈裂）为主、韧性不足的冷挤压模常采用等温淬火工艺，其等温温度常在 *M*s +（20 ~ 50℃）范围内，经等温淬火后再采用二次回火以减小内应力和脆性。

（4）应用表面强化处理。为获得高的表面硬度和表面残余压应力，冷挤压模常采用表面渗氮、氮碳共渗、镀硬铬和渗硼等工艺，如 Cr12MoV 冷挤压凹模经 990℃盐浴渗硼后，使用寿命可延长数倍。又如，活塞销冷挤压凸模采用 W6Mo5Cr4V2 钢制造，经气体氮碳共渗后寿命延长 2 倍以上。其主要原因是采用表面强化处理后增加了模具的耐磨性，而且会增加抗咬合能力，改善了表面应力状态。

（5）在使用过程中进行低温去应力回火。冷挤压模在使用一段时间后常将模具的成形部位再进行回火，其主要目的是消除使用过程中产生的应力，消除由于挤压载荷交变作用引起的内应力集中和疲劳。表 3 – 18 是典型冷挤压模的热处理规范。

表 3 – 18 典型冷挤压模的热处理规范

钢 号	工 艺 规 范
Cr12MoV	1020 ~ 1030℃加热，200 ~ 220℃硝盐分级淬火 + 160 ~ 180℃2 h 回火三次，硬度为 62 ~ 64HRC
W6Mo5Cr4V2	凸模：1240℃加热，300℃分级淬火 + 500℃2 h 回火 2 次 凹模：1180℃加热，300℃分级淬火 + 500℃2 h 回火 2 次
LD	凸模：850℃预热，1120 ~ 1150℃油淬，560℃1 h 回火 3 次，空冷，硬度为 60 ~ 62HRC
65Nb	凹模：840℃预热，1100 ~ 1180℃热油淬，520 ~ 580℃2 h 回火 2 次

3.1.4.3 冷镦锻模的选材及热处理特点

A 冷镦锻模的选材

a 一般载荷冷镦锻模用钢

一般载荷冷镦锻模主要用于形状不复杂，变形量不太大，冷镦速度也不很高的冷镦件生产，生产的冷镦件为低碳钢或中低碳钢零件。对这类模具，冷镦凸模可采用 T10A、60Si2Mn、9SiCr、GCr15 等钢制造，凹模可采用 T10A、Cr12MoV、GCr15 等钢种。

b 重载冷镦锻模用钢

重载冷镦锻模用于生产变形量较大、形状较复杂的冷镦件，冷镦件用钢是强度较高的合金钢或中高碳钢。对这类模具通常采用 Cr12 型冷镦模用钢、高速钢及新开发研制的冷镦模用钢，如 012Al、65Nb、LD、RM2、LM1、LM2 和 GM 钢等。

冷镦锻模材料的选用及工作硬度可见表 3－19。

表 3－19 冷镦模材料的选用及工作硬度

<table>
<tr><th colspan="3" rowspan="2">模具类型及零件名称</th><th rowspan="2">工作条件</th><th colspan="2">推荐选用的材料牌号</th><th rowspan="2">工作硬度，HRC</th></tr>
<tr><th>中小批量生产
（小于 10 万件）</th><th>大量生产
（大于 20 万件）</th></tr>
<tr><td rowspan="9">冷镦凹模</td><td colspan="2" rowspan="2">开口模
整体模块</td><td>轻载荷、小尺寸</td><td>T10A、MnSi</td><td>T10A、MnSi</td><td>表面 59～62，
心部 40～50</td></tr>
<tr><td>轻载荷、较大尺寸</td><td>CrWMn、GCr15</td><td>CrWMn、GCr15</td><td>表面大于 62，
心部小于 55</td></tr>
<tr><td rowspan="7">闭合模</td><td rowspan="2">整体模块</td><td>轻载荷、小尺寸</td><td>T10A、MnSi</td><td rowspan="4"></td><td>表面 59～62，
心部 40～50</td></tr>
<tr><td>轻载荷、
较大尺寸</td><td>CrWMn、GCr15</td><td>表面大于 62，
心部小于 55</td></tr>
<tr><td rowspan="3">镶嵌模块
模芯</td><td rowspan="5">重载荷、形状
复杂的大、
中型模具</td><td>Cr6WV、Cr4W2MoV</td><td>58～62</td></tr>
<tr><td>Cr2MoV、Cr5MoV</td><td>58～62</td></tr>
<tr><td>W18Cr4V、
W6Mo5Cr4V2</td><td rowspan="2">YG15，YG20，
YG25，GT35，
GJW50，DT</td><td>大于 62</td></tr>
<tr><td rowspan="2">镶嵌模块
模套</td><td>7Cr7Mo3V2Si、
基体钢</td><td>58～62</td></tr>
<tr><td>42CrMo、40CrMnMo、
4Cr5W2VSi、
4Cr5Mo2VSi、
4Cr5Mo2V1Si</td><td>六角螺母
冷镦模
T7A，T10A
钢球、滚子
冷镦模
GCr15，CrWMn</td><td>48～52</td></tr>
</table>

续表 3-19

<table>
<tr><th rowspan="2">模具类型及零件名称</th><th rowspan="2">工作条件</th><th colspan="2">推荐选用的材料牌号</th><th rowspan="2" colspan="2">工作硬度，HRC</th></tr>
<tr><th>中小批量生产（小于10万件）</th><th>大量生产（大于20万件）</th></tr>
<tr><td rowspan="7">冷镦冲头（凸模）</td><td>轻载荷、小尺寸</td><td>T10A、MnSi</td><td rowspan="7">YG15，YG20，YG25，GT35，GJW50，DT（另附模套）</td><td colspan="2">58～60</td></tr>
<tr><td>轻载荷、较大尺寸</td><td>CrWMn、GCr15</td><td colspan="2">60～61</td></tr>
<tr><td rowspan="5">重载荷</td><td>Cr6WV、Cr4W2MoV</td><td colspan="2">56～64</td></tr>
<tr><td>Cr2MoV、Cr5MoV</td><td colspan="2">56～64</td></tr>
<tr><td>W18Cr4V、W6Mo5Cr4V2</td><td colspan="2">63～64</td></tr>
<tr><td>6W6Mo5Cr4V2、7CrSiMnMoV</td><td colspan="2">56～64</td></tr>
<tr><td>7Cr7Mo3V2Si、基体钢</td><td colspan="2">56～64</td></tr>
<tr><td rowspan="4">切裁工具</td><td rowspan="4"></td><td rowspan="4">T10A、Cr4W2MoV、Cr2MoV、W6Mo5Cr4V2</td><td rowspan="4"></td><td>切断工具</td><td>滚刀具</td></tr>
<tr><td>60～62</td><td>61～63</td></tr>
<tr><td>61～63</td><td>60～61</td></tr>
<tr><td>64～65</td><td>62～64</td></tr>
<tr><td rowspan="3">顶出杆</td><td>冲击负荷较大、要求韧性高</td><td>6W6Mo5Cr4V2、T7A</td><td rowspan="3"></td><td colspan="2">57～59</td></tr>
<tr><td>中等冲击负荷、要求韧性和耐磨性好</td><td>9CrWMn、CrWMn</td><td colspan="2">小于60</td></tr>
<tr><td>冲击负荷不大，但要求高耐磨性</td><td>W6Mo5Cr4V2</td><td colspan="2">62～63</td></tr>
</table>

B　冷镦锻模热处理特点

冷镦模的失效形式主要是开裂、折断，即由韧性不足导致的失效占90%以上，材料韧性不足极大地影响着模具寿命。因此，如何通过热处理工艺制度的改善获得高耐磨、高强韧性是延长冷镦模寿命的关键之一。根据冷镦模的性能要求，冷镦模的热处理有如下特点：

（1）对于碳素工具钢制冷镦凹模，常采用喷水淬火法。喷水淬火与整体淬火相比，模具的韧性高，硬度均匀，这样可以避免过早开裂。另外，碳素工具钢冷镦模采用片状珠光体组织预处理，模具寿命可显著延长。例如，T10A 钢制螺栓冷镦工序冲模，在球化退火和机械加工后再进行一次完全退火处理，其工艺为 840℃保温 3 h，炉冷至 500℃出炉空冷，退火组织为片状珠光体。模具最终热处理采用600℃充分预热，淬火加热温度为840℃，在盐浴炉中每毫米加热时间为30 s，水淬油冷，水温控制在20～40℃之间，于200℃回火2 h，硬度为60～62HRC。与常规工艺相比，抗压强度提高1.5倍，抗压屈服点提高2.1倍，断裂韧性提高31%，而一次冲击韧性值有所下降，模具平均使用寿命延长4倍。

（2）冷镦模必须充分回火，回火保温时间应在2 h以上，并进行多次回火，使其内应力全部释放。整体淬火的合金钢冷镦模更需如此。

（3）采用中温淬火、中温回火工艺。对于Cr12MoV钢制冷镦凹模，采用1030℃加热淬火和400℃中温回火，可获得最佳的强韧性配合，冷镦模的断裂抗力明显提高。

（4）采用快速加热工艺。快速加热可以获得细小的奥氏体晶粒，不仅能减小淬火变形，而且可以提高模具的韧性。

（5）采用表面处理。为了提高冷镦模的耐磨性和抗咬合性，冷镦模通常进行渗硼和氮碳共渗。通过渗硼，模具表面形成硬度高达1100HV以上的硼化层，模具基体也得到强化，模具寿命大幅度延长。

典型冷镦模的热处理规范见表3－20。

表3－20　典型冷镦模的热处理规范

钢　号	工艺规程
T10A	1. 快速加热淬火工艺：快速加热温度为960～980℃，喷水淬火形成薄壳硬化状态； 2. 经过粗加工后进行完全退火，840℃加热保温3 h后炉冷至500℃出炉空冷。最终热处理为830～850℃加热后水淬油冷，200℃回火，硬度为60～62HRC； 3. 两段回火工艺：将原240℃回火2 h改为200℃回火1 h，再260℃回火1 h，使用寿命可延长50%～100%
60Si2Mn	等温淬火工艺：870℃加热保温后，250℃等温淬火，250℃回火，硬度为55～57HRC
Cr12MoV	1. 优化回火工艺，改170℃3 h回火为220℃3～4 h回火，硬度为59～61HRC； 2. 中温淬火、中温回火工艺：1020～1040℃淬火，400℃回火，硬度为54～57HRC
W6Mo5Cr4V2	低温淬火工艺：1160℃淬火，300℃回火
6Cr4W3Mo2VNb	1. 1120℃油淬＋560℃×2 h回火； 2. 1120℃油淬＋550℃×1 h回火＋580℃×1.5 h回火

3.1.4.4 冷拉深模的选材及热处理特点

A 冷拉深模的选材

模具材料的选用与被拉深材料的类别、厚度及变形率有关，如属于轻载拉深模具，则可选用 T8A、9Mn2V、CrWMn 等碳素工具钢或低合金工具钢；如属于重载拉深模，应选用强度较高的 Cr12MoV、Cr12 钢等高合金模具钢或钢结硬质合金等制造模具；用于小批量生产的拉深模具可选用较低级的材料如表面淬火钢及铸铁等。

在不同条件下的拉深模具材料选用见表 3-21。

表 3-21 拉深模具材料的选用

制品类别	压延材料	要求加工的零件数/个		
		10000	100000	1000000
小型	铝铜合金	T10A、9CrWMn	9CrWMn	Cr12MoV
	钢	T10A、9CrWMn	9CrWMn	Cr12MoV
	奥氏体型不锈钢	T10A(镀铬)、铝青铜	铝青铜	Cr12MoV、硬质合金
中型	铝铜合金	合金铸铁①	合金铸铁①、镶嵌 Cr12②	镶嵌 Cr12MoV②
	钢	合金铸铁①	合金铸铁③、镶嵌 Cr12②	镶嵌 Cr12MoV②
	奥氏体型不锈钢	合金铸铁④、镶嵌铝青铜②	镶嵌铝青铜③	镶嵌氮化的 Cr12MoV②
大型	铝铜合金	合金铸铁①	合金铸铁①、镶嵌 Cr12②	镶嵌 Cr12MoV②
	钢	合金铸铁①	合金铸铁①、镶嵌 Cr12②	镶嵌 Cr12MoV②
	奥氏体型不锈钢	合金铸铁④、镶嵌铝青铜③	镶嵌铝青铜②	镶嵌氮化的 Cr12MoV②

①摩擦面进行火焰淬火；②镶嵌于经火焰淬火的合金铸铁中；③淬火回火；④仅是摩擦面火焰淬火到 420HBS 以下。

B 冷拉深模的热处理

拉深模应具有高的硬度、良好的耐磨性和抗黏附性能。为了保证性能要求，在制定和实施热处理工艺时主要注意以下两点：

(1) 要避免模具表面产生氧化脱碳。氧化脱碳会造成模具淬火后硬度不足或出现软点。当表面硬度低于 500HV 时，模具表面就会出现拉毛现象。同时还要防止磨削引起二次回火，使表面硬度降低。

(2) 为了提高拉深模表面的抗磨损和抗黏附性能，常对模具进行表面处理，如渗氮、渗硼、镀硬铬、渗钒等。

典型拉深模的热处理规范见表3-22。

表3-22 典型拉深模的热处理规范

钢 号	工 艺 规 范
Cr12MoV	1. 1030℃淬火+200℃硝盐分级5~8 min+160~180℃回火3 h，硬度为62~64HRC； 2. (1050~1080℃)×2 h油淬+500℃×2 h回火3次+450~480℃离子渗氮
QT500-7	600~650℃预热+(890±10℃淬入盐水中冷至550℃，入油中冷至250℃，入热油(180~220℃)进行分级淬火)+160~180℃回火5~7 h
7CrSiMnMoV	890℃油淬+200℃回火2 h，硬度为60~62HRC

3.2 热作模具材料

3.2.1 热作模具材料的种类

3.2.1.1 热作模具钢的分类

根据工作温度、性能和用途，可将通用热作模具钢分类如下。

(1) 按用途分：热锻模用钢、热挤压模用钢、压铸模用钢和热冲裁模用钢。

(2) 按工作温度分：低耐热模具钢(350~370℃)、中耐热模具钢(550~600℃)和高耐热模具钢(580~650℃)。

(3) 按性能分：高韧性热作模具钢、高热强热作模具钢、高耐磨热作模具钢。

上述三种分类法之间的关系见表3-23。

表3-23 热作模具钢的分类

按用途分	按 性 能 分	按工作温度分	钢 号
热锻模用钢	高韧性热作模具钢	低耐热模具钢 (350~370℃)	5CrNiMo、5CrMnMo、 4CrMnSiMoV、5Cr2NiMoVSi、 45Cr2NiMoVSi、4SiMnMoV

续表 3-23

按用途分	按性能分	按工作温度分	钢号
热挤压模用钢	高热强热作模具钢	中耐热模具钢（550~600℃）	4Cr5MoSiV、4Cr5MoSiV1、4Cr5W2SiV
		高耐热模具钢（580~650℃）	3Cr2W8V、3Cr3Mo3W2V、4Cr3Mo3SiV、5Cr4W5Mo2V、5Cr4Mo3SiMnVAl
压铸模用钢	高热强热作模具钢	中耐热模具钢	4Cr5MoSiV1、4Cr5W2VSi
		高耐热模具钢	3Cr2W8V、3Cr3Mo3W2V
热冲裁模用钢	高耐热作模具钢	低耐热模具钢	8Cr3、7Cr3

3.2.1.2 热作模具钢种类

下面将按照用途分类法介绍各类热作模具钢。

A 热锻模用钢

热锻模是在高温下通过冲击力或压力使炽热的金属坯料成形的模具，包括锤锻模、压力机锻模、热镦模、精锻模和高速锻模等，其中锤锻模最具有代表性。锤锻模常用钢种主要有：5CrNiMo、5CrMnMo、4CrMnSiMoV 等，此外还有国内近年来研制的新钢种，如 4SiMnMoV、5Cr2NiMoVSi、45Cr2NiMoVSi 等。其中，45Cr2NiMoVSi 是应用比较成熟的高强韧大截面锤锻模用钢。

a 5CrNiMo、5CrMnMo 及 4CrMnSiMoV 钢

5CrNiMo 是 20 世纪 30 年代初应用的热作模具钢，至今仍具有较广泛应用。该钢具有良好的塑性、韧性，但热稳定性差，高温强度低。5CrMnMo 钢与 5CrNiMo 钢的各种性能相类似，是考虑我国资源情况，为节约镍而以锰代镍而研制的。使用中发现该钢淬透性不如 5CrNiMo，在高温下工作时，其热疲劳性能也较差。此钢对 3 t 锤以下的浅型槽中小型锤锻模使用效果还可以，但对大截面或深型槽锤锻模，其使用寿命很短。4CrMnSiMoV 钢是原冶金部标准中推荐使用的 5CrMnSiMoV 钢的改进型。原钢种的合金元素种类及含量均未变动，只是碳质量分数 w_C 降低了约 0.1%，其目的是在保持原有强度水平的基础上提高钢的韧性。该钢具有较高的强度、耐磨性和良好的冲击韧

性，其高温性能、抗回火稳定性、热疲劳抗力均比5CrNiMo钢好。

（1）力学性能。5CrNiMo钢的硬度及强度随回火温度的升高而下降，塑性及冲击韧性值则随回火温度的升高而增加。5CrNiMo钢在400℃以下工作可以保持较高强度，高于400℃时强度急剧下降，如温度升高到550℃时，抗拉强度下降近一半（与室温时比较）。5CrMnMo钢的力学性能与5CrNiMo钢相近，只是强度略高于5CrNiMo钢，而冲击韧性明显低于5CrNiMo钢。4CrMnSiMoV钢强度、塑性、韧性指标均高于5CrNiMo钢，只是冲击韧性与5CrNiMo钢相近或稍低。

（2）工艺性能。5CrNiMo、5CrMnMo及4CrMnSiMoV钢的工艺性能如下所述。

1）锻造。5CrNiMo钢钢坯加热温度为1100～1150℃，始锻温度为1050～1100℃，终锻温度为800～850℃，锻后砂冷或坑冷。5CrMnMo钢锻造工艺参数和5CrNiMo钢相同，注意防止模具开裂。4CrMnSiMoV钢钢坯加热温度为1100～1140℃，始锻温度为1050～1100℃，终锻温度不小于850℃，锻后砂冷或坑冷。

2）退火。5CrNiMo钢锻轧后退火工艺曲线如图3－24、图3－25所示。

5CrMnMo钢等温退火，加热温度为850～870℃，等温温度为680℃，退火硬度为197～241HBS。

4CrMnSiMoV钢等温退火，加热温度为840～860℃，等温温度为700～720℃。

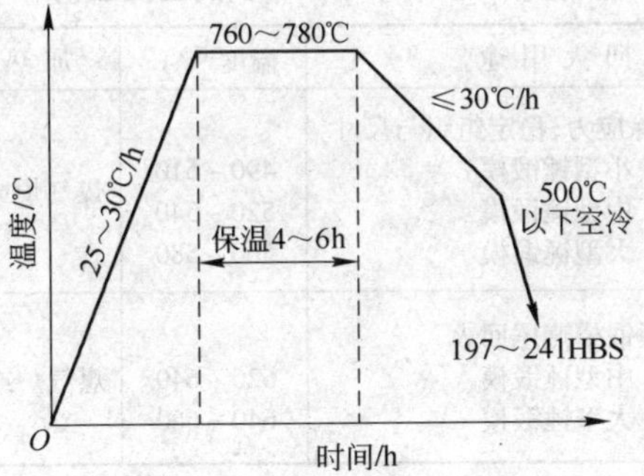

图3－24 5CrNiMo钢锻轧后一般退火工艺曲线

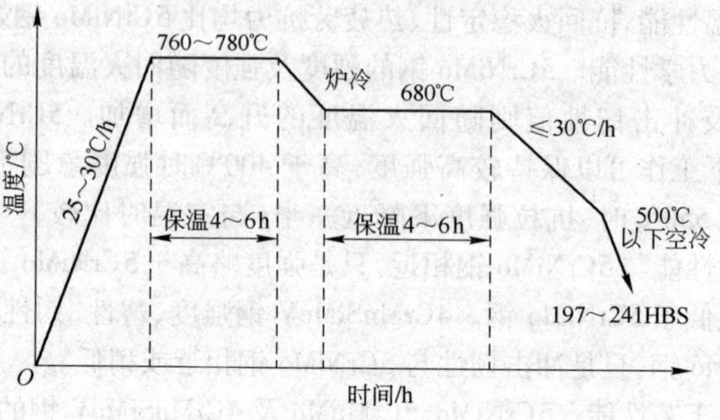

图 3－25 5CrNiMo 钢锻轧后等温退火工艺曲线

3）淬火。5CrNiMo 钢淬火预热温度为 600～650℃，加热温度为 830～860℃，油淬。

5CrMnMo 钢淬火加热温度为 840～860℃，油淬，冷却到 150～180℃左右出油并立即回火。为减少变形及开裂，淬火时最好延时冷却，可空冷到 740～780℃，然后入油。

4CrMnSiMoV 钢淬火，大型锤锻模淬火温度为 870～900℃，中小型锻模淬火温度为 900～930℃。

4）回火。5CrNiMo 钢的回火工艺见表 3－24。可见锤锻模燕尾部分与模体需要以不同温度回火，才能保证燕尾部分的韧性，降低燕尾开裂失效几率。

表 3－24 5CrNiMo 钢的回火工艺

方案	回火用途	温度①/℃	加热设备	硬度，HRC
1	锤锻模消除应力，稳定组织与尺寸 小型锤锻模 中型锤锻模 大型锤锻模	 490～510 520～540 560～580	煤气炉或电阻炉	 44～47 38～42 34～37
2	锤锻模燕尾回火 中型锤锻模 大型锤锻模	 620～640 640～660	煤气炉或电阻炉	 34～37 30～35

①锤锻模保温 2～3 h，燕尾保温 3～4 h。

5CrMnMo 钢回火工艺见表 3－25。

表 3-25 5CrMnMo 钢的回火工艺

方案	回火目的	模具类型		回火温度/℃	设备	硬度,HRC
1	消除应力,稳定组织	模具工作部分	小型锤锻模	490~510	煤气炉或电阻炉	41~47
			中型锤锻模	520~540		38~41
2	消除应力,稳定组织	模具燕尾部分	小型锤锻模	620~640	煤气炉或电阻炉	35~39
			中型锤锻模	640~660		34~37

4CrMnSiMoV 钢回火,大型锤锻模回火温度为 620~660℃,硬度为 38~42HRC;中型锤锻模回火温度为 610~630℃,硬度为 41~44HRC;小型锤锻模回火温度为 470~610℃,硬度为 44~49HRC。

(3) 实际应用。5CrNiMo 钢是目前国内用量较大的锤锻模钢,通用性强,大、中、小型模块,深、浅型槽的模块均用 5CrNiMo 钢。由于该钢淬透性好,更适合用于大批量生产的大、中型模块。由于新钢种的研制成功,5CrNiMo 钢应用范围在逐渐缩小。5CrMnMo 钢与 5CrNiMo 钢比较,该钢淬透性及韧性均较低。因此,5CrMnMo 钢只适用于制造要求较高强度和耐磨性,而韧性要求不高的各种中、小型锤锻模及部分压力机锻模模块,也可用于工作温度低于 500℃ 的其他小型热作模具。4CrMnSiMoV 钢适用于大、中型锤锻模,也可用于型锻模。与 5CrNiMo 等热作模用钢寿命比较,4CrMnSiMoV 钢使用寿命最长。

b 5Cr2NiMoVSi 及 45Cr2NiMoVSi 钢

锤锻模及大截面压力机锻模用 5CrNiMo、5CrMnMo 钢等的主要问题是热稳定性差,高温强度低,耐热磨损和热疲劳性能差,淬透性也较低。因此,模具型腔表面易于发生热磨损、热机械疲劳,模具寿命普遍较短。研制成功的大截面压力机锻模用钢 5Cr2NiMoVSi 及大截面锤锻模用钢 45Cr2NiMoVSi 主要添加了一定量的钒和硅,将碳、镍、铬、钼等元素含量合理配置,其高温强度提高 64%,使用温度可提高 150~170℃。对于 500 mm×500 mm 截面的锤锻模,其心部硬度较 5CrNiMo 钢高出 13HRC,使用寿命可延长 1 倍左右。

(1) 力学性能。在 500℃ 以下时,5Cr2NiMoVSi 钢的高温强度与 5CrNiMo 钢相近,而当高于 600℃ 时,5Cr2NiMoVSi 钢的强度却高出 1 倍以上。

(2) 工艺性能。5Cr2NiMoVSi 及 45Cr2NiMoVSi 钢的工艺性能如

下所述：

1）锻造。始锻温度为1200℃，终锻温度为900℃，钢的加热温度范围较大，锻造合格率高。

2）退火。等温退火加热温度为800℃，等温温度为720℃，退火硬度为220～230HBS。

3）淬火及回火。5Cr2NiMoVSi及5CrNiMo钢模块的热处理规范见表3－26。

表3－26 5Cr2NiMoVSi和5CrNiMo钢模块的热处理规范

模块截面/mm×mm	淬火（回火）的加热温度/℃		回火后硬度，HRC
	5CrNiMo	5Cr2NiMoVSi	
锤锻模			
小于300×300	820～850（480～520）	960～980（620～640）	40～45
大于300×300	820～850（520～560）	960～980（630～660）	38～41
压力机锻模			
小于300×300	840～870（420～450）	970～1000（610～630）	45～47
大于300×300	840～870（450～480）	970～1000（630～650）	42～44

45Cr2NiMoVSi钢推荐热处理工艺：淬火温度为960～980℃，型腔回火温度为630～670℃，燕尾回火温度为680～700℃。

（3）实际应用。5Cr2NiMoVSi钢主要用于制造各类压力机锻模和3 t锤锻模，平均使用寿命比5CrNiMo钢长0.5～1倍；45Cr2NiMoVSi钢适合制造各类锤锻模，特别是10 t以下的锤锻模。

B 热挤压模用钢

常用的热挤压模具用钢是钨系热作模具钢和铬系热作模具钢，还有铬钼系、钨钼系和铬钼钨系等新型的热作模具钢以及基体钢等。

（1）钨系热作模具钢。这类钢的代表性钢种为传统的3Cr2W8V钢，由于其耐热疲劳性较差，在热挤压模方面的应用将逐渐减少，但在压铸模方面的应用较多，故在压铸模用钢内容中对其做详细介绍。

（2）铬系热作模具钢。铬系热作模具钢的代表性钢种有4Cr5MoSiV1（H13）、4Cr5MoSiV（H11）和4Cr5W2VSi，其中4Cr5W2VSi

钢是由 4Cr5MoSiV 钢中质量分数为 1% 的钼被质量分数为 2% 的钨替代而演变来的。这三种钢中碳的质量分数均为 0.4% 左右，铬质量分数均为 5% 左右，属于中碳中铬钢，也称 5% 铬型热作模具钢。钢的淬透性好，直径 100 mm 的棒材在空冷淬火时也可以完全淬透，又称其为空冷硬化热作模具钢。此类钢是我国引进钢号中应用量最大、推广最广泛的钢种。

(3) 铬钼系热作模具钢。代表性钢种有 3Cr3Mo3W2V(HM1)、4Cr3Mo3SiV(H10)及 25Cr3Mo3VNb(HM3)。这类钢中碳含量较低，铬质量分数及钼质量分数均为 3% 左右，故也称 3Cr－3Mo 系热模钢。这类钢的回火抗力及热稳定性高于铬系钢，有的钢其回火抗力、高温强度与 3Cr2W8V 钢相近，但其韧性及断裂韧度高于 3Cr2W8V 钢。

(4) 铬钨钼系热作模具钢。代表性钢种有 5Cr4W5Mo2V(RM2)和 4Cr3Mo3W4VNb(GR)钢，这两种钢的耐热性能接近或超过 3Cr2W8V 钢，由于钢中含钨、钼较多，使韧性下降。

a w_{Cr} 为 5% 的铬系热作模具钢 4Cr5MoSiV1(H13)、4Cr5MoSiV(H11)和 4Cr5W2VSi

(1) H11 钢。H11 钢的性能特点和工艺性能如下所述：

1) 性能特点。4Cr5MoSiV1 钢中 w_C = 0.4% 左右，简称 H11 钢，其淬透性很好，直径在 150 mm 以下的钢材可以空冷淬硬，在中温下的热强性和耐磨性都较高，韧性较好，甚至在淬火状态下也有一定的韧性，抗热疲劳性特好。因此用 H11 钢制作高速锤锻模非常理想，有时也用作压铸模和挤压模。

2) 工艺性能。H11 钢的工艺性能主要包括锻造、退火、淬火及回火性能。

① 锻造。H11 钢的碳质量分数为 0.4%，热塑性较好，当锻制大型锻件时，先缓慢加热到 750℃，再快速加热到 1120 ~ 1150℃ 的锻造温度，减少氧化和脱碳；始锻温度为 1080 ~ 1120℃，终锻温度不小于 850℃，锻后缓冷，并及时退火。

② 退火。加热温度为 880℃，等温温度为 750℃，炉冷到 500℃ 以下出炉空冷，获得粒状珠光体组织，退火硬度为 192 ~ 235HBS，最好在可控气氛炉中进行。

③ 淬火和回火。淬火时不需要预热，可直接加热到1000～1020℃，油淬或分级淬火，硬度约为50～52HRC，经540～600℃回火，模具硬度在40～50HRC范围内。注意：该钢在200℃以上随回火温度升高，冲击韧性值下降，在500℃左右冲击韧性最低，所以应避免在500℃附近回火或进行化学热处理。

（2）H13钢。H13钢的性能特点和工艺性能如下所述：

1）性能特点。H13钢是国际上广泛应用的一种空冷硬化型热作模具钢，即美国钢号为ASTM-H13，日本钢号为JIS-SKD61。H13钢比H11钢的钒含量高，其质量分数一般为1%左右，热强性和热稳定性高于H11钢。具有较高的韧性和耐冷热疲劳性能，裂纹不易扩展。可以制作热锻模或型腔温度不超过600℃的压铸模。

2）工艺性能。H13钢的工艺性能主要包括锻造、退火、淬火和回火性能。

① 锻造。锻造工艺参数与H11钢相同，但考虑到其内部存在着严重的碳化物偏析，要求锻造比大于4，以破碎亚稳定的共晶碳化物。

② 退火。等温退火加热到800℃，保温2 h，降温至750℃等温2～4 h，炉冷到500℃出炉空冷，硬度为192～229HBS，锻后必须立即进行球化退火。

③ 淬火和回火。H13钢与H11钢的不同之处在于，淬火前需经二次预热，然后加热到1020～1050℃，油淬的硬度为53～55HRC；也可以采用空淬或分级淬火，经560～630℃回火，可获得硬度为40～50HRC。H13钢的回火或化学热处理温度同样要避开500℃，但不宜超过650℃。

（3）4Cr5W2SiV钢

4Cr5W2SiV钢的钒含量w_V为0.6%～1.0%，用2%的钨代替1%的钼，从4Cr5MoSiV1钢演变而来，性能与H13钢颇为相似，锻造、热处理工艺参数与H13钢相近。

w_{Cr}为5%的铬系热作模具钢，在500～600℃时具有比高韧性热锻模模具钢更高的硬度、热强性和耐磨性，而韧性高于3Cr2W8V钢等高耐热钢，含有硅和铬，其抗氧化性较好，是目前国内通用性较强的热作模具钢。对于铝型材挤压模具，采用H13钢制造的空心模平均寿命是

12 t/副,平面模寿命在15 t/副以上,比原用3Cr2W8V钢寿命延长3~5倍,用于机锻模的H11钢和H13钢代替5CrNiMo及3Cr2W8V钢,模具寿命延长2~3倍。

b 铬钼系热作模具钢3Cr3Mo3W2V(HM-1)和25Cr3Mo3VNb(HM-3)

铬钼系热作模具钢的性能特点、工艺性能与实际应用如下所述:

(1) 性能特点。这类钢中碳含量低,是在国外钢号3Cr3Mo3CoV的基础上发展起来的,其回火抗力及热稳定性高于5%铬系钢,冲击韧性和断裂韧度高于3Cr2W8V钢。

HM-1钢是参照国外H10钢(4Cr3Mo3SiV)和3Cr-3Mo系的热作模具钢,结合我国资源的特点而研制的,加入2%的钨形成HM-1钢;HM-3钢则是在碳含量较低($w_C=0.25\%$)的模具钢基础上加入了微量的元素铌($w_{Nb}=0.08\%\sim0.15\%$),使钢保持高的强度和热稳定性。HM-1钢的冷热疲劳抗力比3Cr2W8V钢高得多,同时还有较高的韧性。HM-3钢在600℃以上的高温强度高于4Cr5W2VSi钢,但当试验温度低于600℃时,强度不如4Cr5W2VSi钢。

(2) 工艺性能。HM-1钢和HM-3钢的工艺性能如下所述:

1) 锻造。加热温度为1150~1180℃,始锻温度为1120~1150℃,终锻温度不低于800℃。对HM-1钢要求锻后必须缓冷,并及时退火。

2) 退火。HM-1钢采用等温球化退火,其加热温度为870℃,等温温度为730℃,炉冷到550℃以下出炉空冷,退火后硬度为207~225HBS。

HM-3钢采用等温球化退火,其加热温度为860℃,等温温度为710℃,炉冷到550℃以下出炉空冷。

3) 淬火和回火。HM-1钢在1030~1120℃范围内淬火时,可获得52~55HRC的硬度,具体工艺可根据工件要求选用。回火温度在580~620℃之间选择,回火二次,每次2 h。

HM-3钢的淬火温度为1080℃,回火温度为560~630℃,回火二次。

(3) 实际应用。HM-3钢对热锻成形凹模、连杆辊锻模、轴承套圈毛坯热挤压模、高强钢精锻模、小型压力机锻模、铝合金压铸模等都有良好的应用。HM－3 钢模具寿命比 3Cr2W8V、5CrNiMo、4Cr5W2VSi 钢制模具寿命提高 2～10 倍，可有效地克服模具因热磨损、热疲劳、热裂等引起的早期失效。HM－1 钢是目前国内研制的新钢种中工艺性能好、使用面广、具有广阔应用前景的高强韧性热作模具钢。HM－1 钢用作轴承套圈毛坯热挤压凸模、凹模，碾压辊及辊锻模均取得显著效果，模具平均寿命达 1 万～2 万件，最高达 3 万件以上，比原用 3Cr2W8V、5CrMnMo 钢等模具寿命普遍提高 2～5 倍，高的达 10 多倍。该钢更适宜作为压铸模的材料，在铝压铸模等应用上取得明显效果。

c　5Cr4W5Mo2V(RM2)钢

RM2 钢的性能特点、工艺性能与实际应用如下所述：

(1) 性能特点。该钢具有较高碳含量，合金元素总质量分数为 12%，碳化物较多，以 Fe_3W_3C 为主，因而具有较高的硬度、耐磨性、回火抗力及热稳定性。如在硬度为 40HRC 时的热稳定性可达 700℃，但是它的碳化物分布不均匀，韧性较差。

(2) 工艺性能。RM2 钢的工艺性能主要包括锻造、退火、淬火及回火性能。

1) 锻造。加热温度为 1170～1190℃，始锻温度为 1120～1150℃，终锻温度不低于 850℃，锻后在 850～600℃ 区间应快冷，在 600℃ 以下缓冷。

2) 退火。加热温度为 870℃，等温温度为 730℃，炉冷到 500℃ 以下出炉空冷。

3) 淬火及回火。当淬火加热温度超过 1150℃ 时，晶粒明显增大，而超过 1200℃ 时会显著增大。当 550℃ 回火时出现二次硬化峰值，而 700℃ 回火时仍保持 40HRC 的硬度。淬火温度超过 1150℃ 时晶粒会明显增大，超过 1200℃ 时显著增大。

(3) 实际应用。5Cr4W5Mo2V 钢适于制作小型精锻模、平锻模、压印模凸模、热挤压凸模、热切边模及辊锻模等模具。由于该钢比 3Cr2W8V 钢具有较高的热强性、耐磨性及热稳定性，用该钢制作的模具，使用寿命比 3Cr2W8V 钢普遍延长 2～3 倍，个别模具可延长 10～20 倍。

d　4Cr3Mo3W4VNb(GR)钢

GR 钢的性能特点、工艺性能与实际应用如下所述：

（1）性能特点。GR 钢属铬钨钼系热作模具钢，其中加入少量铌是为增强回火抗力及热强性。与 3Cr2W8V 钢对比，GR 钢的冷热疲劳抗力及热稳定性明显高于 3Cr2W8V 钢。此外，高温抗压强度等性能也高于 3Cr2W8V 钢。

（2）工艺性能。GR 钢的工艺性能主要包括锻造、退火、淬火及回火性能。

1）锻造。始锻温度为 1150℃，终锻温度不低于 900℃，锻后缓冷并及时退火。

2）退火。等温退火加热温度为 850℃，等温温度为 720℃，冷却到 550℃以下出炉空冷。

3）淬火及回火。淬火温度为 1160～1200℃。若要求高韧性及塑性，则选用较低淬火温度；若要求高的高温强度及回火稳定性，则选用较高淬火温度。

回火温度为 630℃、600℃两次回火，每次 2～3 h，若复杂形状的大型模具，可采用三次回火，回火后硬度为 50～54HRC。

（3）实际应用。GR 钢成功地应用在齿轮高速锻模、精密锻模、轴承套圈热挤压模、自行车零件及螺母热镦锻、小型压力机锻模、辊锻模等方面，效果显著。与 3Cr2W8V 钢对比，各类模具使用寿命均延长数倍至数十倍。

e 4Cr3Mo2NiVNbB（HD）钢

HD 钢的性能特点、工艺性能与实际应用如下所述：

（1）性能特点。热挤压黑色金属及铜等有色金属合金的热作模具，其工作温度可达 700℃。在这种条件下，国内广泛采用的 3Cr2W8V 钢及铬系热作模具钢 H13 等，其耐磨损及冷热疲劳抗力已不能满足要求，HD 钢就是为适应 700℃ 左右温度工作而研制的新型热作模具钢。

（2）工艺性能。HD 钢的工艺性能主要包括锻造、退火、淬火及回火性能。

1）锻造。加热温度为 1100～1150℃，始锻温度为 1000～1050℃，终锻温度不低于 850℃。

2）退火。加热温度为850℃，保温4 h，炉冷到550℃以下出炉空冷。

3）淬火及回火。回火温度越高，与3Cr2W8V钢硬度差值越大，说明HD钢热稳定性高。

具体热处理工艺为：淬火加热温度为1130℃，回火温度为650～700℃。

（3）实际应用。在相同硬度条件下，HD钢比3Cr2W8V钢断裂韧度高50%，700℃高温短时抗拉强度高70%，冷热疲劳抗力和热磨损性能分别高出1倍和50%。HD钢应用在钢质药筒热挤压凸模、铜合金管材挤压模、热挤压轴承环凸模与凹模等模具，使用寿命均比3Cr2W8V钢延长。

f 6Cr4Mo3Ni2WV（CG－2）钢

CG－2钢的性能特点、工艺性能与实际应用如下所述：

（1）性能特点。CG－2钢是在6W6Mo5Cr4V（M2）高速钢基体的基础上适当增加钼、降低钨含量而研制成的新型模具钢，加入镍可提高基体的强度和韧性。

（2）工艺性能。CG－2钢的工艺性能主要包括锻造、退火、淬火及回火性能。

1）锻造。始锻温度为1140～1160℃，终锻温度不低于950℃。锻造时要求反复镦拔三次以上，锻后应缓冷并及时退火。

2）退火。采取等温球化退火，加热温度为810℃，等温温度为670℃，炉冷到400℃以下出炉空冷，退火硬度为220～240HBS。

3）淬火及回火。淬火加热温度为1100～1130℃，油冷。回火温度为630℃，回火二次，每次2 h，回火硬度为51～53HRC（用作冷作模具时，回火温度为540℃，回火二次，硬度为59～62HRC）。

（3）实际应用。CG－2钢曾在轴承套圈热挤压凸模及凹模上应用，采取1130℃油淬及630℃和600℃回火，硬度为50～53HRC，凸模寿命为3Cr2W8V钢凸模的2～3倍。用CG－2钢制作热挤压凸模比用Cr12MoV钢，寿命延长近1倍。

CG－2钢是冷热兼用型模具钢，在制作标准件及轴承滚子冷镦模等方面比Cr12MoV钢模具使用寿命都有明显延长。

C 压铸模用钢

常用的压铸模用钢以钨系、铬系、铬钼系和铬钨钼系热作模具钢为主，也有一些其他的合金工具钢或合金结构钢，用于工作温度较低的压铸模，如 40Cr、30CrMnSi、4CrSi、4CrW2S、5CrW2Si、5CrNiMo、5CrMnMo、4Cr5MoSiV、4Cr5MoSiV1、4Cr5W2VSi、3Cr2W8V、3Cr3Mo3W2V 等。其中 3Cr2W8V 钢是制造压铸模的典型钢种，常用于制造压铸铝合金和铜合金的压铸模，与其性能和用途相类似的还有 3Cr3Mo3W2V 钢。

a 3Cr2W8V 钢

3Cr2W8V 是钨系高热强热作模具钢的代表钢号，合金元素以钨为主，钨质量分数高达 8%。该钢是我国长期以来应用最广泛的典型的压铸模用钢，也可用于其他热作模具钢。

(1) 力学性能。3Cr2W8V 钢的主加元素刚好是 W18Cr4V 高速钢的一半，因此又称为半高速钢。钨含量越高，钢的热稳定性越高，耐磨性越好。铬能增加钢的淬透性，虽因冷热疲劳抗力差，在急冷、急热条件下工作时容易产生冷热疲劳裂纹而失效，但其抗回火能力较强，在 550℃ 回火时会出现二次硬化峰，淬火温度越高，二次硬化峰值的硬度越高，热强性越好。由于 W_2C 的析出，在 650℃ 时冲击韧性最低，因此高温韧性较差。

(2) 工艺性能。3Cr2W8V 的工艺性能如下所述。

1) 锻造。钢坯加热温度为 1130 ~ 1160℃，始锻温度为 1080 ~ 1120℃，终锻温度为 850 ~ 900℃，锻后空冷到 700℃ 再缓冷。

2) 退火。等温退火加热温度为 840 ~ 880℃，等温温度为 720 ~ 740℃，退火硬度不高于 241HBS。

3) 淬火及回火。淬火温度为 1050 ~ 1150℃，油冷，淬火硬度为 50 ~ 54HRC。回火温度为 550 ~ 650℃，回火 2 次，每次 2 h，回火硬度为 40 ~ 50HRC。

(3) 实际应用。3Cr2W8V 钢在淬火加热中脱碳和变形倾向较小，目前钢厂生产量仍较大，热处理设备及工艺比较稳定，许多中小机械厂仍在广泛应用。因其耐热性较高，广泛应用于压力机锻模、热挤压模、镦锻模、剪切刀、压铸模等方面。

b 4Cr5Mo2MnSiV1(y10)钢及 4Cr3Mo2MnVNbB(y4)钢

y10 钢及 y4 是分别作为铝合金及铜合金压铸而研制的新型热作模具钢。y10 钢也是 w_{Cr} 为 5% 高强韧性热作模具钢，是在 4Cr5MoSiV1（H13）钢基础上适当提高钒、锰含量，并提高硅含量的上限。y4 钢接近 3Cr－3Mo 类型钢，但增加了微量元素铌和硼。

（1）工艺性能。y10 钢和 y4 钢锻造及退火工艺与 3Cr2W8V 钢相近，但锻造性能良好，锻造温度范围大，无特殊要求。退火硬度低于 3Cr2W8V 钢。淬火温度为 1020～1120℃，回火温度为 600～630℃，根据用途及要求进行选择。

（2）实际应用。y10 钢及 y4 钢在力学性能上，尤其是冷热疲劳及裂纹扩展速率方面明显优于 3Cr2W8V 钢，是比较理想的铝、铜合金压铸模材料。这两种钢用于压铸模，使用寿命普遍延长 1～10 倍。y10 钢及 y4 热作模具钢在热挤压模、热锻模的应用方面也取得了明显成效。

D　其他热作模具材料

a　热冲裁模用钢

在热作模具中，热冲裁模的工作温度较低，因此，对材料的性能要求也相对放宽。除了应具有高的耐磨性、良好的强韧性以及加工工艺性能外，几乎所有的热作模具钢均能满足热冲裁模的工作条件要求。所以在选材时，可着重考虑材料的经济性和生产管理上的方便，推荐使用的钢种有 5CrNiMo、4Cr5MoSiV、4Cr5MoSiV1 和 8Cr3 等，其中 8Cr3 钢是使用较多的钢种。

热冲裁模主要有热切边模和热冲孔模等，它们的材料选用举例及其要求的硬度见表 3－27。

表 3－27　热冲裁模的材料选用举例及其要求的硬度

模具类型及零件名称		推荐选用的材料牌号	可代用的材料牌号	要求的硬度	
				硬度，HB	硬度，HRC
热切边模	凸模	8Cr3、4Cr5MoSiV、5Cr4W5Mo2V	5CrNiMo、5CrMnMo、5CrMnSiMoV		35～40
	凹模				43～45
热冲孔模	凸模	8Cr3	8Cr3、3Cr2W8V、6CrW2Si	368～415	
	凹模	8Cr3		321～368	

热冲裁凹模的主要失效形式是磨损和崩刃，凸模的主要失效形式是断裂及磨损。为此，凹模的硬度较高，以保证耐磨性；凸模并不要求高的耐磨性，硬度不必过高。在生产中，8Cr3 钢制凹模的硬度为 43～45HRC。如被冲材料为耐热钢或高温合金，其硬度还应增高，但不宜超过 50HRC。凸模的硬度在 35～45HRC 之间。

8Cr3 钢锻后必须进行退火，退火工艺一般为加热 790～810℃，保温 2～3 h，出炉空冷至 700～720℃，等温 3～4 h，炉冷至 600℃ 出炉空冷。退火后的硬度一般不大于 241HBS。

8Cr3 钢制热冲裁模的淬火温度为 820～840℃，淬火冷却在油中进行。为避免开裂及变形，在入油前可在空气中预冷至 780℃。在油中冷却到 150～200℃ 时出油，并立即进行回火。

模具的回火温度根据其工作硬度而定，8Cr3 钢经 480～520℃ 回火后，其硬度为 41～45 HRC。8Cr3 钢的回火温度不应低于 460℃，低于此温度回火韧性太低。

b　硬质合金

由于硬质合金具有很高的热硬性和耐磨性，还有良好的热稳定性、抗氧化性和耐腐蚀性，因而可用于制造某些热作模具。钨钴类硬质合金（通常制成镶块）可用于热切边凹模、压铸模、工作温度较高的热挤压凸模或凹模等。例如气阀挺杆热镦模，原采用 3Cr2W8V 钢制作，热处理后的硬度为 49～52HRC，使用寿命为 5000 次。后在模具工作部分采用 YG20 硬质合金镶块，模具寿命延长到 15 万次。应用于热作模具的还有奥氏体不锈钢钢结硬质合金和高碳高铬合金钢钢结硬质合金等。例如 ST60 钢结硬质合金制热挤压模在 960℃左右挤压纯铜时，其使用寿命比 YG15 长得多。ST60 钢结硬质合金还用于热冲孔模、热平锻模等。R5 钢结硬质合金等也可用于热挤压模。

c　高温合金

高温合金的种类很多，有铁基、镍基、钴基合金等，其工作温度高达 650～1000℃，可用来制造黄铜、钛及镍合金以及某些钢铁材料的热挤压模具。当模具本身的温度上升到 650℃ 以上的高温状态时，一般的热作模具钢都会软化而损坏，但这些高温合金仍能保持高的强度和硬度。表 3－28 是几种常用高温合金的牌号和化学成分。A－286 合金经热处理后可被有效硬化，常用于热挤压黄铜的模具，其使用寿命可达铬系热作模具钢的2倍。常用镍基高温合金的工作温度可达800～1000℃，可用于挤压耐热钢零件或挤压钢管的凹模或芯棒等。钴基高温合金在1000℃以上可保持很高的强度和抗氧化能力。S－816合金经固溶处理和时效后，具有比镍基高温合金更好的耐热疲劳抗力，故用于热挤压模可获得较长的使用寿命。

表3－28 几种常用高温合金的牌号和化学成分

种类	牌号	质量分数/%										
		C	Si	Mn	Cr	Mo	Ti	Al	Ni	Co	Fe	其他
铁基	A－286	0.05	0.5	1.35	15	1.25	2.0	0.2	26		其余	V0.3
镍基	EX	0.05	0.2	0.2	14	6.0	3.0	1.2	其余	4.0	28.85	
钴基	S－816	0.38			20	4			20	其余	4	W4，Cd4

d 难熔合金

通常将熔点在1700℃以上的金属称为难熔金属。在压铸钢铁材料时，压铸模型腔的工作温度可高达1000℃，型腔表面受到严重的氧化、腐蚀和冲刷，常因产生严重的塑性变形和网状裂纹而失效，只能压铸几十件或几百件。因此可以采用钨、钼、铌等熔点在2600℃以上的难熔金属来制作压铸模的型腔。由于它们的再结晶温度高于1000℃，可长时间在此温度之上工作。美国使用粉末烧结的钨基合金Anviloy1150（$w_C=90\%$、$w_{Mo}=4\%$、$w_{Ni}=4\%$、$w_{Fe}=2\%$）和钼基合金TZM（$w_C=0.01\%\sim0.04\%$、$w_{Zr}=0.06\%\sim0.12\%$、$w_{Ti}=0.4\%\sim0.55\%$，其余为钼）制作压铸模。

相比之下，钼基合金的热强度和持久强度较高，热导性好、热膨胀小，因此几乎不引起热裂。TZM合金的塑性较好，便于成形加工，室温脆性也较钨基合金小，但其抗变形能力有限，且力学性能的各向异性十分明显。钼基合金做压铸模具使用得比较成功，主要用于铜合金、钢铁材料的压铸模，也可用作钛合金、耐热钢的热挤压模等，其使用寿命远高于其他各种热作模具钢。

3.2.2 典型热作模具的工作条件、失效形式及性能要求

3.2.2.1 锤锻模

A 锤锻模的工作特点

锤锻模的工作特点如下所述：

(1) 坯料温度高。模锻有变形和成形双重功能，只有在高温下才能实现材料的变形和成形，因此，坯料温度一般较高，多数在950 ~ 1050℃之间。温度高，模具易软化，产生塑性变形，同时易氧化，产生氧化磨损，也易发生热疲劳。

(2) 冲击力大。模锻锤是冲击力设备，速度很大，一般在6 ~ 9 m/s，锤锻模的动能很大，从高速到速度为零一般只有几毫秒。因此，锻模所受的冲击力很大，瞬时巨大的冲击力易使能量或力集中到某些局部，造成应力集中，出现塑性变形和断裂。

(3) 摩擦剧烈。模锻时坯料整体发生塑性变形，坯料与模具型腔表面发生相对运动，产生摩擦。由于这种相对运动是在高温、高压下进行的，模具与坯料易发生强烈摩擦磨损。

(4) 急冷急热。热坯料放在模具上时，模具型腔突然受到高温的作用，经受一次急热，温度急剧上升，可达450 ~ 500℃，有时高达600℃。当锻件取出后，模具型腔又与室温空气接触，同时，为了防止型腔软化失去承载能力，一般都要对型腔喷水冷却，模具型腔温度又会下降，又经受一次急冷。急冷急热会产生循环的热应力，模具易出现疲劳磨损与疲劳裂纹并导致开裂。

B 锤锻模的主要失效形式及性能要求

锤锻模在上述工作条件下，其失效形式主要有模具型腔部分的断裂、型腔表面热疲劳、型腔表面的磨损、模具型腔的塑性变形和燕尾的开裂。

(1) 模具型腔部分的断裂。锤锻模按照其断裂的性质，可分为早期脆性断裂和机械疲劳断裂两种。

模具的早期脆性断裂是在锤击次数较少的时候发生的，有的仅锻打几次就出现断裂。模具在很大的冲击载荷的作用下，在型腔部分受拉应力较大而又薄弱的部位可能产生裂纹，当裂纹受力扩展至一定尺

寸时,就会发生快速失稳扩展而导致突然断裂。模具的机械疲劳断裂是在模具经受许多次锻击后发生的断裂。由于锤锻模所承受的冲击应力较一般机械零件承受的静载交变应力要大得多,故其疲劳断裂的周次很低,可以认为是较大冲击能量的冲击疲劳。

(2) 型腔表面的热疲劳。所谓热疲劳是模具在循环热应力的反复作用下所产生的疲劳裂纹或破坏。锤锻模尺寸较大,沿截面的温度梯度也很大,其型腔表面受急冷急热的作用而内层的温度变化较小。因而,表层的热胀冷缩受到内层的约束而产生热应力。如型腔表面受热膨胀时,要受内层的约束使表层产生压应力;而当其冷却收缩时,又受内层的约束使表层产生拉应力。如果热应力大于材料在该温度下的屈服点,便会发生压、拉塑性应变。这样,型腔表面在循环热应力的作用下产生循环的塑性应变,经过一定周次,导致表面产生许多细小的裂纹,即热疲劳裂纹。

由于热疲劳裂纹的产生,使型腔表面层有了膨胀、收缩的余地,热应力得以松弛,裂纹不会向纵深发展,一般仅数毫米。所以,热疲劳裂纹属于细小浅表裂纹,除了表面质量要求高的精锻模外,普通锻模出现热疲劳裂纹后仍能继续服役。但是,在机械应力的继续作用下,加上继续氧化腐蚀,以及由于坯料的摩擦、挤入所产生的对裂纹的扩张作用,可使裂纹继续向纵深扩展,并可能成为脆断和疲劳断裂的裂纹源。

(3) 型腔表面的磨损。锤锻模在机械负荷和热负荷的作用下,其型腔表面的磨损非常复杂。在多次重复冲击作用下,一方面坯料对型腔表面产生冲击性的接触应力;另一方面坯料塑变流动对型腔表面产生强烈的摩擦。在热负荷的作用下,型腔表面层可能发生软化,同时表面的氧化也将加剧。

在型腔表面与坯料滑动摩擦较小的部位,由于较大接触应力的重复作用,易使型腔表面产生小块剥落,形成痘状麻坑。热负荷对表面的软化作用及热应力的作用将促进这种疲劳磨损。在型腔表面受坯料滑动摩擦较大的部位,由于摩擦切应力和热负荷的作用,则易使型腔表面产生氧化磨损和热黏着磨损。这种热黏着磨损,可以认为是在高温和压力作用下,坯料与模具型腔局部表面发生黏合,继而在切应力作用下黏合处破坏,在型腔表面产生擦伤沟槽。型腔表层受热软化,易于在摩擦切应力作用下发生局部的塑变流动,从而促使热黏合现象的产生。

(4) 模具型腔的塑性变形。锤锻模的塑性变形常发生在模具型腔中受力大且受热温升高的部位。温度升高使模具材料的屈服强度下降,且当温度高于模具的回火温度时,则进一步使之软化。当软化部位的屈服点低于该部位所承受的应力水平时,就会产生塑性变形。

模具型腔中的肋、凸台等突出部位吸热较多,温度较高,受力也较大,当其软化层深度较大时,便会出现棱角堆塌等塑变现象。在软化层较浅的部位,可在坯料的摩擦作用下发生表层塑变流动。在模具型腔较深处,则常因淬火冷却时没有得到马氏体,热处理后硬度偏低,以致在较大压力下产生塑性变形,使型腔凹陷。

(5) 模具燕尾开裂。锤锻模上下模块的燕尾是安装固定模块的部位,燕尾根部凹槽有应力集中,尤其当存在加工刀痕时,易在冲击载荷的重复作用下,在刀痕处萌生疲劳裂纹,裂纹沿刀痕横向延伸并向纵深扩展,造成燕尾开裂。

总之,锤锻模的上述五种失效形式在同一模具上都可能出现,这是因为模具的不同部位有不同的工作条件,从而导致不同的失效形式。而最终先导致锤锻模不能继续服役的失效形式可能只是其中的一种。

根据锤锻模的失效形式,对锤锻模用材料提出的性能要求有以下六点:

(1) 高的冲击韧性和断裂韧度。对锤锻模用钢,冲击韧性应不低于30 J/cm^2,冲击韧性是锤锻模用钢的基本性能。为阻止或延缓裂纹扩展而导致模具断裂,还要求锻模必须具有高的断裂韧度。

(2) 高的高温硬度及高温强度。为防止热锻模发生早期磨损及变形,模具钢应具有较高的高温硬度和高温强度。

(3) 高的淬透性。热锻模尺寸大,要求模具整个截面力学性能均匀一致。如果心部未淬透,则可能形成贝氏体或其他组织,导致模具早期断裂。

(4) 高的热疲劳抗力。若导热性好、热胀系数小,则热疲劳抗力高,可以延缓热疲劳裂纹的产生。

(5) 较高的回火稳定性。防止模具在高温服役中被继续回火,导致硬度下降而影响耐磨性。

(6) 良好的工艺性能及抗氧化性。

C 锤锻模的选材

目前我国锤锻模用钢标准钢号为:5CrNiMo、5CrMnMo、4CrMnSiMoV;应用效果较好但没有纳入标准的有:3Cr2MoWVNi、5Cr2NiMoVSi、45Cr2NiMoVSi;国外进口的锻模钢有:55CrNiMoV6 钢等。

5CrNiMo 是世界通用的传统钢种,它有优良的综合力学性能,冲击韧性好,淬透性高,且对第二类回火脆性不敏感。它主要用于大型、特大型锤锻模钢及大批量生产中用中小型复杂锤锻模。

5CrMnMo 钢的硬度、强度与 5CrNiMo 钢相当,但冲击韧性和淬透性较低,且有过热倾向,只适应于制造中小型、形状简单、截面不很大的锤锻模。

5CrNiW 钢的力学性能与 5CrNiMo 钢相差不多,5CrNiTi 钢的硬度、强度较低而塑性、韧性较高。它们都可用来制造大型、特大型锤锻模。

4CrMnSiMoV 钢和 5Cr2NiMoVSi 钢的强度、热稳定性、淬透性均高于 5CrNiMo 钢,但冲击韧性稍低,是 5CrNiMo 钢的代用钢种。

在锻造加工高合金钢、不锈钢及耐热钢时,由于坯料的塑变抗力大,要求模具具有更高的高温硬度和耐磨性。这时,可选用中碳中合金热模钢 3Cr2MoWVNi、5Cr2NiMoVSi、4Cr5MoSiV、4Cr5MoSiV1、2Cr3Mo3VNb 等。由于这些钢种的热稳定性较高,还常用于制造压力机锻模。

3.2.2.2 热挤压模

A 热挤压模的工作条件

和冷挤压工艺类似,热挤压工艺也可分为正挤压、反挤压、复合挤压。另外,由于热坯料的塑变流动性好,还能采用坯料流动方向与冲头运动方向相垂直的径向挤压工艺。无论哪种挤压方法,所用模具的主要工作部分也都是冲头和凹模。

和锤锻模相比,压力机的加载速度低,模具与热坯料的接触时间长。因此,在加工相同温度的坯料时,热挤压模比锤锻模的热负荷大,工作温度高。如在热挤压铜合金、钛合金和结构钢时,模具型腔温度可达 600 ~ 800℃。在热挤压不锈钢或耐热钢时,模具的温度更高。但无论是采用哪种挤压方法,冲头的工作温度一般都高于凹模。

为防止模具温升过高,需要对模具,尤其是冲头进行冷却。在每次脱模后,用润滑和冷却介质涂抹模具的工作表面。因此,热挤压模具也要经受急冷急热的交替作用。

和锤锻模相比,热挤压模受冲击载荷很小,受静载荷很大。工作时,冲头承受巨大的压力,且由于坯料偏斜等原因,还承受很大的附加弯矩。冲头脱模时,还承受一定的拉力。凹模型腔表面承受变形坯料很大的接触压力,凹模模壁则存在很大的切向拉应力。同样,这种接触应力、切向应力在模腔中的分布也不均匀,和模腔的具体结构有关,再加上拉应力的作用,使凹模的受力非常复杂。

在热挤压时,坯料的变形率很大,其塑变流动对模具型腔表面产生的摩擦要比锤锻模剧烈得多。这种摩擦还因硬颗粒(如氧化皮等)的存在而进一步加剧。

B 热挤压模的失效形式及性能要求

热挤压模的冲头和凹模的基本失效形式与锤锻模类似,有早期脆断、疲劳断裂、热疲劳、型腔堆塌和磨损等。

早期脆断发生的机会较少,危害最大。早期脆断的模具寿命,多者数百次至一千次,少者数十次或仅有几次。热挤压模的载荷和温度均是循环变化的,因而往往发生热-机械疲劳断裂。由于工作温度高,疲劳裂纹缓慢扩展区表面常被氧化,呈黑色。热挤压模的工作温度高,压力大,摩擦剧烈,因而塑性变形和热磨损也是它主要的失效形式。常见的塑性变形表现为冲头镦粗、弯曲,凹模型腔下沉塌陷、棱角堆塌。冲头和凹模的工作表面可产生磨粒磨损和黏着磨损,高温氧化及其氧化产物起着加速磨损的作用。如果模具工作面采用油质润滑剂进行润滑,则不仅冷却效果不如水质润滑剂,更由于润滑油的燃烧产生高压气体,对模具表面产生强烈冲刷,从而产生气蚀磨损这一特殊的损伤形式。

由此,对热挤压模具钢提出的性能要求包括:

(1) 高强度、冲击韧性及断裂韧度,以保证模具钢具有较高的断裂抗力,防止模具发生脆性断裂。

(2) 室温及高温硬度高,耐磨性好,以减缓模具的磨损失效发生。

(3) 高温强度及回火抗力高,拉伸及屈服强度高,防止模具产生塑性变形及堆塌。

(4) 模具钢的相变点及高温强度高,并具有高的导热性及较低的热胀系数,有利于热疲劳抗力的提高,推迟热疲劳开裂的发生。

(5) 较高的抗氧化能力,以减少氧化物对磨损及热疲劳的不利影响。

C 热挤压模的选材

热挤压模材料的选用以高耐热钢为主。

(1) 挤压轻金属合金,如铝、锌的热挤压模。可选用中耐热韧性钢,如 4Cr5MoSiV、4Cr5MoSiV1 钢。

(2) 挤压铜、钢的热挤压模。可选用高耐热性钢为主,如 3Cr2W8V、4Cr3Mo3W2V 钢,也可以选用高强度耐热钢 Cr14Ni25TiV 钢等。

(3) 温热挤压模。可选用高速钢,如 W18Cr4V、6W6Mo5Cr4V 钢。

3.2.2.3 压铸模

A 压铸模的工作条件及性能要求

压铸模是在高压(30 ~ 150 MPa)下将 400 ~ 1600℃ 的熔融金属压铸成形。成形过程中,模具周期性地经受加热和冷却,且受到高速喷入的灼热金属冲刷和腐蚀。每次脱模后,还要对型腔表面进行冷却、润滑、使模具承受频繁的急冷、急热作用。因此,模具用钢要求有较高的热疲劳抗力、导热性及良好的耐磨性、耐蚀性和高温力学性能等。

B 压铸模的失效形式及选材

由于被压铸的金属材料不同,其熔化加热的温度差别很大,使得压铸模工作条件的苛刻程度有很大的差别。压铸金属的压铸温度愈高,压铸模的磨损和损坏就愈快,因此,在选择压铸模材料时,首先就要根据压铸金属的种类及其压铸温度的高低来决定,其次还要考虑生产批量大小和压铸件的形状、质量以及精度要求等。

(1) 锌合金压铸模。锌合金的熔点为 400 ~ 430℃,锌合金压铸模型腔的表层温度不会超过 400℃。由于工作温度较低,故除常用模具钢外,也可采用合金结构钢制造模具,甚至可采用低碳钢(如 20 钢),经中温固体碳氮共渗、淬火、低温回火,使用效果也很好。

常用于制造锌合金压铸模具的材料有:合金结构钢 40Cr、30CrMnSi、40CrMo 等,模具钢 5CrNiMo、5CrMnMo、4Cr5MoSiV、4Cr5MoSiV1、3Cr2W8V、

CrWMn 等。

（2）铝合金压铸模。铝合金压铸模的服役条件较为苛刻，铝合金熔液的温度通常在650～700℃左右，模具受到液态铝合金的熔损粘蚀作用，因此，必须对模具型腔频繁地涂抹防粘涂料，由此造成型腔表面温度的剧烈波动。因而铝合金压铸模的失效形式主要是黏模、浸蚀、热疲劳和磨损。在模具型腔结构复杂并存在应力集中时，模具也会在热负荷和机械负荷的共同作用下出现断裂失效。

目前，我国常用铝合金压铸模用钢有 H13、H11、3Cr2W8V 及新钢种 y10 和 HM3 等。

3Cr2W8V 钢的回火抗力和热稳定性能最好，具有足够高的耐热性，但冷热疲劳抗力最差，容易在模具型腔表面出现冷热疲劳裂纹（龟裂）。H13 钢和 H11 钢的回火抗力及热稳定性稍次于 3Cr2W8V 钢，但冷热疲劳抗力比 3Cr2W8V 钢高得多。用 H13 钢制造的铝合金压铸模，寿命远长于 3Cr2W8V 钢制造的模具。

新钢种 y10 钢是在 H13 钢基础上研制的新型铝合金压铸模用钢，除耐热性能比 3Cr2W8V 钢稍差外，其他力学性能如冲击韧性、断裂韧度，物理性能如热导率、热胀系数，工艺性能如热处理变形性能、热疲劳抗力以及抗熔损性能，均优于 3Cr2W8V 钢。y10 钢应用于铝合金压铸模具，使用寿命可延长 1～10 倍。

（3）铜合金压铸模。铜合金压铸模的工作条件极为苛刻，铜液温度通常为 870～940℃，模具型腔受到高温铜液的反复冲刷，因此，其主要失效形式是热疲劳龟裂。铜合金压铸模的寿命远比铝合金及锌合金压铸模寿命短。国内仍大量采用 3Cr2W8V 钢制造铜合金压铸模，也有的用铬钼系热作模具钢。新型热作模具钢 y4 应用于制造铜合金压铸模具取得较满意效果，y4 钢抗热疲劳性能明显优于 3Cr2W8V 钢。

（4）黑色金属压铸模。钢的浇注温度一般为 1500℃左右，压铸模型腔表面温度可高达 1000℃以上。这时，用各种耐热钢制造的压铸模，其寿命都很短。如用 3Cr2W8V 钢制造的模具压铸钢或铸铁时，型腔表面氧化、腐蚀严重，易于发生变形、热裂，使用寿命很低。若采用渗铝或 Cr－Al－Si 三元共渗等表面强化处理，才能使模具工作寿命有所提高。

3.2.3 典型热作模具的热处理特点

根据热作模具的工作条件、失效形式和性能要求,选择符合要求的模具材料之后,必须制定合理的热处理工艺,才能保证模具的使用要求。因此掌握各类热作模具热处理工艺的特点是必要的。

3.2.3.1 锤锻模热处理的特点

为了保证锤锻模获得足够的强度和韧性,最终热处理为淬火加中温或高温回火。

A 锻造与退火

因锤锻模的尺寸较大,且大型轧材又具有各向异性,为了使其性能尽可能的均匀并获得所需要的形状,必须进行锻造。锻造后模块内存在较大的内应力和组织不均匀性,必须进行退火。锤锻模的退火可采用完全退火,但由于模块尺寸较大,退火冷却时间过长,为缩短退火周期常采用等温退火的方式。

由于锤锻模用钢大多数含有镍、铬等元素,因此锻后易形成白点,所以锻后均应进行防白点处理。对于形状复杂、机械加工量很大的模块,在粗加工以后应进行中间去应力退火,以消除机械加工应力,退火加热温度通常采用600~650℃,保温时间为2~3 h,炉冷即可。

B 淬火

淬火加热可在盐浴炉、箱式炉以及可控气体或真空炉中进行。但用箱式炉加热时,为了防止模具表面氧化和脱碳,应将模面向下放入装有保护剂(铸铁屑和木炭等)的铁盘中,然后用黄泥或耐火泥密封,燕尾部分也采用保护剂及黄泥封盖加以保护。大型或形状复杂的锤锻模淬火加热时,一般需经一次或两次预热,以保证加热均匀,箱式电阻炉加热系数为2~3 min/mm,盐浴炉加热系数为1 min/mm。

淬火冷却时,为防止变形和开裂,必须进行预冷,预冷到780~800℃为宜。预冷后淬入30~80℃的油中冷却,当模具本身的温度冷至150~200℃时出油,并及时回火。

C 回火

锤锻模的回火包括模腔和燕尾两个部分的回火。一般锤锻模的回火温度太低,易出现韧性不足,模腔裂纹;回火温度太高,硬度、强度和耐磨性降低,模面易被压坏或加速磨损。具体回火温度根据钢种及模具的硬度要求而定。可采用二次回火,第二次回火温度比第一次低10℃,回火时间也可相应缩短些。

燕尾是锤锻模固定在锤头的部位,直接与锤头接触,其硬度应低于锤头,并且低于模具型腔的硬度。燕尾可采用单独加热回火和自行回火的方法。单独加热回火是在保证模腔达到硬度要求后,将燕尾向下置于专用电炉、煤炉或盐浴炉中,对燕尾部分单独进行回火加热,具体回火温度根据钢种及模具燕尾的硬度要求而定。自行回火方法是将淬火加热后的锤锻模整体淬入油中一段时间,冷却到一定温度后,把燕尾提出油面停留一段时间,此时模具心部温度仍较高,燕尾已淬火的部分被心部热量加热而回火。如此反复操作3~5次即可。

3.2.3.2 热挤压模热处理的特点

A 锻造工艺

热挤压模用钢多为高合金钢,所以模坯需经良好的锻造,尤其是含钼的热作模具钢,要注意锻造加热温度和保温时间的控制,以避免严重脱碳导致模具早期失效。

B 预先热处理

预先热处理工艺如下所述:

(1) 退火。锻后退火是为了消除应力,降低硬度,便于切削加工,同时为了改善模具钢的组织,为随后的淬火工序提供良好的显微组织。热挤压模的退火通常采用等温球化退火工艺。

(2) 正火。为了消除链状或网状碳化物,需对模具进行正火等预处理。然后再经球化退火,可消除链状碳化物。

(3) 双重热处理。双重热处理工艺是将锻后的模具毛坯加热到某一高温,使过剩碳化物充分固溶,然后快速冷却到室温;第二步是高温回火,既为降低硬度,保证模具能进行机械加工,又可防止最终热处理时晶粒粗大化。高温固溶温度、高温回火温度可根据不同的钢种而定。

C 淬火及回火

长期以来,淬火温度的选择主要考虑奥氏体晶粒的尺寸大小和冲击韧性的高低。淬火保温时间系数(盐浴炉)一般取0.5~1 min/mm,尺寸越小系数越大。由于热挤压模用钢多为高合金钢,淬透性较好,采用油冷或空冷即可，对要求变形小的也可以采用等温淬火的方式。

淬火后的模具都应尽快进行回火，特别是形状复杂的模具。选择回火温度的原则是：在不影响模具抗脆断能力的前提下，尽可能提高模具的硬度，在回火加热和冷却时都应缓慢进行。回火一般应进行两次，回火时间可按 3 min/mm 计算，但不应低于 2 h，第二次回火温度可比第一次低 10 ~ 20℃。但对 3Cr2W8V 钢的实际应用中，发现先经低温回火，再经高温回火，其冲击韧性比直接高温回火时要高出 2 倍，模具寿命也得以提高。

D　化学热处理工艺

为提高模具耐磨性，热挤压模具常用化学热处理，其方法有渗碳、渗硼、渗氮、氮碳共渗、渗金属及多元共渗等工艺。

3.2.3.3　压铸模热处理的特点

A　稳定化处理（去应力退火）

压铸模型腔复杂，在粗加工和半精加工时会产生较大的内应力。为了减小淬火变形，在粗加工之后应进行去应力退火。去应力退火工艺为加热温度 650 ~ 680℃，保温 3 ~ 5 h。保温结束后，型腔简单的模具可直接出炉，在静止空气中均匀、缓慢地冷却，而形状复杂的压铸模需炉冷至 400℃ 出炉空冷。经电火花加工的模具型腔，表面会产生变质层，变质层具有脆性，形成拉应力，易引起裂纹。消除变质层的办法是采用研磨或抛光，同时进行消除应力的退火。

B　预处理

压铸模的预处理一般采用球化退火或调质处理，其目的是在最终热处理前获得均匀的组织和弥散分布的碳化物，以改善钢的强韧性。

C　淬火及回火

淬火及回火工艺如下所述：

(1) 预热。压铸模用钢多为高合金钢，因其导热性差，热处理加热必须缓慢进行，常采取预热措施。预热次数的多少，取决于钢的成分和对模具变形的要求。对于变形要求不高的模具，在不产生开裂的情况下，预热次数可以少些。但变形要求高的模具，必须多次预热。较低温度（400 ~ 650℃）的预热，一般在空气炉中进行，预热时间可按 1 min/mm 计算，较高温度的预热，应采用盐浴炉，预热时间仍按 1 min/mm 计算。

(2) 淬火加热。对于典型压铸模用钢来说,高的淬火加热温度有利于提高热稳定性和抗软化的能力,减轻热疲劳倾向,但会使韧性和塑性下降,导致严重开裂。因此,压铸模要求有较高韧性时,往往采用低温淬火,而要求具有较高的高温强度时,则采用较高温度淬火。为了获得良好的高温性能,压铸模的淬火保温时间都比较长,在盐浴炉中加热保温系数一般取 0.8 ~1.0 min/mm。

(3) 淬火冷却。对于压铸模用钢,油淬冷速快,可获得良好性能,但变形开裂的倾向性大。所以对于形状简单,变形要求不高的压铸模采用油冷;而形状复杂,变形要求高的压铸模采用分级淬火。为了防止变形和开裂,无论采用哪种冷却方式,都不允许冷却到室温,一般应冷却到 150 ~180℃,均热一定时间后立即回火。均热时间可按 0.6 min/mm 计算。

(4) 回火。压铸模必须充分回火,一般回火 3 次。第一次回火温度选在二次硬化的温度范围;第二次回火温度的选择要使模具达到所要求的硬度;第三次回火温度要低于第二次 10 ~20℃。回火后均采用油冷或空冷,回火时间不少于 2 h。

D　表面强化处理

为了防止熔融金属粘模、浸蚀,提高压铸模成形部分的抗蚀性和耐磨性,压铸模常采用表面强化处理。常用的表面强化处理方法有氮化、氮碳共渗、渗铬、渗铝、渗硼、多元共渗等。

3.3　塑料模具材料

3.3.1　塑料模具的失效形式与材料的性能要求

塑料模具的使用寿命与模具的工作条件及失效形式有着密切关系。不同的工作条件,不同类型的模具,其失效形式也各不相同,所以对模具性能要求也不同。

3.3.1.1　塑料模具的工作条件

热固性塑料压模和热塑性塑料注射模的工作条件及特点见表 3 -29。

表 3－29　热固性塑料压模和热塑性塑料注射模的工作条件及特点

模具名称	工作条件	特　点
热固性塑料压模	温度为 200～250℃、受力大、易磨损易浸蚀	压制各种胶木粉，一般含大量固体填充剂，多以粉末直接放入压模，热压成形，受力较大，磨损较重
热塑性塑料注射模	受热、受压、受磨损，但不严重。部分品种含有氯及氟，在压制时放出腐蚀性气体，浸蚀型腔表面	通常不含固体填料，以软化状态注入型腔。当含有玻璃纤维填料时，对型腔的磨损加剧

随着高性能塑料的发展和不断生产，塑料制品的种类日益增多，用途不断扩大，制品向精密化、大型化、复杂化发展，成形生产向高速化发展，模具的工作条件也越趋复杂。

3.3.1.2　塑料模具的主要失效形式

塑料模具的主要失效形式是磨损、腐蚀、塑性变形、断裂、疲劳及热疲劳等，但由于对塑料制品的表面粗糙度及精度要求较高，故因表面磨损造成的模具失效比例较大。

A　型腔表面的磨损和腐蚀

塑料熔体以一定压力在模腔内流动，凝固的塑件从模具中脱出，都对模具成形表面造成摩擦，引起磨损。当塑料中含有较硬的固体填料如硅砂、钛白粉、玻璃纤维等，则磨损更为剧烈。在压缩模中，塑料原料多以粉末状加入型腔，且多含有木粉等填料，它们在加热加压、熔融流动的过程中，对压缩模型腔的磨损也很严重。磨损的结果是使模腔表面的粗糙度值增大。而当表面被拉毛、产生划痕，造成塑件表面质量不合格时，模具暂时失效，须经重新抛光才能继续使用。反复地磨损、抛光导致模具尺寸超差而最终失效。

模具在加工某些含有氯原子或氟原子的塑料时，由于塑料受热产生少量的分解，所放出的 HCl、HF 等气体将会腐蚀模腔表面，从而导致失效。如果在腐蚀的同时又有磨损损伤，使型腔表面的镀层或其他防腐蚀层遭到破坏，则将促进腐蚀过程。两种损伤交叉作用，加速了腐蚀－磨损失效。

B 塑性变形

模具在持续受热、受压力作用下,发生局部塑性变形失效。以渗碳钢或碳素工具钢制造的胶木模,特别是小型模具在大吨位压力机上超载使用时,容易产生表面凹陷、麻点、棱角堆塌等,特别是在棱角处更容易产生塑性变形。产生这种失效,主要是由于模具型腔表面的硬化层过薄,变形抗力不足;或是模具在热处理时回火不足,在服役时,工作温度高于回火温度,继续发生组织转变而发生"相变超塑性"流动,使模具早期失效。为防止塑性变形,需将模具处理到足够的硬度及硬化层深度,如对碳素工具钢,硬度应达到52~56HRC,渗碳钢的渗碳层厚度应大于0.8 mm。

C 断裂

断裂失效是一种危害性较大的快速失效形式。塑料制品成形模具形状复杂,存在许多棱角、薄壁等部位,在这些位置会产生应力集中而发生断裂。为此,在设计制造中除热处理时要注意充分回火外,主要应选用韧性较好的模具钢制造塑料模具,对于大、中型复杂型腔胶木模,应采用高韧性钢(渗碳钢或热作模具钢)制造。

D 疲劳和热疲劳

塑料模的机械负荷是循环变化的。例如,注射模在充模和保压阶段,型腔承受高压塑料熔体的很大张力,而在冷却和脱模阶段,外加载荷则完全解除。一次接一次的重复工作,使型腔表面承受脉动拉应力作用,从而可能引起疲劳破坏。

塑料模的热负荷也是循环变化的。例如,进入注射模型腔的熔料温度一般为200℃作用或更高,而冷却硬化后的温度为50℃左右。型腔表面反复受热和冷却,可导致应力集中处萌生热疲劳裂纹。再加上型腔表面上的脉动拉应力,有可能使热疲劳裂纹向纵深扩展,成为断裂或疲劳断裂的裂源。

在一般情况下,压缩模受力较大,易产生疲劳开裂;注射模的温度变化较急剧,易产生热疲劳裂纹。

3.3.1.3 塑料模具材料的性能要求

塑料模具材料的性能要求如下所述:

(1) 足够的强度和韧性,以防止模具在工作中的塑性变形和冲击损坏。

（2）高的表面硬度和耐磨性，以防止模具在工作中的磨损和抵抗塑料的成形压力。塑料件的尺寸公差和表面粗糙度与成形零件的耐磨性有密切关系，尤其是成形含有硬质填料的塑料，更要求模具具有很高的耐磨性。

（3）有一定的耐热性，且线膨胀系数要小。模具一般都是在较高的温度下长期工作的，因而模具钢材必须具有相当的耐热性，过大的热变形将会影响成形塑料件的质量。

（4）有较高的耐腐蚀性，尤其是成形聚氯乙烯和氟塑料时，它们在受热后要析出腐蚀性气体，对模具有强烈的腐蚀作用，因而要求钢材具有较高的耐腐蚀性。

（5）加工性能好，热处理变形小。因为模具零件一般比较复杂，而在淬火以后加工又很困难，或根本就不能加工，所以在选择模具钢材时，应尽量选用组织致密、切削加工方便、热处理变形小的钢材。

（6）抛光性能好。一般塑料件要求有良好的表面质量，因而模具的成形面必须研磨、抛光，并且成形面的表面粗糙度要低于塑料件的表面粗糙度 2 ~ 3 级，这样才能保证塑料件的外观并便于脱模。

（7）花纹图案光蚀性能。不少塑料制品为了美化，在其表面增添了花纹图案，这就要求模具钢具有较好的图案光蚀性能。

3.3.2　塑料模具材料的种类

随着塑料产量的提高和应用领域的扩大，对塑料模具提出了越来越高的要求，促进了塑料模具的不断发展。目前塑料模具正朝着高效率、高精度、长寿命方向发展，推动了塑料模具材料迅速发展。我国目前用于塑料模具的钢种，可按钢材特性和使用时的热处理状态分类，见表 3 – 30。

表 3 – 30　塑料模具用钢分类

类　别	钢　　种
渗碳型	20、20Cr、20Mn、12CrNi3A、20CrNiMo、DT1、DT2、0Cr4NiMoV
调质型	45、50、55、40Cr、40Mn、50Mn、S48C、4Cr5MoSiV、38CrMoAlA

续表 3-30

类别	钢种
淬硬型	T7A、T8A、T10A、5CrNiMo、9SiCr、9CrWMn、GCr15、3Cr2W8V、Cr12MoV、45Cr2NiMoVSi、6CrNiSiMnMoV(GD)
预硬型	3Cr2Mo、Y20CrNi3AlMnMo(SM2)、5NiSCa、Y55CrNiMnMoV(SM1)、4Cr5MoSiVS、8Cr2Mn-WMoVS(8CrMn)
耐蚀型	3Cr13、2Cr13、Cr16Ni4Cu3Nb(PCR)、1Cr18Ni9、3Cr17Mo、0Cr17Ni4Cu4Nb(74PH)
时效硬化型	18Ni140 级、18Ni170 级、18Ni210 级、10Ni3MnCuAl(PMS)、18Ni9Co、06Ni6CrMoVTiAl、25CrNi3MoAl

3.3.2.1 渗碳型塑料模具钢

渗碳型塑料模具钢主要用于冷挤压成形的塑料模具。为了便于冷挤压成形，这类钢在退火态需要有高的塑性和低的变形抗力，因此，对这类钢要求有低的或超低的碳含量。为了提高模具的耐磨性，这类钢在冷挤压成形后一般都进行渗碳和淬、回火处理，表面硬度可达 58~62HRC。

此类钢国外有专用钢种，如瑞典的 8416、美国的 P2 和 P4 等。国内常采用工业纯铁(如 DT1 和 DT2)、20、20Cr、12CrNi3A 和 12Cr2Ni4A 钢，以及国内最新研制的冷成形专用钢 0Cr4NiMoV(LJ)。现介绍两个常用的典型钢种，即 LJ 和 12CrNi3A 钢。

A 0Cr4NiMoV(LJ)钢

a 化学成分

LJ 钢的化学成分见表 3-31。

表 3-31 LJ 钢的化学成分

元素名称	C	Mn	Si	Cr	Ni	Mo	V
质量分数/%	≤0.08	<0.3	<0.2	3.6~4.2	0.3~0.7	0.2~0.6	0.08~0.15

LJ 钢碳含量很低，因而塑性优异，变形抗力低。钢中主要元素为铬，辅助元素为镍、钼、钒等，合金元素的主要作用是提高淬透性和渗碳能力，增加渗碳层的硬度和耐磨性以及心部的强韧性。

b 工艺性能

LJ 钢具有良好的锻造性能和热处理工艺。

(1) 锻造工艺。加热温度为 1230℃，始锻温度为 1200℃，终锻温度为 900℃。

(2) 退火工艺。加热温度为 880℃，保温 2 h，随炉缓冷至(冷速约 40℃/h)650℃后出炉空冷，退火硬度为 100 ~ 105HBS，可顺利地进行冷挤压成形。

(3) 固体渗碳工艺。加热温度为 930℃，保温 6 ~ 8 h，渗碳后在 850 ~ 870℃油淬，再进行 200 ~ 220℃保温 2 h 的低温回火，热处理后表面硬度为 58 ~ 60HRC，心部硬度为 27 ~ 29HRC，热处理变形微小。LJ 钢渗碳速度快，渗层深度比 20 钢深 1 倍。

c 实际应用

LJ 钢冷成形性与工业纯铁相近，用冷挤压法成形的模具型腔轮廓清晰、光洁、精度高。LJ 钢主要用来替代 10、20 钢及工业纯铁等冷挤压成形的精密塑料模具。由于渗碳淬硬层较深，基体硬度高，不会出现型腔表面塌陷和内壁咬伤现象，使用效果良好。

B 12CrNi3A 钢

a 化学成分

12CrNi3A 钢是传统的中淬透性合金渗碳钢，其化学成分见表 3 - 32。该钢碳含量较低，加入镍、铬合金元素，以提高钢的淬透性和渗碳层的强韧性，尤其是镍，在产生固溶强化的同时，明显增加钢的塑韧性。与其他冷成形塑料模具钢相比，该钢的冷成形性属于中等。

表 3 - 32 12CrNi3A 钢的化学成分

元素名称	C	Mn	Si	Cr	Ni	P、S
质量分数/%	0.09 ~ 0.16	0.30 ~ 0.60	0.17 ~ 0.37	0.60 ~ 0.90	2.75 ~ 3.25	各≤0.025

b 工艺性能

12CrNi3A 钢的工艺性能如下所述：

(1) 锻造工艺。加热温度为 1200℃，始锻温度为 1150℃，终锻温度高于 850℃，锻后缓冷且必须软化退火。

(2) 退火工艺。740 ~ 760℃加热，保温 4 ~ 6 h 后以 5 ~ 10℃/h 的速度缓冷至 600℃，再炉冷至室温，退火后的硬度小于 160HBS，适于冷挤压成形。

(3) 正火工艺。870~900℃加热并保温3~4 h后空冷,正火后硬度不高于229HBS,切削加工性良好。

12CrNi3A钢采用气体渗碳工艺时,加热温度为900~920℃,保温6~7 h,可获得0.9~1.0 mm的渗碳层,渗碳后预冷至800~850℃直接油淬或空冷,淬火后表层硬度可达56~62HRC,心部硬度为250~380HBS,变形微小。

c 实际应用

12CrNi3A钢主要用于冷挤压成形的形状复杂的浅型腔塑料模具,也可用来制造大、中型切削加工成形的塑料模具,为了改善切削加工性,模坯须经正火处理。

3.3.2.2 淬硬型塑料模具钢

A 常用钢种及热处理

常用的淬硬型塑料模具钢有:碳素工具钢(如T7A、T8A)、低合金冷作模具钢(如9SiCr、9Mn2V、CrWMn、GCr15、7CrSiMnMoV钢)、Cr12型钢(如Cr12MoV钢)、高速钢(如W6Mo5Cr4V2钢)、基体钢和某些热作模具钢等。淬硬型塑料模具钢具有较高的硬度,以及较好的耐磨性、抛光性和电加工性能。但它与渗碳钢相比,韧性降低,变形、扭曲和产生裂纹的倾向增大。

这些钢的最终热处理一般是淬火和低温回火(少数采用中温回火或高温回火),热处理后的硬度通常在45~50HRC以上。

形状比较复杂的塑料模具,在粗加工之后即进行热处理,然后进行精加工,以保证最小的热处理变形。精密模具的热处理变形应小于0.05%。

塑料模具的型腔表面要求十分严格,在淬火加热过程中要确保型腔表面不氧化、不脱碳、不浸蚀、不过热。因此应在保护气氛炉或严格脱氧后的盐浴炉中加热。冷却时应选择比较缓和的冷却介质,控制好冷却速度,避免在淬火冷却过程中产生变形或开裂现象,因而采取分级淬火冷却方式较好。

淬火后应及时回火,回火温度要高于模具的工作温度,回火时间应该充分,具体应依据模具材料和断面尺寸确定,但至少要在40~60 min

以上。

B 实际应用

碳素工具钢仅适于制造尺寸不大、受力较小、形状简单以及变形要求不高的塑料模具；低合金冷作模具钢主要用于制造尺寸较大、形状较复杂和精度较高的塑料模具；Cr12 型钢适于制造要求高耐磨性的大型、复杂和精密的塑料模具；W6Mo5Cr4V2 钢适于制造要求强度高和耐磨性好的塑料模具；热作模具钢适合于制造有较高强韧性和一定耐磨性的塑料模具。另外，GD 钢也是近年新推广使用的一种淬硬型塑料模具钢。由于该钢强韧性高、淬透性和耐磨性好，淬火变形小，价格低，用此钢取代 Cr12MoV 钢或基体钢制造大型、高耐磨、高精度塑料模具，不仅降低了成本，而且延长了模具的使用寿命。

3.3.2.3 预硬型塑料模具钢

所谓预硬钢就是供应时已预先进行了热处理，并使之达到模具使用态硬度的钢。这类钢的特点是在硬度 30 ~ 40HRC 的状态下可以直接进行成形车削、钻孔、铣削、雕刻、精锉等项加工，精加工后可直接交付使用，这就完全避免了热处理变形的影响，从而保证了模具的制造精度。我国近年研制的预硬型塑料模具钢，大多数是以中碳钢为基础，加入适量的铬、锰、镍、钼、钒等合金元素制成的。为了解决在较高硬度下切削加工难度大的问题，通过向钢中加入硫、钙、铅、硒等元素，以改善切削加工性能，从而制得易切削预硬化钢。有些预硬化钢可以在模具加工成形后进行渗氮处理，在不降低基体使用硬度的前提下使模具的表面硬度和耐磨性显著提高。下面介绍几种典型预硬型塑料模具钢。

A 3Cr2Mo(P20)塑料模具钢

P20 钢是引进的美国塑料模具钢常用钢号，也是 GB 1299—85《合金工具钢技术条件》中正式纳标的唯一一种塑料模具钢。

a 化学成分

P20 钢的化学成分见表 3 - 33。

表 3 - 33 P20 钢的化学成分

元素名称	C	Mn	Si	Cr	Mo	P、S
质量分数/%	0.28 ~ 0.40	0.60 ~ 1.00	0.20 ~ 0.80	1.40 ~ 2.00	0.30 ~ 0.55	各≤0.030

b 工艺性能

P20 钢的工艺性能如下所述：

(1) 锻造。加热温度为 1100 ~ 1150℃，始锻温度为 1050 ~ 1100℃，终锻温度不低于 850℃，锻后空冷。

(2) 退火。加热温度为 850℃，保温 2 ~ 4 h，等温温度为 720℃，保温 4 ~ 6 h，炉冷至 500℃，出炉空冷。

(3) 淬火及回火。淬火加热温度为 860 ~ 870℃，油淬，540 ~ 580℃回火。预硬态硬度为 30 ~ 35HRC。

(4) 化学热处理。P20 钢具有较好的淬透性及一定的韧性，可以进行渗碳，渗碳淬火后表面硬度可达 65HRC，具有较高的热硬度及耐磨性。

c 力学性能

经 850℃淬火、550℃回火的 P20 钢室温力学性能见表 3 - 34。

表 3 - 34 经 850℃淬火、550℃回火的 P20 钢室温力学性能

硬度，HRC	σ_b/MPa	$\sigma_{0.2}$/MPa	δ/%	ψ/%	a_k/J · cm^{-2}
30	1250	1140	14	58	11.5

d 实际应用

P20 钢适宜制造电视机、大型音响的外壳及洗衣机面板盖等大型塑料模具，其切削加工性能及抛光性能均显著优于 45 钢，在相同抛光条件下，表面粗糙度比 45 钢低 1 ~ 3 级。

B 8Cr2MnWMoVS(8Cr2S)钢

8Cr2S 钢属易切削精密塑料成形模具钢，是为适应精密塑料模具和薄板无间隙精密冷冲裁模具之急需而设计的，其成分设计采用了高碳多元少量合金化原则，以硫作为易切削元素。

a 化学成分

8Cr2S 钢的化学成分见表 3 - 35。

表 3 - 35 8Cr2S 钢的化学成分

元素名称	C	Mn	Si	Cr	W	Mo	V	S	P
质量分数/%	0.75 ~ 0.85	1.3 ~ 1.7	≤0.4	2.32 ~ 2.60	0.7 ~ 1.0	0.5 ~ 0.8	0.1 ~ 0.25	0.06 ~ 0.15	≤0.03

b 性能特点

8Cr2S 钢的性能特点如下所述：

(1) 切削性能好。退火硬度为 207 ~ 239HBS，切削加工时，可比一般工具钢缩短加工工时 1/3 以上。硬度为 40 ~ 45HRC 时，用高速钢或硬质合金刀具进行车、铣、刨、镗、钻等加工，相当于碳钢调质态，硬度为 30HRC 左右的切削性能远优于 Cr12MoV 钢退火态硬度为 240HBS 时的切削性能。

(2) 镜面研磨抛光性好。采用相同的研磨加工，其表面粗糙度比一般合金工具钢低 1 ~ 2 级，最低表面粗糙度为 0.1 μm。

(3) 8Cr2S 钢在淬火低温回火时具有 58 ~ 61HRC 的硬度，热处理变形量小。

(4) 表面处理性能好。渗氮性能良好，一般渗氮层深达 0.2 ~ 0.3 mm，渗硼附着力强。

c 锻造工艺

8Cr2S 钢中不含一次共晶碳化物，合金碳化物颗粒细小、分布均匀，合金元素含量中等，故锻造抗力小，锻造加工性能良好，但锻后必须用木炭或热灰缓冷，以去除应力，否则锻件容易产生纵向表面裂纹。

锻造工艺：缓慢加热到 1100 ~ 1150℃ 保温，使之均匀热透，始锻温度 1060℃，终锻温度不低于 900℃。

d 热处理工艺

主要介绍 8Cr2S 钢的退火工艺与淬火、回火工艺。

(1) 退火工艺。等温球化退火工艺为 790 ~ 810℃ 加热 2 h，炉冷至(700 ± 10)℃ 等温 6 ~ 8 h，炉冷至 550℃ 出炉空冷，硬度不高于 229 ~ 207HBS，退火组织为细粒状珠光体，碳化物分布细小均匀。一般退火工艺为缓慢加热到(800 ± 10)℃，保温 4 ~ 6 h，炉冷至 550℃ 出炉空冷，硬度为 240HBS 左右。由于 8Cr2S 钢为硫系易切削钢，采用球化退火或一般退火工艺，切削加工性能均比一般工具钢好得多。

(2) 淬火、回火工艺。8Cr2S 钢推荐的淬火、回火工艺及力学性能见表 3 - 36。

表 3－36 8Cr2S 钢按推荐淬火、回火后的力学性能

推荐淬火、回火工艺：860～880℃空冷，550～650℃回火								
硬度 HRC	σ_{bb} /MPa	$\sigma_{0.2b}$ /MPa	f_k /mm	a_K /J·cm^{-2}	$\sigma_{0.2c}$ /MPa	τ_b /MPa	$\tau_{0.2}$ /MPa	ϕ_{max} /(°)
50～39	2570/3000	2080/2170	9.2/15.5	62/75	1860/1520	1270/1050	1090/880	73.3/143.3

e 应用

8Cr2S 作为预硬钢适宜于制作各种类型的塑料模具、胶木模具、陶土材料模具以及印制板的冲孔模。该钢种制作的模具配合精密度较其他合金工具钢高 1～2 个数量级，表面粗糙度低 1～2 级，使用寿命普遍长 2～3 倍，有的长十几倍。

C 5CrNiMnMoVSCa（5NiSCa）钢

5NiSCa 属易切削高韧性塑料模具钢，在预硬态（35～45HRC）韧性和切削加工性能良好；镜面抛光性能好，表面粗糙度低，可达 0.1～0.2 μm，使用过程中表面粗糙度保持能力强；花纹蚀刻性能好，清晰，逼真；淬透性好，可用来制作型腔复杂、质量要求高的塑料模具。该钢在高硬度（50HRC 以上）下，热处理变形小，韧性好，并具有较好的阻止裂纹扩展的能力。

a 化学成分

5NiSCa 钢采用中碳加镍，其化学成分见表 3－37。

表 3－37 5NiSCa 钢的化学成分

元素名称	C	Mn	Mo	Cr	Ni	S	V	Ca
质量分数/%	0.57	1.19	0.52	0.89	1.03	0.028	0.26	0.0036

b 工艺性能

5NiSCa 钢的工艺性能如下所述：

（1）锻造。5NiSCa 钢碳含量适中，含少量的 Cr、Mn、Ni、Mo、V 等元素，热塑性良好，变形抗力小，易于锻造加工。锻造工艺为：加热温度为 1100℃，始锻温度为 1070～1100℃，终锻温度为 850℃，锻后砂冷。

（2）球化退火。加热温度为 770℃，保温 3 h，等温温度为 660℃，保温 7 h，炉冷到 550℃出炉空冷。退火硬度不高于 241HBS，加工性能良好。

(3) 淬火、回火。淬火温度为860~900℃,小件取下限,大件取上限,油冷或260℃硝盐分级淬火。5NiSCa钢淬、回火工艺对力学性能的影响见表3-38。

表3-38 淬火温度对5NiSCa钢强度、塑性及韧性的影响

淬火温度/℃	回火温度/℃	性能					
		$\sigma_{0.2b}$/MPa	σ_b/MPa	$\sigma_{0.2c}$/MPa	δ/%	ψ/%	a_K/J·cm^{-2}
860	575						37
	625	1144	1170	1197	8.6	42.7	43
	650	1015	1062	992	10.6	49.7	70
880	575	1352	1419	1456	8.1	37.3	38
	625	1266	1300	1297	8.8	42.1	47
	650	1029	1067	1032	9.0	45.3	58
900	575	1392	1460	1472	7.9	39.6	43
	625	1278	1318	1383	8.3	41.7	50
	650	1083	1107	1133	10.5	47.0	68

c 生产应用

5NiSCa钢可用作型腔复杂、型腔质量要求高的注射模、压缩模、橡胶模和印制板冲孔模等,且效果显著。

D Y55CrNiMnMoV(SM1)

SM1钢属易切削调质型预硬化塑料模具钢,预硬态交货,预硬硬度为35~40HRC,易切削效果明显,性能稳定,综合性能明显优于45钢,还具有耐蚀性较好和可渗氮等优点。

a 化学成分

SM1钢的化学成分见表3-39。

表3-39 SM1钢的化学成分

元素名称	C	Mn	Mo	Cr	Ni	S	V	Si	P
质量分数/%	0.50~0.60	0.80~1.20	0.20~0.50	0.80~1.20	1.00~1.20	0.080~0.150	0.10~0.30	<0.40	<0.030

b 工艺性能

SM1 钢的工艺性能如下所述：

(1) 锻造。锻造性能良好，锻造无特殊要求。

(2) 软化处理。800℃加热，保温 3 h，680℃等温加热 5h，硬度不高于 235HBS。

(3) 淬火、回火。800～860℃加热油淬，600～650℃回火。

c 实际应用

SM1 钢生产工艺简便易行，性能优越稳定，使用寿命长。经电子、仪表、家电、玩具、日用五金等行业推广应用，效果显著。

3.3.2.4 时效硬化型塑料模具钢

此类钢的共同特点是碳含量低，合金度较高，经高温淬火（固溶处理）后，钢处于软化状态，组织为单一的过饱和固溶体。但是将此固溶体进行时效处理，即加热到某一较低温度并保温一段时间后，固溶体中就会析出细小弥散的金属化合物，从而造成钢的强化和硬化。并且，这一强化过程引起的尺寸、形状变化极小。因此，采用此类钢制造塑料模具时，可在固溶处理后进行模具的机械成形加工，然后通过时效处理，使模具获得使用状态的强度和硬度，这就有效地保证了模具最终尺寸和形状的精度。此外，此类钢往往采用真空冶炼或电渣重熔，钢的纯净度高，所以镜面抛光性能和光蚀性能良好。这一类钢还可以通过镀铬、渗氮、离子束增强沉积等表面处理方法来提高耐磨性和耐蚀性。下面介绍几种时效硬化型塑料模具钢。

A 25CrNi3MoAl 钢

25CrNi3MoAl 属低镍无钴时效硬化钢，这是参考了国外同类钢的成分，并根据我国冶炼工业的特点及使用厂对性能的要求加以改进而研制的一种新型时效硬化钢，为我国时效硬化型精密塑料模具专用钢种填补了空白。

该钢的特点是：钢中碳含量和镍含量低，使其价格远低于马氏体时效钢；调质硬度为 230～250HBS，常规切削加工性能好，电加工性良好，时效后硬度为 38～42HRC；镜面研磨性好，表面蚀刻性好；焊接补修性好；可用于制作普通和高精密的各种塑料模具。

a 化学成分

25CrNi3MoAl 钢的化学成分见表 3－40。

表 3－40　25CrNi3MoAl 钢的化学成分

元素名称	C	Mn	Mo	Cr	Ni	Al	Si	S、P
质量分数/%	0.2～0.3	0.5～0.8	0.2～0.4	1.2～1.8	3.0～4.0	1.0～1.6	0.2～0.5	≤0.03

b　锻造工艺

25CrNi3MoAl 钢属于低碳含镍钢，热塑性良好，因此锻造工艺好。锻造温度范围宽，锻后无缓冷要求。

锻造工艺：入炉温度不限，加热温度 1100～1170℃，热透；始锻温度 1100～1050℃，终锻温度不低于 850℃，箱冷或空冷均可。

c　热处理工艺

25CrNi3MoAl 钢的热处理工艺如下所述：

（1）退火工艺。(740±10)℃均热，保温 2～4 h，降温至 700～680℃保温 2～6 h 出炉空冷或水冷。

（2）固溶处理。固溶处理的作用是得到细小的板条马氏体，以提高钢的强韧性。固溶温度和保温时间对淬火硬度的影响见表 3－41，从表中可以看出，固溶温度越高或固溶保温时间越长，则硬度越低。由于 25CrNi3MoAl 钢奥氏体化后，奥氏体极为稳定，故冷速在 1～160℃/min 范围内均只发生马氏体转变，得到板条马氏体组织。一般空冷淬火即可。

表 3－41　固溶温度和保温时间与淬火硬度（HRC）的关系

固溶温度/℃		880	920	960	1000
固溶保温时间/h	0.5	50.0	48.5	46.4	45.6
	1	46.6	47.0	43.0	
	2	44.5	42.7	40.7	

（3）回火处理(二次固溶处理)。回火的作用就是使固溶在马氏体中的碳以碳化物的形式析出，并使马氏体多边形化以降低钢的硬度，以利于机加工。通过在 650℃以上进行回火处理，可得到回火索氏体组织。

（4）时效处理。时效处理是在模具机加工完成后进行的，因此模具最终性能是通过时效处理而得到的。时效处理在 NiAl 相脱溶温度范围内进行的，通常为500～580℃，540℃时可获得最佳强韧性配合。

B 18Ni类钢

18Ni类钢属于低碳马氏体时效钢，其化学成分和力学性能见表3－42。

表3－42 18Ni类钢的化学成分和力学性能

级别	质量分数/%					力学性能				
	Ni	Co	Mo	Ti	Al	σ_b/MPa	σ_s/MPa	δ/%	Ψ/%	硬度，HRC
140	17.5～18.5	8.0～9.0	3.0～3.5	0.15～0.25	0.05～0.15	1350～1450	1400～1550	14～16	65～70	46～48
170	17.0～19.0	7.0～8.5	4.6～5.2	0.30～0.50	0.05～0.15	1700～1900	1750～1950	10～12	48～58	50～52
210	18.0～19.0	8.0～9.0	4.6～5.2	0.55～0.80	0.55～0.15	2050～2100	2100～2150	12	60	53～55

马氏体时效钢碳质量分数极低（约0.03%），目的是改善钢的韧性。这类钢的屈服强度有1400 MPa、1700 MPa、2100 MPa三个级别，可分别简写为18Ni140级、18Ni170级和18Ni210级，也分别对应国外的18Ni250级、18Ni300级和18Ni350级。

18Ni马氏体时效钢中起时效硬化作用的合金元素是钛、铝、钴和钼。18Ni中加入大量的镍，主要作用是保证固溶体淬火后能获得单一的马氏体，其次镍与钼作用形成时效强化相 Ni_3Mo，镍的质量分数在10%以上，还能提高马氏体时效钢的断裂韧度。

18Ni类钢主要用在精密锻模及制造高精度、超镜面、型腔复杂、大截面、大批量生产的塑料模具，但因镍、钴等贵重金属元素含量高，价格昂贵，尚难以广泛应用。

C 10Ni3CuAlMoS（PMS）镜面塑料模具钢

光学塑料镜片、透明塑料制品以及外观光洁、光亮、质量高的各种热塑性塑料壳体件成形模具，国外通常选用表面粗糙度低、光亮度高、变形小、精度高的镜面塑料模具钢制造。

镜面性能优异的塑料模具钢，除要求具有一定强度、硬度外，还要求冷热加工性能好，热处理变形小。特别是还要求钢的纯洁度高，以防在镜面出现针孔、橘皮、斑纹及锈蚀等缺陷。

PMS 镜面塑料模具钢是一种新型的析出硬化型塑料模具钢，具有良好的冷热加工性能和综合力学性能，热处理工艺简便，变形小，淬透性高，适宜进行表面强化处理，固溶后的硬度仅为 30～33HRC，可进行模具型腔的挤压成形。经时效后弥散析出硬化相 Al_3Ni，基体硬度随之上升到 38～43HRC。该钢具有优良的镜面加工性能，模具表面粗糙度值 R_a 可达 0.05 μm。

PMS 镜面塑料模具钢适于制造各种光学塑料镜片，高镜面、高透明度的注射模以及外观质量要求极高的光洁、光亮的各种家用电器塑料模具。例如电话机壳体模具，生产出的电话机塑料壳体制品外观质量达到国外同类产品的先进水平，模具使用寿命也明显延长。

PMS 钢是含铝钢，其渗氮性能好，时效温度与渗氮温度相近，因而，可以在渗氮处理的同时进行时效处理。渗氮后模具表面硬度、耐磨性、抗咬合性均提高，可用于注射玻璃纤维，增强塑料的精密成形模具。

PMS 钢具有良好的焊接性能，对损坏的模具可进行补焊修复。PMS 钢还适于高精度型腔的冷挤压成型。

D　Y20CrNi3AlMnMo(SM2)钢

SM2 钢为一种易切削调质时效塑料模具钢。含 0.1% 左右的硫，切削加工性能得到了改善，是一种易切削型时效硬化塑料模具钢。生产工艺简单，性能稳定，使用寿命长。经电子、仪表、家电、玩具、日用五金等行业推广应用，效果显著。

E　0Cr16Ni4Cu3Nb(PCR)钢

0Cr16Ni4Cu3Nb(PCR)钢属析出硬化不锈钢，硬度为 32～35HRC 时可进行切削加工。该钢再经 460～480℃时效处理后，可获得较好的综合力学性能。该钢淬透性好，热处理变形小，变形率为 0.04%～0.05%，且具有良好的抛光性能，同时由于其具有优良的腐蚀性，因而适于制作含有氟、氯的塑料成形模具。它在时效和抛光后，再于 300～400℃的温度下进行 PVD 离子涂镀后，使模具表面覆盖 3～5μm 厚的 TiC 薄膜，其硬度高于 1600HV，可用于高硬度、高耐磨而又耐腐蚀的塑料模具。

聚三氟氯乙烯阀门盖模具，原用45钢或镀铬处理模具，使用寿命1000～4000件。用PCR钢，当使用6000件时仍与新模具一样，未发现任何锈蚀或磨损，模具寿命达10000～12000件。

四氟塑料微波板，原用45钢或表面镀铬模具，使用寿命仅2～3次。改用PCR钢后，模具使用300次，未发现任何锈蚀或磨损，表面光亮如镜。

3.3.2.5 耐蚀型塑料模具钢

以聚氯乙烯、聚苯乙烯和ABS加抗燃树脂等化学腐蚀性塑料为原料，生产塑料制品时，成形过程中会分解出腐蚀性气体，将对模具产生腐蚀作用，为此要求模具材料必须具有相应的防腐蚀性能。塑料模具获取防腐蚀性能的最佳方式是采用耐腐蚀性塑料模具钢，目前已经得到推广。耐蚀性塑料模具钢如同其他类型的塑料模具钢一样，需要有一定的硬度、强度和耐磨性等使用性能要求。常用的钢种有高碳高铬型耐腐蚀钢，如9Cr18、Cr18MoV、Cr14MoV、4Cr13等耐蚀钢，1Cr17Ni2马氏体时效不锈耐酸钢和0Cr16Ni4Cu3Nb析出硬化不锈钢等。

9Cr18、Cr18MoV、Cr14MoV、4Cr13等牌号属于高碳高铬型耐蚀塑料模具钢。为了保持钢的耐蚀性能，其马氏体组织必须含有11%～12%的铬，为了保持钢的高硬度和高耐磨性，钢中必须含有较高的碳含量，其化学成分如表3－43所示。钢中含有的14%～18%的铬，保证了马氏体中的铬含量。例如，9Cr18钢经1075～1100℃淬火后具有耐蚀性，这时马氏体中含有11%的铬和0.25%的碳，其余的铬存在于碳化物中。对于碳的质量分数为1.0%～1.2%的高铬不锈钢，钢中必须添加钼元素，以代替$M_{23}C_6$型碳化物中的一部分铬，这样可以增加固溶体中的铬含量，进一步改善钢的耐蚀性。同时钼还可以在回火后引起弥散强化，有利于提高钢的二次硬化程度和热稳定性。

表3－43 高碳高铬耐蚀塑料模具钢的化学成分

钢 号	质量分数/%				
	C	Si	Cr	V	Mo
9Cr18	0.90～1.00	0.50～0.90	17.0～19.0		
Cr18MoV	1.17～1.25	0.50～0.90	17.5～19.0	0.10～0.20	0.50～0.80

续表 3-43

钢 号	质量分数/%				
	C	Si	Cr	V	Mo
Cr14Mo	0.90~1.05	0.30~0.60	12.0~14.0		1.40~1.80
Cr14MoV	0.90~1.20	0.60~0.80	12.0~14.0		3.30~3.70

高碳高铬耐蚀型塑料模具钢的热处理,大体可分为预先热处理和最终热处理两部分。常用的预先热处理为球化退火,目的是降低模具钢锻造后的硬度,改善切削加工性能,并为淬火作组织准备。退火组织为粒状珠光体和均匀分布的粒状碳化物,退火后硬度为197~255HBS,一般的最终热处理工艺为淬火加低温回火。

淬火温度应控制在1050~1100℃较佳。随着淬火温度的增加,二次碳化物的溶解量增加,奥氏体中的碳和铬含量增高,淬火硬度可高达62~63HRC。

高碳高铬型耐蚀钢具有较高的淬透性,淬火冷却一般采用油冷,也可用空冷或者在100~150℃的热油中冷却。用后两种方法冷却,可有效地防止模具的变形和开裂,但它只适用于薄壁模具的淬火冷却。对于大型或复杂的模具,为减少模具的变形和开裂,可以采用分级或等温淬火。

高碳高铬型钢的淬火组织为隐晶马氏体、残余奥氏体和细粒状的碳化物,在淬火后的钢中,残余奥氏体含量较高,为了提高模具的硬度和使用过程中的尺寸稳定性,模具淬火后应在-75~80℃的条件下进行一次深冷处理,使钢中的残余奥氏体减少至10%~15%,同时可提高钢的硬度和抗弯强度。但冲击韧性会明显下降,因此,对于制造承受高冲击载荷的模具,在选用冷处理时必须慎重考虑。

为了提高淬火或淬火加热冷处理后的模具的组织稳定性,消除内应力,并提高综合力学性能,必须进行回火。高碳高铬型耐蚀钢经150~400℃回火后,马氏体中的铬含量几乎不变,在沸水、蒸汽、湿空气、干燥空气和冷态的有机酸中,均很稳定。但相对比较,在200℃以下回火,其耐蚀性更高。而经500~550℃高温回火后,由于形成了含铬的碳化物,降低了固溶体中的铬含量,因此,钢的耐蚀性有所下降。

0Cr16Ni4Cu3Nb(PRC)是一种析出硬化型不锈钢，其化学成分见表3－44。该钢经淬火后可获得单一的马氏体组织，硬度为32～35HRC，可进行切削加工，然后再经过460～480℃时效处理，合金碳化物呈弥散析出，使其获得较好的综合力学性能，如表3－45所示。

表3－44 PRC钢的化学成分

元素名称	C	Mn	Si	Cr	Ni	Cu	Nb	S、P
质量分数/%	≤0.07	<1.0	<1.0	15～17	3.0～5.0	2.5～3.5	0.2～0.4	≤0.03

表3－45 PRC钢的力学性能

热处理规范	σ_b/MPa	σ_s/MPa	σ_{bc}/MPa	δ/%	ψ/%	a_K/J·cm^{-2}	硬度,HRC
950℃固溶,460℃时效	1324	1211		13	55	50	42
1000℃固溶,460℃时效	1334	1261		13	55	50	43
1050℃固溶,460℃时效	1335	1273	1422	13	56	47	43
1100℃固溶,460℃时效	1391	1298		15	45	41	45
1150℃固溶,460℃时效	1428	1324		14	38	28	46

3.3.2.6 其他塑料模具材料

A 铜合金

用于塑料模具材料的铜合金主要是铍青铜，如ZCuBe2、ZCuBe2.4等。一般采用铸造方法制模，不仅成本低，周期短，而且还可制出形状复杂的模具。铍青铜可通过固溶－时效强化，固溶后合金处于软化状态，塑性较好，便于机械加工。经时效处理后，合金的抗拉强度可达1100～1300 MPa，硬度可达40～42HRC。铍青铜适用于制造吹塑模、注射模等，以及一些高导热性、高强度和高耐腐蚀性的塑料模具。利用铍青铜铸造模具可以复制木纹和皮革纹，可以用样品复制人像或玩具等不规则的成形面。

B 铝合金

铝合金的密度小，熔点低，加工性能和导热性都优于钢，其中铸造铝硅合金还具有优良的铸造性能，因此在有些场合可选用铸造铝合金来制造塑料模具，以缩短制模周期，降低制模成本。常用的铸造铝合金牌号有 ZL101 等,它适于制造要求高导热率,形状复杂和制造周期短的塑料模具。形变铝合金 LC9 也是用于塑料模具制造的铝合金之一,由于它的强度比 ZL101 高,可制作要求强度较高且有良好导热性的塑料模具。

C 锌合金

用于制作塑料模具的锌合金大多为 Zn - 4Al - 3Cu 共晶型合金,其主要化学成分见表 3 - 46,还含有少量 Pb、Cd、Sn、Fe 等杂质。用此合金通过铸造方法易于制出光洁而复杂的模具型腔,并可降低制模费用和缩短制模周期。锌合金的不足之处是高温强度较差,且合金易于老化,因此锌合金塑料模具长期使用后易出现变形甚至开裂,这类锌合金适合制造注射模和吹塑模等。

表 3 - 46 Zn - 4Al - 3Cu 的化学成分

元素名称	Zn	Al	Cu	Mn
质量分数/%	92 ~ 93	3.90 ~ 4.50	2.80 ~ 3.50	0.03 ~ 0.06

用于制作塑料模具的锌合金还有铍锌合金和镍钛锌合金。铍锌合金有较高的硬度(150HBS),耐热性好,所制作的注射模的使用寿命可达几万至几十万件。镍钛锌合金由于镍和钛的加入可使强度、硬度提高,从而使模具寿命成倍延长。

3.3.3 塑料模具的热处理特点

3.3.3.1 渗碳钢塑料模的热处理特点

渗碳钢塑料模的热处理特点如下所述:

(1) 对于有高硬度、高耐磨性和高韧性要求的塑料模具,要选用渗碳钢来制造,并把渗碳、淬火和低温回火作为最终热处理。

(2) 对渗碳层的要求,一般渗碳层的厚度为 0.8 ~ 1.5 mm,当压制含硬质填料的塑料时,模具渗碳层厚度要求为 1.3 ~ 1.5 mm,压制软性塑料时渗碳层厚度为 0.8 ~ 1.2 mm。渗碳层的碳含量为 0.7% ~ 1.0% 为佳。若采用碳氮共渗,则耐磨性、耐腐蚀性、抗氧化、防粘性就更好。

(3) 渗碳温度一般在 900 ~ 920℃之间,复杂型腔的小型模具可取 840 ~ 860℃中温碳氮共渗。渗碳保温时间为 1 ~ 10 h,具体应根据对渗层厚度的要求来选择。渗碳工艺以采用分级渗碳工艺为宜,即高温阶段(900~920℃)以快速将碳渗入零件表层为主,中温阶段(820~840℃)以增加渗碳层厚度为主,这样在渗碳层内建立均匀合理的碳浓度梯度分布,便于直接淬火。

(4) 渗碳后的淬火工艺按钢种不同,渗碳后可分别采用:重新加热淬火,分级渗碳后直接淬火(如合金渗碳钢),中温碳氮共渗后直接淬火(如用工业纯铁或低碳钢冷挤压成形的小型精密模具),渗碳后空冷淬火(如高合金渗碳钢制造的大、中型模具)。

3.3.3.2 淬硬钢塑料模的热处理特点

淬硬钢塑料模的热处理特点如下所述:

(1) 形状比较复杂的模具,在粗加工以后即进行热处理,然后进行精加工,才能保证热处理时变形最小。对于精密模具,变形应小于0.05%。

(2) 塑料模具型腔表面要求十分严格,因此在淬火加热过程中要确保型腔表面不氧化、不脱碳、不浸蚀、不过热等,应在保护气氛炉中或在严格脱氧后的盐浴炉中加热。若采用普通箱式电阻炉加热,应在模腔面上涂保护剂,同时要控制加热速度。冷却时应选择比较缓和的冷却介质,控制冷却速度,以避免在淬火过程中产生变形、开裂而报废。一般以热浴淬火为佳,也可采用预冷淬火的方式。

(3) 淬火后应及时回火,回火温度要高于模具的工作温度,回火时间应充分,长短视模具材料和断面尺寸而定,但至少要在40~60 min以上。

3.3.3.3 预硬钢塑料模的热处理特点

预硬钢塑料模的热处理特点如下所述:

(1) 预硬钢是以预硬态供货的,一般不需热处理,但有时需进行改锻,改锻后的模坯必须进行热处理。

(2) 预硬钢的预先热处理通常采用球化退火,目的是消除锻造应力,获得均匀的球状珠光体组织,降低硬度,提高塑性,改善模坯的切削加工性能或冷挤压成形性能。

(3) 预硬钢的预硬处理工艺简单,多数采用调质处理,调质后获得回火索氏体组织。高温回火的温度范围很大,能够满足模具的各种工作硬度要求。由于这类钢淬透性良好,淬火时可采用油冷、空冷或硝盐分级淬火。表3－47为部分预硬钢的预硬处理工艺,供参考。

表3－47　部分预硬钢的预硬处理工艺

钢　号	加热温度/℃	冷却方式	回火温度/℃	预硬硬度,HRC
3Cr2Mo	830～840	油冷或160～180℃硝盐分级	580～650	28～36
5NiSCa	880～930	油　冷	550～680	30～45
8Cr2MnWMoVS	860～900	油冷或空冷	550～620	42～48
P4410	830～860	油冷或硝盐分级	550～650	35～41
SM1	830～850	油　冷	620～660	36～42

3.3.3.4　时效硬化钢塑料模的热处理特点

时效硬化钢塑料模的热处理特点如下所述:

(1) 时效硬化钢的热处理工艺的基本工序分两步。第一步进行固溶处理,即把钢加热到高温,使各种合金元素溶入奥氏体中,完成奥氏体后淬火获得马氏体组织;第二步进行时效处理,利用时效强化达到所要求的力学性能。

(2) 固溶处理加热一般在盐浴炉、箱式炉中进行,加热时间分别可取:1 min/mm 和 2～2.5 min/mm,淬火采用油冷,淬透性好的钢种也可空冷。如果锻造模坯时能准确控制终锻温度,锻造后可直接进行固溶淬火。

(3) 时效处理最好在真空炉中进行,若在箱式炉中进行,为防模腔表面氧化,炉内需通入保护气体,或者用氧化铝粉、石墨粉、铸铁屑,在装箱保护条件下进行时效。装箱保护加热要适当延长保温时间,否则难以达到时效效果。部分时效硬化型塑料模具钢的热处理规范可参照表3－48。

表3－48　部分时效硬化型塑料模具钢的热处理规范

钢　号	固溶处理工艺	时效处理工艺	时效硬度,HRC
06Ni6CrMoVTiAl	800～850℃油冷	(510～530)℃×(6～8)h	43～48
PMS	800～850℃空冷	(510～530)℃×(3～5)h	41～43
25CrNi3MoAl	880℃水淬或空冷	(520～540)℃×(6～8)h	39～42

续表 3-48

钢 号	固溶处理工艺	时效处理工艺	时效硬度,HRC
SM2	900℃ ×2 h 油冷 +700℃ ×2 h	510℃ ×10 h	39 ~40
PCR	1050℃固溶空冷	(460 ~480℃) ×4 h	42 ~44

3.3.4 塑料模具的表面处理

为了提高塑料模具表面耐磨性和耐蚀性,常对其进行适当的表面处理。

(1) 塑料模具镀铬是一种应用最多的表面处理方法,镀铬层在大气中具有强烈的钝化能力,能长久保持金属光泽,在多种酸性介质中均不发生化学反应。镀层硬度达 1000HV,因而具有优良的耐磨性。镀铬层还具有较高的耐热性,在空气中加热到 500℃时其外观和硬度仍无明显变化。

(2) 渗氮具有处理温度低(一般为 550 ~570℃)、模具变形甚微和渗层硬度高(可达 1000 ~1200HV)等优点,因而也非常适合塑料模具的表面处理。含有铬、钼、铝、钒和钛等合金元素的钢种比碳钢有更好的渗氮性能,用来制作塑料模具时进行渗氮处理可大大提高耐磨性。

适于塑料模具的表面处理方法还有:氮碳共渗,化学镀镍,离子镀氮化钛、碳化钛或碳氮化钛,PVD、CVD 法沉积硬质膜或超硬膜等。

3.3.5 塑料模具选用原则

在选用钢材品种时,既要保证使用性能和工艺性能的要求,又要满足价格低廉才算合理。塑料模具造价主要是由模具加工、模具材料和热处理的成本构成。虽然材料在模具生产成本中所占比例不大,但是为了提高经济效益,降低生产成本,必须根据模具各类零件的用途和要求合理选材,才能符合生产需要。

3.3.5.1 根据塑料制品种类和质量要求选用

根据塑料制品种类和质量要求选用模具材料的方法如下所述:

(1) 对型腔表面要求耐磨性好,心部韧性要好但形状并不复杂的塑料注射模,可选用低碳结构钢和低碳合金结构钢。这类钢在退火状态下塑性很好,硬度低,退火后硬度为85~135HBS,其变形抗力小,可用冷挤压成形,大大减少了切削加工量,例如20、20Cr和工业纯铁DT1、DT2均属此类钢。对于大、中型且型腔较复杂的模具,可选用LJ钢和12CrNi3A、12CrNi4A等优质渗碳钢。这类钢渗碳、淬火、回火处理后,型腔表面有很好的耐磨性,模体又有较高的强度和韧性。

(2) 对聚氯乙烯或氟塑料及阻燃的ABS塑料制品,所用模具钢必须有较好的抗腐蚀性,因为这些塑料在熔融状态会分解出氯化氢(HCl)、氟化氢(HF)和二氧化硫(SO_2)等气体对模具型腔面有一定腐蚀性,这类模具的成形件常用耐蚀塑料模具钢,例如PCR、AFC-77、18Ni及4Cr13等。

(3) 对生产以玻璃纤维做填充剂的热塑性塑料制品的注射模或热固性塑料制品的压缩模,要求模具具有高硬度、高耐磨性、高的抗压强度和较高韧性,以防止塑料把模具型腔面过早磨毛或因模具受高压而局部变形。常采用淬硬型模具钢制造,经淬火、回火后得到所需的模具性能,例如选用T8A、T10A、Cr6WV、Cr12、Cr12MoV、9Mn2V、9SiCr、CrWMn、GCr15等淬硬型模具钢。

(4) 制造透明塑料的模具,要求模具钢材有良好的镜面抛光性能和高耐磨性,所以要采用时效硬化型模具钢制造,例如18Ni类、PMS、PCR等。也可用预硬型模具钢,如P20系列及8CrMn,5NiSCa等。用不同的塑料原材料制造大小及形状不同的塑料件时,应选用不同的塑料模具钢。

(5) 制造模具型腔复杂、精度要求高和寿命要求长的模具,为防止型腔切削加工成形后因淬火处理引起过大的型腔变形,保证模具的精度和使用性能,应该选用预硬型塑料模具钢。此种塑料模具钢在供应状态下已经完成预硬处理,或在切削加工之前进行预硬调质处理,切削成形后,不需要再进行保证力学性能的最终热处理而直接使用,可以避免因热处理应力造成的模具变形和开裂,如40Cr、3Cr2Mo、SM2、4Cr5MoSiV等钢。如果塑料件生产批量较小,可选用碳素结构钢经调质处理,使用效果也很好。

表3-49给出了根据塑料制品的种类选用塑料模具钢的举例,供设计模具选材参考。

表3-49　塑料模具材料的选用

塑料或制品的用途		代表原料	典型制品	模具要求	适用模具材料
一般热塑性和热固性塑料	一般	ABS	电视机壳	高强度、耐磨损	40Cr、P20
	一般	PP	电风扇叶	高强度、耐磨损	8Cr2S、SM1
	表面油花纹	ABS	汽车仪表盘	高强度、耐磨损、光刻性	PMS
	透明件	PMMA	汽车灯罩	高强度、耐磨损、光刻性	5NiSCa、SM2
	热塑性	POM、PC	电动工具外壳	高耐磨性	8Cr2S、PMS、SM2
	热固性	PF、EP	齿轮	高耐磨性	8Cr2S、06NiTi2Cr
阻燃性制件		ABS加阻燃剂	电视机、录音机壳	耐腐蚀	PCR
聚氯乙烯		PVC	阀门管件	高强度、耐腐蚀	38CrMoAl、PCR
光学透镜		PMMA	照相机镜头	抛光性及防锈性	PMS、PCR

3.3.5.2　根据塑料件生产批量选用

选用模具钢材品种也和塑料件生产的批量大小有关。塑料件生产批量小，对模具的耐磨性及使用寿命要求不高。为了降低模具造价，不必选用高级优质模具钢，而选用普通模具钢即可满足使用要求。根据塑料制件生产批量选用塑料模具钢时，可参照表3-50。

表3-50　塑料制件生产批量与相应的模具材料

模具寿命(合格件)/件	材料选用
100000~200000	45、55、40Cr
300000	P20、5NiSCa、8Cr2S
600000	P20、5NiSCa、SM1
800000	P20、8Cr2S淬火
1200000	SM2、PMS
1500000	PCR、LD1、65Nb
1800000	65Nb、012Al氮化、25CrNi3MoAl

4 模具制造技术基础

模具设计、选材完成以后,其制造方法与制造技术的选择是关键所在。由于工业生产的发展和金属成形新技术的应用,对模具制造技术的要求越来越高,使之趋于复杂化和多样化。模具的制造方法已不再是过去的手工作业和传统的一般机械加工,而是广泛应用电火花成形、数控线切割、电化学加工、超声波加工、激光加工以及成形磨削、数控仿形等现代加工技术。模具制造就是在一定的制造装备和制造工艺条件下,直接对模具材料(一般为金属材料)进行加工,以改变其形状、尺寸、相对位置和性质,使之成为符合要求的零件,再将这些零件经配合、定位、连接与固定装配成为模具的过程。

4.1 模具的生产过程与特点

模具的生产过程与其他工业产品的生产过程一样,都是指由原材料开始经过加工转变为成品的全部过程。

4.1.1 模具的生产过程

一副模具的制造,首先要根据制品零件图样或实物进行估算,然后进行模具设计、零件加工、装配调试、试模,直到生产出符合要求的制品。模具生产的过程如图 4－1 所示。

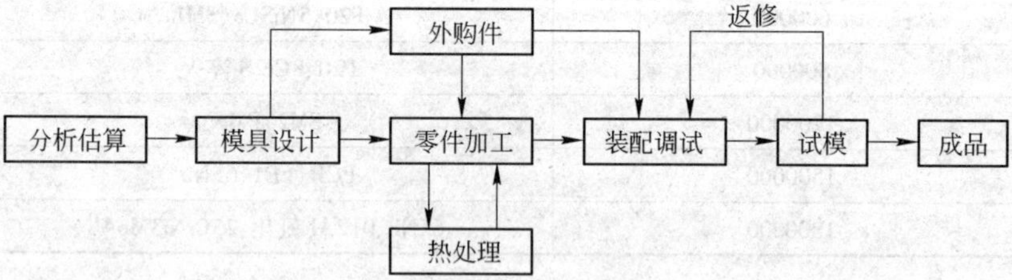

图 4－1 模具生产过程

4.1.1.1 模具分析估算

在接受模具制造时,首先要根据制品零件图样或实物,分析研究将采用模具的套数、模具结构及主要加工方法,然后再进行模具估算。估算的内容包括:

(1) 模具费用。模具费用指材料费、外购零件费、设计费、加工费、装配调试费及试模费等。对于特殊的模具,还要估算各种加工方法所用的工装及其加工费等,最后得出模具的制造价格。

(2) 交货期。估算完成每项工作所需的工作时间,最后决定交货期。

(3) 模具总寿命。估算模具的单次寿命以及经过多次简单修复后的总寿命(即模具的自然寿命)。

(4) 制品材料。制品规定使用的材料性能、尺寸大小、消耗量以及材料的利用率等。

(5) 所用的设备。了解应用模具的设备性能、规格及其附属设备。

在进行模具估算时,还应该对模具制造和试模过程中可能出现的问题,以及模具在使用过程中可能出现的情况要有充分的了解和估计。

4.1.1.2 模具设计

在进行模具设计时,首先要尽可能多地收集有关信息,并认真加以研究分析,然后再进行设计,只有这样做才能够设计出功能优良、精度高的模具。不然,所完成的设计,虽也能符合要求,但不是最佳的设计方案。应收集的主要信息有:

(1) 来自市场方面的信息最重要,如月产和总产量等、产品单价、模具价格和交货期、被加工材料的性质及供应方法、今后的市场发展趋势等。

(2) 所要生产制品的质量要求、用途及设计修正等。

(3) 生产部门的信息,包括使用模具的设备性能、规格、操作方法以及技术条件等。

(4) 模具制造部门的信息,包括加工设备及技术水平等。

(5) 标准件及其他外购件的供应情况等。

4.1.1.3　模具制图方法

A　装配图

如果模具的设计方案及其结构已经确定,就可以绘制装配图。装配图的绘制方法有 3 种:

(1) 主视图画成上、下模对合状态(下止位置),俯视图只画下模;

(2) 主视图画上、下模组合状态,俯视图上、下模各画一半;

(3) 绘制组合状态的主视图后,再分别画上、下模俯视图。

应用时,可根据模具结构的需要选用其中的一种。

B　零件图

零件图要根据装配图绘制,使其满足各种配合关系,并注明尺寸公差、表面粗糙度及技术要求等。标准件则不必画零件图。

4.1.1.4　模具零件加工

每个需要加工的零件,都必须按图样要求制订其加工工艺(填写工艺卡),然后分别进行粗加工、半精加工、热处理及精修抛光。

4.1.1.5　模具装配调整

模具装配就是把所有加工好的零件和外购标准件组合在一起构成一副完整的模具。模具一般都要在装配调整过程中进行一定的人工修整或机械加工。

4.1.1.6　模具试模

装配调整好的模具,还需要安装在机械设备(如冲床、注射机等)上进行试模。检查模具在运行过程中是否正常,所得到的制品形状尺寸等是否符合要求。如有不符合要求的则必须拆下模具来加以修正,以便再次试模,直到完全能正常运行并能生产出合格的制品。

4.1.2　模具的生产与工艺特点

严格说来,模具制造也属于机械制造的研究范畴,但一个机械制造能力较强的企业,未必都能承担模具制造任务,更难保证制造出高质量的模具。因为模具生产制造难度较大,与一般机械制造相比,有许多特点。

4.1.2.1　模具的生产特点

模具的生产特点如下所述:

(1) 加工精度高,形状复杂。模具的工作部分一般都是二维或三维的复杂曲面,而不是一般机械加工的简单几何体,需应用各种先进的加工方法才能保证加工质量。复杂模具由数百上千个零件组成,价格最高的竟达每套几百万元。不仅零件具有较高的尺寸精度,还有较高的形状和位置精度要求。

精密模具的尺寸精度往往达微米级,因此在可能的条件下往往采用选配的方法保证配合间隙。一般来说,模具工作部分的制造公差都应控制在 ±0.01 mm 以内,有的甚至要求在微米级范围内;模具加工后的表面不仅不允许有任何缺陷,而且工作部分的表面粗糙度都要求小于 0.8 μm。

(2) 模具材料优异,硬度高,不仅加工难度大,而且需合理安排加工工艺。模具的主要零件多采用优质合金钢制造,特别是高寿命模具,常采用 Cr12、Cr12MoV 等莱氏体钢制造。这类钢材从毛坯锻造、加工到热处理均有严格的要求,因此加工工艺的编制就更加不容忽视。热处理变形也是加工中需认真对待的问题。

(3) 单件生产。模具不是直接使用的产品,而是为生产产品而制造的工艺装备,这就使模具生产具有单件小批量生产的特点。通常生产某一个制品,一般都只需要一、二副模具,所以模具制造一般都是单件生产。每制造一副模具,都必须从设计开始,大约需要一个多月甚至几个月的时间才能完成,设计、制造周期都比较长。

(4) 生产周期短。当前由于新产品的更新换代的加快和市场的竞争,客观上要求模具生产周期越来越短。模具的生产管理、设计和工艺工作都应该适应客观要求。

(5) 模具生产的成套性。当某个制件需要多付模具来加工时,各副模具之间往往互相牵连和影响。只有最终制件合格,这一系列模具才算合格,因此在生产和计划安排上必须充分考虑这一特点。

(6) 试模和试修。由于模具生产的上述特点和模具设计的经验性,模具在装配后必须通过试冲或试压,最后确定是否合格。同时有些部位需要试修才能最后确定。因此在生产进度安排上必须留有一定的试模周期。

(7) 模具加工向机械化、精密化和自动化发展。目前产品零件对模具精度的要求越来越高,高精度、高寿命、高效率的模具越来越多。而加工精度主要取决于加工机床精度、加工工艺条件、测量手段和方法。

4.1.2.2　模具的工艺特点

由于我国模具加工的技术手段还普遍偏低,同时又有上述生产特点,当前我国模具制造上的工艺特点主要表现如下:

(1) 模具加工上尽量采用万能通用机床、通用刀具和仪器,尽可能减少二类工具的数量。

(2) 在模具设计和制造上较多地采用"实配法"、"同镗法"等,使得模具零件的互换性降低,但这是保证加工精度、减小加工难度的有效措施。今后随着加工技术手段的提高,互换性程度将会提高。

(3) 在制造工序安排上,工序相对集中,以保证模具加工质量和进度,简化管理和减少工序周转时间。

4.2　模具零件毛坯选择

模具零件毛坯的设计是否合理,对于模具零件加工的工艺性以及模具的质量和寿命都有很大的影响。在毛坯的设计中,首先考虑的是毛坯的形状,在决定毛坯形式时主要考虑以下几个方面:

(1) 毛坯种类的确定。毛坯的形状和特性,在很大程度上决定着模具制造过程中工序的多少,机械加工的难易程度,材料消耗量的大小及模具的质量和寿命,因此,正确选择毛坯具有重要的技术经济意义。

模具加工中,常用的毛坯种类有铸件、锻件、冲压件、焊接件等。选择毛坯种类时,主要考虑下列因素:

1) 模具图纸的规定。有些模具零件在图纸设计时就规定了毛坯的种类。如模架采用铸件;碟形弹簧采用冲压件;部分导套、推杆采用冷挤压件等。

2) 模具零件的结构形状和几何尺寸。模具零件的结构特性和尺寸大小决定了毛坯的种类。如图纸毛坯直径超过最大圆钢直径、或台阶轴毛坯的外圆直径相差悬殊时应采用锻件;模块太厚无法用钢板气割时也用锻件;大型模具采用合金铸件等。

3) 生产批量。专业化生产时,模架及其他一部分标准件(如推杆、卸料螺钉等),为了提高生产效率,降低加工成本,可采用一些特殊的手段(如模锻、冷挤压、精铸等)来获得毛坯。

4）模具零件的材料及对材料组织和力学性能的要求。在多数情况下,此项要求是决定毛坯种类的主要因素。模具制造时,为了保证模具的质量和使用寿命,往往规定模具的主要零件(例如凸、凹模)采用锻造方法获得毛坯,通过锻造,使零件材料内部组织密实、碳化物分布和流线分布合理,从而提高模具的质量和使用寿命。因此毛坯准备时对重要的模具零件材料应进行相应的化学成分分析和力学性能测定。

(2) 毛坯形状的确定。毛坯的形状应尽可能与模具形状一致,以减少机械加工的工作量。但有时为了适应加工过程的工艺要求,在确定毛坯形状时,需作一些小的调整。下面列举一些常见确定毛坯形状的方法。

为了加工时工件的装夹方便,有时工件需要工艺搭子。如图4-2所示凸模,为了保证磨削时 ϕ10 mm 与 ϕ14 mm 同轴,在加工时,在凸模左端设有一 ϕ10 mm × ϕ10 mm 的工艺搭子。在磨削时,将一夹箍夹持在工艺搭子上,通过磨床的拔杆带动其旋转,从而一次完成外圆磨削。

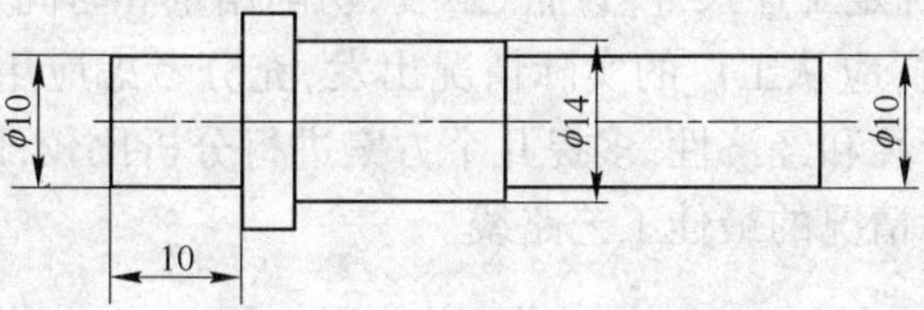

图4-2 工艺搭子

为了提高机械加工生产效率,提高材料的利用率,减少材料的消耗,有些小零件的毛坯常做成一坯多件。如图4-3所示零件,可以将三件毛坯合锻在一件中,待加工后再切割分离成单个零件。

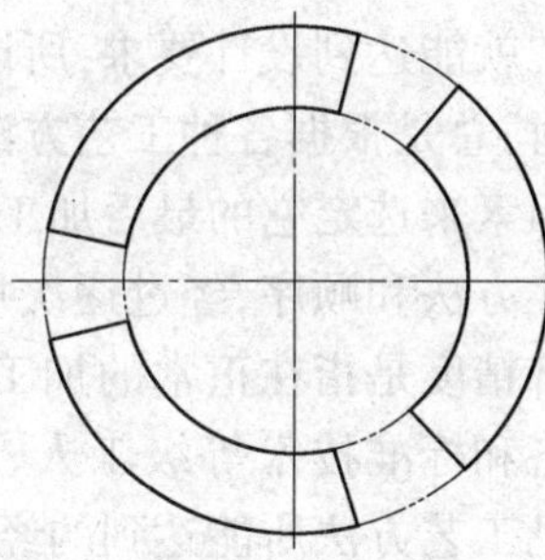

图4-3 一坯多件

为了降低加工难度,有些模具零件在准备毛坯时,人为增加一部分,待加工后再去除,如图4-4*a*所示零件,在加工*R*15半圆时,比较困难,可用图4-4*b*所示的毛坯进行加工,加工后去除上半部分即可。

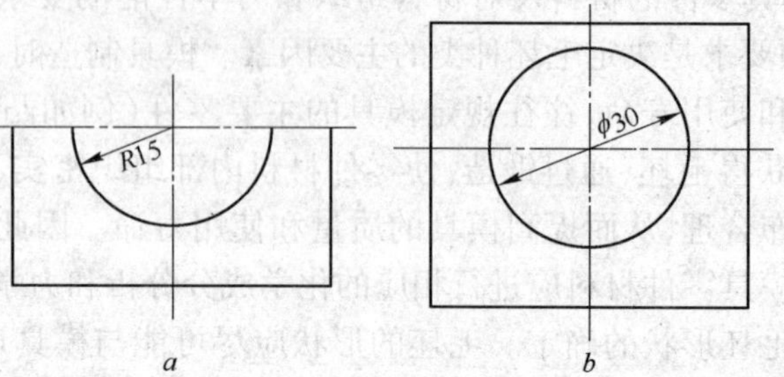

图 4－4　形状特殊的零件

a—零件;b—毛坯

4.3　模具制造的工艺路线

工艺路线是工艺设计的总体布局。其主要任务是选择零件表面的加工方法、确定加工顺序、划分工序。根据工艺路线,可以选择各工序的工艺基准,确定工序尺寸、设备、工装、切削用量和时间定额等。在拟定工艺路线时,应从工厂的实际情况出发,充分考虑应用各种新工艺、新技术的可行性和经济性,多提几个方案进行分析比较,以便确定一个符合工厂实际情况的最佳工艺路线。

4.3.1　表面加工方法的选择

一个有一定技术要求的零件表面,一般不是用一种工艺方法一次加工就能达到设计要求,所以对于精度要求较高的表面,在选择加工方法时,总是根据各种工艺方法所能达到的加工经济精度和表面粗糙度等因素来选定它的最后加工方法,然后再选定前面一系列准备工序的加工方法和顺序,经过逐次加工达到其设计要求。以上因素中的加工经济精度是指在正常的加工条件下(采用符合质量标准的设备、工艺装备和标准技术等级工人、不延长加工时间)所能保证的加工精度。常见工艺方法所能达到的经济精度及表面粗糙度可以查阅有关手册。

选择表面加工方法应着重考虑以下几个问题:

(1) 被加工表面的精度和表面质量要求。一般情况下所采用加工方法的经济精度应能保证零件图样所规定的精度和表面质量要求。例如,材料为碳钢,尺寸精度为IT7,表面粗糙度 R_a 0.8 μm 的外圆柱面,用车削、磨削加工都能达到,但因为上述加工精度是磨削的加工经济精度,而不是车削的加工经济精度,所以应该选用磨削加工方法作为达到工件加工精度的最终加工方法。

被加工表面的尺寸大小对选择加工方法也有一定影响。例如孔径较大时宜选用镗孔,如果选用铰孔,将使铰刀直径过大,制造、使用都不方便。而加工直径小的孔,采用铰孔较为适当,因为对小孔进行镗削加工将导致刀杆直径过小,刚度差,不易保证孔的加工精度。

加工方法的选择还取决于零件的结构形状。如多型孔(圆孔)冲孔凹模上的孔,不宜采用车削和内圆磨削加工。因为车削和内圆磨削工艺复杂,甚至无法实施,为保证孔的位置精度,宜采用坐标镗床或坐标磨床加工。又如箱体上的孔,不宜采用拉削加工,多采用镗削和铰削加工。

(2) 零件材料的性质及热处理要求。对于加工质量要求高的有色金属零件,一般采用精细车、精细铣或金刚镗进行加工,应避免采用磨削加工,因为磨削有色金属易堵塞砂轮。经淬火后的钢质零件宜采用磨削加工和特种加工。

(3) 生产率和经济性要求。所选择的零件加工方法,除保证产品的质量和精度要求外,应有尽可能高的生产率。尤其在大批量生产时,应尽量采用高效率的先进加工方法和设备,以达到大幅度提高生产率的目的。例如,采用拉削方法加工内孔和平面;采用组合铣削、磨削同时加工几个表面。甚至可以改变毛坯形状,提高毛坯质量,实现少切削、无切削加工。但在单件小批量生产的情况下,如果盲目采用高效率的先进加工方法和专用设备,会因投资增大、设备利用率不高,使产品成本增高。

(4) 现有生产条件。选择加工方法应充分利用现有设备,合理安排设备负荷,同时还应重视新工艺、新技术的应用。

4.3.2 工序阶段的划分

从保证加工质量、合理使用设备及人力等因素考虑,工艺路线按工序性质一般分为粗加工阶段、半精加工阶段和精加工阶段。对那些加工精度和表面质量要求特别高的表面,在工艺过程中还应安排光整加工阶段。

(1) 粗加工阶段。其主要任务是切除加工表面上的大部分余量,使毛坯的形状和尺寸尽量接近产品。粗加工阶段,加工精度要求不高,切削用量、切削力都比较大,所以粗加工阶段主要考虑如何提高劳动生产率。

(2) 半精加工阶段。为主要表面的精加工做好必要的精度和余量准备,并完成一些次要表面的加工(如钻孔、攻螺纹、切槽等)。对于加工精度要求不高的表面或零件,经半精加工后即可达到其加工要求。

(3) 精加工阶段。使精度要求高的表面达到规定的质量要求。要求的加工精度较高,各表面的加工余量和切削用量都比较小。

(4) 光整加工阶段。其主要任务是提高被加工表面的尺寸精度和减小表面粗糙度,一般不能纠正形状和位置误差。对尺寸精度和表面粗糙度要求特别高的表面,才安排光整加工。

将工艺过程划分阶段有以下作用:

(1) 保证产品质量。在粗加工阶段切除的余量较多,产生的切削力和切削热较大,工件所需要的夹紧力也大,因而使工件产生的内应力和由此引起的变形也大,所以粗加工阶段不可能达到高的加工精度和较小的表面粗糙度。完成零件的粗加工后,再进行半精加工、精加工,逐步减小切削用量、切削力和切削热。可以逐步减小或消除先行工序的加工误差,减小表面粗糙度,最后达到设计图样所规定的加工要求。

由于工艺过程分阶段进行,在各加工阶段之间有一定的时间间隔,相当于自然时效,使工件有一定的变形时间,有利于减小或消除工件的内应力。由变形引起的误差,可由后继工序加以消除。

(2) 合理使用设备。由于工艺过程分阶段进行,粗加工阶段可采用功率大、刚度好、精度低、效率高的机床进行加工,以提高生产率。精加工阶段可采用高精度机床和工艺装备,严格控制有关的工艺因素。以保证加工零件的质量要求。所以粗、精加工分开,可以充分发挥各类机床的性能、特点,做到合理使用,延长高精度机床的使用寿命。

(3) 便于热处理工序的安排,使热处理与切削加工工序配合更合理。机械加工工艺过程分阶段进行，便于在各加工阶段之间穿插安排必要的热处理工序，既可以充分发挥热处理的效果，也可以有利于切削加工和保证加工质量。例如，对一些精密零件，粗加工后安排去除内应力的时效处理，可以减小工件的内应力，从而减小内应力引起的变形对加工精度的影响。在半精加工后安排淬火处理，不仅能满足零件的性能要求，也使零件的粗加工和半精加工容易，零件因淬火产生的变形又可以通过精加工予以消除。对于精密度要求更高的零件，在各加工阶段之间可穿插进行多次时效处理，以消除内应力，最后再进行光整加工。

(4) 便于及时发现毛坯缺陷和保护已加工表面。由于工艺过程分阶段进行，在粗加工各表面之后，可及时发现毛坯缺陷(气孔、砂眼和加工余量不足等)，以便修补或发现废品，以免将本应报废的工件继续进行精加工，浪费工时和制造费用。

应当指出，拟定工艺路线一般应遵循工艺过程划分加工阶段的原则，但是在具体运用时又不能绝对化。当加工质量要求不高，工件的刚性足够，毛坯质量高，加工余量小时可以不划分加工阶段。在自动机床上加工出的零件以及某些运输、装夹困难的重型零件，也不划分加工阶段，而在一次装夹下完成全部表面的粗、精加工。对重型零件可在粗加工之后将夹具松开以消除夹紧变形。然后再用较小的夹紧力重新夹紧，进行精加工，有利于保证重型零件的加工质量。但是对于精度要求高的重型零件，仍要划分加工阶段，并适时进行时效处理以消除内应力。上述情况在生产中需按具体条件来决定。

工艺路线划分加工阶段是对零件加工的整个工艺过程而言，不是以某一表面的加工或某一工序的加工而论。例如，有些定位基面，在半精加工阶段，甚至粗加工阶段就需要精确加工，而某些钻小孔的粗加工，又常常安排在精加工阶段。

4.3.3 工序的划分

在选定了各表面的加工方法和划分加工阶段之后，就可以将同一阶段中各加工表面的加工组合成不同的工序。在划分工序时可采用工序集中或分散的原则。如果在每道工序中安排的加工内容多，则一个零件的加工可集中在少数几道工序内完成,工序少,称为工序集中。在每道工序所安排的加工内容少,一个零件的加工分散在很多道工序内完成,工序多,称为工序分散。

工序集中有以下特点:

(1) 工件在一次装夹后,可以加工多个表面,能较好地保证表面之间的相互位置精度;可以减少装夹工件的次数和辅助时间;减少工件在机床之间的搬运次数,有利于缩短生产周期。

(2) 可以减少机床数量、操作工人,节省车间生产面积,简化生产计划和生产组织工作。

工序分散有以下特点:

(1) 机床设备及工件装夹比较简单,调整方便,生产工人易于掌握。

(2) 可以采用最合理的切削用量,减少机动时间。

(3) 设备数量多,操作工人多,生产面积大。

在一般情况下,单件小批量生产多为工序集中,大批量生产则工序集中和分散二者兼有,需根据具体情况,通过技术经济分析来决定。

4.3.4 加工工序的安排

加工工序的安排分如下几个方面:

(1) 切削加工工序的安排。零件的被加工表面不仅有自身的精度要求,而且各表面之间还常有一定的位置要求,在零件的加工过程中要注意基准的选择与转换。安排加工工序应遵循以下原则:

1) 当零件分阶段进行加工时一般应遵守"先粗后精"的加工工序,即先进行粗加工,再进行半精加工,最后进行精加工和光整加工。

2) 先加工基准表面,后加工其他表面。在零件加工的各阶段,应先把基准面加工出来,以便后续工序用它定位加工其他表面。

3) 先加工主要表面,后加工次要表面。零件的工作表面、装配基面等应先加工。而键槽、螺孔等往往和主要表面之间有相互位置要求,一般应安排在主要表面之后加工。

4）先加工平面，后加工内孔。对于箱体、模板类零件，平面轮廓尺寸较大，用它定位，稳定可靠，一般总是先加工出平面作精基准，然后加工内孔。

5）对套类零件，一般情况下先加工内孔，后加工外表面。

(2) 热处理工序的安排。热处理工序在工艺路线中的安排，主要取决于零件热处理的目的。

1）为改善金属组织和加工性能的热处理工序，如退火、正火和调质等，一般安排在粗加工前后。

2）为提高零件硬度和耐磨性的热处理工序，如淬火、渗碳淬火等，一般安排在半精加工之后，精加工、光整加工之前。渗氮处理温度低、变形小，且渗氮层较薄，渗氮工序应尽量靠后，如安排在工件粗磨之后，精磨、光整加工之前。

3）时效处理工序，时效处理的目的在于减小或消除工件的内应力，一般在粗加工之后，精加工之前进行。对于高精度的零件，在加工过程中常进行多次时效处理。

(3) 辅助工序安排。辅助工序主要包括检验、去毛刺、清洗、涂防锈漆等。其中检验工序是主要的辅助工序。为了保证产品质量，及时去除废品，防止浪费工时，并使责任分明，检验工序的安排应遵循以下原则：

1）检验工序应安排在零件粗加工或半精加工结束之后。

2）检验工序应安排在重要工序加工前后。

3）检验工序应安排在零件送外车间（如热处理）加工之前。

4）检验工序应安排在零件全部加工结束之后。

5）钳工去毛刺常安排在易产生毛刺的工序之后，检验及热处理工序之前。

4.4 模具零件工艺规程的制定

4.4.1 模具制造的工作内容

模具加工时工艺人员的工作内容包括：

(1) 编制工艺文件。模具工艺文件主要包括模具零件加工工艺规程、模具装配工艺要点或工艺规程、原材料清单、外购件清单和外协件清单等。模具工艺技术人员应该在充分理解模具结构、工作原理和技术要求的情况下，结合本企业现有设备条件、生产和技术状态等条件编制模具零件加工和装配等工艺文件。

(2) 二类工件的设计和工艺编制。二类工具是指加工和装配模具时所用的各种专用工具。这些专用二类工具一般都由模具工艺技术人员负责设计和编制工艺(特殊的部分由专门的技术人员完成)。二类工具的质量和效率对模具质量和生产进度起着重要作用。在客观条件允许时可以利用通用工具改制。注意，应该将二类工具的数量和成本降到客观条件允许的最小程度。

经常设计的二类工具有：非标准的铰刀和铣刀、型面检验样板、非标准量规、仿形加工用靠模、电火花成形加工电极、装配用间隙调整装置、型面检验放大图等。

(3) 处理加工现场技术问题。在模具零件加工和装配过程中，处理技术、质量和生产管理等方面的问题是模具工艺技术人员经常从事的工作之一。如解释工艺文件和进行技术指导，调整加工方案和方法，处理尺寸超差和代料等。在处理加工现场技术问题时，既要保证质量又要保证生产进度。

(4) 参加试模和鉴定工作。各种模具在装配之后的试模是模具生产的重要环节，模具工艺技术人员和其他有关人员通过试模，分析技术问题和提出解决方案，并对模具的最终技术质量状态做出正确的结论。

4.4.2　制定模具工艺规程的步骤

制定工艺规程时，首先必须认真研究原材料，包括：

(1) 产品的整套装配图和零件图。

(2) 生产纲领和生产类型。

(3) 毛坯的情况以及本厂或车间的生产条件，如机床设备、工艺装备的状况。

(4) 研究和学习必要的标准手册和相似产品的工艺规程。

编制工艺规程一般可按以下步骤进行：

(1) 研究模具装配图和零件图，进行工艺分析。

(2) 确定毛坯种类、尺寸及其制造方法。

(3) 进行二类工具的设计和工艺编制。

(4) 拟定零件加工工艺路线，包括选择定位基准、确定加工方法、划分加工阶段、安排加工顺序和决定工序内容等。

(5) 确定各工序的加工余量，计算工序尺寸及其公差。

(6) 选择机床、工艺装备、切削用量及工时定额。

(7) 填写工艺文件。

4.4.3 工艺文件的常用格式

将模具零件工艺规程的内容填入一定格式的卡片，即为模具零件的工艺文件。模具零件大多属于少件生产类型，一般只需填写形式较为简单的工艺过程综合卡片。这种卡片主要列出了整个零件加工所经过的工艺路线，包括毛坯加工、机械加工和热处理等，见表 4－1。

表 4－1 工艺过程综合卡片

<table>
<tr><td colspan="2" rowspan="2">（厂名）</td><td rowspan="2">工艺过程
综合卡片</td><td colspan="2">产品型号</td><td>零件图号</td><td>零件名称</td><td colspan="2">第　页</td></tr>
<tr><td colspan="2"></td><td></td><td></td><td colspan="2">共　页</td></tr>
<tr><td colspan="2">毛坯种类</td><td>材料</td><td colspan="2">材料定额</td><td colspan="2"></td><td colspan="2">工时定额</td></tr>
<tr><td>序号</td><td>工序</td><td>工序内容</td><td>车间</td><td>设备</td><td colspan="2">工艺装备</td><td>单件</td><td>准备终结</td></tr>
<tr><td></td><td></td><td></td><td></td><td></td><td colspan="2"></td><td></td><td></td></tr>
<tr><td>编制</td><td colspan="2"></td><td>审核</td><td colspan="2"></td><td>会签</td><td colspan="2"></td></tr>
</table>

模具零件需要批量生产时，则可填写机械加工工艺卡片，见表4－2。

表4－2　机械加工工艺卡片

<table>
<tr><td colspan="4" rowspan="7">(工作简图)</td><td>厂名车间</td><td colspan="2"></td><td colspan="4">机械加工工艺卡片</td></tr>
<tr><td colspan="3">产品名称及型号</td><td colspan="2">零件图号</td><td colspan="2">零件名称</td></tr>
<tr><td colspan="3"></td><td colspan="2"></td><td colspan="2"></td></tr>
<tr><td>材料编号</td><td colspan="2"></td><td colspan="2">零件毛量/kg</td><td colspan="2"></td></tr>
<tr><td>毛坯种类</td><td colspan="2"></td><td colspan="2">零件净重/kg</td><td colspan="2"></td></tr>
<tr><td>形状与尺寸</td><td colspan="2"></td><td colspan="2">材料定额/kg</td><td colspan="2"></td></tr>
<tr><td>毛坯单件数</td><td colspan="2"></td><td colspan="2">每台产品
零件数</td><td colspan="2"></td></tr>
<tr><td rowspan="2">工序号</td><td rowspan="2">安装号</td><td rowspan="2">工步号</td><td rowspan="2">工序内容</td><td rowspan="2">机床设备</td><td rowspan="2">夹具</td><td rowspan="2">刀具</td><td rowspan="2">量具</td><td rowspan="2">辅具</td><td colspan="2">时间定额/min</td></tr>
<tr><td>单件</td><td>准备终结</td></tr>
<tr><td></td><td></td><td></td><td></td><td></td><td></td><td></td><td></td><td></td><td></td><td></td></tr>
<tr><td></td><td></td><td></td><td></td><td></td><td></td><td></td><td></td><td></td><td></td><td></td></tr>
<tr><td></td><td></td><td></td><td></td><td></td><td></td><td></td><td></td><td></td><td></td><td></td></tr>
<tr><td></td><td></td><td></td><td></td><td></td><td></td><td></td><td></td><td></td><td></td><td></td></tr>
</table>

<table>
<tr><td>更改标记</td><td>签名</td><td>更改标记</td><td>签名</td><td>签名</td><td>日期</td><td colspan="2">第　　页</td></tr>
<tr><td></td><td></td><td></td><td></td><td>编制</td><td></td><td colspan="2">共　　页</td></tr>
<tr><td></td><td></td><td></td><td></td><td>审核</td><td></td><td>会签</td><td></td></tr>
</table>

5　模具的机械加工技术

机械加工是模具加工中传统的加工方法，由于模具制造大多数是单件生产及模具具有使用和制造要求高的特点，因此目前主要还是以机械加工和特种加工为主。当模具形状、结构简单，精度要求不高时可采用机械加工直接完成。而当模具形状复杂时，机械加工可完成模具的粗、半精加工，为模具的进一步加工创造条件。

常用的机械加工方法有车削、铣削和磨削加工。

5.1　车削加工

车削用于加工内外旋转表面、螺旋面、端面、钻孔、镗孔、铰孔及滚花等的加工。工件的加工通常经过粗车、半精车和精车等工序而达到要求。根据模具零件的精度要求，车削一般是外旋转表面加工的中间工序，或作为最终工序。精车的尺寸精度可达到IT6~IT8，表面粗糙度为R_a 1.6~0.8 μm。

除了上述常规的车削加工外，还常常用到一些特殊的车削加工。下面主要介绍一些模具零件的特殊车削加工方法。

5.1.1　成形车削

成形刀具法简称成形法，适用于工件的最终表面轮廓相匹配的成形刀具或成形砂轮等加工出成形面，如成形车削、成形铣削和成形磨削等，由于成形刀具的制造比较困难，因此一般只用于加工短的成形面。

加工模具时尽量选用通用工具，但一些形状复杂的回转体表面的加工还需要用一些专用的工具来完成。比如图5-1中手柄表面加工时，如果用普通车削加工，表面的质量保证不了，而且加工时花费时间较长，生产效率低。如果根据每一段的形状制作成相应的成形车刀，加工效率和加工质量都会得到很大的提高。

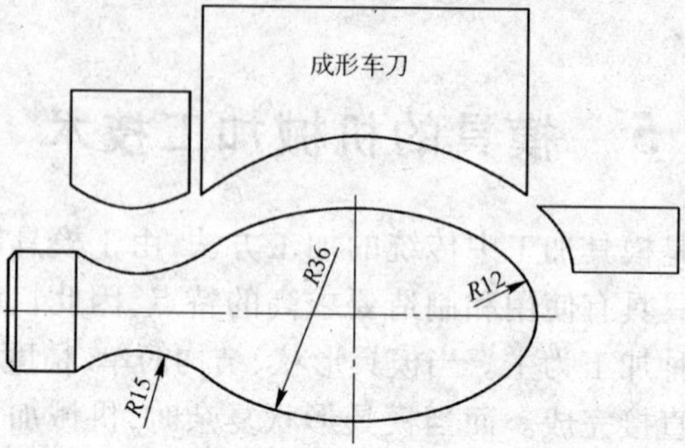

图 5 – 1　成形车削

5.1.2　仿形车削

仿形车削是采用仿形装置使车刀在纵向走刀的同时，又按预定的轨迹横向走刀，通过纵向走刀和横向走刀的复合运动，完成模具零件的复杂旋转曲面的内、外形加工。这里所说的仿形装置就是靠模。靠模的形状和尺寸要和所加工形面曲线的形状和尺寸相同。图 5 – 1 中手柄的加工，也可以采用普通的车刀外加一个成形装置的仿形方法来加工，如图 5 – 2 所示。由于靠模不受太大的力，所以可以用一些较软的材料，如塑料、石蜡等容易加工成形的材料。

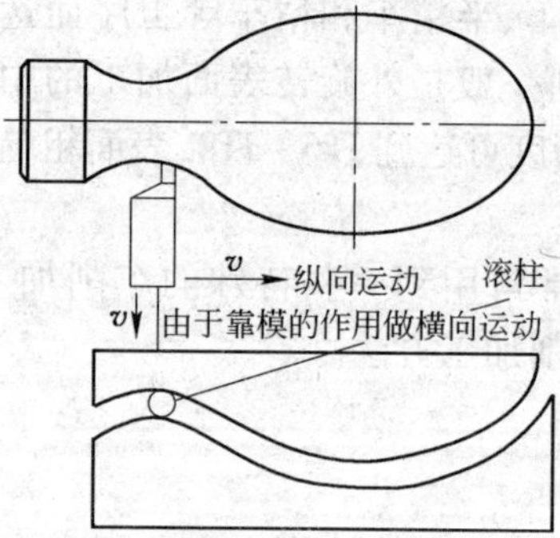

图 5 – 2　仿形车削

仿形车削一般用于精加工工序，在仿形车削之前应将毛坯粗车成形，并留有较少的加工余量（一般不大于 2.5 mm）。

5.1.3　球面的加工

有些模具零件，如拉深凸模、弯曲模、浮动模柄、球面垫圈和塑料模的型芯等零件，往往带有球面。这种球面可以利用成形车削或仿形车削来加工，但也可以用一些特殊的装置来完成。如图 5 – 3*a* 所示，连杆

1 是可以调节的,一端与固定在机床导轨上的基准板 2 上的轴销铰接;另一端与调节板 3 上的轴销铰接。调节板 3 用制动螺钉紧固在中滑板上。当中滑板横向自动进给时,由于连杆 1 的作用,床鞍作相应的纵向移动,而连杆绕基准板上的轴销回转使刀尖也作出圆弧轨迹,从而加工出球面。如图 5-3*b* 所示为车制凹球面时的安装。

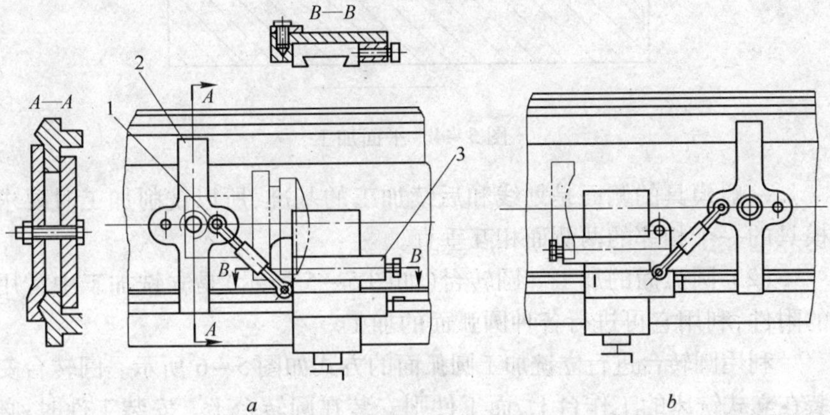

图 5-3　车球面工具

a—加工凸球面;*b*—加工凹球面

1—连杆;2—基准板;3—调节板

5.2　铣削加工

铣削加工是模具成形表面的主要加工方法之一。

在模具零件的铣削加工中,应用最广的是立式铣床和万能工具铣床的立铣加工,主要加工对象是各种模具的型腔和型面,其加工的精度一般比较低,精度在 IT10 ~ IT8 级,一般只作为中间工序,铣削加工后需要经过磨削或电火花等其他精加工方法加工。

5.2.1　普通铣削

普通立铣加工主要有以下几种:

(1) 平面或斜面的加工。模具表面的平面或斜面的加工经常采用端铣刀在立式铣床上进行,如图 5-4 所示。这种加工方法生产效率高,加工质量好。

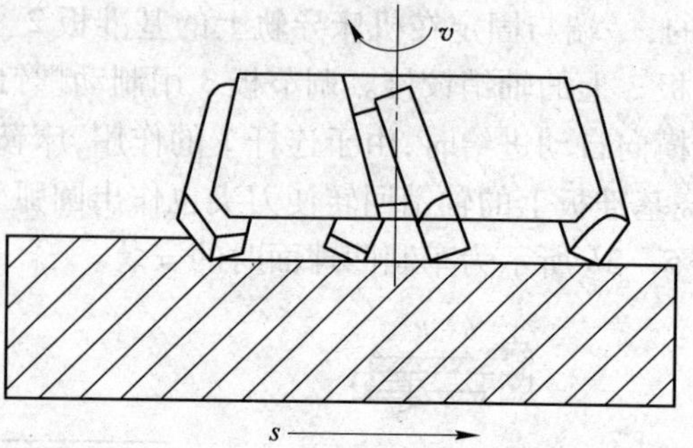

图 5－4　平面加工

一般模具的侧面是划线和后续加工的基准，所以铣削加工时要求模具的一个相邻的两侧面相互垂直。

(2) 圆弧面的加工。圆转台(如图 5－5 所示)是立铣加工中常用的附件，利用它可进行各种圆弧面的加工。

利用圆转台进行立铣加工圆弧面的方式如图 5－6 所示。圆转台安装在立式铣床的工作台上，而工件则安装在圆转台上。安装工件时，必须使被加工圆弧中心与圆转台的回转中心重合，并根据工件形状来确定铣床主轴中心是否需要与圆转台中心重合。移动工作台(移动距离为 R)，转动圆转台即可进行加工。加工时要注意圆转台的转动角度。

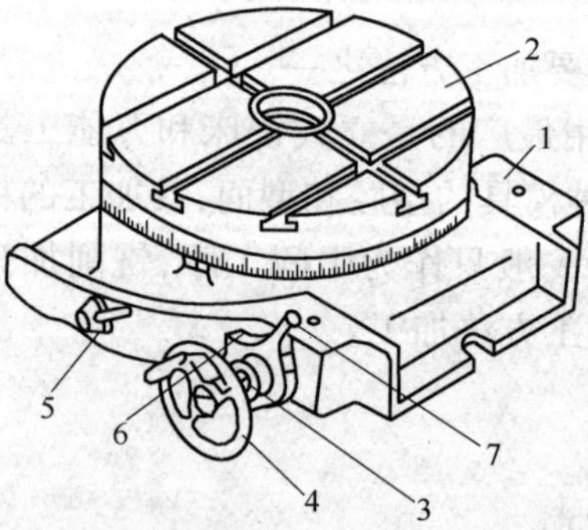

图 5－5　圆转台

1—底座；2—转台；3—蜗杆轴；4—手轮

5—手柄；6—螺钉；7—偏心套插销

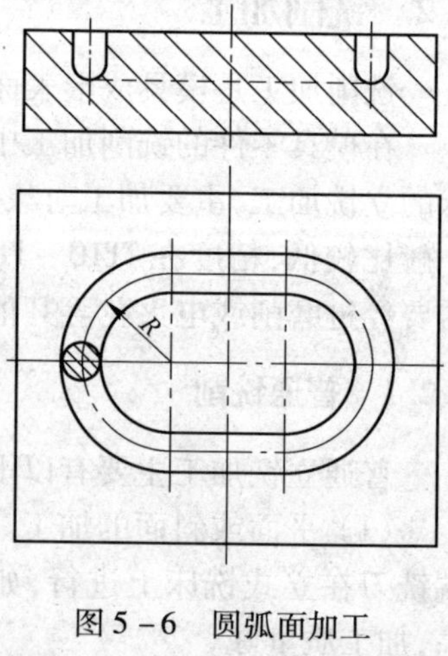

图 5－6　圆弧面加工

（3）复杂型腔或型面的加工。对于不规则的型腔或型面，可采用坐标法加工，即根据被加工点的位置，控制工作台的纵横（X，Y）向移动以及主轴头的升降（Z）进行立铣加工。例如，如图5－7所示的不规则型面，其轮廓一般是按极坐标方法设计的，所以在加工前可按工件的极坐标半径、夹角和加工用铣刀直径计算出铣刀中心在各位置的纵横向坐标尺寸，然后逐点铣削。当立铣加工的对象为复杂的空间曲面时，也可采用坐标法，但需控制X、Y、Z三个坐标方向的移动。

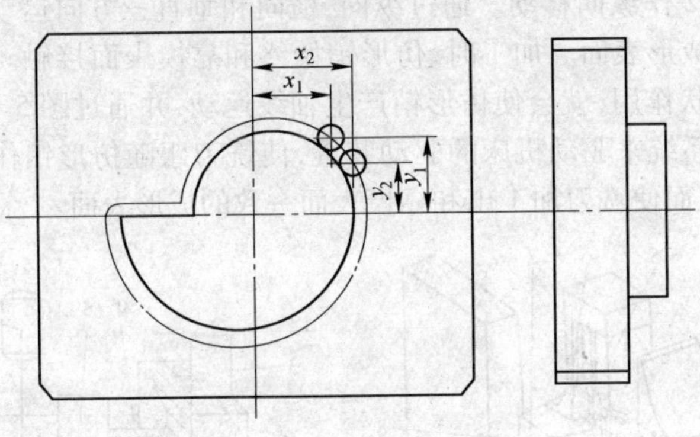

图5－7 不规则型面的立铣加工

坐标法加工后的型腔或型面的精度较低，需经钳工修整后才能获得比较平滑的表面。

5.2.2 仿形铣削

当模具型腔比较复杂，为三维立体曲面而又难以分解为若干简单型面来加工时，可以考虑采用仿形铣削加工。

5.2.2.1 *仿形铣削的加工原理*

仿形铣加工是根据预先加工好的样板或模型（靠模）为仿形依据，加工时由仿形销在靠模上移动，铣刀做同步仿形运动，在工件上加工出与靠模一致的型面。仿形铣可进行外形加工、型腔加工、花纹图案雕刻，也可加工如人头像等由自然曲面构成的成形零件等。仿形铣削的加工效率很高，特别适用于型腔的加工。但受条件的限制，难以加工深、窄沟槽的零件，尤其不适合加工淬火硬度在40HRC硬度以上的零件。因此,淬火前先仿形粗加工,淬火后再进行电火花精加工。

5.2.2.2 仿形铣床及加工过程

图5-8所示为一立式仿形铣床,其基本动作如下:下支架3和上支架4分别用来固定工件和靠模,上支架可沿下支架横向移动,上、下支架一起可沿工作台1作横向移动。铣刀9固定在主轴套筒10上。靠模仪座6安装在主轴箱7上,主轴箱可沿横梁8作横向移动,也可与横梁8一起沿立柱5作垂直移动。立柱固定在滑座12上,并与滑座一起沿床身2作纵向移动。通过纵向、横向和垂直三方向运动的复合加工出立体成形表面。加工时,仿形销始终和靠模表面接触。由于靠模表面的形状作用,就会使仿形销产生轴线运动,并通过图5-9所示的铣床随动系统来驱动机床的驱动装置,使铣刀跟随仿形销作相应的轴向移动,从而使铣刀加工出和靠模表面一致的成形表面。

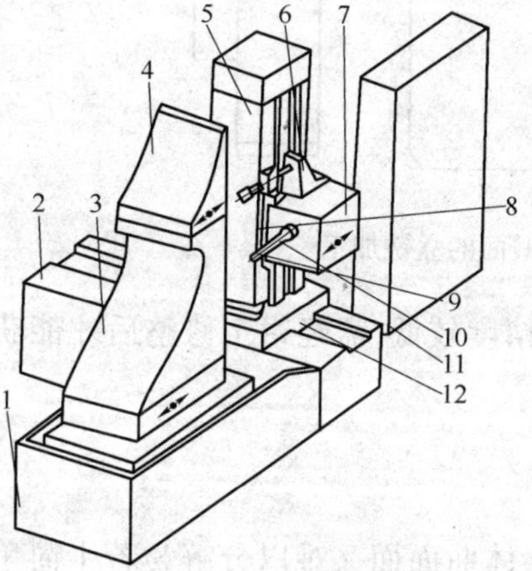

图5-8 立式仿形铣床

1—工作台;2—床身;3—下支架;4—上支架;5—立柱;6—靠模仪座;7—主轴箱;8—横梁;9—铣刀;10—主轴套筒;11—控制箱;12—滑座

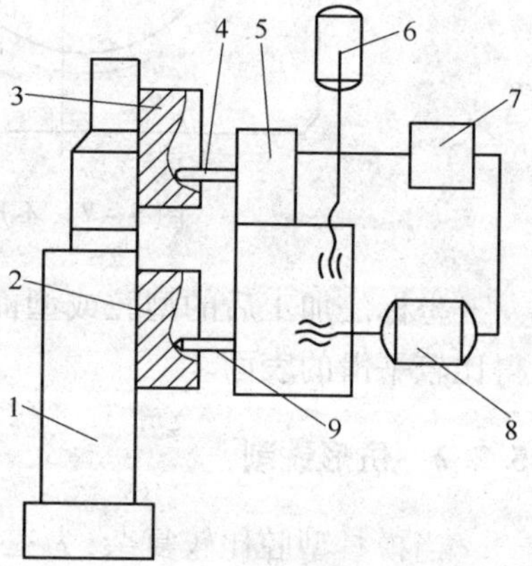

图5-9 立式仿形铣床随动系统

1—支架;2—工件;3—靠模;4—仿形销;5—随动机构;6—始发运动电动机;7—放大器;8—随动运动电动机;9—铣刀

5.2.2.3 仿形加工的加工方式

A 平面轮廓仿形

平面轮廓仿形铣削时仿形销沿着靠模的外形运动,不作轴向运动。

仿形铣刀也只能沿工件的轮廓铣削，不作轴向进给运动，如图5-10*a*所示。这种加工方法主要用于加工轮廓形状复杂、深度不变的型腔。

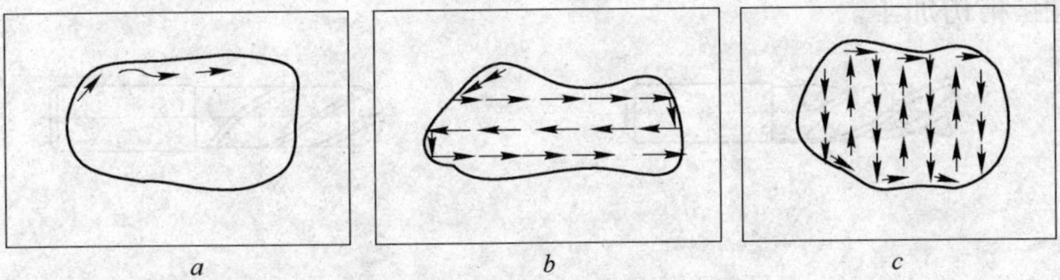

图5-10 常用仿形铣削方式

a—平面轮廓仿形；*b*—水平分行；*c*—垂直分行

B 立体轮廓仿形

立体轮廓仿形按照铣刀切削运动的路线可分为水平分行和垂直分行。

(1) 水平分行。水平分行如图5-10*b*所示，工作台作水平运动，铣刀进行切削，当切到型腔端头时主轴给一垂直方向进给运动，然后再反向加工。如此反复直至加工出所需的型腔表面。

(2) 垂直分行。垂直分行如图5-10*c*所示，切削时机床主轴作连续的垂直进给，到达型腔端部时机床工作台再水平方向作一进给运动，然后主轴再作反向进给。

5.2.2.4 仿形铣刀

根据加工型腔的形状，仿形加工常用的铣刀有如下几种：

(1) 圆柱立铣刀（如图5-11*a*所示）。它是仿形铣削中最常用的铣刀，尤其适合于型腔粗加工及要求型腔底部为清角的仿形加工。

(2) 圆柱球头铣刀（如图5-11*b*所示）。它在型腔仿形铣削的半精加工和精加工中应用最广，适合于加工底面与侧壁间有圆弧过渡的型腔。

(3) 锥形球头铣刀（如图5-11*c*所示）。它可对型腔侧面的出模斜度及底部过渡圆角同时进行精加工，或对具有一定深度和较小的凹圆弧进行加工。

(4) 小型锥指铣刀（如图5-11*d*所示）。它用于加工特别细小的花纹。

(5) 双刃硬质合金铣刀(如图 5－11*e* 所示)。它用于铸铁工件的粗、精仿加工。

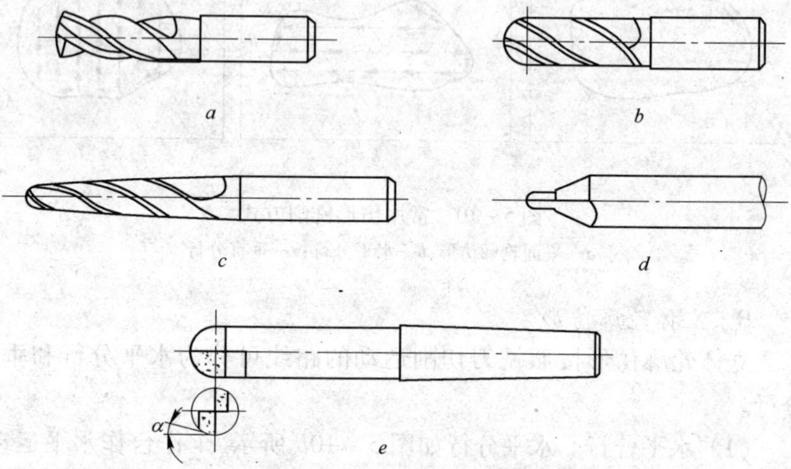

图 5－11　仿形铣刀的类型

a—圆柱立铣刀;*b*—圆柱球头铣刀;*c*—锥形球头铣刀;
d—小型锥指铣刀;*e*—双刃硬质合金铣刀

5.2.2.5　靠模和仿形销

靠模的形状、尺寸、位置精度和表面强度、硬度直接影响仿形加工的质量。因此,靠模的加工至关重要,在充分考虑加工的工艺性外,还应保证工作表面的强度和硬度,在使用过程中不产生变形和磨损。一般的靠模可用石膏、木材、塑料、铝合金等容易加工成形的材料制造。

仿形销的尺寸、形状应与铣刀相一致,这样才能保证同步运动和加工精度。由于在实际铣削时,仿形销不但在靠模上有变位移动,而且还有因靠模对它的作用力而产生的变形,因此实际仿形销应稍大于铣刀的尺寸。另外,仿形铣削时,为使端头沿靠模表面顺利地运动,要求仿形销的斜角 α 应小于靠模型槽的最小斜角 β。一旦 α 大于 β,如图 5－12*b* 所示,将出现靠模局部无法被仿形销触及的现象,导致该局部无法仿铣成形。仿形销端头的圆弧半径 R 小于靠模型槽的最小圆角半径 r,若 R 大于 r,如图 5－12*d* 所示,也将出现靠模局部因无法触及而导致无法仿铣成形，从而产生加工误差。

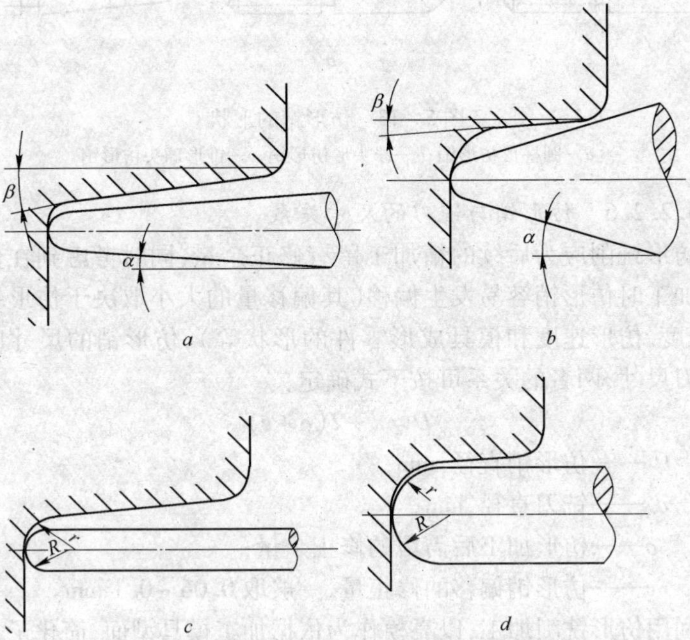

图 5－12 仿形销选择示意图

a—$\alpha < \beta$，正确；b—$\alpha > \beta$，不正确；c—$R < r$，正确；d—$R > r$，不正确

仿形销常用的材料一般为铝、黄铜、塑料和木材。其工作表面应具有一定的硬度，并须进行抛光加工。仿形销应尽量轻、短，以减小仿形加工的误差。

常用的仿形销形状有三种：

(1) 圆柱形仿形销（如图 5－13a 所示）。以圆柱面为仿形基准面，用于平面轮廓和型腔底部转角处为清角的仿形加工。

(2) 球头形仿形销（如图 5－13b 所示）。以球头为仿形基准，用于三维型腔的成形表面加工。可保证在任何方向上仿形销与靠模曲面都成法向接触。

(3) 锥形球头仿形销（如图 5－13c 所示）。以球头为仿形基准，用于曲率半径较小的深型腔等复杂型面的立体仿形。

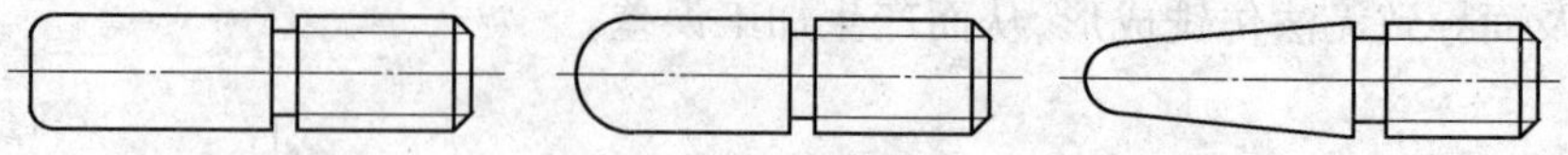

图 5 - 13　仿形销的形状

a—圆柱形仿形销；b—球头形仿形销；c—锥形球头仿形销

5.2.2.6　仿形销与铣刀的尺寸关系

仿形铣削应为后续的精加工留有修正余量，同时考虑到在仿形铣床上加工时仿形销容易发生偏移（其偏移量的大小取决于仿形销的构造、长度、仿形速度和模具成形零件的形状等），仿形销的尺寸应略大于铣刀尺寸，两者的关系可按下式确定：

$$D = d + 2(\delta + e)$$

式中　D ——仿形销直径，mm；

d ——铣刀直径，mm；

δ——仿形加工后需留的修正余量；

e——仿形销偏移的修正量，一般取 0.06 ~ 0.1 mm。

利用仿形铣削加工，以靠模作为依据加工模具型面，简化了复杂曲面的加工工艺；靠模可用木材、石膏、塑料等易成形的材料制作，扩大了靠模的选取范围；加工效率高，为电火花加工的 40 ~ 50 倍，常作为电火花加工前的粗加工。但仿形加工也有一些缺点，比如说加工过程中产生的热收缩，刀具加工过程中磨损后补给问题较难处理等。

5.3　磨削加工

磨削是机械加工中常用的加工方法之一。磨削常用于零部件的精加工阶段。常见的磨削加工有普通磨削（平面磨削、外圆磨削和内圆磨削）和成形磨削等。磨削加工能磨削淬硬钢、硬质合金等高硬度材料和普通材料。磨削加工精度可达 IT6 ~ IT4，表面粗糙度值为 R_a1.6 ~ 0.2 μm。

5.3.1　普通磨削加工

普通磨削加工是指在普通磨床上进行的磨削加工，包括平面磨削、外圆磨削和内圆磨削。

5.3.1.1 平面磨削

平面磨削加工时工件通常装夹在电磁吸盘上。平面磨削的方法有两种,如图 5-14 所示。使用卧轴平面磨床的周边磨削如图 5-14*a*、*b* 所示;使用立轴平面磨床的端面磨削如图 5-14*c*、*d* 所示。

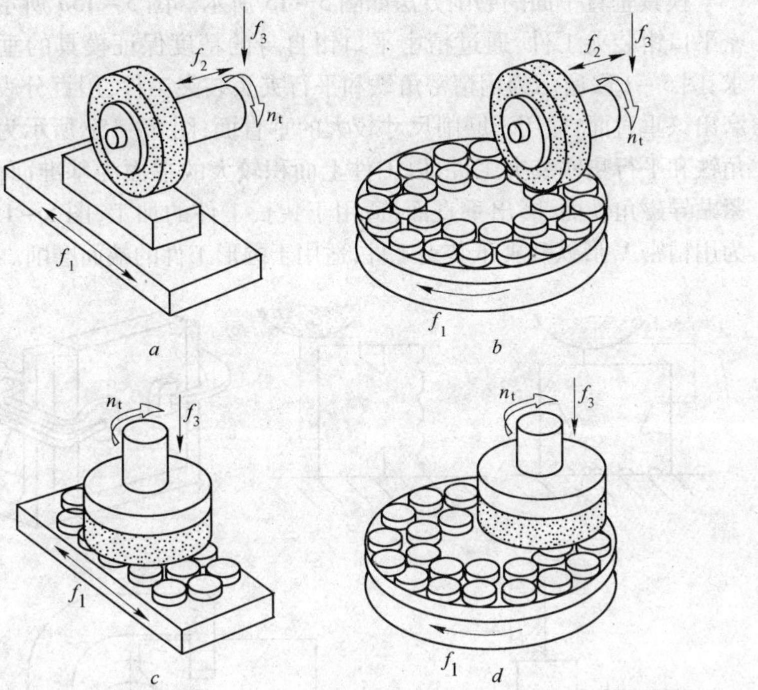

图 5-14 平面磨削

a,*b*—使用卧轴平面磨床的周边磨削;*c*,*d*—使用立轴平面磨床的端面磨削

卧轴平面磨床磨削时发热量少,冷却和排屑条件好,加工精度可达 IT6 左右,表面粗糙度可达 R_a 0.8~0.2 μm,在模具零件加工中应用较多。立轴平面磨床用来磨削冲裁模的刃口比较方便。

用平面磨床加工模具零件时,要求模具零件的上下平面与基准面平行,同时还应保证基准面与各有关平面的垂直度。

A　平行平面的磨削

模具模板的两平面要求相互平行，表面粗糙度要求在 R_a 0.8 μm 以下。这时应在平面磨床上反复交替磨削两平面，逐次提高平行度和降低表面粗糙度。

B　垂直平面的磨削

模具垂直平面的磨削方法如图 5 – 15 所示。图 5 – 15*a* 所示为用精密平口钳装夹工件，通过精密平口钳自身的精度保证模具的垂直度要求；图 5 – 15*b* 所示为用精密角铁和平行夹头装夹工件，用百分表找正后磨出该垂直面，适用于磨削尺寸较大的垂直面；图 5 – 15*c* 所示为用导磁角铁和平行垫铁装夹工件，以工件上面积较大的平面为基准面，并使其紧贴导磁角铁面，磨出垂直面，适用于狭长工件的加工；图 5 – 15*d* 所示为用精密 V 形铁和夹爪装夹工件，适用于圆形工件的端面磨削。

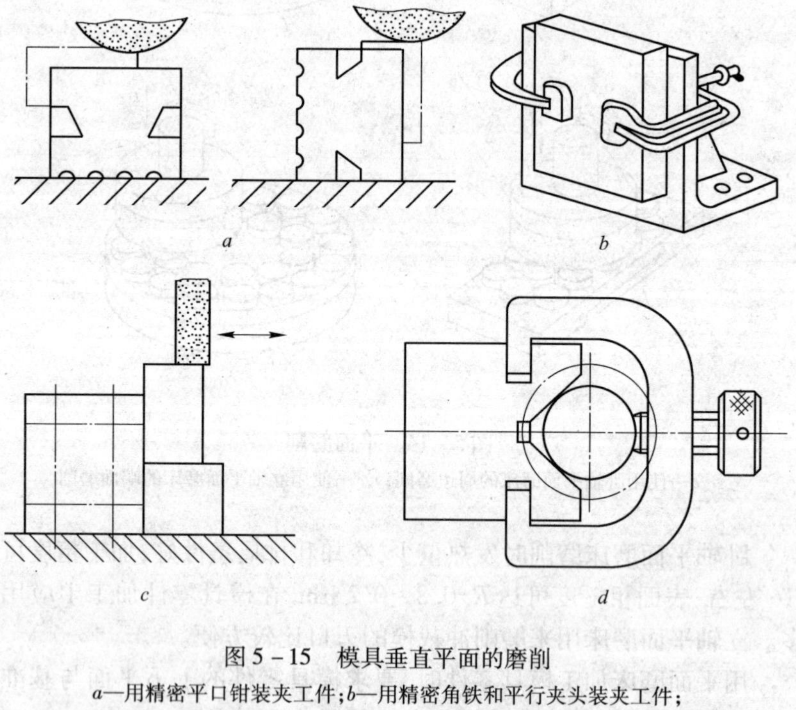

图 5 – 15　模具垂直平面的磨削

a—用精密平口钳装夹工件；*b*—用精密角铁和平行夹头装夹工件；
c—用导磁角铁和平行垫铁装夹工件；*d*—用精密 V 形铁和夹爪装夹工件

5.3.1.2 内、外圆磨削

A 外圆磨削

模具零件中圆形凸模、导柱、导套、推杆等零件的外圆柱面需进行外圆磨削,其加工在普通外圆磨床或万能外圆磨床上进行。磨削外圆面的精度可达 IT6 ~ IT5,表面粗糙度可达 R_a 0.8 ~ 0.2 μm。外圆磨削的加工方式是以高速旋转运动的砂轮对低速运动的工件进行磨削。工件相对于砂轮作纵向往复运动。外圆磨床上可加工外圆柱面、圆台阶面和外圆锥面等。

外圆磨削一般采用前、后顶尖装夹,如图 5 - 16*a* 所示。这种装夹方式方便,加工精度高。当磨削细长但不能加工顶尖孔的工件时可采用反顶尖装夹,如图 5 - 16*b* 所示。

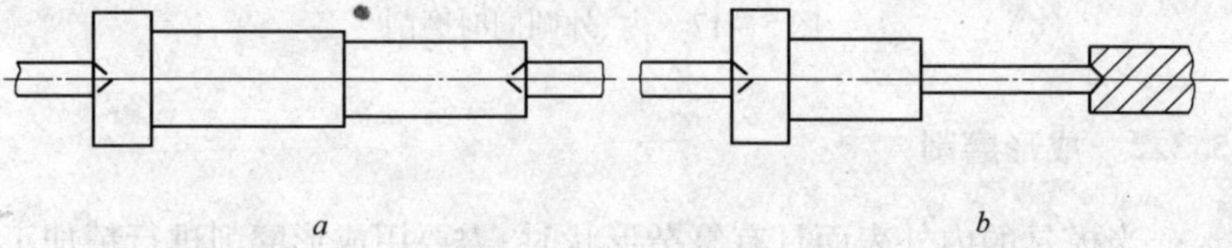

图 5 - 16 外圆磨削

a—前后顶尖装夹;*b*—反顶尖装夹

外圆磨削时,淬火工件的中心孔必须准确刮研,使用硬质合金顶尖和采用适当的顶紧力,并在一次装夹中磨出各段以保证其同轴度。

B 内圆磨削

模具零件的内圆柱面,如导套内圆柱面、圆凹模成形面等,需要进行内圆磨削,其加工在内圆磨床或万能外圆磨床上进行,加工方式与外圆磨削大致相同。磨削内圆柱面的精度可达 IT7 ~ IT6,表面粗糙度可达 R_a 1.6 ~ 0.4 μm。

内圆磨削时,模具零件的装夹方法与车床装夹方法类似,较短的套筒类零件如凹模、凹模套等可用三爪自定心卡盘装夹;矩形凹模、定模板型孔可用四爪单动卡盘装夹;大型模板上的型孔、导柱、导套孔等可用工件端面定位,在法兰盘上用压板装夹。

C 内、外圆同时磨削

模具中有许多零件要求内、外表面同时进行磨削,例如导套及拉深模的凸、凹模等，此类工件除了要求保证内、外表面各种的精度和表面粗糙度之外，还要求保证内、外圆表面的同轴度要求。此类零件在进行磨削加工时，一般先磨削内孔，然后插入芯棒，再磨削外圆，图 5－17 所示即为导套内、外圆磨削的示意图。

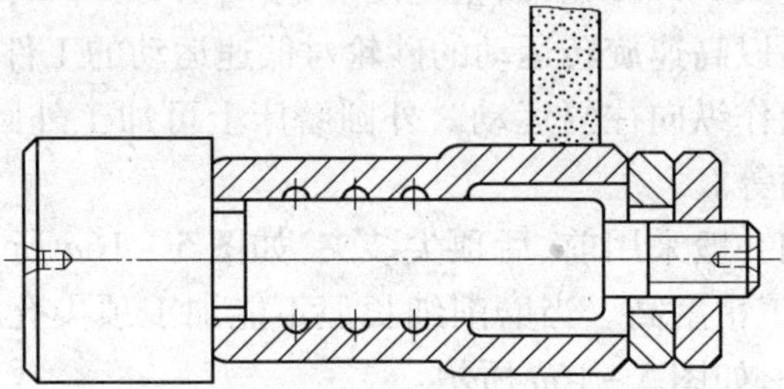

图 5－17　内、外圆同时磨削

5.3.2　成形磨削

当模具的内外表面具有复杂形状时，需要用成形磨削进行精加工。成形磨削是成形表面精加工的一种方法，具有高精度、高效率的优点，其磨削精度可达 IT6，表面粗糙度为 R_a 1.6～0.4 μm。在模具制造中，成形磨削主要用于精加工凸模、拼块凹模及电火花加工用的电极等零件。

成形磨削的原理是把复杂形状零件的轮廓分解为若干个线段和圆弧，然后逐段磨削。

成形磨削可以在成形磨床或平面磨床上进行。图 5－18 所示为专门加工模具零件的成形磨床。砂轮 6 由装在磨头架 4 上的电动机 5 带动高速旋转。磨头架装在精密的纵向导轨 3 上，通过液压传动实现纵向往复运动。该运动由把手 12 操纵。转动手轮 1 可使磨头架沿垂直导轨 2 上下移动，即砂轮作垂直进给运动。此运动除手动外还可自动以使砂轮迅速接近工件或快速退出。夹具工作台 9 有纵向和横向滑板，横滑板上装有万能夹具 8。它可在床身 13 右端的精密纵向导轨上运动。转动手轮 10 可使万能夹具作横向运动以磨削工件。

摆杆和金刚刀均绕主轴轴心线旋转，使金刚刀尖沿主轴轴心线回转成圆弧，其回转的角度用固定在支架上的刻度盘5、角度标6及挡块9来控制。修整砂轮时，先根据所修整砂轮的情况（凸圆弧或凹圆弧）及半径的大小计算应垫块规的高度值，并调好金刚刀尖的位置，然后安装夹具，使刀尖处于砂轮下面，旋转手轮，使金刚刀绕夹具的主轴中心来回摆动则可修整出圆弧，如图5－23所示。

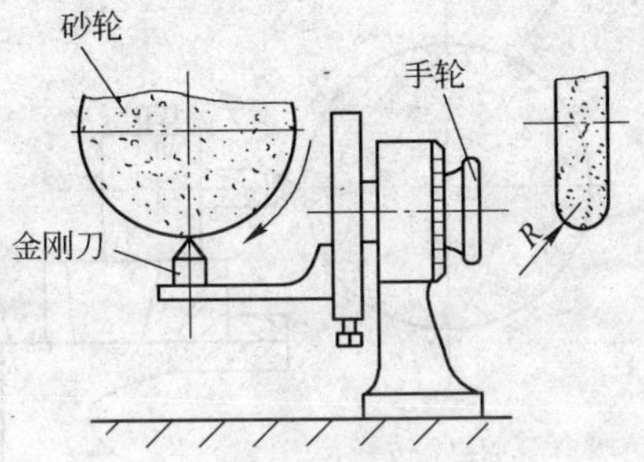

图5－23 修整圆弧砂轮

金刚刀尖到夹具回转中心的距离就是圆弧半径的大小。此值需事先用垫块规的方法调整好。

当修整凸圆弧砂轮时，如图5－24*a*所示，金刚刀尖应高于夹具中心，应垫块规高度值为：

$$H = P + R$$

式中 H——应垫入的块规高度值，mm；

P——夹具的中心高度，mm；

R——需修整的砂轮圆弧半径，mm。

图5－24*b*所示为修整凹圆弧砂轮，金刚刀尖应低于夹具中心，应垫块规值为：

$$H = P - R$$

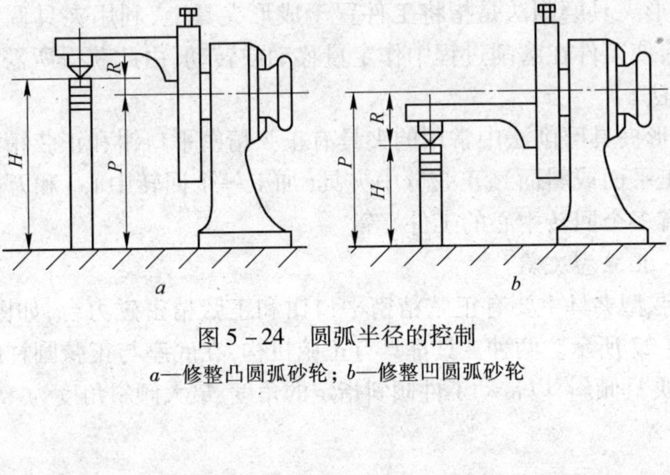

图5－24 圆弧半径的控制

a—修整凸圆弧砂轮；*b*—修整凹圆弧砂轮

C　非圆弧曲面砂轮的修整

当被磨削工件的形状复杂，其轮廓线不是圆弧形时，可用专门的靠模工具修整砂轮。图5－25所示为修整凸面成形砂轮的靠模工具。金刚刀1固定在靠模工具2上，在支架3上装有靠模样板4，靠模工具的下部有平面的触头。使用时，手持靠模工具，使触头紧靠样板并沿样板上的曲线移动。这样便能修整出与样板曲线形状相同的凸型面成形砂轮。样板曲线是按照被磨削工件的形状而设计的，其制造精度高于工件精度。

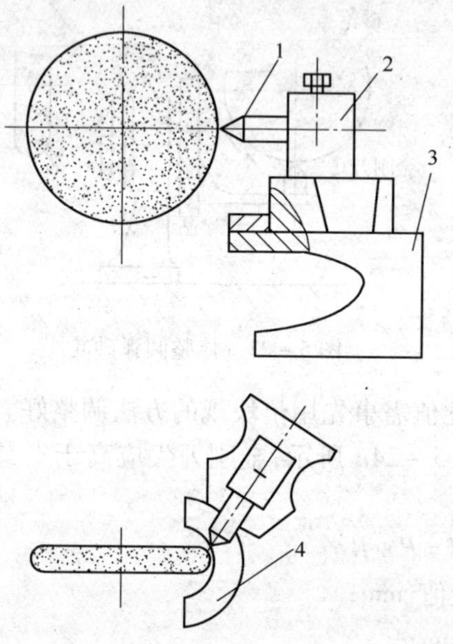

图5－25　用靠模工具修整砂轮

1—金刚刀；2—靠模工具；3—支架；4—靠模样板

修整凹面成形砂轮的靠模工具与凸面成形砂轮的靠模工具基本相同，它们之间的差别在于：修整凹面时采用凹面的靠模样板，靠模工具的触头则改用尖型触头。

5.3.2.2　成形夹具磨削法

成形夹具磨削法是指将工件置于成形夹具上，利用夹具调整工件的位置，使工件在磨削过程中作定量移动或转动，由此获得所需形状的加工方法。

成形夹具磨削法中常用的夹具有正弦精密平口钳和正弦精密磁力台（加工平面或斜面）、正弦分中夹具（加工一个回转中心）和万能夹具（加工有多个回转中心的工件）等。

A　正弦型夹具

正弦型夹具主要有正弦精密平口钳和正弦精密磁力台，如图5－26和图5－27所示。两种夹具都具有正弦机构，在底座与正弦圆柱间垫块规可使夹具倾斜，以带动工件倾斜指定的角度，最大倾斜角度为45°。

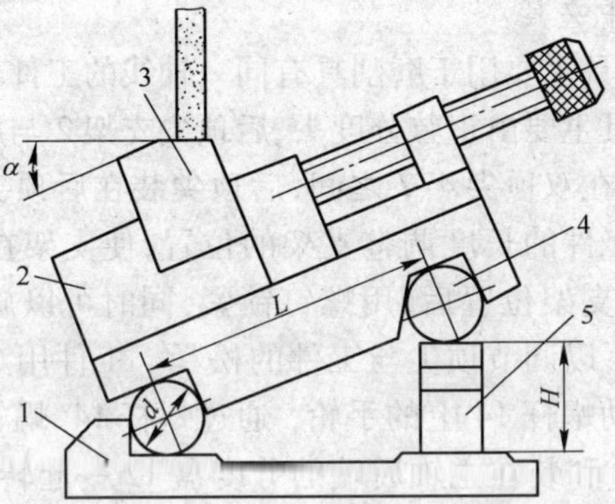

图 5－26 正弦精密平口钳
1—底座；2—精密平口钳；3—工件；
4—正弦圆柱；5—块规

这两种夹具的主要区别在于工件的固定方式不同，正弦精密平口钳是利用钳口夹持，工件应具有较大的刚性，正弦精密磁力台利用磁性吸合，工件必须是能磁化的材料。正弦磁力台适合于磨削扁平模具零件。上述两种磨削斜面的夹具配合成形砂轮使用时，可以磨削直线与圆弧组成的复杂几何形状。

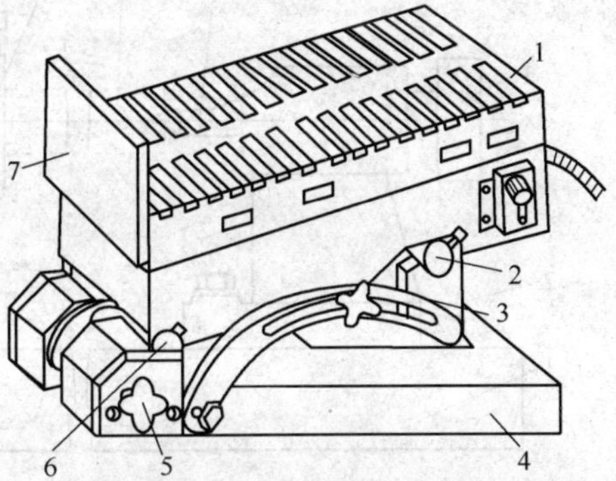

图 5－27 正弦精密磁力台
1—电磁吸盘；2，6—正弦圆柱；3—块规；
4—底座；5—偏心离合器；7—挡板

为了使工件倾斜一定的角度，需要垫入块规的高度可按下式计算：

$$H = L\sin\alpha$$

式中 H——需要垫入块规的高度，mm；

L——两正弦圆柱的中心距，mm；

α——工件所需倾斜的角度，(°)。

B　正弦分中夹具

正弦分中夹具主要用于磨削具有同一轴线的工件。如图 5 – 28 所示，正弦分中夹具主要由正弦分度头、后顶尖支架 2 与底座 1 三部分组成。工件 5 安装在双顶尖 4、7 之间，后顶尖装在后顶尖支架 2 上。安装工件时，根据工件的长度调整支架的位置，使支架在底座的 T 型槽中移动。调节好支架位置后，用螺钉锁紧，同时可以旋转后顶尖手轮 3，使后顶尖移动，以调节顶尖与工件的松紧。工件用鸡心夹头 6 和前顶尖 7 连接，转动蜗杆 14 上的手轮，通过蜗杆 14、蜗轮 10 的传动，可使主轴 9、工件 5 和装在主轴后端的分度盘 12 一起转动，实现工件圆周进给运动。安装在主轴后端的分度盘上有四个正弦圆柱 13，它们处于同一直径的圆周上并将该圆周四等分。

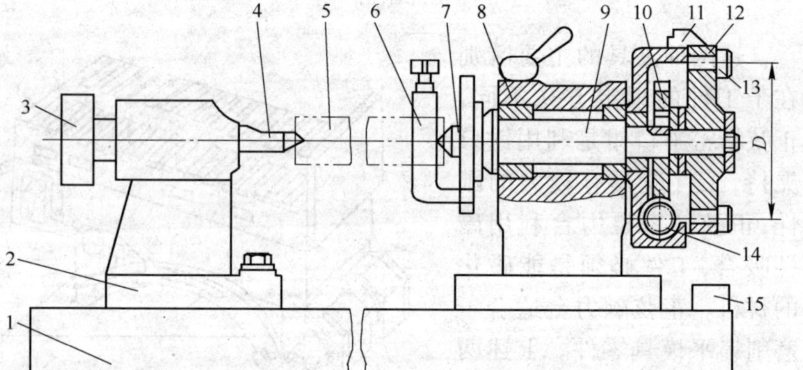

图 5 – 28　正弦分中夹具

1—底座；2—后顶尖支架；3—后顶尖手轮；4—后顶尖；5—工件；6—鸡心夹头；7—前顶尖；8—前顶座；9—主轴；10—蜗轮；11—零位指标；12—分度盘；13—正弦圆柱；14—蜗杆；15—量块垫板

设正弦圆柱中心至夹具主轴中心的距离为 L（$L = D/2$，D 为圆柱中心所在圆的直径），当其中一对圆柱处于水平位置时，在该圆柱下面所垫的块规高度为 H_0，如图 5 – 29a 所示，则应垫块规值的计算方法如下所述。

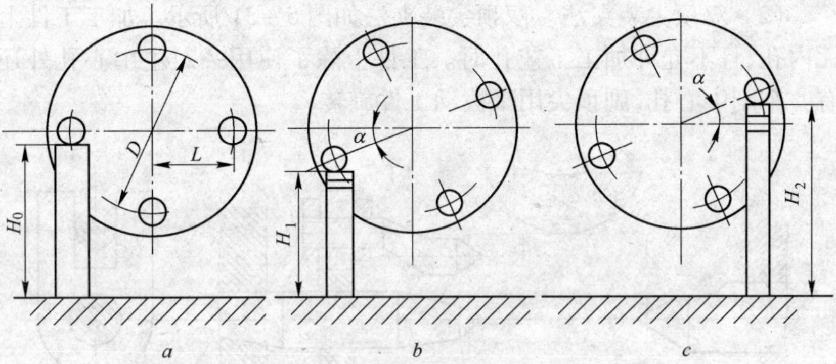

图5-29 应垫块规的计算示意图

a—圆柱处于水平位置；*b*—圆柱过夹具回转中心水平线以下；

c—圆柱过夹具回转中心水平线以上

当垫块规的正弦圆柱在过夹具回转中心之水平线以下时，如图5-29*b*所示，应垫块规值为：

$$H_1 = H_0 - L\sin\alpha$$

式中，α为工件所需转动的角度。

当垫块规的正弦圆柱在过夹具回转中心之水平线以上时，如图5-29*c*所示，应垫块规值为：

$$H_1 = H_0 + L\sin\alpha$$

在正弦分中夹具上，工件的安装通常有两种方法：

(1) 芯轴装夹法。芯轴装夹法如图5-30所示。加工工件带有内孔，且内孔中心为成形表面的回转中心，在内孔中装入芯轴，利用芯轴将工件安装在夹具的两顶尖之间，利用鸡心夹头带动工件旋转。

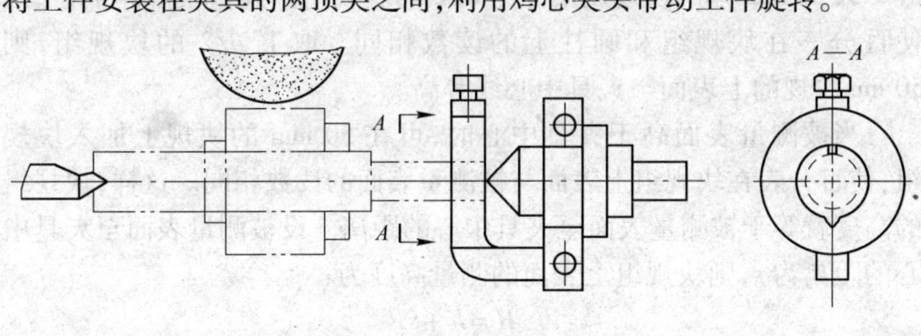

图5-30 芯轴装夹法

（2）双顶尖装夹法。双顶尖装夹法如图5－31所示。加工工件上无内孔，且不允许加工工艺孔时。工件上除了使用一对主中心孔外还有一个副中心孔，副顶尖用来拨动工件旋转。

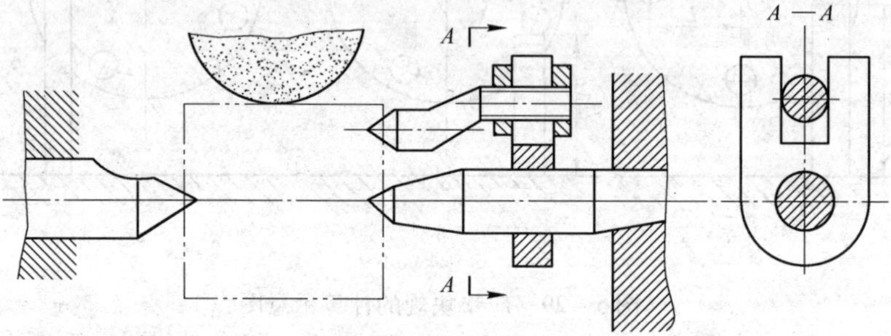

图5－31　双顶尖装夹法

用正弦分中夹具磨削时，加工表面尺寸的测量一般采用比较法。如图5－32所示为测量调整器，它主要由三角架1与块规座2组成。块规座能沿着三角架斜面上的T型槽上下移动，达到适当位置后可用固定螺母3锁紧。为了保证测量精度，块规支承面*A*、*B*应与安装基面*D*、*C*保持平行。

在正弦分中夹具上，无论磨削圆弧或是直线，都是以夹具中心线为基准，用测量调整器、块规和百分表进行测量的。为此，首先应调整块规座的位置，使它能反映出夹具的中心高。为了便于测量，通常把块规座*B*面调节到比夹具中心低50 mm。其调节方法如图5－33所示。在夹具的顶尖间装上一根直径为*d*的标准圆柱，并在测量器的*B*面上安放一只50 mm厚的块规及尺寸为*d*/2的块规组。调整块规座的位置，使百分表在块规组和圆柱上的读数相同。取下*d*/2的块规组，则50 mm块规的上表面与夹具中心线等高。

当被测量表面高于夹具中心时，可在50 mm的块规上加入块规组，使百分表在块规组上表面与被测量表面的读数相同。这样，块规组的高度就等于被测量表面至夹具中心的距离。设被测量表面至夹具中心的距离为*s*，则块规组上表面的测量高度为：

$$H = h + s$$

式中，h 为夹具中心高。

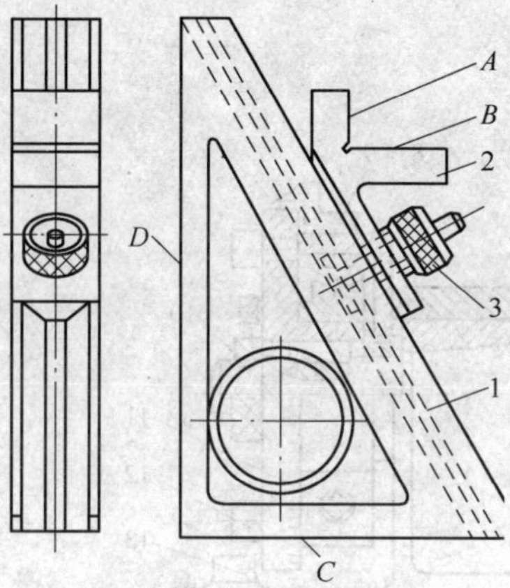

图 5－32 测量调整器

1—三角架；2—块规座；3—固定螺母

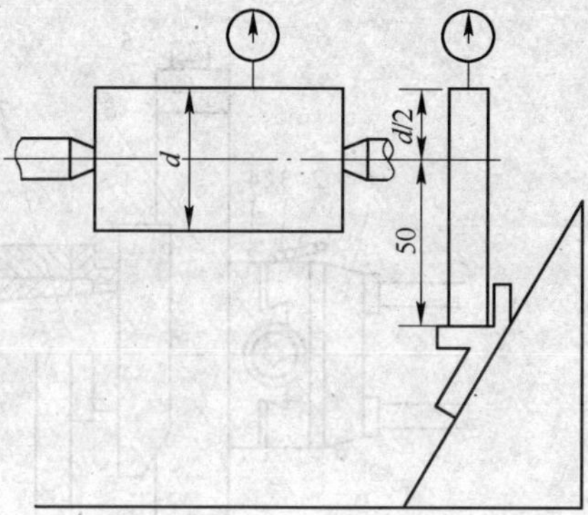

图 5－33 夹具中心高度的测定

当被测量表面低于夹具中心时，应将 50 mm 的块规取下，在 B 面上安装尺寸为 $(50-s)$ mm 的块规组即可。块规组上表面的测量高度为：

$$H=h-s$$

C 万能夹具

万能夹具如图 5－34 所示。万能夹具是成形磨床的主要部件，是由正弦分中夹具发展起来的更为完善的成形夹具，应用于磨削多个圆心的圆弧面和斜面。万能夹具主要由回转部分、分度部分、十字拖板和工件装夹部分组成。装夹工件的夹具与转盘 1 相连，用手轮转动蜗杆 11，通过蜗轮 8 带动主轴 7 和正弦分度盘 10 旋转，带动工件绕夹具中心旋转。分度部分用来控制夹具的回转角度。正弦分度盘上有刻度，当工件的回转角度要求不高时，可通过游标 9 直接读出回转角度的值；当工件的回转角度要求高时，可利用在分度盘 4 个正弦圆柱 12 和块规垫板 13 之间垫块规的方法来控制夹具回转的角度（与正弦分中夹具相同）。通过此方法，工件的回转精度可达 10″～30″。由中滑板 4 和小滑板 2 组成的十字滑板与 4 个正弦圆柱的中心连线重合。旋转丝杠 5

和6,可使工件在互相垂直的两个方向上移动。当工件移动到所需位置后,转动手柄3将小滑板锁紧。

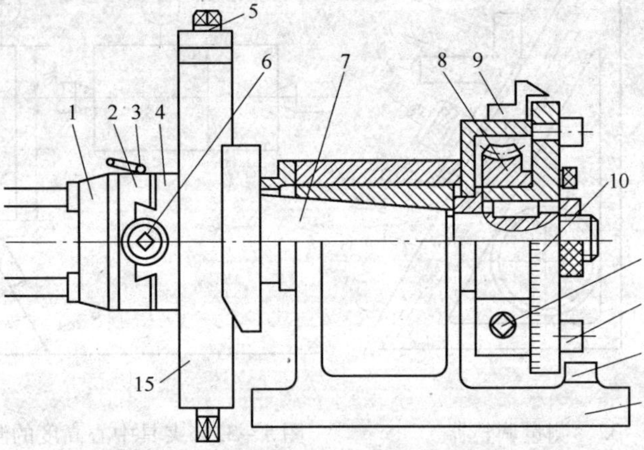

图5-34 万能夹具

1—转盘;2—小滑板;3—手柄;4—中滑板;5,6—丝杠;7—主轴;8—蜗轮;9—游标;10—正弦分度盘;11—蜗杆;12—正弦圆柱;13—块规垫板;14—夹具体;15—滑板座

在万能夹具上,工件的安装方法有:

(1) 用螺钉固紧工件。如图5-35所示,在工件上预先做好工艺螺钉孔(直径为M8~M10 mm),用螺钉和垫柱将工件固紧在转盘上。螺钉的数目视工件大小而定,较大的工件用2~4个;较小的工件用1个,但磨削用量应适当减小。用这种方法固紧工件,一次装夹便能把工件的整个轮廓磨削出来。

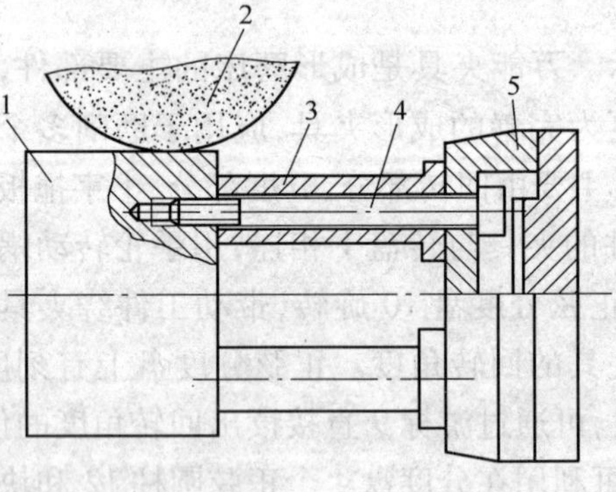

图5-35 螺钉装夹法

1—工件;2—砂轮;3—垫柱;4—螺钉;5—转盘

(2) 用夹具装夹。如图 5－36 所示。先将精密平口钳或磁力台紧固在转盘上，然后将工件安装在平口钳或磁力台上。这种方法一次装夹只能磨出部分成形面。

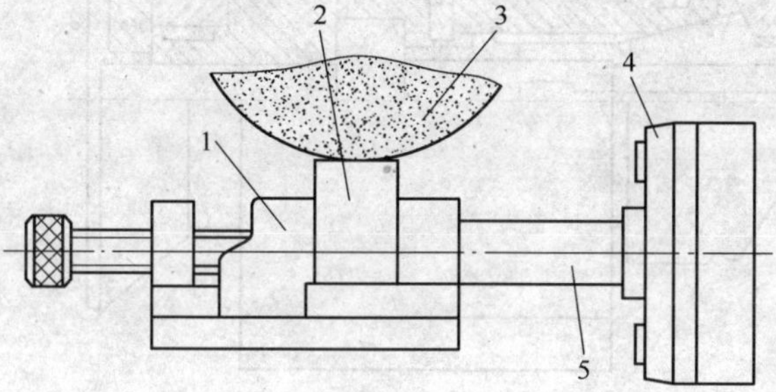

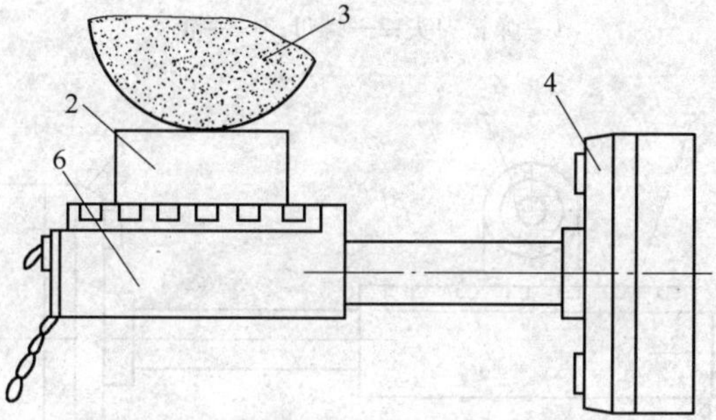

图 5－36 夹具装夹法

a—精密平口钳装夹法；*b*—磁力台装夹法

1—精密平口钳；2—工件；3—砂轮；4—转盘；5—垫柱；6—磁力台；

(3) 用磨回转体的夹具装夹。需要磨削圆球面或圆锥面时，可用这种方法装夹。磨回转体的结构如图 5－37 所示。被磨削的工件装在弹簧夹头 1 内，拧紧螺母 2 将工件夹紧，旋转手轮 3 可使弹簧夹头和工件绕夹具中心回转。将此夹具安放在磁力台上，如图 5－38 所示。利用磁力将它吸牢。磨削时，借助于磨回转体夹具的回转和万能夹具的回转，可以加工工件上的球面。若使磁力平台倾斜一定的角度，则可利用磨回转体夹具的回转来磨削工件的锥面。

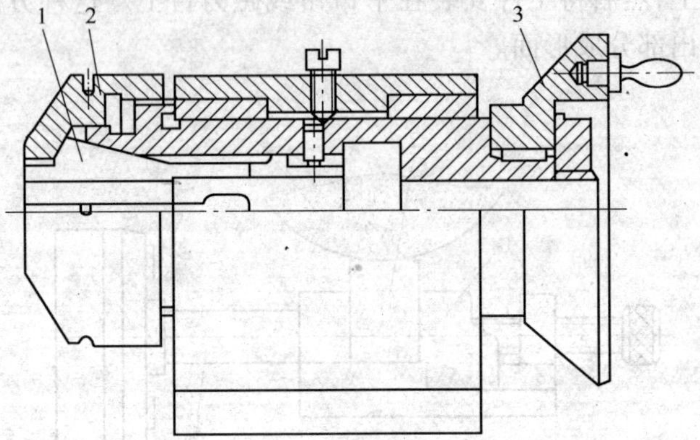

图 5－37　磨回转体夹具

1—弹簧夹头；2—螺母；3—手轮

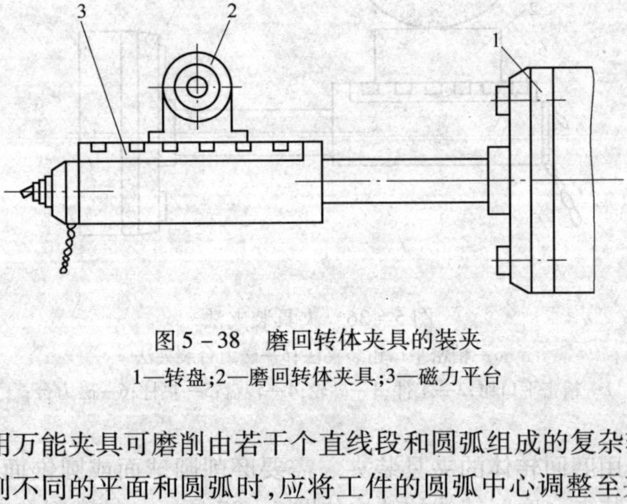

图 5－38　磨回转体夹具的装夹

1—转盘；2—磨回转体夹具；3—磁力平台

利用万能夹具可磨削由若干个直线段和圆弧组成的复杂轮廓的工件。磨削不同的平面和圆弧时，应将工件的圆弧中心调整至夹具主轴轴心，进行间断的回转磨削。使用万能夹具磨削工件的测量方法和正弦分中夹具相同。

D　万能夹具成形磨削工艺尺寸的换算

在万能夹具上磨削时，由于模具零件的设计基准与加工基准不一致，不能直接用于万能夹具中十字拖板带动工件回转中心的移动，需要将设计尺寸换算成工艺尺寸。

成形磨削工艺尺寸换算的要求是根据磨削和测量的需要而定的。首先要确定磨削该工件需要几个工艺中心。通常工件上有几个圆弧就有几个工艺中心。磨削圆弧时,为了把各回转中心依次调至夹具中心上,必须知道各个回转中心之间的坐标;为了在磨削圆弧时不致碰伤其他表面,需要算出圆弧的包角,以便在磨削时控制夹具的回转角度。磨削斜面时,为了将被加工面转至水平位置进行加工,必须知道各斜面对坐标轴的倾斜角度;为了以回转中心为基准对被加工的斜面或平面作比较测量。还要知道斜面或平面与其回转中心之间的垂直距离。因此,利用万能夹具磨削工件时,工艺尺寸换算的内容有以下几项:

(1) 各圆弧中心间的坐标尺寸。

(2) 各斜面或平面至回转中心的垂直距离。

(3) 各斜面对坐标轴的倾斜角度。

(4) 各圆弧的回转角。如工件可自由回转而不致碰伤其他表面时,则不必计算圆弧的回转角。

5.3.2.3 *数控磨床成形磨削法*

数控磨床利用数字信号控制系统来控制高精度磨床的进给运动。与普通加工方法的主要区别在于控制方式。普通机床上加工时,机床动作的先后顺序和各运动部件的位移都是由人工直接控制,而在数控机床上加工,所有这些都是预先按规定形式编排并输入到数控机床控制系统的数控程序来控制。因此,数控加工具有加工精度高,工艺应用范围广,效率高等优点。

数控成形磨床如图5-39所示,其以平面磨床为基体,工作台作纵向往复直线运动和前、后(横向)进给运动,砂轮除了作旋转运动外,还可作垂直进给运

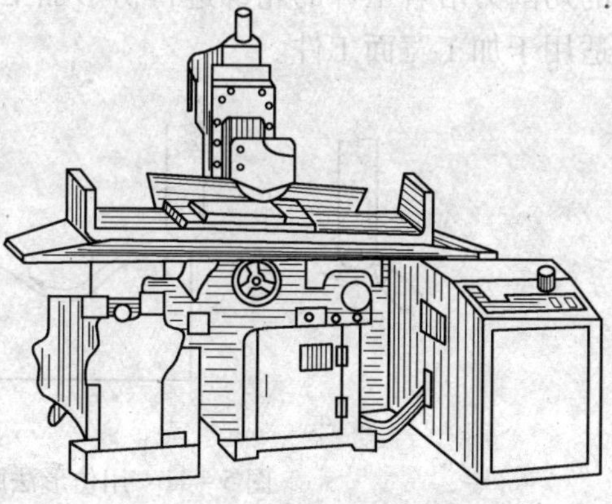

图5-39 数控成形磨床

动。该磨床砂轮的垂直进给运动和工作台的横向进给运动采用了数控装置。

在数控成形磨床上进行成形磨削的方法主要有如下三种：

（1）成形砂轮磨削。首先利用数控装置加工出成形砂轮，即将砂轮修整器安装在数控机床的工作台上加工成形砂轮。然后用此砂轮磨削工件。磨削时，工件作纵向往复直线运动，砂轮作垂直进给运动，如图 5－40 所示。这种方法适用于加工面窄且批量大的工件。

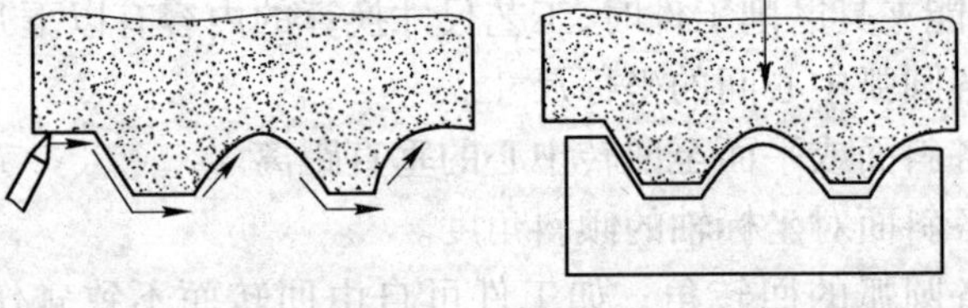

图 5－40　用成形砂轮磨削

a—砂轮修整；*b*—磨削工件

（2）仿形磨削。利用数控装置把砂轮修整成圆形或 V 形，然后由数控装置控制砂轮架的垂直进给运动和工作台的横向进给运动，使砂轮的切削刃沿着工件的轮廓进行仿形加工，如图 5－41 所示。这种方法适用于加工宽面工件。

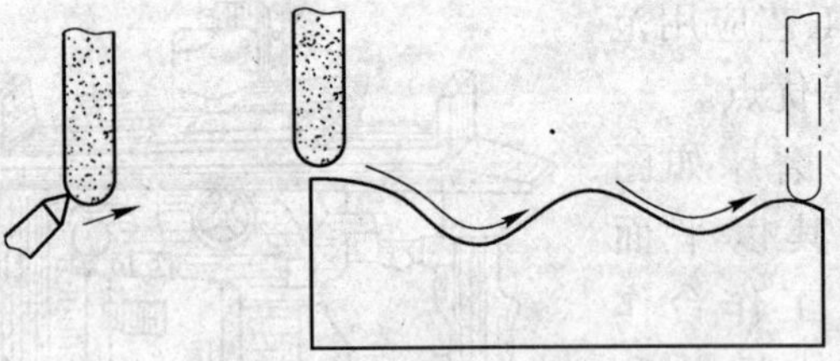

图 5－41　用仿形法磨削

a—砂轮修整；*b*—磨削工件

(3) 复合磨削。把两种方法结合起来,用来磨削具有多个相同型面的工件。先加工成形砂轮(工件的一部分),然后用成形砂轮依次磨削工件,如图 5-42 所示。

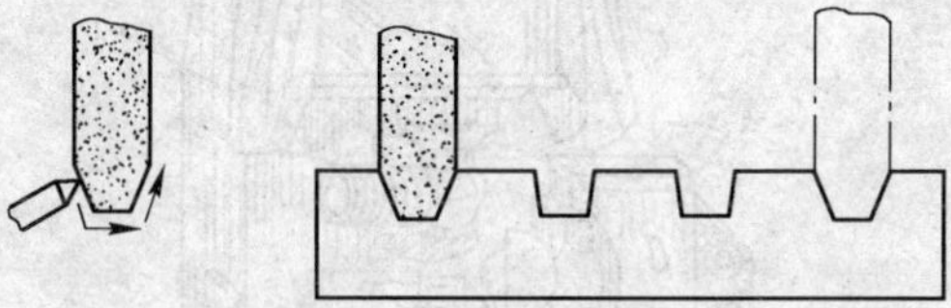

a *b*

图 5-42 复合磨削

a—砂轮修整;*b*—磨削工件

5.3.3 光学曲线磨床成形磨削法

光学曲线磨床简称光曲磨,适合于小尺寸复杂成形零件的少件生产。磨削精度可达 ±0.01 mm(有数显装置的机床可达 0.002 mm),粗糙度可达 R_a 0.4 ~ 0.1 μm。所用砂轮是薄片砂轮,如图 5-43 所示。砂轮直径在 125 mm 以内,厚度为 0.5 ~ 8 mm 。

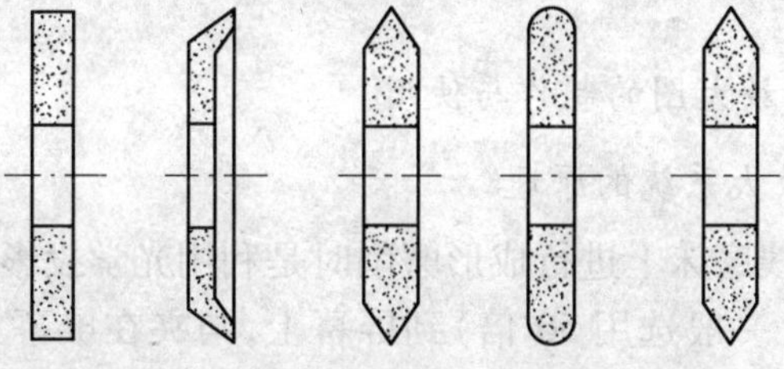

图 5-43 光学曲线磨床常用的砂轮形状

5.3.3.1 光学曲线磨床的组成

光学曲线磨床如图 5-44 所示。它主要由床身 1、坐标工作台 2、砂轮架 3 和光屏 4 组成。磨削时,工件安装在坐标工作台 2 上,坐标工作台可以作纵向和横向运动及一定范围内的升、降运动;砂轮架 3 除作旋转运动外,还可作上、下进给运动。此外,砂轮架还可作纵、横进给及两个调整运动:一个是沿垂直轴转动;另一个是在水平面上的旋转运动。

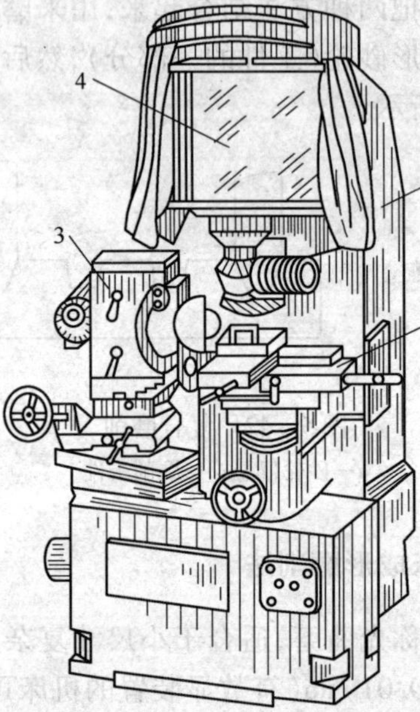

图 5－44　光学曲线磨床

1—床身；2—坐标工作台；3—砂轮架；4—光屏

5.3.3.2　放大图的制作与使用

A　光学放大系统的原理

在光学曲线磨床上进行成形磨削时是利用光学投影放大系统将工件的投影放大（一般选用 50 倍）到屏幕上，与夹在屏幕上的工件理想放大图对照，将超过图线的余量部分磨去，直至图像轮廓与工件轮廓全部重合。光学曲线磨床的投影放大原理如图 5－45 所示。

B　放大图的制作方法

放大图一般可采用描图纸、涤纶薄膜、玻璃薄板、有机玻璃板等材料绘制。放大图可由人工绘制或通过计算机由绘图仪自动绘制。由于放大比例大，投影屏幕尺寸有限，所以一次只能磨削很小的一段曲线。

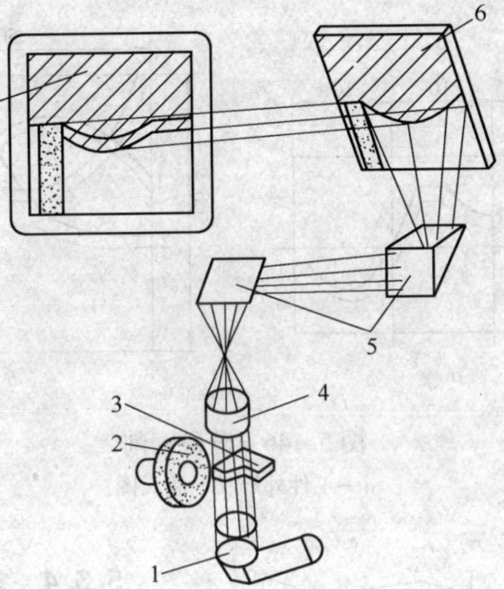

图 5-45 光学曲线磨床的投影放大原理
1—光源;2—砂轮;3—被加工工件;4—物镜;
5—三棱镜;6—平面镜;7—光屏

C 轮廓的分段要求

放大图要按一定的基准线分段绘制,磨削时按基准线互相衔接,如图 5-46 所示。由于光屏尺寸为 500 mm×500 mm,放大倍率为 50 倍,在它上面只能看到 10 mm×10 mm 范围内的工件轮廓,当工件的尺寸超过该尺寸时,要采用分段磨削的方法,如图 5-46*b* 所示。轮廓的分段应掌握如下原则:

(1) 分段尺寸必须小于一次磨削的最大坐标长度;

(2) 分段点最好取在轮廓线段的节点上,并按顺序标符号,每段长度可不等;

(3) 将各段绘在同一张放大图上,每段的起点必须绘在同一坐标上,两端可适当延长。

图 5-46*a* 所示工件的磨削方法为:先按图上的 1-2 段磨出工件的 1-2 段型面;调整工作台带动工件向左移动 10 mm,并按图上的 2′-3 段曲线磨出工件的 2′-3 型面;最后,向左、向上分别使工件移动 10 mm,按图上的 3′-4 段曲线磨出工件的 3′-4 段型面。

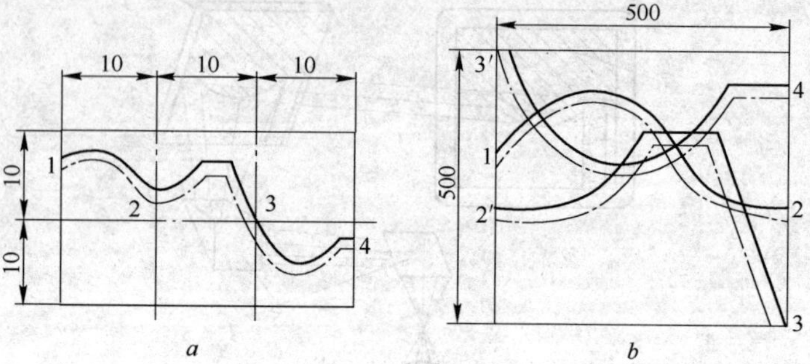

图 5-46　分段磨削

a—工件外形；*b*—放大图

图 5-47　立式单柱坐标磨床

1—离合器拉杆；2—主轴箱定位手轮；3—主轴定位手轮；4—控制箱；5—纵向进给手轮；6—纵横工作台；7—床身；8—横向进给手轮；9—工作台；10—磨头；11—磨削轮廓刻度盘；12—主轴箱；13—砂轮外进给刻度盘

5.3.4　坐标磨床磨削法

坐标磨削是一种高精度的加工方法，主要用于淬火后的工件和高硬度工件的孔和孔系以及成形表面的磨削。其加工精度可达 0.005 mm，表面粗糙度可达 R_a 0.08 μm 以下。

5.3.4.1　坐标磨床

坐标磨床一般分为立式和卧式两种，模具磨削中常用立式坐标磨床（如图 5-47 所示）。它的纵横工作台 6 装有带数显装置的精密坐标结构。磨头 10 装在主轴箱 12 上。主轴箱装在立柱上并使磨头随之作行星运动，主轴除转动外还可上下往复运动,如图 5-48 所示。磨头的转动由高频电机驱动。立式坐标磨床可以采用立方氮化硼磨头磨削 0.5 mm 以下的小孔。

5.3.4.2 坐标磨床的运动

坐标磨床的运动包括砂轮的自转、行星运动和主轴的直线往复运动,如图 5-48 所示。

(1) 自转。砂轮轴高速转动,其转速根据砂轮直径可调,一般为 9000 ~ 180000 r/min,最高可达 250000 r/min,砂轮直径一般为 0.8 ~ 40 mm。磨削孔径一般为 1 ~ 100 mm。

(2) 公转。砂轮轴线绕磨孔中心做行星运动,转速较低,一般为 10 ~ 300 r / min。

(3) 冲程运动。即砂轮轴上下往复运动,其行程决定磨孔深度。一般可达 100 mm,上下往复速度可调。

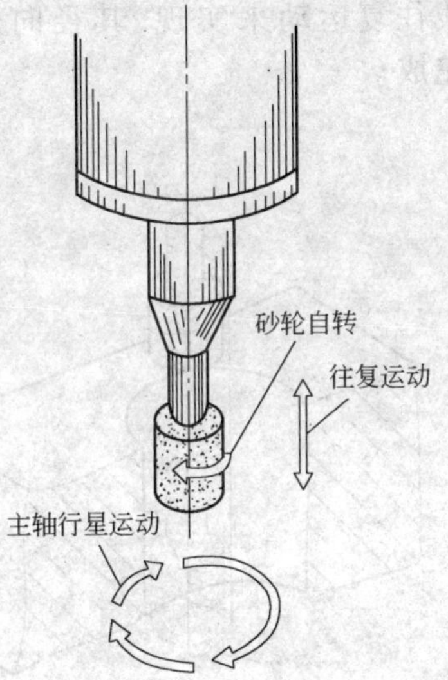

图 5-48 坐标磨床的三个运动

(4) 进给运动。调节公转半径,实现加工的径向进给运动,调节量一般较小。

(5) 工作台的移动。精度很高,其定位精度及重复定位精度一般为 0.005 ~ 0.01 mm。

5.3.4.3 坐标磨床的磨削方法

A 内孔磨削

内孔磨削如图 5-49 所示。砂轮高速自转,并绕主轴中心线行星转动和上下往复运动,即可进行内孔磨削。磨削时砂轮的直径约为孔径的 3/4,约为其芯轴的 1.5 倍。砂轮的磨削速度和行星转速与砂轮的磨粒和工件材料有关。砂轮高速回转的线速度一般不超过 35 m/s。行星运动速度大约为主运动的 0.15 倍。砂轮的轴线往复运动速度与磨削质量有关。粗磨时,行星运动每转一周,砂轮垂直移动的距离约为砂轮宽度的 1/2,而精磨时为 1/3 ~ 1/2。

B　外圆磨削

图 5 – 50 所示也是利用砂轮的高速自转、行星运动和轴向直线往复运动来实现，其径向进给量是利用行星运动直径的缩小完成。

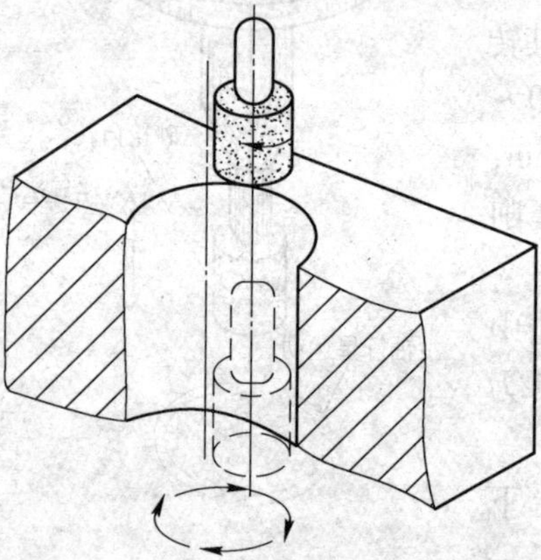

图 5 – 49　内孔磨削

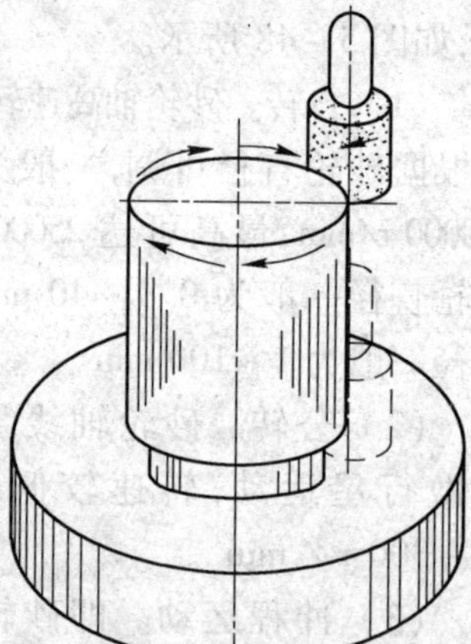

图 5 – 50　外圆磨削

C　锥孔磨削

磨削锥孔表面时可将砂轮修整成锥形来完成，也可利用机床上专门的磨锥孔机构使砂轮在轴向进给的同时连续改变行星运动的半径来完成。

D　磨削沉孔表面

磨削的基本运动与磨削内孔表面相同，但同时必须控制主轴的行程，使其做轴向进给，才能完成对底面沉孔表面的磨削。也可先磨到沉孔的深度尺寸，然后再进行径向进给磨削，沉孔的底面是端磨削，表面粗糙度值大于侧面，故底面还须研磨。

E　磨削侧表面

磨削侧面成形表面时，砂轮仅做高速自转而不做行星运动，用工作台实现进给运动。这种方法适用于平面轮廓的精密加工。

5.4 镗削加工

镗削加工范围很广，根据工件尺寸、形状、技术要求及生产批量的不同，镗削加工可在车床、铣床、镗床上进行。在镗床上镗孔时，所用镗床主要为普通镗床和坐标镗床。

普通镗削主要适用于对孔的精度和孔的间距要求较低的孔的加工。坐标镗削加工是在坐标镗床上对高精度孔及孔系零件的加工。孔加工精度可达 IT6 ~ IT5，孔距精度可达 0.005 ~ 0.01 mm，表面粗糙度可达 R_a 1.25 ~ 0.63 μm，甚至可达 0.5 μm。

5.4.1 坐标镗床

坐标镗床利用精密的坐标测量装置来确定工作台、主轴的位移距离，以实现工件和刀具的精确定位。毫米以上的工作台和主轴位移值由粗读数标尺读出，通过带校正尺的精密丝杠坐标测量装置来控制；毫米以下的读数通过精密刻度尺——光屏读数器坐标测量装置在光屏读数头上读出，或利用光栅——数字显示器坐标测量装置来控制精密位移。

坐标镗床主要用来加工孔间距精度要求高的模板类零件，如上、下模座的导柱导套孔等，也可加工复杂的型腔尺寸和角度。在多孔冲模、级进模及塑料模的制造中，坐标镗削得到了相当广泛的应用。坐标镗削不仅加工精度高，而且节约了大量的辅助时间，因而具有显著的经济效益。坐标镗床按照布置的形式不同，可以分为立式单柱、立式双柱和卧式等主要类型。

图 5－51 所示为立式双柱的坐标镗床外形图。加工中的坐标变化通过主轴箱 5 沿横梁 2 的导轨移动和工作台 1 沿床身 8 的导轨移动来完成。该机床的主轴箱悬伸距离较小，且装在龙门框架上，因而具有很好的刚性。同时机床的床身与工作台较大且安装简单，因而可承受很大的负载。立式双柱坐标镗床主要适用于凹模、钻模板、样板等零件的孔加工。

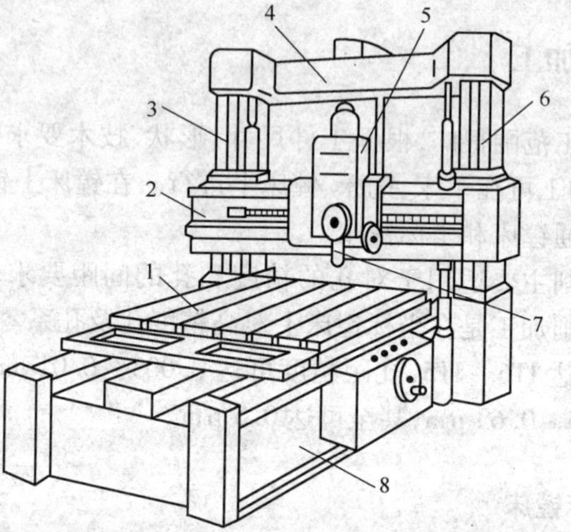

图 5－51　立式双柱坐标镗床
1—工作台；2—横梁；3，6—立柱；4—顶梁；5—主轴箱；7—主轴；8—床身

5.4.2　坐标镗床的主要附件

为了提高机床的使用性能，扩大加工范围，坐标镗床配有较多附件。主要附件有：万能转台、光学中心测定器、镗刀夹头、弹簧中心冲等。

5.4.2.1　万能转台

万能转台如图 5－52 所示。安装在坐标镗床的工作台上，利用圆盘 1 的 T 型槽可将工件夹紧在圆盘上。旋转手轮 3 可使圆盘和工件绕垂直轴回转任意角度（0°～360°），用于加工在圆周上分布的诸孔。圆盘回转的读数精度为 1″。此外，旋转手轮 2 可使圆盘和工件绕水平轴作 0°～90°的倾斜，用于加工与工件轴线成一定角度的斜孔。

5.4.2.2　光学中心测定器

光学中心测定器如图 5－53 所示。其锥尾安装在机床主轴的锥孔内。光源的光线通过物镜照明工件的定位部分（互相垂直的两基准面或工件上的刻线）。在目镜中看到工件上刻线的投影，同时，还可看到测定器本体内玻璃上的两条或四条十字刻线，如图 5－53 所

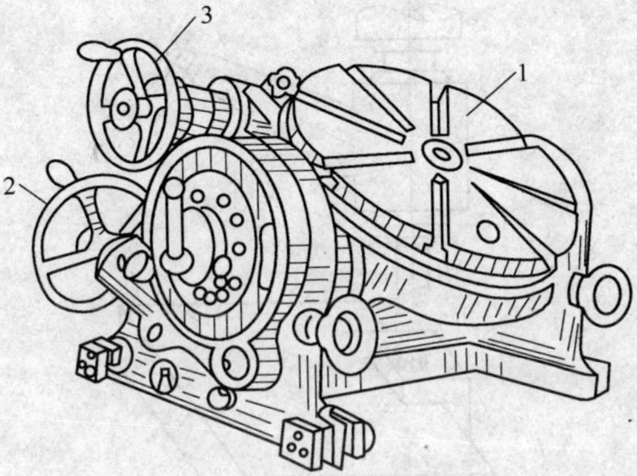

图 5-52 万能转台

1—圆盘;2,3—手轮

示。使用时,只要将测定器对准工件的基准面或基准线,使它们的影像与两条十字线重合,或处于互相垂直的双刻线的中间即可。此时,机床主轴已对准两基准边或基准线的交点。

为使主轴中心线与工件边缘重合,可借助于定位角铁进行找正,如图 5-54 所示。定位角铁 1 的两个内表面互成 90°,在它的表面上固定着一个直径约 7 mm 的镀铬钮,钮上有一道与角铁内垂直面重合的刻线。使用时,将角铁的内垂直面贴紧工件 4 的基准面 *b* 或 *a*,移动工作台并从目镜中观察,使角铁的刻线恰好落在测定器的两条观测线之间。此时,工件的基准面 *b* 或 *a* 已对准主轴的中心。

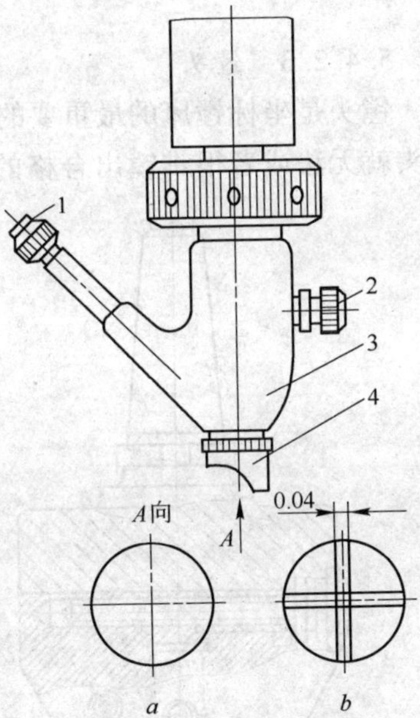

图 5-53 光学中心测定器

a—两条十字刻线;*b*—四条十字刻线

1—目镜;2—螺纹照明灯;3—镜体;4—物镜

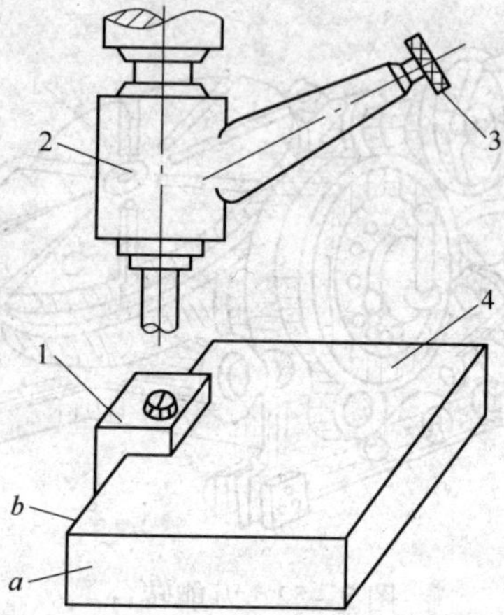

图 5 - 54　用定位角铁和光学中心测定器找正

1—定位角铁;2—光学中心测定器;3—目镜;4—工件

5.4.2.3　镗头

镗头是坐标镗床的最重要的附件之一。假若没有一只性能良好的镗头就无法或者很难镗出合格的孔。图 5 - 55 所示为镗头,其作用是

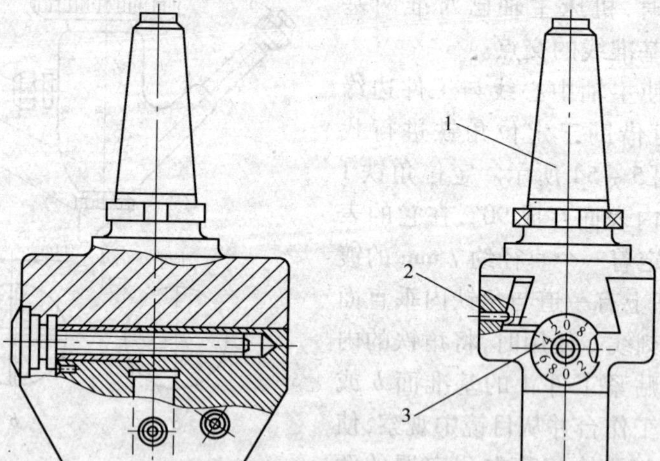

图 5 - 55　镗头

1—锥尾;2—螺钉;3—带有刻度的螺钉

按镗孔径的大小精确地调节镗刀刀尖与主轴轴线间的距离。镗头以其锥尾1插入主轴的锥孔内。镗刀装在滑块刀孔内。旋转带有刻度的螺钉3,可调整镗刀的径向位置,以镗削各种不同直径的孔。调整后用螺钉2将刀夹锁紧。

5.4.3 坐标镗床的加工工艺

5.4.3.1 工件的定位

使用坐标镗床加工时,工件的定位方法如下所述:

(1) 以外圆或孔为定位基准,如图5-56所示。工件上有已加工的外圆或内孔时,利用装在主轴上的千分表对外圆或内孔进行找正,可使机床主轴中心与工件中心重合。在此位置将粗定位标尺定在某整数上,而光屏读数则调至零位。

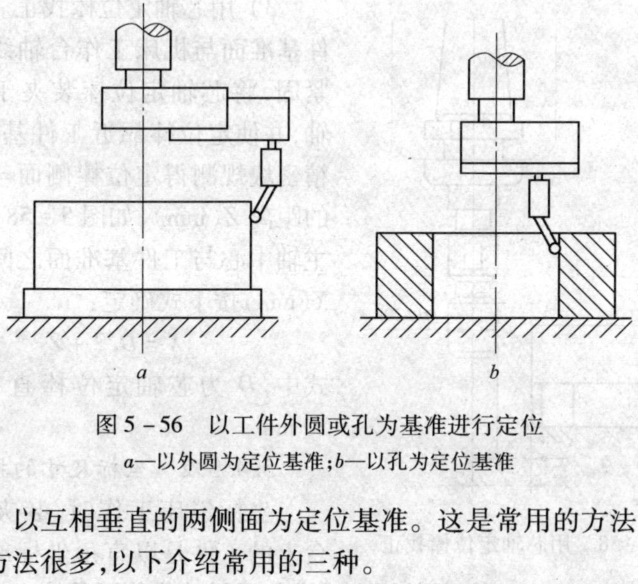

图5-56 以工件外圆或孔为基准进行定位

a—以外圆为定位基准;*b*—以孔为定位基准

(2) 以互相垂直的两侧面为定位基准。这是常用的方法,其找正基准的方法很多,以下介绍常用的三种。

1) 用定位角铁和光学中心测定器找正(如图5-54所示)。

2) 用千分表和专用工具找正。找正之前,先装夹工件并校正基准面的平行度,然后将专用工具压在工件基准面上,如图5-57所示,用装在主轴上的千分表测量专用工具内槽两侧面,移动工作台使三侧面的千分表读数相同，此时主轴中心已对准基准面。

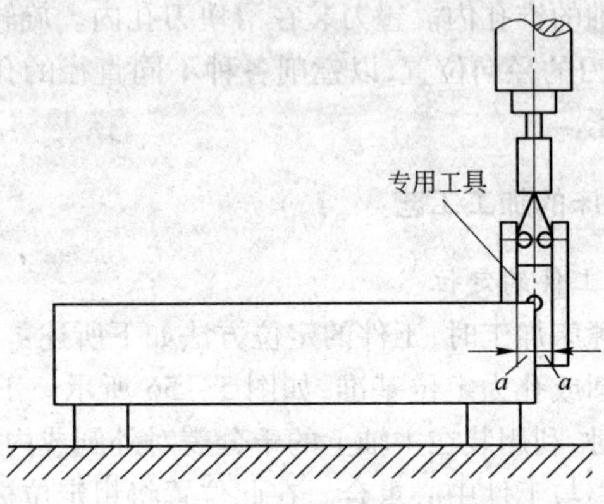

图 5－57 利用千分表和专用工具找正基准

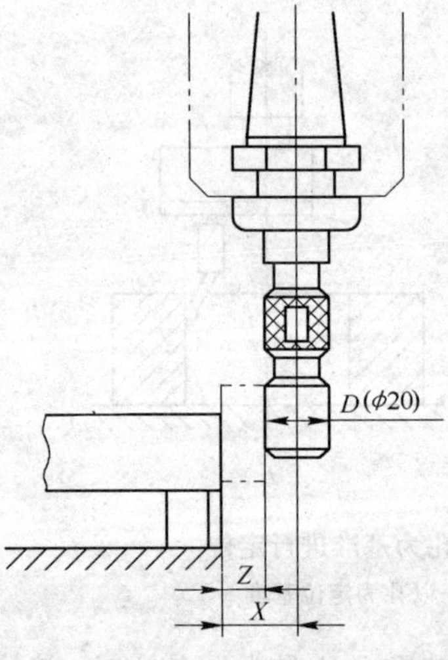

图 5－58 用芯轴定位棒找正

3）用芯轴定位棒找正。调整工件基准面与机床工作台轴线平行后紧固，将芯轴定位棒装夹于机床主轴，并使定位棒靠近工件基准面，用精密块规测得定位棒侧面与基准面的距离 Z(mm)，如图 5－58 所示，则主轴中心与工件基准面之间的距离 X(mm)按下式确定：

$$X = D/2 + Z$$

式中，D 为芯轴定位棒直径，D 取 20 mm。

5.4.3.2 坐标尺寸的换算

坐标镗床工作时，装夹在工作台上的工件是以直角坐标或极坐标定位而进行加工的。但零件图上的孔位置尺寸往往不是按坐标尺寸标注，而是按设计要求标注的。因此，为了便于加工，需要将零件图上的尺寸换算成直角坐标或极坐标尺寸。

图 5－59 所示为已换算成直角坐标尺寸的坐标工作图。加工时，首先装夹工件使其两侧面分别与机床的纵横方向平行，移动工作台使

直径为20 mm的芯轴定位棒靠紧工件的一个侧面，主轴中心与侧面的距离为10 mm。然后调整纵横坐标粗刻度尺寸至某一整数（如纵坐标指示在100，横坐标指示在80），光屏读数调零。最后按坐标工作图上各孔的指示刻度确定纵横坐标的移动量，分别加工各孔。

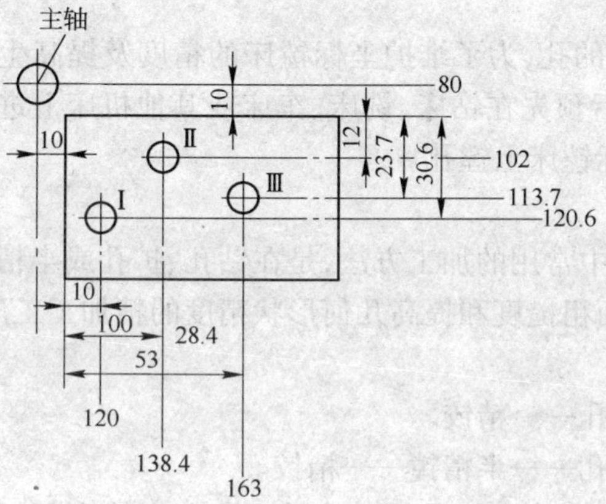

图5-59 工件的坐标工作图

注：此例各孔指示刻度为：

	纵坐标刻度	横坐标刻度
孔Ⅰ	120	120.6
孔Ⅱ	138.4	102
孔Ⅲ	163	113.7

5.4.3.3 孔的加工

坐标镗床上进行孔加工的方法与被加工孔的孔径大小及尺寸精度、孔距精度要求等有关。孔的加工方法主要有以下几种。

A 精孔钻加工

模具零件上常有各种尺寸的小孔。当没有适当尺寸的铰刀可以铰孔，而且用镗刀镗孔也有困难时，可用精孔钻加工。

精孔钻系用麻花钻修磨而成。坐标镗床上使用的麻花钻有各种规格，小麻花钻直径为0.2 mm、0.25 mm、0.3 mm、0.35 mm、0.4 mm、…、1.5 mm，较大的麻花钻直径为2 mm、2.05 mm、2.1 mm、2.15 mm、2.3 mm、…、8.5 mm。精孔钻的特点是切削刃两边磨出顶角为8°~10°的修光刃，同时磨出60°的切削刃。加工时，采用很低的切削速度（2~8 m/min）和较小的进给量进行扩孔。扩孔余量一般为0.1~0.3 mm。精孔钻的尺寸精度可达IT6~IT7，表面粗糙度为R_a 1.6~0.4 μm。

B 镗孔加工

对于直径稍大（大于3 mm）的孔，可用镗刀进行精镗。精镗加工的步骤是先在被加工孔的中心上打中心眼、钻中心孔，再用不同直径的钻头作几次变径钻孔（扩孔），最后才用镗刀精加工。精镗加工钢件的加工余量为0.08～0.14 mm。

对于直径超过20 mm的孔，为了维护坐标镗床的精度及提高生产率，一般应在钻好中心孔后预先在钻床、铣床、车床或其他机床上进行孔的粗加工，然后才在坐标镗床上镗孔。

C　铰孔加工

铰孔是坐标镗床工作中常用的加工方法，是在钻孔、扩孔或半精镗孔之后，用以减小孔的表面粗糙度和提高几何形状精度的精加工工序。其加工方法和步骤有：

(1) 钻中心孔⟶钻孔⟶精铰。

(2) 钻中心孔⟶钻孔⟶半精镗⟶精铰。

铰孔适于直接小于20 mm的孔，孔的尺寸精度达IT7，表面粗糙度可达R_a 0.8～0.2 μm。由于铰孔是以原有的孔定位的，故不能纠正孔的位置误差。也就是说，铰孔的孔距精度是难以实现坐标镗床固有的坐标精度的。因此，铰孔加工仅适于孔径精度要求不太高(0.03～0.05 mm)的情况。对于有高精度孔距要求者必须进行镗孔加工。

坐标镗床是在工件淬火前进行孔加工的，淬火后凹模必然会受到热处理变形的影响，因此，对于精度要求较高的凹模一般都设计成镶拼结构。如图5－60所示，固定板1用普通钢材制造，经过坐标镗床加工各孔后，不进行热处理，这就保证了加工的孔距精度，而凹模镶件2是在淬火和磨削后分别压入固定板的各个孔内的。

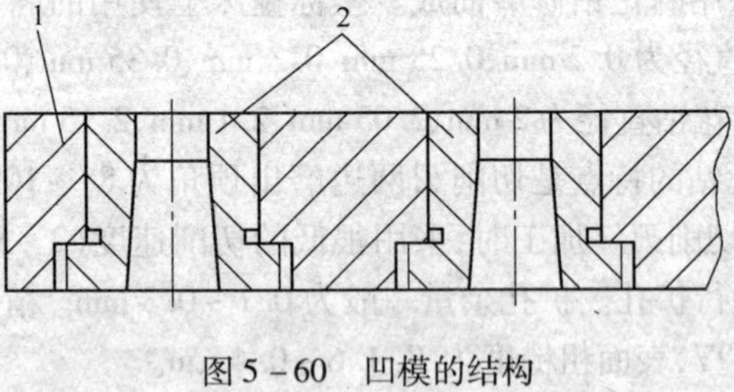

图5－60　凹模的结构

1—固定板；2—凹模镶件

5.5　研抛加工

机械加工形成的表面都留有各种加工痕迹，往往不能直接达到精密模具成形表面所需的粗糙度要求。当模具零件成形表面的粗糙度 R_a 要求不大于0.2 μm时,尚须通过研磨及抛光加工去除成形表面的加工痕迹。研磨、抛光简称研抛,属于光整加工。

5.5.1 成形零件的研磨

研磨的机理是微磨削加工,适合于材质为钢铁材料的成形零件,常在工件淬硬之后进行,采用手工研磨。手工研磨有以下几种常用方法:

(1) 用油石研磨。油石主要用于成形表面的平坦部位及平直沟槽的研磨。研磨时选用的油石粒度为320~800号。研磨时需要使用研磨液,研磨液在研磨过程中既起调和磨料、使磨料均匀的作用,同时又起到润滑、冷却作用,有时还起化学作用,可加速研磨过程。成形零件研磨时常用的研磨液是10号机油,精研时可用10号机油1份、煤油3份、透平油或锭子油少量、轻质矿物油或变压器油适量混合而成。研磨时应根据研磨面大小选择适当尺寸的油石,以使油石能够纵横交叉运动为宜。

研磨过程中须经常对油石和零件进行清洗,否则会因发热胶着和堵塞而降低研磨的效率。堵塞油石的清理方法是:在普通车床上装夹一个10 mm左右的软钢棒料,做500 r/min的回转运动,在棒料的端面涂上混有煤油的碳化硅粉,将油石的堵面与棒料的端面轻轻接触,10 s就可清理完毕。

(2) 用砂纸研磨。研磨用砂纸有氧化铝砂纸、碳化硅砂纸、金刚砂砂纸等。砂纸的粒度采用60~600目(250~25μm)。研磨时可用比研磨零件材料更软的竹片或硬木压在砂纸上进行。研磨液可使用煤油、轻油。研磨过程中必须经常清洗砂纸及成形零件的表面,砂粒粒度从粗到细逐步加以改变。

(3) 用磨粒研磨。用油石和砂纸不能研磨的成形表面的细小部位及文字、花纹等,可在研磨棒或研磨片上用油粘上磨粒进行研磨。对凸或凹的文字、花纹则可将磨粒粘在零件上用铜刷反复刷擦研磨。

(4) 用研磨膏研磨。用竹片或木棒作为研磨工具粘上研磨膏进行研磨。研磨膏在使用时必须用煤油或汽油稀释。

5.5.2　成形零件的抛光

抛光可用于钢铁材料零件，也适合于研磨无法加工的非铁金属零件。抛光选用粒度很细、硬度低于研具和工件的磨料，在抛光过程中磨料不会嵌入研具和工件，完全处于自由状态。硬度低于工件的磨粒在抛光中也不会划伤工件的表面，所以通过抛光可以获得比研磨更高的成形表面质量，抛光表面粗糙度 R_a 可达 0.008 μm，并使加工表面呈现光泽。抛光的机理是利用磨料与被加工表面接触产生化学反应及部分物理作用，从而在工件的表面形成一层均匀的氧化薄膜层。在抛光过程中，化学作用比较显著。抛光时，工具相对工件表面的运动速度比研磨高得多。

针对不同的成形零件，常用的抛光方法有：

（1）用平面抛光器抛光。图 5－61 所示是用于平面抛光的抛光器，其手柄材料为硬木，在抛光器的抛光面上，用刀刻出大小适当的凹槽，在离抛光面稍高的地方刻出固定抛光材料的固定凹槽。抛光时使用 W 1 超微粉，先将人造皮革绕在抛光面上，再将磨料放在人造皮革上，见图 5－61*b*。皮革外再绕上尼龙布，用铁丝沿固定凹槽固定后即可进行抛光加工。

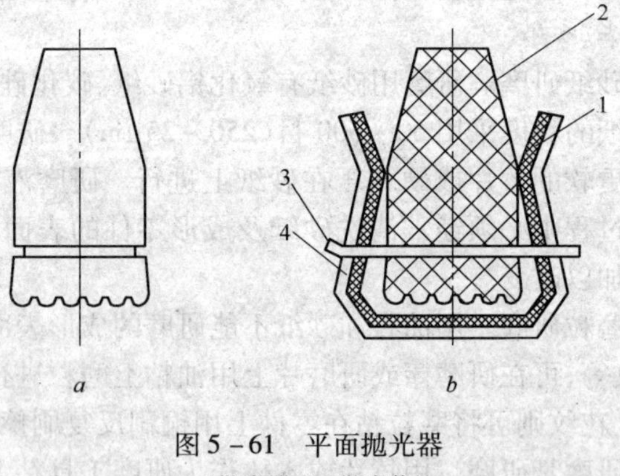

图 5－61　平面抛光器

a—抛光器；*b*—抛光装置

1—人造皮革；2—木制手柄；3—铁丝或铝丝；4—尼龙布

(2) 用球面抛光器抛光。图5-62所示的抛光器可用于凹型或凸型球面的抛光。球面抛光器的制作方法与平面抛光器相同。抛光凸型成形表面时,抛光器的凹型抛光面曲率则应大出3 mm,见图5-62*a*。抛光凹型成形表面时,抛光器的凸型抛光面曲率比工件的曲率半径小3 mm,见图5-62*b*。

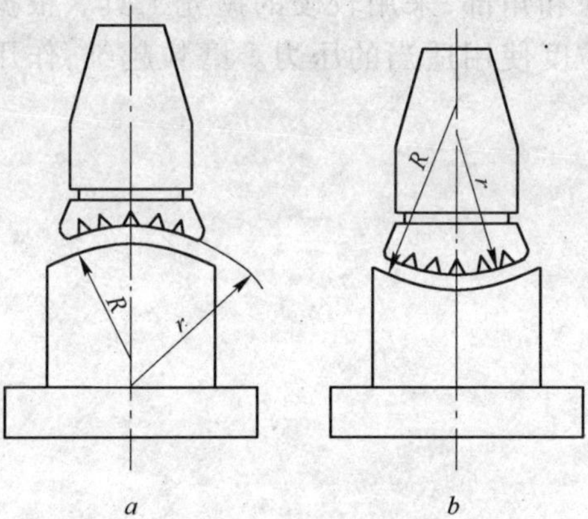

图5-62 球面抛光器

a—抛光凸球面;*b*—抛光凹球面

(3) 对自然曲面的抛光。图5-63所示的自然曲面,为使抛光器的抛光面和工件的自然成形表面保持贴合,可采用两种方法。一是使用较大的抛光工具,其抛光面模拟自然曲面的形状,抛光时对工件表面施以较大的压力,以较小行程进行快速的抛光运动,见图5-63*a*;二是

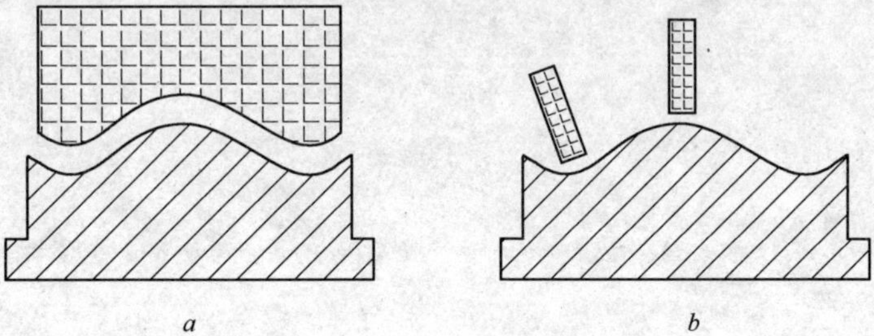

图5-63 自然曲面抛光方法示意图

a—大型抛光工具;*b*—小型抛光工具

使用小型抛光工具，以较大的行程及无规律的运动轨迹对自然曲面进行逐点或逐段抛光，抛光工具越小，抛出的成形表面加工质量就越好，见图 5 - 63*b*。

抛光应先从成形零件的角部、边缘或较难抛的部位开始，抛光方向应注意与塑件的脱模方向或金属塑性成形过程中的流动方向一致。尖锐的边缘和角部，采用较硬的抛光工具。根据抛光工具的硬度和抛光膏的粒度使用适当的压力。磨粒越细，作用于抛光工具上的压力越小。

6 模具的特种加工技术

随着工业生产的发展和科学技术的进步,模具工业得到了迅速的发展,具有高强度、高硬度、高韧性、高脆性、耐高温等特殊性能的模具材料不断出现,以及为满足制件要求而产生的精密细小、形状复杂和机构特殊的模具零件,采用常规切削加工方法已很难达到精度、表面粗糙度和生产率的要求。特种加工就是在这种情况下产生和发展起来的。特种加工不使用刀具和磨料,而是直接利用电能、化学能、光能和声能对工件进行加工,以达到一定的形状尺寸和表面粗糙度要求的加工方法。模具特种加工的方法很多,主要包括电火花成形加工、电火花线切割加工、激光加工、电解加工、电铸、电化学抛光、化学加工、超声波加工等。

6.1 电火花成形加工

6.1.1 电火花成形加工的基本原理及特点

6.1.1.1 电火花成形加工原理

我们知道,当两个带电体相互接触时会产生放电现象,比如一些电器开关,在断电或闭合时经常会产生火花,而且接触点也被腐蚀成凹坑状。这是一种有害的电腐蚀现象。但与此同时,人们逐渐认识了产生电腐蚀的原因。当极间产生火花放电时,会在放电通道中产生大量的热,以致使电极表面的局部金属瞬时熔化和气化而被蚀除。而电火花成形加工正是基于这一现象工作的。

所谓电火花加工是指在一定的介质中,通过工具电极和工件电极间脉冲放电时的电腐蚀作用对工件进行加工的一种工艺方法,因为是靠放电作用对工件腐蚀加工,因此又称为放电加工或电蚀加工。

电火花加工的原理图如图 6 – 1 所示,脉冲电源 2 输出单向脉冲电压作用在工件电极 1 和工具电极 4 上,当电压升高到足以击穿工具电极和工件电极之间的工作液 5 时，会使工作液被击穿产生火花放电。火花放电瞬间高温使工件和电极表面都被蚀除一小块材料。一次脉冲放电在工件和电极表面各形成一个小坑，多次放电后就在工件表面形成无数个小放电坑，如图 6－2 所示。电极的轮廓形状便被复制到工件上，从而完成工件的加工。

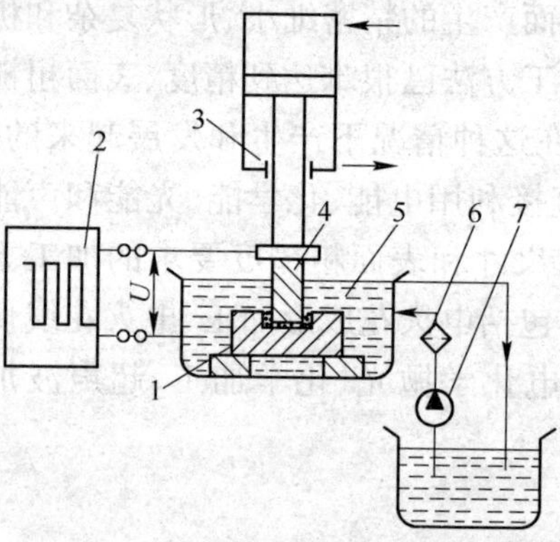

图 6－1　电火花加工的原理图
1—工件电极；2—脉冲电源；3—自动进给装置；
4—工具电极；5—工作液；6—过滤器；7—泵

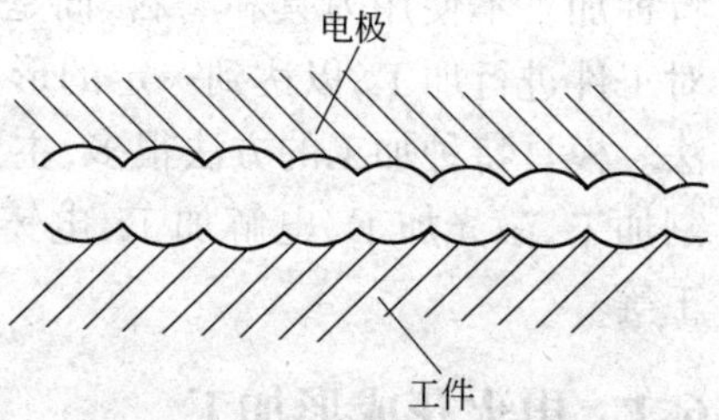

图 6－2　加工表面局部放大图

6.1.1.2　电火花成形加工的基本条件

要使电腐蚀现象用于金属材料的尺寸加工，必须具备以下条件：

（1）工具电极和工件被加工表面之间必须保持一定的放电间隙，通常约为几百微米以内。放电间隙不能过大，否则极间电压不能击穿极间介质，不会产生火花放电；也不能过小，否则将形成短路接触，同样不能产生火花放电。工具电极的自动进给调节装置通过自动控制系统自动跟踪调节工具电极和工件之间的放电间隙。

（2）电火花成形时必须具有波形为单向的脉冲电源，如图 6－3 所示。其中放电延续时间 t_i 称为脉冲宽度；相邻脉冲之间的间隔时间 t_0 称为脉冲间隔，应小于 10 s；$T = t_i + t_0$ 称为脉冲周期；工件和电极间隙火花放电时脉冲电流最大瞬时值 I_e 称为峰值电流；工件和电极间隙开路时电极间的最高电压 u_i 称为峰值电压。

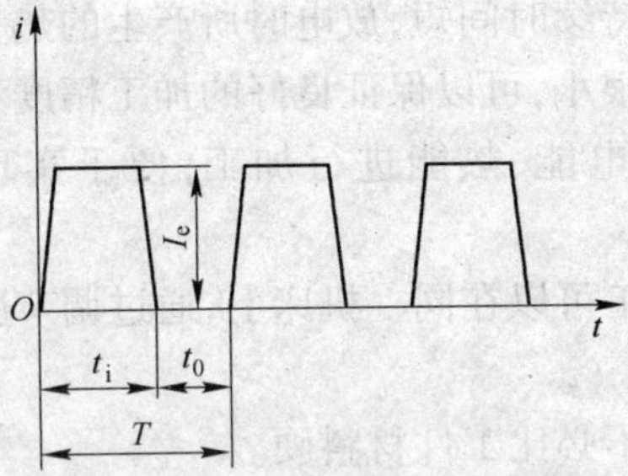

图 6－3 脉冲电流波形

t_i—脉冲宽度；t_0—脉冲间隔；T—脉冲周期；I_e—峰值电流

(3) 火花放电必须在具有较高绝缘强度的液体介质中进行，才能有利于产生脉冲性的火花放电。液体介质又称工作液，工作液还起到把电火花加工过程中产生的金属屑、炭黑等产物从放电间隙中抛离出去的作用，同时又对工具电极和工件表面进行冷却。

(4) 有足够的脉冲放电能量，以保证放电部位的金属熔化或气化。火花放电的电流密度应达到 $10^5 \sim 10^6$ A/cm^2。

(5) 工作液必须经常清洁。随着工具电极和工件表面的材料不断蚀除，工作液中的金属屑、炭黑等含量不断提高，如不及时清理，将造成工作液的绝缘强度降低，从而造成瞬时短路接触或持续电弧放电。采用工作液循环过滤系统，可使工作液不断得到清洁。

(6) 粗加工时，有时因单位时间内的金属蚀除量较大，被蚀废料来不及抛离，这时就要求自动进给调节装置能使电极进行定时抬升（称为抬刀），临时加大工具电极与工件表面的距离，便于被蚀废料的及时抛离。

6.1.1.3 电火花成形加工的特点

与机械加工相比，电火花成形加工有如下特点：

(1) 由于放电能量密度很高，产生的热量足以熔化任何导电材料，因此，便于加工用机械加工难以加工或无法加工的材料。

(2) 电极和工件在加工过程中不接触，二者之间没有明显的宏观应力，工具电极和工件不会变形，便于加工小孔、深孔、窄缝等各种复杂精密模具零件。

（3）脉冲放电持续时间短，放电时所产生的热量传递范围小，工件表面的热影响区也很小，可以保证良好的加工精度和表面质量。

（4）直接利用电能、热能进行加工，便于实现加工过程的自动控制。

（5）电火花加工可以在同一机床上，通过调节脉冲参数来进行粗、中、精加工。

（6）电极材料不必比工件材料硬。

6.1.2　电火花成形加工过程

电火花成形加工的过程可以分为介质击穿和通道形成，能量转化、分布与传递，电蚀产物的抛出，间隙介质的消电离等几个过程。

6.1.2.1　介质击穿和通道形成

在一定的液体介质中，当脉冲电压施加在电极与工件之间时，两极间立即形成一个电场。当极间距离逐渐缩小或极间脉冲电压不断增大时，极间某一距离最小尖端处的电场强度将超过极间的介电强度，电子高速向阳极运动，撞击介质中的分子和原子，发生雪崩式的碰撞电离，形成放电通道。此刻，极间电阻在很短的时间（$10^{-7} \sim 10^{-5}$ s）内从绝缘状态急速下降到数欧姆以下，而电流则随即急剧上升，极间脉冲电压也相应地迅速降至火花维持电压。

6.1.2.2　能量转化、分布与传递

电极和工件间的介质被击穿放电，电源就通过放电通道瞬时释放能量，电能转换为热能、动能、磁能、光能、声能以及电磁波辐射能等。其中，大部分转化成为热能，产生高温，使两极放电点的局部金属熔化或气化，使通道周围的介质气化和产生热分解。还有少量能量在放电过程中以光、声、无线电波等形式被消耗掉。

6.1.2.3　电蚀产物的抛出

由于放电点金属熔化或气化的过程极为短促，具有爆炸的特性。爆炸力就把熔化和气化的被蚀材料抛离电极表面，并在电极表面留下一个小凹坑。图 6－4 所示即为被蚀材料抛离后留下的放电痕的剖面示意图。被蚀材料抛离时，向四处飞溅，除绝大部分抛入工作液中收缩成小颗粒外，还有一部分飞溅、吸附于对面的电极表面。这种飞溅、吸

附现象在某些条件下可用来减少或补偿工具电极在加工过程中的损耗。

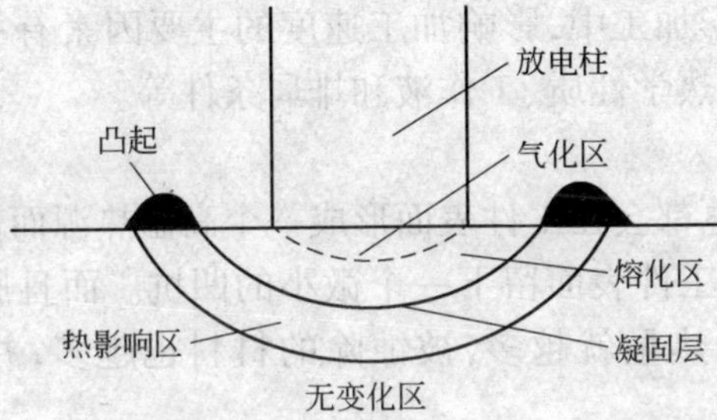

图6-4 放电痕剖面示意图

金属材料的蚀除、抛出过程比较复杂,人们目前对这一复杂机理的认识还在不断深化中。

6.1.2.4 间隙介质的消电离

一个脉冲放电结束后,极间电场急速减小到零,此后有一段脉冲间隔时间,使两极间隙内的介质消电离,即放电通道中的带电粒子复合为中性粒子,恢复本次放电通道处间隙内介质的绝缘强度以及降低两极的表面温度等,以免下次总是重复在同一处发生放电而产生电弧放电,保证在别处按两极间相对最近处或电阻率最小处形成下一击穿通道。

由此可见,为了保证电火花加工过程正常地进行,在两次脉冲放电之间一般要有足够的脉冲间隔时间,并且还应留有余地,使击穿放电点分散、转移,否则仅在一点附近放电,容易形成电弧。

6.1.3 电火花成形加工的基本规律

电火花加工的工艺效果如何,主要是用加工速度、加工精度、加工表面质量以及工具电极相对损耗等四个工艺指标来评价的。

6.1.3.1 影响加工速度的基本规律

电火花成形加工速度是指在一定的电规准(脉冲电源参数)下,单位时间内工件的蚀除量。一般采用体积加工速度,为了测定方便,有时也采用质量加工速度。如下式所示:

$$v_{体} = V/t \quad 或 \quad v_{质} = M/t$$

式中 $v_{体}$——体积加工速度,mm^3/min;

$v_{质}$——质量加工速度,g/min。

在电火花成形加工中,影响加工速度的主要因素有:电规准、极性效应、工件材料的热学性质、工作液和排屑条件等。

A 电规准

每个脉冲放电都会在工件表面形成一个高温热源而使一定的工件材料被蚀除,并在工件表面留下一个微小的凹坑。而且脉冲的能量越大,传递给工件的热量就越多,被蚀除的材料也越多,并近似为正比关系。

B 极性效应

在脉冲放电过程中,工件和电极都要受到电腐蚀。即使工件和电极的材料完全相同,也会因为所接电源的极性不同而有不同的蚀除速度,这种由于极性不同而发生蚀除量不一样的现象叫做极性效应。把工件接脉冲电源正极时的加工称正极性加工,接负极时的加工称负极性加工。

产生极性效应的主要原因是:在放电过程中,因为电子的质量和惯性均较小,容易获得很高的加速度和速度,在击穿放电的初始阶段就有大量的电子流向正极,并轰击正极表面而蚀除金属;正离子则因质量和惯性较大,起动较慢,在击穿放电的初期,正离子来不及到达负极表面,所以传给负极的能量远远小于电子传给正极的能量。因而在用短脉冲加工时,电子的轰击作用要大于正离子的轰击作用,正极的蚀除速度大于负极。当用长脉冲加工时,正离子的轰击破坏大大超过电子,负极的蚀除速度也必然大于正极。

极性效应不仅与脉冲放电持续时间有关,而且还与电极材料、单个脉冲能量等因素有关。在生产实践中,为了提高加工速度和降低工具电极损耗,必须充分利用极性效应。

(1) 电火花成形加工必须采用单向脉冲电源。否则,采用正负双向脉冲电源将相互抵消其极性效应的作用。

(2) 正确选择加工极性。用 t_i 小于 20 μs 的短脉冲进行精加工时,应采用正极性加工;用 t_i 大于 50 μs 的较长脉冲进行粗、中加工时,应采用负极性加工。

(3) 用导热性好、熔点高的材料作工具电极，以利于降低工具电极损耗。

(4) 根据不同的脉冲放电能量，合理选用脉冲放电持续时间。每种材料都会有一个蚀除量最大的最佳脉宽，脉宽缩小会使大部分能量损耗在材料高温气化上，增大脉宽则会使传散的热量增多。加工时应选用使工件材料蚀除速度最大的脉宽。

C　金属材料的热学常数

所谓热学常数是指熔点、沸点、导热系数、比热容、熔化潜热、气化潜热等。电火花放电主要转化为热能，使材料熔化、沸腾、气化以致蚀除金属材料，这样就需要提供使材料熔化、沸腾、气化的热量，当脉冲放电能量相同时，金属的熔点、沸点、比热容、熔化热、气化热越高，蚀除量越少，加工速度越慢。另外，导热系数大的金属，由于较多地把瞬时产生的热量传导散失到其他部位，因而降低了本身的蚀除量，降低了加工速度。

D　工作液

电火花成形加工中工作液的作用为：

(1) 介电作用，形成电火花放电通道，并在放电结束后迅速恢复间隙的绝缘状态。

(2) 压缩放电通道，提高火花放电能量密度。

(3) 帮助抛出和排除电蚀产物。

(4) 冷却作用，对电极、工件进行冷却。

介电性能好，密度和黏度大的工作液有利于压缩放电通道，提高放电的能量密度，但黏度大则不利于电蚀产物的排除，影响正常放电。目前普遍采用的是黏度小、流动性好的煤油作为工作液。

E　排屑条件

在电火花成形加工过程中，极间局部区域电蚀产物浓度过高，加之放电引起的温度升高，常会影响加工过程的稳定性，以致破坏正常的火花放电，使加工速度降低甚至无法加工。为此，常常采用重油、将工具电极定期地自动抬起以及增大脉冲停歇时间 t_0、降低加工平均电流等措施，改善排屑条件，限制电蚀产物浓度过大，以保证加工稳定进行。

6.1.3.2　影响电火花成形加工精度的主要工艺因素

影响加工精度的工艺因素很多,主要有:机床本身的制造精度、工件的装夹精度、电极制造及装夹精度、电极损耗、放电间隙、加工斜度等。这里主要说明一下电极损耗、放电间隙和加工斜度对加工精度的影响。

A　电极损耗对加工精度的影响

在电火花加工过程中,电极会受到电腐蚀而损耗。电极的不同部位,其损耗是不同的。电极的尖角、棱边等凸起部位的电场强度较强,易形成尖端放电,所以这些部位比平坦部位损耗要快。电极的不均匀损耗必然使加工精度下降。因此应用耐腐蚀性能好的材料制造电极,现在常用的材料有:铜、石墨、钢、钨、铝等。

B　放电间隙对加工精度的影响

电火花加工时,电极和工件之间发生脉冲放电需保持一定的间隙称为放电间隙。由于放电间隙的存在,使加工出的工件型孔尺寸和电极尺寸相比,沿加工轮廓要相差一个放电间隙。因此,放电间隙是否稳定和均匀是影响加工精度的一个重要因素。电参数对放电间隙的影响非常显著,精加工的放电间隙一般只有 0.01 mm,而在粗加工时可达 0.5 mm 以上。为了减小加工误差,应该采用较弱的电规准,减小放电间隙,这样不但能提高加工精度,而且放电间隙小,可能产生的间隙变化量也越小。

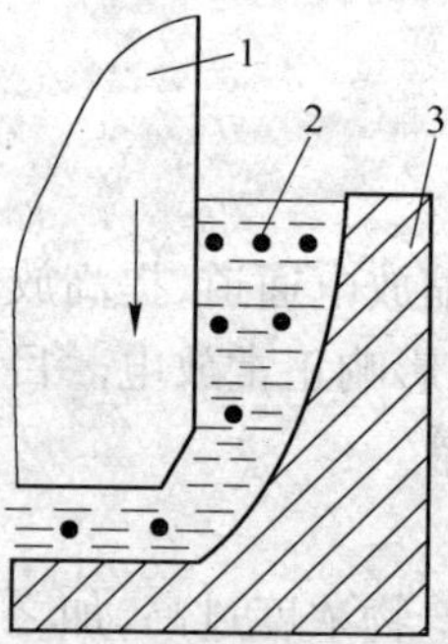

图 6-5　电火花加工时的加工斜度
1—电极;2—电蚀产物;3—工件

C　加工斜度对加工精度的影响

首先先认识一下二次放电。二次放电是指在已加工表面,由于电蚀产物的混入而使极间实际距离减小或极间工作液介电性能降低,再次发生脉冲放电的现象,其使间隙扩大。

在加工过程中随着加工深度的增加,电蚀产物混入的越多,二次放电次数增多,侧面间隙逐渐增大,使加工孔入口处的间隙大于出口处的间隙,出现加工斜度,使加工表面产生形状误差,如图 6-5 所示。上面入口处加工时间长,产生二次放电的机会多,间隙扩大量也大,而接近底端的侧面,因加工时间短,放电的机会少,间隙扩大量也小,因而加工时侧面会产生斜度。

另外,电极下端加工时间长,绝对损耗量大,而上端加工时间短,绝对损耗量小,使电极变成一个有斜度的锥形电极。

加工冲裁模凹模时,我们可以利用电火花加工形成的斜度,即电火花成形时凹模下端为冲模刃口,而斜度正是冲裁所需的落料斜度。

6.1.3.3 影响加工表面质量的主要因素

电火花加工的表面质量主要包括加工表面粗糙度、表面变质层和显微裂纹三部分。

A 表面粗糙度

电火花加工表面是由无数个放电小凹坑组成,因而无光泽。它的润滑性能和耐磨性能都比机械加工表面好。

对电火花加工表面粗糙度影响最大的是单个脉冲的放电能量,能量愈大,放电小凹坑就愈大愈深,从而使表面粗糙度恶化;但电火花加工的表面粗糙度与加工速度之间存在矛盾,如将表面粗糙度 R_a 从 2.5 μm 减小到 1.25 μm 时,加工速度约下降为 1/10。

工件材料对加工表面粗糙度也有影响。熔点高的材料,如硬质合金,在相同的脉冲能量下,加工表面的粗糙度值比低熔点材料小。

精加工时,加工表面的粗糙度还会受到工具电极表面粗糙度的影响,工具电极表面粗糙度差,对应的加工表面粗糙度也差。

B 表面变质层

由于电火花放电瞬时高温作用和液体介质的急冷作用,使工件表面产生了一层与原来材料不同的变质层,如图 6-6 所示。在表面变质层中,存在着金相组织、晶粒的变化,有时还有渗碳、渗金属、显微裂纹、气孔和疏松等现象。当采用较强的电规准加工钢质工件表面会产生淬火层和回火层,其硬度可高达 60HRC 以上。表面变质层的厚度与单个脉冲的能量有关,粗规准或半精规准加工后,变质层厚度约为 0.1 ~ 0.5 mm,精规准加工后,约为 0.01 ~ 0.05 mm。表面变质层的形成一方面可提高成形表面的硬度,提高耐磨性和使用寿命;但另一方面,由于工件表面变质层的金相组织发生了变化,会降低高温持久强度和室温疲劳强度;还由于表面变质层的残余应力的存在,使工件抗疲劳强度下降,甚至会造成表面裂纹的产生。因此对于要求很高的精密模具,应采用磨削等方法去除电火花加工后的变质层。若确需保留电火花加工后形成的成形表面,可安排热处理工序去除应力。

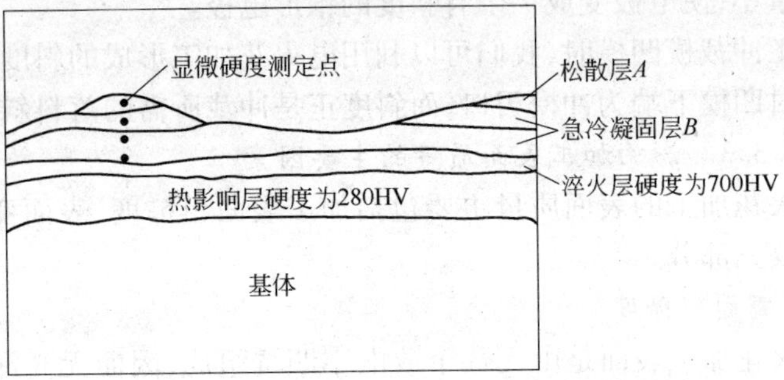

图6-6　电火花加工表面变质层断面

C　显微裂纹

电火花加工表面由于受瞬时高温作用并迅速冷却而产生拉应力,往往在表面出现显微裂纹。一般裂纹出现在熔融凝固层内,只有在脉冲能量很大的情况下才有可能扩展到热影响层。另外,脉冲能量对显微裂纹的影响是非常明显的,能量越大,显微裂纹越宽、越深。所以在电火花粗加工后应尽可能精加工,以去除熔化凝固层,提高模具的寿命。

6.1.3.4　电极相对损耗

在电火花加工过程中,无论是工件还是电极都会受到不同程度的电腐蚀作用。在评价电极是否耐耗时,不仅要看电极的损耗速度 v_e,而且还要看同时能到达的加工速度 v_w。因此,常采用电极相对损耗 θ 作为评价电极耐损耗的指标,即

$$\theta = v_e / v_w \times 100\%$$

式中　θ——电极相对损耗,g;

v_e——电极的损耗速度,g/min;

v_w——工件的蚀除速度,g/min。

影响工具电极损耗的因素主要有电加工的极性效应、覆盖效应及电极材料等。

A 正确选择加工极性

一般来说,采用窄脉冲精加工时应选用正极性加工,而在较长脉冲进行粗、中粗加工时则采用负极性加工。

B 覆盖效应

放电蚀除过程中,一个电极的电蚀产物转移到另一个电极表面上,形成一定厚度的覆盖层,这种现象叫作覆盖效应。合理地利用覆盖效应有利于降低电极的损耗。

在油类介质中加工时,工具电极表面的覆盖层主要是石墨化的炭素层,其次是金属微粒的黏结层。炭素层具有很高的耐电腐蚀性能,对工具电极表面有一定的保护作用。覆盖层若为钢的微粒层,附着就不牢,耐腐蚀性不高,但也有补偿电极损耗的作用,尤其是用宽脉冲大电流进行粗加工时,这种补偿作用更明显。但覆盖层的厚度和均匀性难以控制,容易导致工具电极型面的畸变,从而影响加工精度。

C 电极材料

降低工具电极相对损耗的另一途径是选用加工稳定性好、损耗又小的材料作为工具电极,但同时需兼顾其可加工性能,以利于电极本身的加工制作。

紫铜的导热性好,损耗也小,又能制成各种精密复杂的形状,常用做中、小型腔成形表面加工的工具电极。石墨材料不仅导热性好,而且在用宽脉冲进行粗加工时能吸附游离的碳来补偿电极的损耗,所以电极的损耗很低,但电极本身的表面精加工必须依靠手工研抛。铜钨合金的加工稳定性好,电极的损耗也较小,只是价格较贵,材料来源少,仅用于对深长直壁类成形表面的加工以及硬质合金成形表面的加工。银钨合金是极好的电极材料,但价格比铜钨合金更贵,目前只适合用于精密模具特殊成形表面的加工。

电火花加工中,电极的相对损耗小于1%,称为低损耗电火花加工。低损耗电火花加工能最大限度地保持加工精度,所需电极的数目也可减至最小,简化了电极的制造,加工的成形表面粗糙度 R_a 可达 3.2 μm 以下。除了充分利用电火花加工的极性效应、覆盖效应及选择合适的工具电极材料外,还可从改善工作液方面着手,实现电火花的低损耗加工。如采用加入各种添加剂的水基工作液,可实现对紫铜或铸铁电极小于1%的低损耗电火花加工。

6.1.4　电火花成形加工设备及其附件

电火花成形加工是工具电极相对于工件做进给运动,通过火花放电蚀除金属,把工具电极的形状和尺寸反拷贝在工件上,从而加工出所需要的零件。实现这种工艺方法的机床设备称为电火花成形机床,如图6-7所示,一般由脉冲电源、机床本体、自动进给调节装置及工作液循环过滤系统等部分组成。

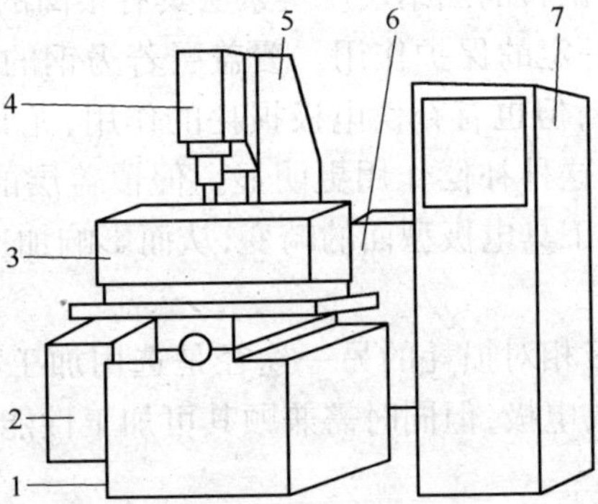

图6-7　电火花成形机床

1—床身;2—液压油箱;3—加工槽;4—主轴头;5—立柱;
6—工作液过滤箱;7—电源箱

6.1.4.1　脉冲电源

电火花加工的脉冲电源的作用是把工频交流电转变成一定频率的单向脉冲电流,以提供电火花加工所需要的放电能量。其性能直接影响加工速度、加工精度、表面质量、加工过程的稳定性以及工具电极的损耗等各项工艺指标。电火花用的脉冲电源种类很多,但目前使用比较普遍的是晶体管脉冲电源和晶闸管脉冲电源。

(1) 晶体管脉冲电源的特点是脉冲参数调节范围广,易于获得低损耗,容易实现自动化控制。常用多管并联来获得大的输出功率,多用于型腔加工,也适用于穿孔加工及线切割加工。

(2) 晶闸管脉冲电源的特点是线路比较简单,易于获得低损耗,电源输出功率较大。适用于中、大型模具零件的穿孔加工和成形表面的加工。

6.1.4.2 机床本体

电火花成形机床的机械部分,称为机床本体。主要包括主轴头、床身、立柱、工作台及工作液槽等部分。

主轴头是电火花成形机床中的最关键部件,也是间隙自动进给调节装置的执行机构,对加工工艺指标影响很大。对电火花成形机床的主轴头要求:(1)具有良好的轴向和侧向刚度及精度;(2)具有足够的进给和回升速度;(3)主轴运动的直线性能和防扭转性能好;(4)灵敏度要高,无爬行现象;(5)能承受一定的载荷。

床身和立柱是机床的主要基础件,要有足够的刚度,床身工作面与立柱导轨面之间应有良好的垂直度,要求导轨具有良好的耐磨性和内应力充分消除。

工作台可做纵向和横向移动,并带有坐标测量装置。常用的是靠刻度手轮来调整位置。也有采用光学读数装置和磁尺数显装置的。数控电火花成形机床上则有三坐标(X 轴、Y 轴、Z 轴)和五坐标(X 轴、Y 轴、Z 轴,另加 Z 轴回转 $C_{Z主}$ 及工作台回转 $C_{Z工}$)运动。

工作液槽用于盛放工作液,加工时槽内工作液将工具电极、工件浸没。工作液槽还与工作液过滤箱连通,确保工作液处于不断的循环流动状态,使槽内工作液得到过滤清洁。

6.1.4.3 自动进给调节装置

自动进给调节装置的作用是通过自身的自动控制系统控制电火花加工放电间隙的大小、极间的物理状态和加工深度等。

正常电火花加工时,工具电极和工件间有一个放电间隙 δ。δ 过大,脉冲电压不能击穿间隙间的绝缘工作液,不会产生火花放电,于是自动进给调节装置使工具电极向下进给,直到间隙 δ 等于或小于某一值(一般 $\delta = 0.01 \sim 0.1$ mm,与加工选择的电规准有关),才能击穿并火花放电。正常电火花加工时,工件以 v_w 的速度不断被蚀除,间隙 δ 将逐渐扩大,而工具电极则以 v_d 的速度补偿进给,以维持所需的放电间隙。如工具电极的进给速度 v_d 大于工件的蚀除速度 v_w,则间隙 δ 将逐渐变小,甚至为零,形成短路。当间隙过小时,由自动进给调节装置减

小进给速度 v_d。工具电极与工件间一旦短路($\delta=0$),则自动进给调节装置将使工具电极以较大的速度 v_d 反向回退,消除短路状态,随后再重新向下进给,调节到所需的放电间隙。

6.1.4.4　工作液循环过滤系统

电火花加工过程中不断产生的电蚀产物(金属微粒、碳粒、气泡及加工余热等),如不及时排除,就会因其浓度过大而破坏电蚀过程的稳定性,降低加工速度,增大电极损耗,使加工精度和表面粗糙度恶化。为此,必须对工作液进行循环过滤。

电火花加工用的工作液循环过滤系统包括工作液泵、容器、过滤器及管道等。按照极间电蚀产物的排除方式,工作液循环系统可分为冲油式和抽油式两种。图 6-8*a* 和 *b* 是冲油式循环方式示意图。冲油是把经过过滤的清洁的工作液经油泵加压,强迫冲入工具电极与工件之间的放电间隙中,将电蚀产物随同工作液一起从放电间隙经工具电极的侧面排除。冲油式的压力在 0.2 MPa 以内调节,精加工时因放电间

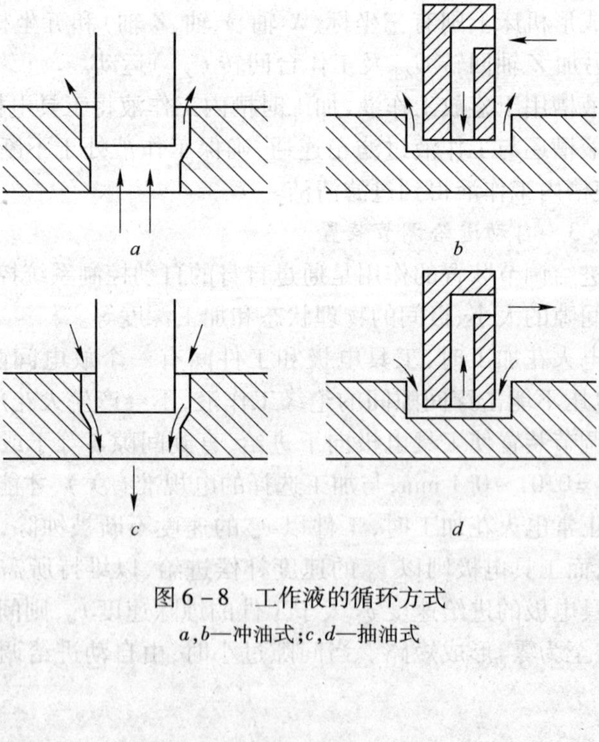

图 6-8　工作液的循环方式

a,*b*—冲油式;*c*,*d*—抽油式

隙小要求更大的冲油压力,一般为0.4~0.6 MPa。这种排屑方式因电蚀产物从侧面通过,所以容易形成加工斜度。

图6-8*c*和图6-8*d*是抽油式循环方式示意图。抽油是从电极间隙抽出工作液,使用过的工作液连同电蚀产物一起经过工件待加工面而被排出。抽油压力一般只需(0~5)×10^4 Pa。利用这种抽油式排屑方法,可以获得较高的加工精度,但排屑能力比前者小。

6.1.4.5 机床主要附件

A 电极夹具

电极夹具的作用是把工具电极装夹固定在主轴上,并能调节工具电极的轴线与主轴轴线重合或平行。有通用式夹具与可调式夹具两种基本类型。

图6-9所示为球面铰链可调式夹具。工具电极装夹在弹性夹头中,靠4个调节螺钉2调节其相对工作台面的垂直度。这种夹具的轴向尺寸短,制造容易,加工精度较高。但本身扭转刚性不足,调节力大,会引起主轴扭转。

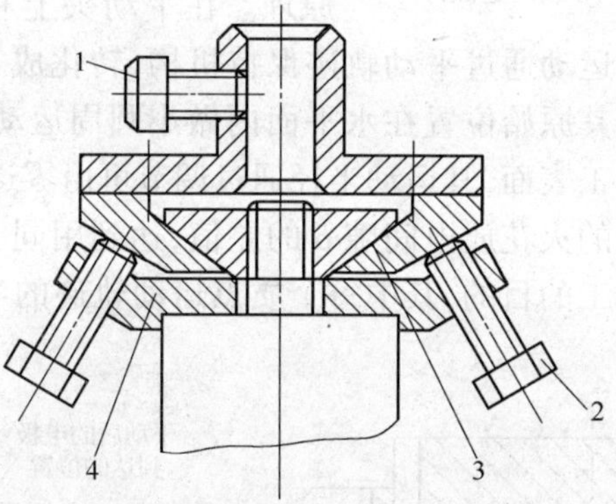

图6-9 球面铰链式电极调节装置

1—紧固螺钉;2—调节螺钉;3—球面垫圈;4—下调节板

图6-10所示为十字铰链式电极夹具。电极对工作台面的垂直度通过4个螺钉7调节,工具电极装夹在标准套1内,用紧固螺钉2固紧。该夹具的轴向尺寸较长,刚性较差,只能用于精度不高的成形表面的加工。

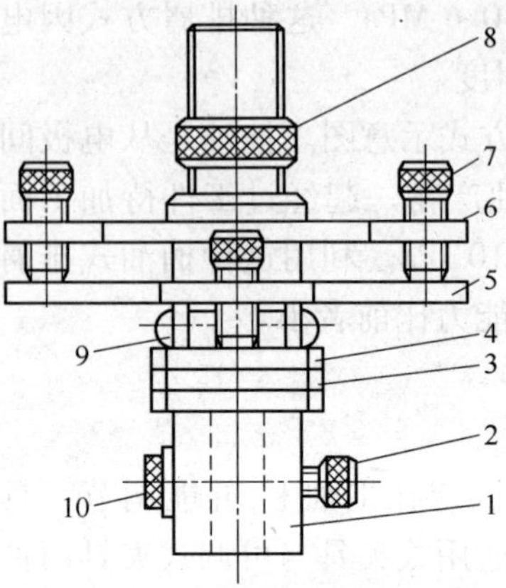

图 6－10　十字铰链式电极夹具结构图

1—电极装夹标准套；2—紧固螺钉；3—绝缘板；4—下底板；5—十字板；6—上板；7—调节螺钉；8—锁紧螺钉；9—圆柱销；10—导线固定螺钉

B　平动头

电火花加工时，粗加工的放电间隙比半精加工大，而半精加工又比精加工大一些。当用同一个电极进行粗加工，工件大部分余量蚀除后，其底面和侧壁四周的表面粗糙度很差，为了提高加工精度和表面粗糙度，就需转换成较弱的电规准逐挡进行半精加工和精加工。由于后挡弱电规准要求的放电间隙小于前挡，工具电极与工件底面之间的放电间隙可通过主轴进给进行调节，而与四周侧壁间的放电间隙就需采用平动头进行调节。

图 6－11 所示为平动头的动作原理。在平动头上利用偏心机构将伺服电机的旋转运动通过平动轨迹保持机构，转化成工具电极上每一个质点都能围绕其原始位置在水平面内做小圆周运动，许多小圆的外包络线就形成加工表面，其运动半径通过调节可由零逐步扩大，以补偿粗、半精、精加工的火花放电间隙 δ 的差值，达到用同一个工具电极进行成形表面精加工的目的，其中每个质点运动轨迹的半径 Δ 就称为平动量。

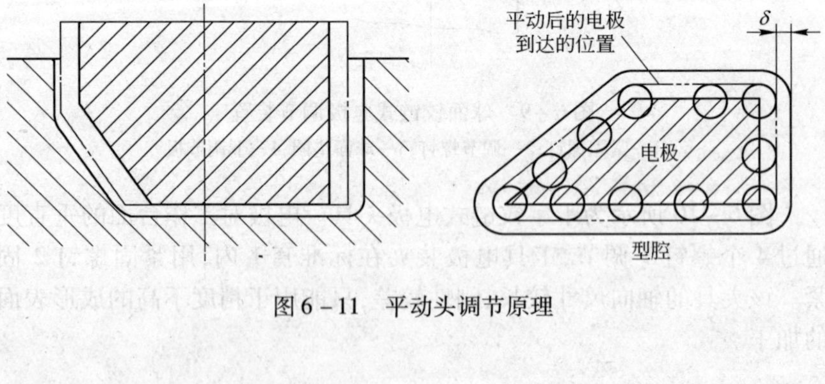

图 6－11　平动头调节原理

6.1.5 模具的电火花加工

电火花成形加工一般用于凹模型孔和模具型腔的加工。

6.1.5.1 凹模型孔的加工

电火花穿孔加工主要用于冲模的凹模加工、粉末冶金模加工、拉深模和拉丝模加工等，同时还可用于螺纹加工、小孔和异型孔加工以及其他特殊零件加工等，是一种很典型的加工方法。电火花加工可以在坯料淬火处理后进行，热处理变形少，精度高。对于复杂的凹模可以不用镶拼结构而采用整体式结构，因而简化了模具的结构，提高了模具的寿命。

A 电火花加工凹模型孔的方法

常用的电火花加工凹模型孔的方法有：直接法、混合法、修配凸模法、二次电极法和阶梯工具电极法等。

a 直接法

直接利用加长的凸模作电极加工凹模的型孔，加工后将凸模上的损耗部分去除。加工时将凹模刃口端朝下，加工完成后形成向上的“喇叭口”。实际使用时，作为电极的凸模应反过来安装使刃口向下，同时凹模也反过来安装使刃口向上，电火花加工时形成的“喇叭口”正好利于冲模落料。由于凸凹模电火花加工时的安装方向与它们工作时的方向都相反，因此，这种方法也称为“反打正用法”。

用此法可以获得均匀的凸、凹模配合间隙，节省制造电极的费用和时间。但其加工速度低，易形成不稳定的二次放电。用直接配合法加工出的凸凹模，其配合间隙大小可利用改变电规准参数来调节。

b 混合法

将凸模的加长部分选用与凸模不同的材料，如用铸铁等黏结或钎焊在凸模上，与凸模一起加工，以黏结或钎焊部分作穿孔电极的工作部分，加工后再将电极部分去除。此法电极材料可以选择，因此，电加工性能比直接法好，是一种使用较广泛的方法。

c 修配凸模法

凸模和工具电极分别制造，在凸模上留一定的修配余量，按电火花加工好的凹模型孔修配凸模，达到所要求的凸、凹模的配合间隙。这种方法的优点是电极可以选用电加工性能好的电极材料。凸、凹模的配合间隙大小均可采用修配来保证。缺点是增加了制造电极和钳工修配的工作量，不易得到均匀的配合间隙。故修配凸模法只适合于加工形状比较简单的冲模。

d　二次电极法

利用一次电极制造出二次电极，再分别用一次和二次电极加工出凹模和凸模，并保证凸、凹模配合间隙，如图 6－12 所示。这种方法可以合理调节放电间隙，能够加工出间隙极小或无间隙的精冲模。但二次电极法比较复杂，在普通加工中很少采用。

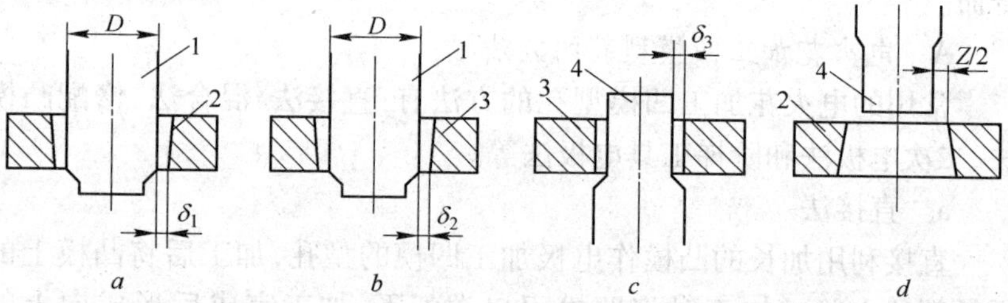

图 6－12　二次电极法

a—加工凹模；*b*—制造二次电极；*c*—加工凸模；*d*—凸、凹模配合

1——次电极；2—凹模；3—二次电极；4—凸模

e　阶梯工具电极加工法

通常将工具电极分成两段，截面尺寸较小的、采用较大电规准参数的粗加工段和截面尺寸较大的、用于保证加工精度的精加工段。采用阶梯电极可充分发挥粗规准加工速度高、电极损耗低的优点，又能使精加工余量降低到最小值。有时根据模具的结构和尺寸特点，还会采用多阶梯的电极工具。

B　电极设计

凹模型孔的加工精度与电极的精度和穿孔时的工艺条件密切相关。为了保证型孔的加工精度，在设计电极时必须合理选择电极材料和确定电极尺寸。此外，还要使电极的结构便于制造和安装。

a　电极材料

根据电火花加工原理，可以说任何导电材料都可以用来制作电极。

但在生产中应选择损耗小、加工过程稳定、生产率高、机械加工性能良好、来源丰富、价格低廉的材料作电极材料。目前使用最多的电极材料是石墨和纯铜。

b　电极结构

电极的结构形式应根据电极外形尺寸的大小与复杂程度、电极的结构工艺性等因素综合考虑。

(1) 整体式电极。图 6－13*a* 所示的是最常用的结构形式。对于较大体积电极可在端面开孔或挖空，以减轻质量。对于小体积、易变形的电极，可在有效长度上部将截面尺寸增大。

(2) 组合式电极。在同一凹模上有多个型孔时，某些情况下可以把多个电极组合在一起，一次穿孔即可完成各型孔的加工，这种电极称为组合电极，如图 6－13*b* 所示。各型孔间的位置精度取决于各电极的位置精度。

(3) 镶拼式电极。对于形状复杂的电极整体加工有困难时，常将其分成几块，分别加工后再镶拼成整体，这样既可节省材料又便于电极制造，如图 6－13*c* 所示。

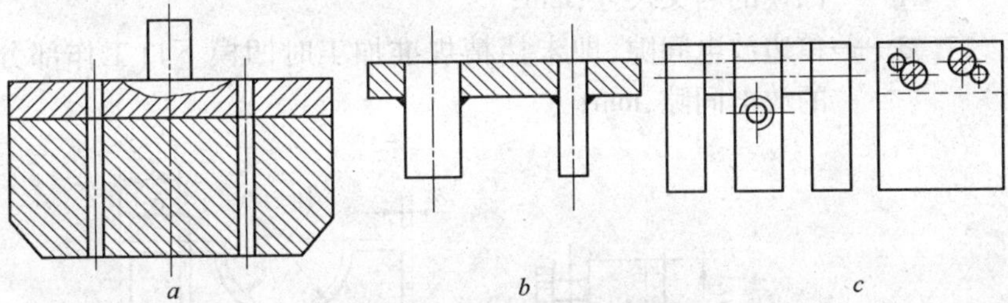

图 6－13　电极的结构形式

a—整体式；*b*—组合式；*c*—镶拼式

c　电极尺寸

(1) 电极长度。电极的长度取决于模具的结构形式、模板厚度、电极材料、型孔的复杂程度、装夹形式、使用次数以及电极制造工艺等一系列因素。图 6－14 是电极长度计算说明图，其估算公式如下：

$$L = KH + H_1 + H_2 + (0.4 \sim 0.8)(n-1)KH$$

式中　L——所需的电极长度，mm；

H——凹模的有效厚度，即要求加工的厚度，mm；

H_1——一些模板后部挖空时电极需加长的部分，mm；

H_2——一些小电极端部不宜开连接螺孔，需考虑电极装夹的长度，mm，约 10 ~ 20 mm；

n——一个电极使用的次数；

K——校孔系数，当电极材料耗损小、型孔简单、电极轮廓无尖角要求时，K 取小值，反之取大值。对于生产中常用的电极材料，K 值选取的经验数据如下：黄铜 3 ~ 3.5；紫铜 2 ~ 2.5；石墨 1.7 ~ 2；铸铁 2.5 ~ 3。

（2）电极横截面尺寸。垂直于电极进给方向的电极截面尺寸称为电极的横截面尺寸。电极横截面尺寸的计算有下述两种情况。

当按凹模型孔尺寸及公差确定截面尺寸时，如图 6 - 15 所示，实线为电极轮廓线，双点划线为凹模型孔轮廓线。根据凹模尺寸和放电间隙大小，便可算出电极的横截面尺寸，即有：

$$a = A \pm K\delta$$

式中　a——电极的名义尺寸，mm；

A——凹模的名义尺寸，mm；

δ——单边放电间隙，即末挡精规准加工时凹模下口工作部分的放电间隙，mm；

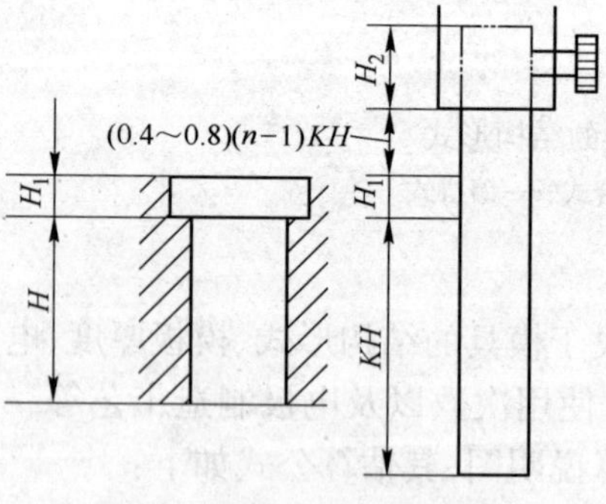

图 6 - 14　电极长度计算说明图

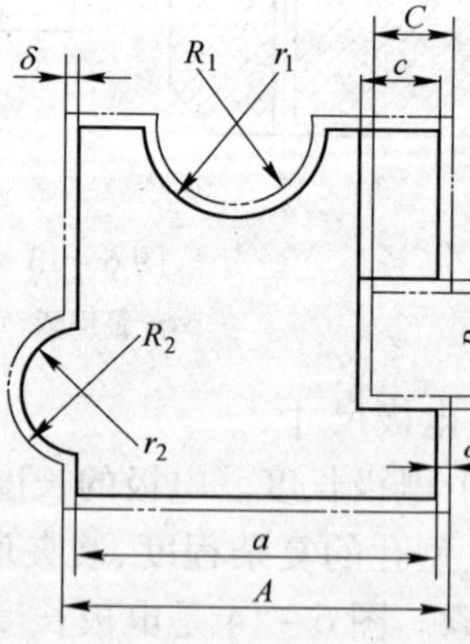

图 6 - 15　凹模与电极尺寸关系示意图

±——电极在轮廓凸起部分尺寸为“-”,凹入部分为“+”;

K——单边(半径)为1,双边(直径)为2,无缩放的为0。

例如图6-15中 $a=A-2\delta, b=B+2\delta, c=C, r_1=R_1+\delta, r_2=R_2-\delta$。

当按凸模尺寸和公差确定电极的截面尺寸时,随凸模、凹模配合间隙 Z(双面)的不同,分为三种情况:

1）当配合间隙等于放电间隙($Z=2\delta$)时,电极与凸模截面基本尺寸完全相同;

2）当配合间隙小于放电间隙($Z<2\delta$)时,电极轮廓应比凸模轮廓均匀地缩小一个数值 a_1,但形状相似;

3）当配合间隙大于放电间隙($Z>2\delta$)时,电极轮廓应比凸模轮廓均匀地放大一个数值 a_1,但形状相似。

电极单边缩小或放大的数值可用下式计算:

$$a_1=\frac{1}{2}|Z-2\delta|$$

式中 a_1——电极横截面轮廓的单边缩小或放大量,mm;

Z——凸、凹模双边配合间隙,mm;

δ——单边放大间隙,mm。

(3) 电极公差的确定。截面的尺寸公差取凹模刃口相应尺寸公差的1/2~1/3。电极在长度方向上的尺寸公差没有严格要求。电极侧面的平行度误差在100 mm长度上不超过0.01 mm。电极工作表面的粗糙度不大于型孔的表面粗糙度。

C 凹模模坯准备

所谓凹模模坯准备是指电火花凹模型孔加工之前的全部工序。常用的凹模模坯的准备工序见表6-1。

表6-1 常用凹模模坯准备工序

序号	工序	加工内容及技术要求
1	下料	用锯床割断所需的材料,包括需切削的材料
2	锻造	锻造所需的形状,并改善其内部组织
3	退火	消除锻造后的内应力,并改善其加工性能
4	刨(铣)	刨(铣)四周及上下两平面,厚度留余量0.4~0.6 mm

续表 6-1

序号	工序	加工内容及技术要求
5	平磨	磨上下两平面及相邻两侧面，对角尺，R_a 达 0.63 ~ 1.25 μm
6	划线	钳工按型孔及其他安装孔划线
7	钳工	钻排孔，除掉型孔废料
8	插(铣)	插(铣)出型孔，单边留余量 0.3 ~ 0.5 mm
9	钳工	加工其余各孔
10	热处理	按图样要求淬火
11	平磨	磨上下两面，为使模具光整，最好再磨四侧面
12	退磁	退磁处理

D　电规准的选择与转换

a　电规准的选择

为了获得好的工艺效果，在电火花加工过程中一般都是用粗规准加工出型腔的基本轮廓，以获得较高的加工速度和较低的电极损耗；然后用中、精规准逐级修光，以达到所需要的表面粗糙度和加工精度。

(1) 粗规准：以高的蚀除速度加工出型腔的基本轮廓，电极损耗要小，电蚀表面不能太粗糙。脉冲宽度一般大于 400 μs。

(2) 中规准：减小被加工表面的粗糙度，为精加工作准备。脉冲宽度一般在 50 ~ 400 μs。

(3) 精规准：用于型腔精加工，所去除的余量一般不超过 0.1 ~ 0.2 mm。脉冲宽度一般小于 20 μs。

b　电规准的转换

电规准转换的挡数必须根据具体对象确定。对于尺寸小，形状简单的浅型腔加工，规准转换挡数可少些；对于尺寸大、深度大，形状复杂的型腔，规准转换的挡数要多些。粗规准一般选择一挡；中规准和精规准选择 2 ~ 4 挡。

在加工开始时，应选用粗规准进行加工，但加工电流应随加工面积的增大而逐步增大。当加工出来的型腔基本轮廓接近目标加工深度时，应减小电规准，依次转化成中、精规准各挡参数加工，直到达到所需的尺寸精度和表面粗糙度。

在转换规准时，其他工艺条件也要适当配合。如精规准加工时，因间隙小，排屑困难，而要求增大冲油压力；电极快穿透时，冲油压力又应适当降低。对加工斜度、粗糙度要求较小和精度要求较高的模具零件加工，要将上部冲油改为下部抽油，以减小二次放电的影响。

6.1.5.2　型腔的加工

型腔模电火花成形加工与型孔电火花加工的基本原理相同。但型腔模电火花成形加工属于三维曲面加工，不仅有侧面形状和尺寸精度要求，而且对其加工底面的形状和尺寸精度要求也很高，因此，型腔模电火花加工有如下特点：

(1) 要求电极损耗小，以保证型腔模的成形精度；

(2) 加工过程蚀除量大，加工速度快、效率高；

(3) 型腔侧面较难进行修光，必须更换精加工电极或利用平动头进行侧面修光；

(4) 工作液循环不流畅，排屑困难。

因此，型腔加工要从设备、电源、工艺等方面来采取措施减小或补偿电极损耗，以提高加工精度和生产效率。

A　型腔加工方法

常用型腔模加工方法有：单电极平动加工法、多电极更换加工法和分解电极加工法等。

a　单电极平动加工法

单电极平动加工法指用一个电极完成型腔的粗、中、精加工的工艺方法。加工时，先用高效低损耗电规准进行粗加工，然后利用平动头使电极作平动，按粗、中、精的顺序逐级改变电规准，同时依次加大平动量，以补偿前后两个加工规准之间的放电间隙差以及侧面修光。单电极平动加工法用于下列几种情况：

(1) 用于加工形状简单、精度要求不高的型腔；

(2) 用于加工经过预加工的型腔。

这种工艺方法的最大优点是工具电极只需一次装夹定位，避免了因反复装夹带来的定位误差；但对于棱角要求高的型腔，加工精度就难以保证。若采用数控平动头就可顺利解决这一问题。

b　多电极更换加工法

多电极更换加工采用多个电极，依次更换加工同一个型腔的工艺方法。各个电极的尺寸必须根据所选用的电规准产生的放电间隙及下一个规准加工所需的加工余量来修正。

多电极更换加工法仿形精度高，适合加工精度高、粗糙度小、棱角清晰的型腔，尤其适用于加工尖角、窄缝多的型腔，但是，这种方法要求电极重复制造精度高，电极更换时的装夹定位精度高。因此一般只用于精密型腔的加工。

c　分解电极加工法

分解电极加工法是单电极平动加工法和多电极更换加工法的综合应用。以单电极加工为基础，根据型腔的几何形状，把电极分解成主型腔电极和副型腔电极分别制造。主型腔电极加工出型腔的主要部分，副型腔电极加工型腔的尖角、窄缝等部位。这种方法可通过主、副型腔不同的加工条件选择不同的加工规准，从而提高加工速度和改善加工表面质量，简化电极的制造。但主、副型腔的精确定位较难解决。

B　电极设计

a　电极材料和结构选择

(1) 电极材料。型腔加工常用的电极材料主要是石墨和紫铜，纯铜组织致密，适用于形状复杂、轮廓清晰、精度要求高的塑料成形模、压铸模等，但机械加工性能差，难以成形磨削。由于其密度大、价格贵，不宜作大、中型电极。石墨电极容易成形，密度小，所以宜作大、中型电极。但机械强度较差，在采用宽脉冲大电流加工时，容易起弧烧伤。铜钨合金和银钨合金是较理想的电极材料，但价格贵，只用于特殊的型腔加工。

(2) 电极结构。与型孔电极一样，型腔电极也可分为整体式、组合式和镶拼式，用得较多的是前两种。

整体式电极适用于尺寸大小和复杂程度都一般的型腔加工。它可以分为有固定板和无固定板两种形式。无固定板式多用于型腔尺寸小、形状简单、只用单孔冲油或排气的情况。有固定板式则用于尺寸较大、形状较复杂、采用多孔冲油或排气的情况。组合式电极适用于一模多腔，以提高加工速度，简化各型腔之间的定位工序。易于保证型腔的位置精度。

b 电极尺寸的确定

(1) 电极的水平尺寸。电极的水平尺寸是指电极在垂直于主轴进给方向上的尺寸，如图 6-16 所示。当型腔经过预加工，采用单电极进行电火花精加工时，其电极的水平尺寸确定与型孔加工相同，只需考虑放电间隙即可。当型腔采用单电极平动加工时，需考虑的因素较多，其计算公式为：

$$a = A \pm Kb$$

式中 a——电极水平方向的名义尺寸，mm；

A——型腔图样上的名义尺寸，mm；

K——与型腔尺寸标注法有关的系数；

b——电极单边缩放量，mm，其计算公式为：

$$b = e + \delta_j - \gamma_j$$

式中 e——平动量，一般取 0.5 ~ 0.6 mm；

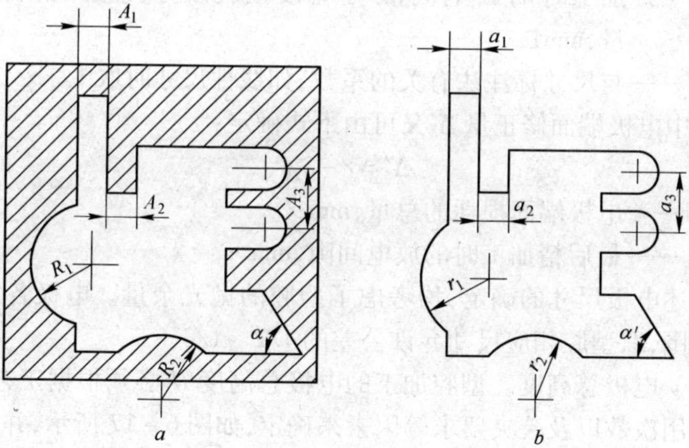

图 6-16 电极水平截面尺寸缩放示意图

a—型腔；b—电极

δ_j——精加工最后一挡规准的单边放电间隙，最后一挡规准通常指粗糙度 $R_a < 0.8\ \mu m$ 时的 δ_j 值，一般为 0.02 ~ 0.03 mm；

γ_j——精加工（平动）时电极侧面单边损耗，一般不超过 0.1 mm，通常忽略不计。

式中“±”号及 K 值确定原则：如图 6－16 所示，与型腔凸出部分相对应的电极凹入部分尺寸应放大，即用“+”号；反之与型腔凹入部分相对应的电极凸出部分尺寸应缩小，即用“-”号。

当型腔尺寸以两加工表面为尺寸界线标注时，若蚀除方向相反，取 $K=2$；蚀除方向相同，取 $K=0$；当型腔尺寸以中心线或非加工面为基准标注时，取 $K=1$；凡与型腔中心线之间的位置尺寸以及角度尺寸相对应的电极尺寸不缩不放，取 $K=0$。

（2）电极垂直方向尺寸。电极在平行于主轴方向上的尺寸即为电极垂直方向的尺寸。可按下式计算：

$$l = L \pm K'\Delta'$$

式中　l——电极垂直方向的有效加工尺寸，mm；

L——型腔深度方向的尺寸，mm；

Δ'——加工时的放电间隙与电极损耗要求电极端面的修正量，mm；

K'——与尺寸标注法有关的系数，如线性尺寸时取 1。

其中电极端面修正量 Δ' 又可由下式确定：

$$\Delta' = r - \delta_{精}$$

式中　r——电极端面损耗的总量，mm；

$\delta_{精}$——最后精加工时的放电间隙，mm。

上述电极尺寸的确定，均考虑了型腔的抛光余量。电极各尺寸的公差范围，取型腔相应尺寸允许公差的 1/2 ~ 1/3。

（3）电极总高度。型腔加工的电极总高度 H 必须根据工艺需要、电极使用次数以及装夹要求等因素来确定，如图 6－17 所示，并用下式表示：

$$H = L + L_1 + L_2$$

式中　H——除装夹部分之外的电极总高度，mm；

L——电极加工一个型腔的有效高度,mm;

L_1——当加工的型腔位于另一个型腔中时需增加的高度,mm;

L_2——考虑加工结束时,电极夹具和固定板不与模块或压板发生碰撞而应增加的高度,mm。

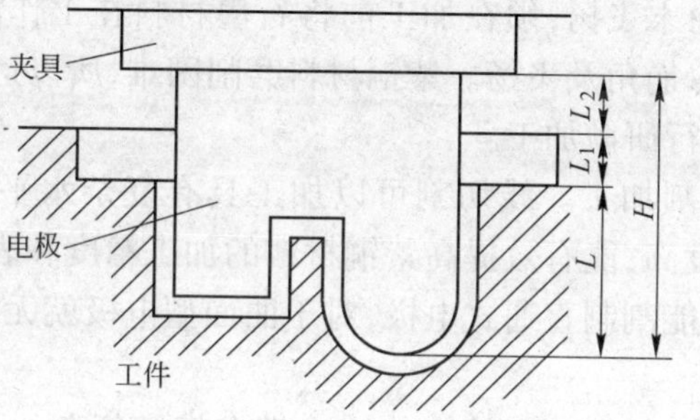

图 6-17 电极总高度确定说明

c 排气孔与冲油孔的设计

为了改善排气、排屑条件,加工大、中型型腔模时电极都设计有排气、冲油孔。一般情况下,冲油孔要开在难以排屑、窄缝等处,如图 6-18 所示。排气孔开在蚀除面积较大的位置,如图 6-19 所示。

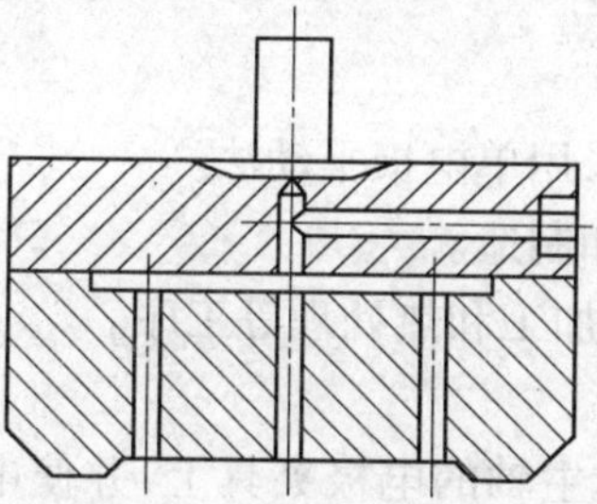

图 6-18 设强迫冲油孔的电极

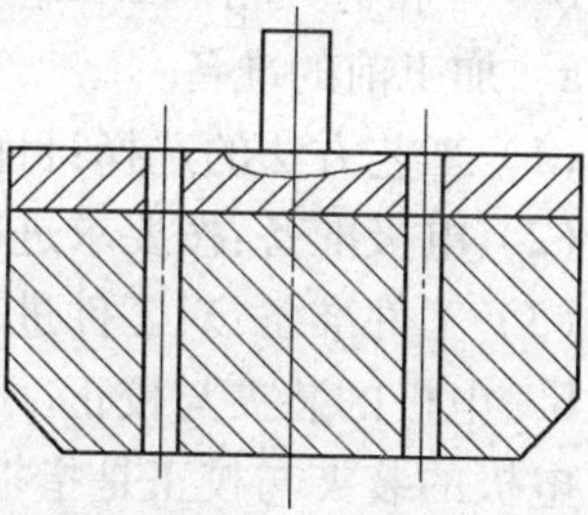

图 6-19 设排气孔的电极

冲油孔的布置应注意冲油流畅,不可出现无工作液流经的"死区"。排气孔和冲油孔的直径约为平动量的 1~2 倍,一般取 $\phi1$ ~ 1.5 mm。为有利于排气冲屑,常把排气孔、冲油孔的上端孔径加大到 $\phi5$ ~ 18 mm。孔距在 20 ~ 40 mm 左右时,位置相对错开,以避免加工表面出现"波纹"。

C 电极的制造方法

电极的制造方法通常有:

(1) 机械切削加工。机械切削加工是最为常用的方法,用普通的切削机床和刀具即可加工。加工后需进行手工研抛,但石墨材料加工时容易碎裂、粉末飞扬,须在加工前将石墨材料在工作液中浸泡2~3天,可有效减少崩角及飞扬。紫铜材料磨削困难,所以达到较好的表面粗糙度也需进行研抛加工。

(2) 线切割加工。线切割可以加工具有复杂水平平面轮廓的电极,且加工精度高,能有效提高紫铜材料的加工精度和表面粗糙度。但线切割通常只能割制直通式电极,对于曲面型电极就无能为力,也不能割制石墨材料。

(3) 电铸法加工。电铸法能铸出带有精细复杂的文字、花纹的电极,也可加工大尺寸、具有复杂立体曲面形状的电极,但电铸时间较长,需有专门的电铸设备。电铸层的厚度受形状的影响,制成的电极较疏松、电加工时电极损耗较大。

形状复杂、轮廓要求清晰、表面粗糙度值要求低、加工精度要求高的电极制造还有冷挤压法、腐蚀法、雕刻法等。

D 型腔电火花加工工艺

a 加工前的准备

(1) 工艺方法的选择:目前国内普遍采用单电极平动法。

(2) 电极准备:按要求进行电极设计和制造。

(3) 工件准备:对工件进行备料,机械加工和热处理等工序。

b 电极的装夹与校正

电极的装夹与校正是指把电极装夹在主轴的电极夹具上,并使电极轴线与主轴进给轴线一致,保证电极与工作台和工件垂直。常用的校正方法为按电极侧面和端面初步校正电极,根据电极端面火花放电精确校正。

c 工件的装夹和校正

在一般情况下,可将工件直接装夹在垫块或工作台上,然后通过工作台的坐标移动,使工件中心和十字滑板移动方向一致,以便于电极和工件间的校正。

d 电规准的选择与转换

电火花的粗、半精和精加工是依靠改变电规准的强弱来实现的。但在各个加工阶段,如粗加工阶段,所用电规准往往还要细分为若干挡。

(1) 粗规准。粗规准的主要目的是以高的蚀除量加工出型腔的基本轮廓。加工电流较大,约为 40 ~ 350 A,工作脉冲宽度为 800 ~ 2000 μs 左右。加工过程中,应注意加工面积与加工电流之间的配合。开始时坯料表面与电极的接触面积较小,需用较小的电流。待接触面积增大后,再增大电流,即分别用 1 ~ 3 挡粗规准,按先弱后强的顺序逐步调整到位。通常电流密度不超过 3 ~ 5 A/cm^2,否则电极容易烧伤,影响加工的表面质量。

(2) 半精规准。半精规准是粗、精规准之间的过渡,脉冲宽度为 30 ~ 800 μs ,加工电流为 6 ~ 50 A ,通常设置 2 ~ 8 挡,以满足平动头侧面逐级修光的需要。粗、半精规准之间无明显的界限,可按具体加工工件来定。

(3) 精规准。精规准的主要目的是获得较高的精度和较小的表面粗糙度。脉冲频率较高,可达 10 ~ 100 kHz,脉冲宽度较窄,工作电流较小。精加工的蚀除量很小,一般不超过 0.1 ~ 0.2 mm,虽然电极的相对损耗较大(约为 10% ~40%),但由于加工余量很小,所以其绝对损耗并不大。

加工初始阶段,电流按加工面积的增加而逐挡调大,不可突然加到最大值。而加工临近结束阶段,约有 3 ~ 4 mm 时,电规准则应逐挡变弱。每次的加工深度应等于或稍大于前次加工表面的微观不平度。一般情况下,规准要转换 4 ~ 6 次,粗糙度 R_a 达到 0.8 ~ 3.2 μm,精加工才能完成。

6.2 电火花线切割加工

电火花成形加工模具型孔要先加工出成形电极。当被加工的模具零件精密细小,形状复杂时,不仅电极的制造难度大,而且穿孔加工的效率低。电火花线切割不需要制造成形电极,比电火花成形加工更方便、效率更高。

6.2.1 电火花线切割加工工作原理

电火花线切割加工的基本原理与电火花成形加工相同,都是利用工具电极对工件进行脉冲放电实现加工的。所不同的是，电火花线切割加工不需要制作成形电极，而是利用金属丝作为工具电极对工件进行切割加工的。如图 6－20 所示，工件接脉冲电源的正极，电极丝接负极，工件相对电极丝按预定的要求运动，从而使电极丝沿着所要求的切割线路进行电腐蚀，实现切割加工。在加工中，电蚀产物由循环流动的工作液带走；电极丝以一定的速度运动（也称为走丝运动），其目的是减小电极损耗，且不被火花放电烧断，同时也有利于电蚀产物的排除。

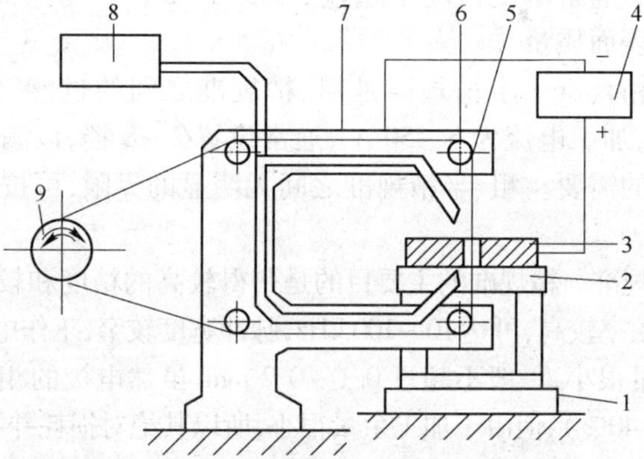

图 6－20　电火花线切割加工示意图

1—坐标工作台；2—夹具；3—工件；4—脉冲电源；5—电极丝；
6—导轮；7—丝架；8—工作液箱；9—贮丝筒

电火花线切割加工分为快速走丝和慢速走丝两种。快速走丝在加工缝隙中循环运动，一直使用到断线为止，走丝速度约为 6 ~ 11 m/s，目前能达到的加工精度为 ±0.01 mm，表面粗糙度 R_a 为 2.5 ~ 0.63 μm，切割厚度最大可达 500 mm。慢速走丝在加工缝隙中单向走丝，不重复使用，以避免丝电极损耗造成的加工误差，慢速走丝加工精度可达 ±0.001 mm，表面粗糙度 R_a 可小于 0.32 μm。

相对慢速走丝线切割来讲，快速走丝线切割机床结构简单，价格便宜，加工生产效率高，精度能满足一般模具要求。因此，目前国内主要生产、使用的是快速走丝数控电火花线切割机床。

6.2.2　电火花线切割加工的特点及应用

电火花线切割加工与电火花成形加工相比,有如下特点:

(1) 不需要制作电极,可节约电极设计、制造费用,缩短生产周期;

(2) 能方便地加工出形状复杂、细小的通孔和外表面;

(3) 电极损耗极小,有利于加工精度的提高;

(4) 由于丝电极直径很小,蚀除量少,对于贵重金属的加工更有意义;

(5) 自动化程度高,操作使用简便,工件加工周期短,成本低;

(6) 可以一模两用,加工工件作为凹模,切割下来的坯料作为凸模。

电火花线切割加工应用范围较广,可以加工:

(1) 可加工冲模的凸模、凹模、固定板、卸料板;

(2) 加工粉末冶金模、型腔模镶件;

(3) 加工各种样板、成形刀、金属结构件、挤压模;

(4) 微细加工异形喷丝孔、窄槽;

(5) 各种导电材料。

6.2.3　电火花线切割加工设备

电火花线切割设备如图6-21所示,主要包括机床、脉冲电源和数控系统三大部分。

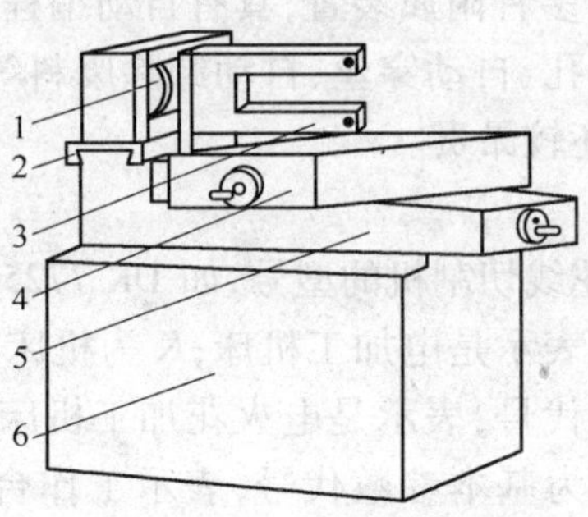

图6-21　快速走丝数控电火花线切割设备

1—贮丝筒;2—走丝溜板;3—丝架;4—纵向滑板;5—横向滑板;6—床身;7—控制箱

6.2.3.1　机床部分

A　类型及规格

a　机床的分类

线切割加工机床可按多种方法进行分类，最为常用的是按丝电极的走丝速度分成快速走丝线切割机与慢速走丝线切割机。

（1）快速走丝线切割机床。快速走丝线切割机是指走丝速度大于 7 ~10 m/s 的机床。快速走丝线切割机上运动的丝电极能够双向往返运行，重复使用，直至耗损断线为止。丝电极材料常用直径为 0.10 ~ 0.30 mm 的钼丝（有时也用钨丝或钨钼丝），小圆角或窄缝切割也可采用 0.06 mm 的钼丝。

工作液通常采用乳化液。快速走丝线切割机结构简单、价格便宜、生产率高。但由于运行速度快，工作时机床振动较大，钼丝和导轮的损耗快，加工精度和表面粗糙度就不如慢速走丝线切割机。加工精度一般为 0.01 ~0.02 mm，表面粗糙度 R_a 为 1.25 ~2.5 μm。

（2）慢速走丝线切割机床。慢速走丝线切割机走丝速度低于 0.2 m/s。常用黄铜（有时也采用紫铜、钨、钼和各种合金的涂覆线）为丝电极，铜丝直径为 0.10 ~ 0.35 mm。丝电极仅从一个单方向通过加工间隙，不重复使用，避免了因丝电极的损耗降低了加工精度，同时由于走丝速度慢，机床及丝电极的振动小，加工过程平稳，加工精度高，可达 0.005 mm，表面粗糙度 R_a 不大于 0.32 μm。

慢速走丝线切割机的工作液一般采用去离子水，生产率较高。机床数控装置功能强大，还有多种附属装置，具有自动编程功能、参数自动设置、电火花自动打穿丝孔、自动穿丝、自动卸除废料等功能。但目前慢速走丝线切割机价格还较昂贵。

b　型号与规格

国标规定的数控电火花线切割机的型号，如 DK 7725，其基本含义为：D 为机床的类别代号，表示是电加工机床；K 为机床的特性代号，表示是数控机床；7 为组别代号，表示是电火花加工机床；7 为型别代号，表示是线切割机床；25 为基本参数代号，表示工作台横向行程为 250 mm。

常用国产数控电火花线切割机床的规格见表 6 –2。

表 6－2 数控电火花线切割机床型号规格

规格 \ 型号		DK7710		DK7712		DK7716		DK7720		DK7725		DK7732		DK7740		DK7750		DK7763	
工作台	横向行程/mm	100		125		160		200		250		320		400		500		630	
	纵向行程/mm	120	160	160	200	200	200	250	320	320	400	400	500	500	630	630	800	800	1000
	最大承载重力/N	10	15	20	25	40	50	60	80	120	160	200	250	320	400	500	630	960	1200
工件尺寸	最大宽度/mm	125		160		200		250		320		400		500		630		800	
	最大长度/mm	200	250	250	320	320	400	400	500	500	630	630	800	800	1000	1000	1250	1250	1600
	最大切割厚度/mm	40、60、80、100、120、140、160、180、200、250、300、350、400、450、500、550、600																	
最大切割锥度/(°)		0、3、6、9、12、15、18(18°以上按 6°一挡间隔增加)																	

B 机床组成

a 床身

床身是支承和固定坐标工作台、运丝机构等的基体。因此，要求床身应有一定的刚度和强度，一般采用箱体式结构。床身里面安装有机床电气、工作液循环系统元器件，也有安装脉冲电源的。由于床身的体积较大，设计者都比较注意它的造型，以使机床外形美观。

b 坐标工作台

坐标工作台由安装台面，*X*、*Y* 向滑板，导轨，进给丝杠，*X*、*Y* 向驱动电机(步进电机)等部分组成。无论采用何种控制方式，线切割机最终都需要通过坐标工作台与丝架的相对运动来完成对工件的加工。线切割坐标工作台运动灵敏、轻巧，大都采用滚柱导轨，且传动丝杠和螺母之间设置有间隙消除部件，确保了坐标工作台具有很高的坐标精度和运动精度。

c　走丝机构

在电火花线切割加工时，电极丝需要不断地移动，这个移动是由走丝机构来完成的。国内普遍使用的快速走丝是将电极丝绕在贮丝筒上，并由丝筒作周期性的正反旋转，而使电极丝高速往返运动。走丝机构是单滚筒式，它结构简单、维护方便，因而应用广泛；其缺点是绕丝长度小，电动机正反转动频繁、电极丝张力不可调。采用双电动机带动双滚筒式能克服上述缺点，但结构复杂，应用极少。

走丝机构除绕丝机构外，还包括丝架。丝架的作用是在电极丝快速移动时，对电极丝起支撑作用，并使电极丝工作部分与工作台平面保持垂直。为获得良好的工艺效果，上、下丝架之间的距离不宜太大。

d　工作液及循环系统

线切割加工必须在工作液中进行，通常采用与电极丝同轴冲液的方式。在工作液箱内得到充分过滤，清洁的工作液由工作液泵抽取，经软皮管运送到电极丝垂直割入的上端导轮处，并沿上端点对准割入方向冲液，于是工作液就沿着垂直割入工件的电极丝外表面冲向电极丝与工件的放电间隙中。在坐标工作台的回水系统中装有射流吸水装置，使回水管具有一定的流速，并造成负压，这样工作台面的工作液就畅通地流入管内而不外溢，回水管又将工作台面上的工作液送回工作液箱内进行过滤、清洁。

C　高频脉冲电源

脉冲电源能产生 5~100 kHz 的电脉冲，输给工件和电极丝。当工件与电极丝间距离很小时，即可以击穿工作液介质产生火花放电，使工件受到电腐蚀。若保持连续放电，不断进行电腐蚀，工作台又按一定的轨迹移动，就可实现电火花线切割加工。

D　数字程序控制系统

数字程序控制系统将穿孔纸带或磁带的程序信息转变成相应的控制信号，输给工作台传动步进电动机。由于纸带或磁带上的信息是按给定的工件图样预先编制的，因此工作台就作相应的轨迹移动。根据加工的需要，控制装置还可以对图形进行按比例缩小、放大或旋转，以及进行间隙补偿和其他工作。

6.2.4 程序编制方法

6.2.4.1 数字程序控制原理

电火花线切割加工机床的数字程序控制系统能够控制加工同一平面上由直线和圆弧组成的任何图形的工件，此外，还带有锥度切割、间隙补偿、螺距补偿、图形编程、图形显示等控制功能。数据和指令不仅可以通过人工和穿孔带输入，也可以使用磁盘输入。因而，控制系统的具体组成及计算机的容量也会有所不同。下面主要讨论数字程序控制原理和程序编制方法。

快速走丝电火花数控线切割加工普遍采用的是逐点比较法。加工时，计算机要不断地进行运算，并向驱动机床工作台的步进电动机发出脉冲信号，通过步进电动机控制工作台按预定的要求运动。

逐点比较法加工斜线的原理如图 6 - 22 所示。*OA* 为需要加工的斜线，坐标原点取在斜线的起点 *O* 上。加工开始时，先从坐标原点 *O* 沿 +*X* 方向走一步到位置 1。由图 6 - 22 可见，加工点 1 在 *OA* 的下方，已偏离预定的加工斜线 *OA*，产生了偏差。为了靠近 *OA*，第二步应沿 +*Y* 方向走到 2 位置。这时，因为点 2 已处在 *OA* 线的上方，加工点也偏离了 *OA* 斜线，又产生了新的偏差，为了纠正这个偏差，应使加工点向 *OA* 靠拢，即沿 +*X* 方向走第三步到点 3。如此继续不断地走下去，直至到达 *A* 点。只要每步距离很小，所走的折线就近似于一条光滑的斜线。

同理，沿逆时针方向切割圆弧时，如图 6 - 23 所示。坐标原点取在圆心 *O* 处，从 *A* 点开始，每走一步，都由数控装置进行运算比较，然后发出向圆弧靠拢的步进命令。若加工点在圆弧内，应控制下一步向 +*Y* 方向进给，若加工点在圆外或圆弧上，则下一步应沿 -*X* 方向进给。如此逐点比较逼近于预定的圆弧，直到终点 *B* 为止。同样，只要步距很小（实际是 1 μm），用这条折线代替所要加工的圆弧也是允许的。

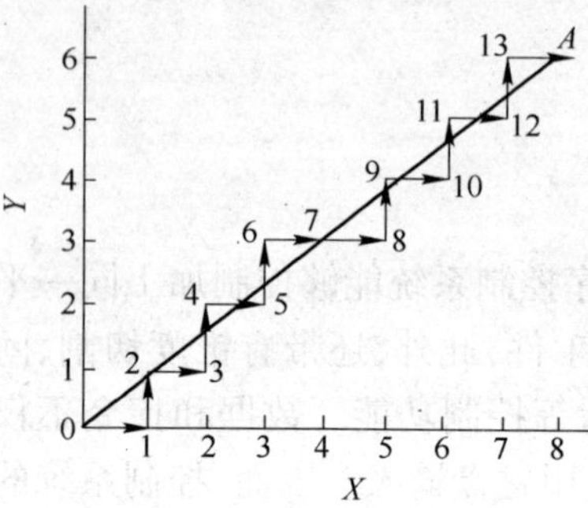

图 6－22　加工斜线的原理

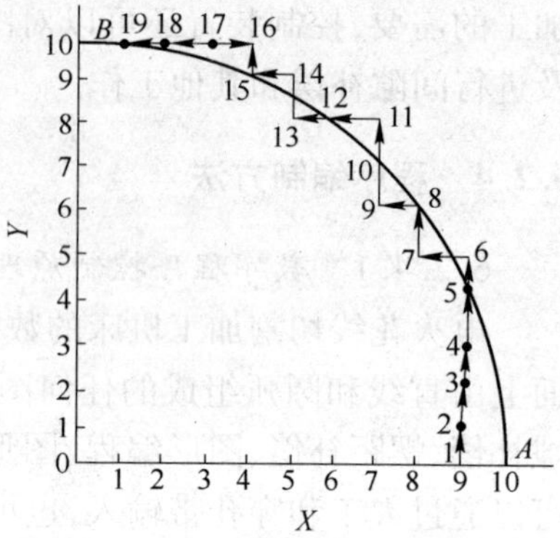

图 6－23　加工圆弧的原理

由此可知,采用逐点比较法控制滑板的进给是步进的,它每走一步,机床数控装置都要自动完成四个工作节拍,如图 6－24 所示。

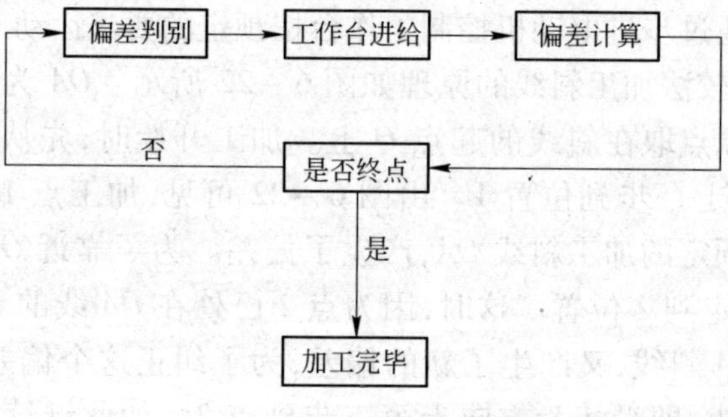

图 6－24　工作节拍方框图

(1) 偏差判别。判别加工点对规定图形的偏离位置,以决定工作台的走向。

(2) 工作台进给。根据判断结果,控制工作台在 X 或 Y 方向进给一步,以使加工点向规定图形靠拢。

(3) 偏差计算。在加工过程中,工作台每进给一步,都由机床的数控装置根据数控程序计算出新的加工点与规定图形之间的偏差,作为下一步判断的依据。

(4) 终点判别。每当进给一步并完成偏差计算之后,就判断是否已加工到图形的终点,若加工点已到终点,便停止加工。否则应按加工节拍继续加工，直到终点为止。

6.2.4.2 程序编制方法

为了使机器接受指令，并按照预定的要求自动完成切割加工，首先要把被加工零件的切割顺序、切割方向及有关尺寸等信息，按一定格式输入给机床的数控装置，经数控装置运算变换以后，控制机床的运动。从被加工的零件图到获得机床所需控制介质的全过程，称为程序编制。我国电火花线切割加工机床所用编程代码有3B、4B、ISO等格式。

A 3B格式程序的编制

a 程序格式

目前，我国常用的数控线切割机床的3B程序格式如下：

$$\mathrm{B}X\mathrm{B}Y\mathrm{B}JGZ$$

式中 X、Y——分别为X、Y坐标的绝对值，μm；

J——计数长度；

G——计数方向；

Z——加工指令。

(1) 分隔符号B。因为X、Y、J均为数码，用分隔符号B将其隔开，以免混淆。

(2) 坐标值X、Y。为了简化数控装置，规定只输入坐标的绝对值，其单位为μm，μm以下应四舍五入。

1) 加工圆弧时，取圆心作切割坐标的原点。X、Y值为圆弧起点的坐标绝对值。

2) 当加工直线时，取直线起点作切割坐标的原点，X、Y值为直线终点坐标绝对值。在加工直线编程时，可将X、Y值同时放缩相同的倍数。

3) 对于平行于X轴或Y轴的直线，即当X或Y为零时，X、Y值均可不写，但分隔符号必须保留。

(3) 计数方向G。计数方向的选取应保证加工精度，一般线切割机床是通过控制从起点某个滑板进给总长度J的数值来达到的，即把加工该线段的滑板进给总长度J的值预先置入计数器中，加工时，当被确定为计数长度J这个坐标的滑板进给一步，J计数器减1，直至为零，该直线或圆弧加工完毕。所以计数方向的选择要依据图形特点而定。

1）加工直线时，计数方向按图6－25选择。当直线终点坐标(X_e，Y_e)在阴影区域(45°为界)内，计算方向为G_y，否则为G_x；若正好在45°线上，计数方向任取。

即终点坐标 $|X_e|>|Y_e|$时，取G_x；

$|X_e|<|Y_e|$时，取G_y；

$|X_e|=|Y_e|$时，任取G_x或G_y

2）加工圆弧时，计数方向按图6－26选择。当圆弧终点坐标(X_e，Y_e)在阴影区域内，计数方向为G_x，否则为G_y；若终点坐标正好在45°线上，计数方向任取。

即终点坐标 $|X_e|>|Y_e|$时，取G_y；

$|X_e|<|Y_e|$时，取G_x；

$|X_e|=|Y_e|$时，任取G_x或G_y

圆弧与斜线计数方向相反。

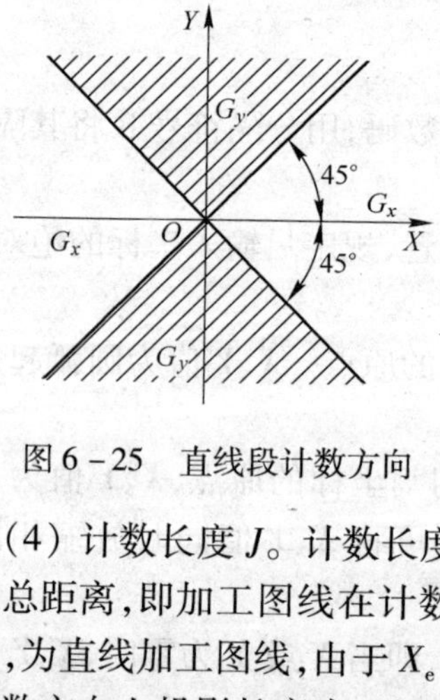

图6－25 直线段计数方向

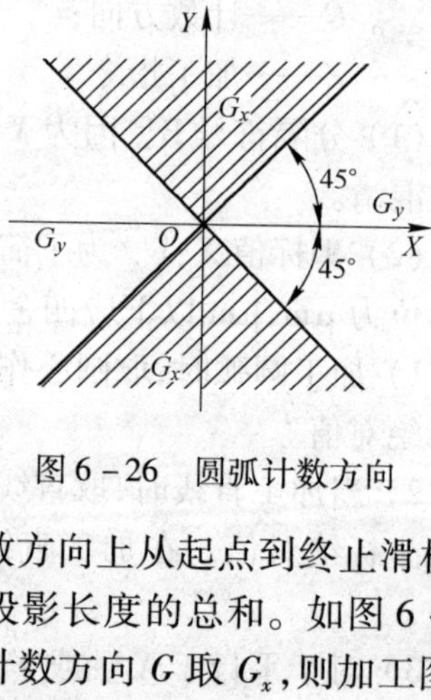

图6－26 圆弧计数方向

(4) 计数长度J。计数长度J为计数方向上从起点到终止滑板移动的总距离，即加工图线在计数方向上投影长度的总和。如图6－27所示，为直线加工图线，由于$X_e>Y_e$，其计数方向G取G_x，则加工图线在计数方向上投影长度为X_e。即计数长度$J=|X_e|$。

图6－28为圆弧加工示意图。

1）当加工从A点起到B点结束时，由于终点B坐标值$X_e>Y_e$。其计数方向G取G_y，则加工圆弧线在计数方向Y轴上投影长度的总和，即计数长度为$J=J_{y1}+J_{y2}+J_{y3}$。

2）当加工起点从B点起，到A点结束时，由于终点A坐标值$X_e<$

Y_e，其计数方向 G 取 G_x，则加工圆弧图线在计数方向 X 轴上投影长度的总和，即计数长度为 $J = J_{x1} + J_{x2}$。

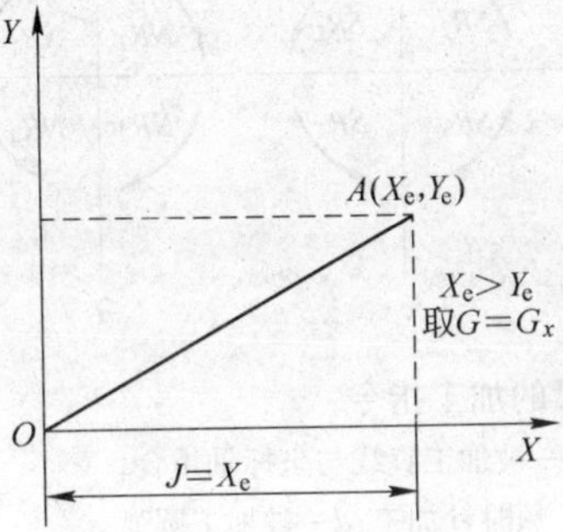

图 6-27 加工斜线的 G、J

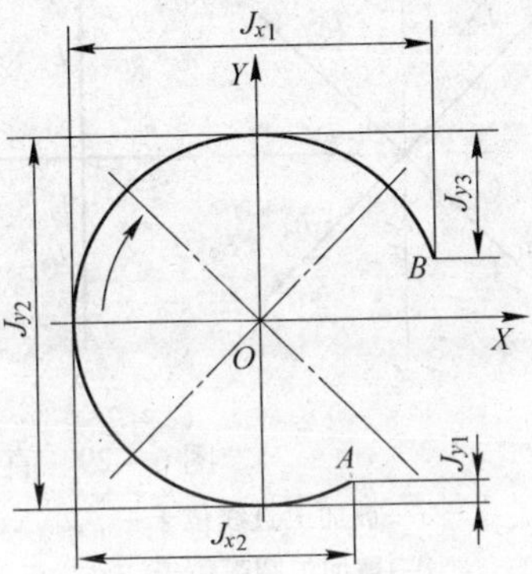

图 6-28 加工圆弧的 J

（5）加工指令 Z。加工指令 Z 是用来传送关于被加工图形的形状，所在象限和加工方向等信息的。控制台根据这些指令，选用正确的偏差计算公式进行偏差计算，并控制工作台的进给方向，从而实现机床的自动化加工。

加工指令共有 12 种，其中圆弧指令 8 种，直线指令 4 种，如图 6-29 所示。

1）当被加工的直线分别位于第一、二、三、四象限时，加工指令分别记为 L_1、L_2、L_3、L_4，如图 6-29a 所示。

2）当被加工的直线与坐标轴重合时，加工指令，X 轴正方向为 L_1，Y 轴正方向为 L_2，X 轴负方向为 L_3，Y 轴负方向为 L_4，如图 6-29b 所示。

3）当被加工圆弧位于第一、二、三、四象限时，顺时针加工时记为 SR_1、SR_2、SR_3、SR_4，如图 6-29c 所示，逆时针加工时记为 NR_1、NR_2、NR_3、NR_4，如图 6-29d 所示。

4）若加工点刚好在坐标轴上，其指令可选相邻两象限中的任何一个。

例题 1 加工如图 6-30a 所示的斜线 OA，终点坐标为 X_e = 17 mm，Y_e = 5 mm，写出加工程序。

其程序为：B17000　B5000　B017000　G_x　L_1

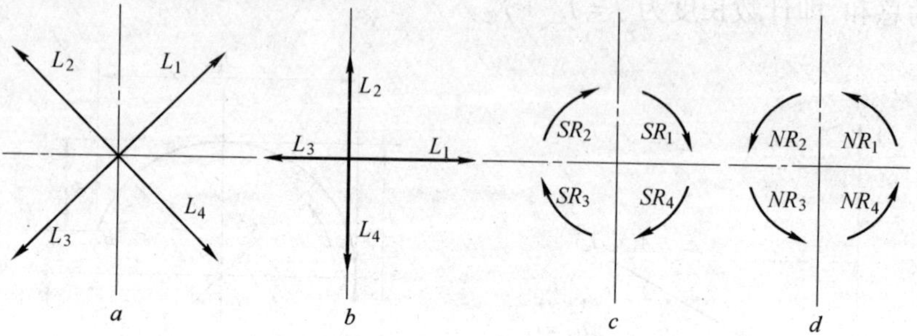

图 6－29　直线和圆弧的加工指令

a—被加工直线位于一、二、三、四象限；*b*—被加工直线与坐标轴重合；*c*—被加工圆弧位于一、二、三、四象限时，顺时针加工；*d*—被加工圆弧位于一、二、三、四象限时，逆时针加工

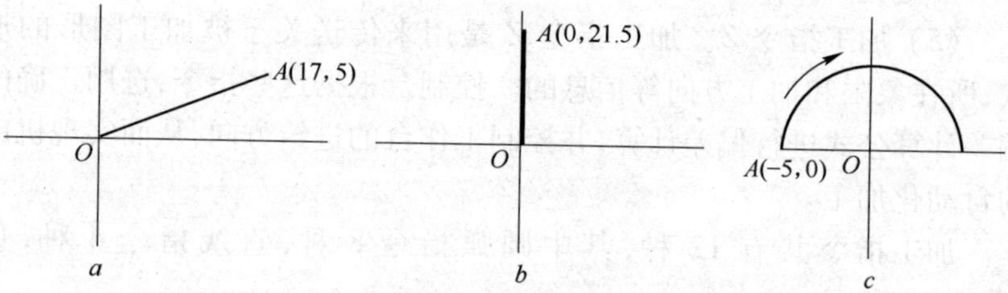

图 6－30　加工图形

a—加工斜线 *OA*；*b*—加工直线 *OA*；*c*—加工圆弧 *OA*

例题 2　加工如图 6－30*b* 的直线 *OA*，其长度为 21.5 mm，写出加工程序。

其程序为：B　B　B　B021500　G_y　L_2

例题 3　加工如图 6－30*c* 的圆弧，加工起点坐标为 *A*(－5,0)，写出加工程序。

其程序为：B5000　B　B010000　G_y　SR_2

例题 4　加工如图 6－31*a* 所示 1/4 圆弧，加工起点为 *A*(0.707, 0.707)，终点为 *B*(－0.707, －0.707)，试编制程序。

其程序为：B707　B707　B001414　G_x　NR_1，或 B707　B707　B000586　G_y　NR_1（因为终点 *x* 和 *y* 相等）

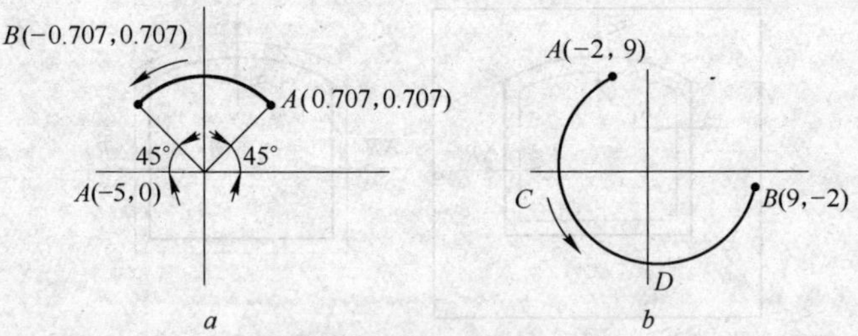

图 6－31 加工图形

a—加工$\frac{1}{4}$圆弧；b—加工 AB 圆弧

例题 5 加工图 6－31b 所示圆弧，加工起点 $A(-2,9)$，终点 $B(9,-2)$，试编制程序。

圆弧半径：$R=\sqrt{2000^2+9000^2}=9220\ \mu m$

计数长度：$J_{yAC}=9000\ \mu m$，$J_{yCD}=9220\ \mu m$，$J_{yDB}=R-2000=7220\ \mu m$

则

$$J_y=J_{yAC}+J_{yCD}+J_{yDB}=9000+9220+7220=25440\ \mu m$$

其程序为：

B2000 B9000 B025440 G_Y NR_2

b 程序的编制

在编程前应了解数控线切割机床的规格及主要参数，控制系统所具备的功能及编程指令格式等。要对零件图样进行工艺分析，明确加工要求，进行工艺计算。

(1) 工艺计算。通常编程时所要编制的加工程序不是工件的轮廓曲线，而是加工过程中电极丝中心相对工件的移动轨迹，线切割加工时，为了获得所要求的加工尺寸，电极丝和加工图形之间必须保持一定的距离，如图 6－32 所示。图中双点划线表示电极丝中心的轨迹，实线表示型孔或凸模轮廓。编程时首先要求出电极丝中心轨迹与加工图形的垂直距离 ΔR（补偿距离），并将电极丝中心轨迹分割成单一的直线或圆弧段，求出各线段的交点坐标后，逐段进行编程，可按以下步骤进行：

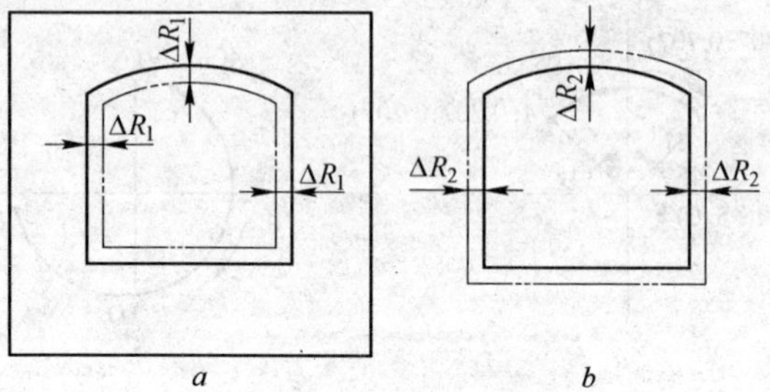

图 6－32　电极丝中心轨迹

a—凹模；*b*—凸模

1）根据工件的装夹情况和切割方向，确定相应的统一坐标系。为了简化计算，应尽量选取图形的对称轴线为坐标轴。

2）按选定的电极丝半径 r，放电间隙 δ 和凸、凹模的单面配合间隙 $Z/2$，计算电极丝中心的补偿距离 ΔR。

若凸模和凹模型孔的基本尺寸相同时，要求按型孔配合作凸模，并保持单面间隙值 $Z/2$，则加工凹模的补偿距离 $\Delta R_1 = r + \delta$。如图 6－32*a* 所示。加工凸模的补偿距离 $\Delta R_2 = r + \delta - Z/2$，如图 6－32*b* 所示。

3）工件尺寸一般都有公差要求，编程时应取其公差带的中心为编程计算尺寸。

4）根据图样尺寸及加工条件（ΔR_1 或 ΔR_2），将电极丝中心轨迹分割成平滑的直线和单一的圆弧线，准确地计算出各线段交点（线与线、圆弧与圆弧、圆弧与线的交点）的坐标值。

（2）编制程序。根据交点坐标值及各段的加工顺序，逐段编制切割程序。

（3）程序检验。编写好的程序一般要经过检验才能用于正式加工。机床数控系统一般都提供程序检验的方法，常见的方法主要有画图检验和空运行等。画图检验主要是验证程序中是否存在错误语法，零件的加工图形是否正确；空运行是总体验证程序实际加工情况，验证加工中是否存在干涉和碰撞，机床行程是否满足等。

（4）3B 格式程序编制举例。

例题 6　编制加工图 6－33 所示凸凹模（图示尺寸是根据刃口尺寸公差及凸凹模配合间隙计算出的平均尺寸）的数控线切割程序。电极丝为0.1 mm的钼丝,单面放电间隙为0.01 mm。下面主要就工艺计算和程序编制进行讲述。

1）确定计算坐标系。由于图形上、下对称,孔的圆心在图形对称轴上,故选对称轴为计算坐标系的 X 轴,圆心为坐标原点,如图6－34所示。因为图形对称于 X 轴,所以只需求出 X 轴上半部(或下半部)钼丝中心轨迹上各线段的交点坐标值,从而使计算过程简化。

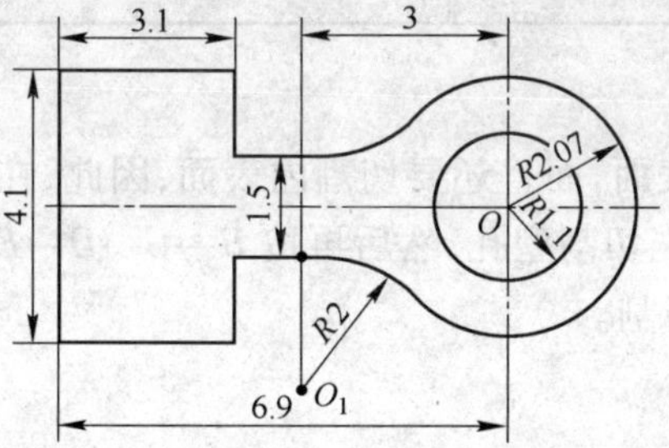

图6－33 凸凹模

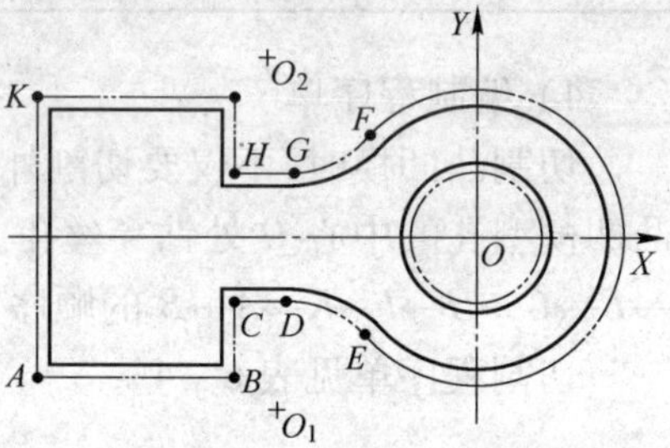

图6－34 凸凹模编程示意图

2）确定补偿距离。补偿距离为:

$$\Delta R = \frac{0.1}{2} + 0.01 = 0.06 \text{ mm}$$

钼丝中心轨迹如图6－34中双点划线所示。

3）计算交点坐标。将电极丝中心轨迹划分成单一的直线或圆弧段。求 E 点的坐标值:因两圆弧的切点必定在两圆弧的连心线 $\overline{OO_1}$ 上。直线 $\overline{OO_1}$ 的方程为 $Y = \frac{2.75}{3}X$,故 E 点的坐标值 X、Y 可以通过解下面的方程组求得:

$$X + Y = 2.13^2$$

$$2.75X - 3Y = 0$$

$$X = -1.570 \text{ mm} \quad Y = -1.4393 \text{ mm}$$

其余交点坐标可直接从图形尺寸得到,见表6－3。

切割型孔时电极丝中心至圆心 O 的距离(半径)为:

$$R = 1.1 - 0.06 = 1.04 \text{ mm}$$

表 6－3　凸凹模电极丝中心轨迹各线段交点及圆心坐标

交点	X	Y	交点	X	Y	交点	X	Y
A	－6.96	－2.11	F	－1.57	1.439	K	－6.96	2.11
B	－3.74	－2.11	G	－3	0.81	O	0	0
C	－3.74	－0.81	H	－3.74	0.81	O_1	－3	－2.75
D	－3	－0.81	I	－3.74	2.11	O_2	－3	2.75
E	－1.57	－1.439						

4）编制程序单

切割凸凹模时，不仅要切割外表面，而且还要切割内表面，因此，在凸凹模型孔的中心 O 处钻穿丝孔，先切割型孔，然后再按 B→C→D→E→F→G→H→I→K→A→B 的顺序切割。

切割程序单见表 6－4。

表 6－4　切割程序单

序号	B	X	B	Y	B	J	G	Z	备　注
1	B		B		B	001040	G_x	L_3	穿丝切割
2	B	1040	B		B	004160	G_y	SR_2	
3			B		B	001040	G_x	L_1	
4					D				拆卸电极丝
5	B		B		B	013000	G_y	L_4	空　走
6	B		B		B	003740	G_x	L_3	重新装上电极丝
7					D				切入并加工 BC 段
8	B		B		B	012190	G_y	L_2	
9	B		B		B	000740	G_x	L_1	
10	B		B	1940	B	000629	G_y	SR_1	
11	B	1570	B	1439	D	005641	G_y	NR_3	
12	B	1430	B	1311	B	001430	G_x	SR_4	
13	B		B		B	000740	G_x	L_3	
14	B		B		B	001300	G_y	L_2	
15	B		B		B	003220	G_x	L_3	

续表 6－4

序号	B	X	B	Y	B	J	G	Z	备 注
16	B		B		B	004220	G_y	L_4	
17	B		B		B	003220	G_x	L_1	
18	B		B		B	008000	G_y	L_4	退 出
19					D				加工结束

B　4B 格式程序的编制

3B 格式的数控系统由于没有间隙补偿功能，必须按电极丝中心轨迹编程，当零件复杂时编程工作量较大。为了减少编程的工作量，近年来已广泛采用了带有间隙自动补偿功能的数控系统，其中 4B 格式就是在 3B 格式的基础上发展起来的，这种格式按工件轮廓编程，数控系统使电极丝相对工件轮廓自动实现间隙补偿。

由于 4B 格式数控系统是根据圆弧的凸、凹性，以及所加工的是凸模还是凹模实现间隙补偿的，所以，程序格式中增加一个 *R* 和 *D* 或 *DD*（圆弧的凸、凹性）而成为 4B 型程序格式。

在加工凸模时，当调整补偿距离后使圆弧半径增大的称为凸圆弧，调整补偿距离后使圆弧半径减小的称为凹圆弧；加工凹模时则相反。这种格式按工件轮廓线编程，补偿距离 ΔR 是单独输入数控装置的，加工凸模或凹模也是通过控制面板上凸、凹开关的位置来确定的。同时，这种格式不能处理尖角的自动间隙补偿，所以尖角一般取 $R=0.1$ mm 的过渡圆弧来编程。4B 程序格式见表 6－5。

表 6－5　4B 程序的指令格式

B	x	B	y	B	J	B	R	G	D 或 DD	Z
分隔符号	X 坐标值	分隔符号	Y 坐标值	分隔符号	计数长度	分隔符号	圆弧半径	计数方向	曲线形式	加工指令

注：*R*—所要加工的圆弧半径；*D*—凸圆弧曲线；*DD*—凹圆弧曲线。

4B 程序编制实例见例题 7。

例题 7　图 6－35 所示为落料凹模设计图样，要求凸模按凹模配作，保证双边配合间隙为 0.06 mm，试编制凹模和凸模的数控线切割程序。电极丝为 0.12 mm 的钼丝，单边放电间隙为 0.01 mm。

a　编制凹模程序

建立图 6 – 36 所示坐标系并计算出平均尺寸，穿丝孔选在 O 点，加工顺序为：

$$O\to H\to I\to J\to K\to L\to A\to B\to C\to D\to E\to F\to G\to H\to O$$

补偿距离 $\Delta R=(0.12/2+0.01)=0.07$ mm 单独输入。

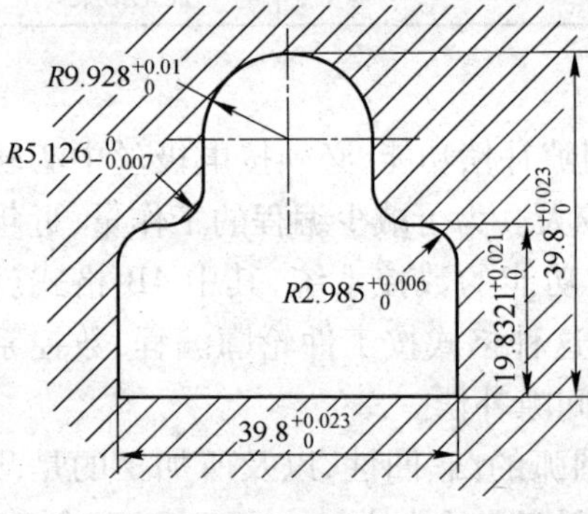

图 6 – 35　凹模型孔设计图

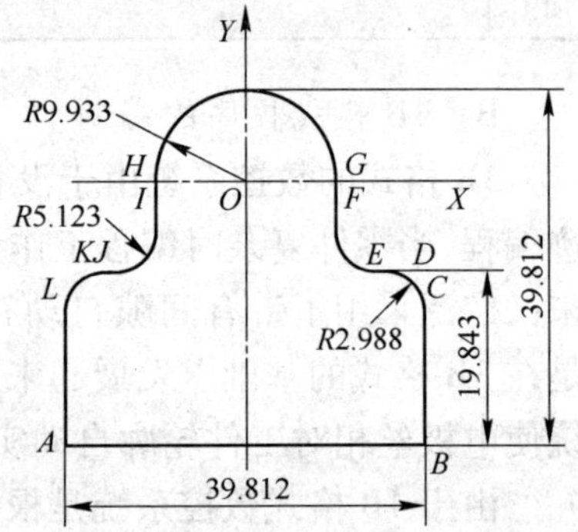

图 6 – 36　凹模型孔及平均尺寸

b　编制凸模程序

因 4B 程序格式有间隙补偿，所以凸模程序只需改变凹模程序中的切入、退出程序段，其它程序段与凹模相同。

补偿距离 $\Delta R=(0.12/2+0.01-0.06/2)=0.04$ mm 单独输入。

切割程序单见表 6 – 6。

表 6 – 6　凹模切割程序单(4B 型)

序号	B	x	B	y	B	J	B	R	G	D 或 DD	Z	备注
1	B		B		B	009933	B		G_x		L_3	
2	B		B		B	004913	B		G_y		L_4	
3	B	5123	B		B	005123	B	005123	G_x		SR_4	
4	B		B		B	001862	B		G_x	DD	L_3	
5	B		B	2988	B	002988	B	002988	G_y		NR_2	
6	B		B		B	016755	B		G_y	D	L_4	
7	B	100	B		B	000100	B	000100	G_x		NR_4	过渡圆弧

续表 6－6

序号	B	x	B	y	B	J	B	R	G	D 或 DD	Z	备注
8	B		B		B	039612	B		G_x	D	L_1	
9	B		B	100	B	000100	B	000100	G_y		NR_4	过渡圆弧
10	B		B		B	016755	B		G_y	D	L_2	
11	B	2988	B		B	002988	B	002988	G_x		NR_1	
12	B		B		B	001862	B		G_x	D	L_3	
13	B		B	5123	B	005123	B	005123	G_y		NR_3	
14	B		B		B	004913	B		G_y	DD	L_2	
15	B	9933	B		B	019866	B	009933	G_y		NR_1	
16	B		B		B	009933	B		G_x	D	L_1	退出
17											D	停机

C ISO 代码数控编制程序的编制

a 概述

为了便于国际交流，按照国家统一规范——ISO 代码进行数控编程是电加工编程和控制发展的必然趋势。现阶段，生产厂家和使用单位可以采用 3B、4B 格式和 ISO 代码并存的方式作为过渡。为了适应这种新的要求，生产厂家制定的数控系统必须带有可以接受 ISO 代码程序的接口或必须是 3B、4B 格式与 ISO 代码兼容，用户单位不论是手工编程还是计算机辅助编程，都应具备生产 ISO 代码程序或直接采用 ISO 代码编程及穿制 ISO 代码纸带的手段。通过这一段时间的过渡，逐步淘汰 3B、4B 代码格式的程序代码，使编程和控制全部规范为 ISO 国际标准代码。

b 程序段格式与程序格式

(1) 程序字。程序字简称字，它是机床数字控制的专用术语。它的意义是：一套有规定次序的字符可以作为一个信息单元存储、传递和操作，如 X8500 就是“字”。一个字所含的字符个数叫做字长。一般加工程序中的字都是由一个英文字母与随后的若干位十进制数字组成。这个英文字母称为地址符，地址符由字母 A～Z 表示，地址符的含义见表 6－7，地址符与后续数字间可加正、负号。

表6-7 地址字母表

功 能	地 址	意 义
顺序号	N	程序段号
准备功能	G	指令动作方式
坐标字	X、Y、Z	坐标轴移动指令
	A、B、C、U、V	附加轴移动指令
	I、J、K	圆弧中心坐标
锥度参数字	W、H、S	锥度参数命令
进给速度	F	进给速度指令
刀具功能	T	刀具编号指令(切削加工)
辅助功能	M	机床开/关程序调用指令
补偿字	D	间隙及电极丝补偿指令

程序字包括顺序号字、准备功能字、尺寸字、辅助功能字等。

1）顺序号字。也叫程序段号或程序段序号。顺序号位于程序段之首，它的地址符是N，后续数字一般2~4位。如N02、N0010都是顺序号字。

程序中可以在程序段前任意设置顺序号，可以不写，也可以不按顺序编号，或只在重要程序段前按顺序编号。顺序号的作用是便于对程序进行检查、校对和修改；便于调用子程序。

2）准备功能字。准备功能字的地址符是G，所以又称为G功能或G指令。它的定义是：建立机床或控制系统工作方式的一种命令。准备功能中的后续数字大多为2位正整数，即G00~G99。前置“0”可以省略，如G2，实际上是G02。

3）尺寸字，也叫尺寸指令。尺寸字在程序段中主要用来指令电极丝运动到达的坐标位置。线切割加工常用地址符有X、Y、U、V、A、I、J等。尺寸地址符后续数字为整数，单位为μm，可加正、负号。

4）辅助功能字。它由地址符M及随后的2位数字组成，即M00~M99，也称为M功能或M指令。它用来指令机床辅助装置的接通和断开，表示机床各种辅助动作及其状态。

（2）程序段。程序段由若干个程序字组成，它实际上是数控加工程序的一句。

例如:G01 X3000 Y-5000

多数程序段是用来指令机床完成(执行)某一个动作。在书写、打印和光屏显示程序时,每个程序一般占一行。

(3) 程序段格式。程序段格式是指程序段中的字、字符和数据的安排形式。

一个程序段可以由若干个程序段组成,而一个程序段又由若干个字组成。字的功能类别由地址符决定。在此格式的程序中,前面的程序段中已写明,本程序段里又不变化的那些字仍然有效,可以不重写。

例如:G01 X40000 Y-15000

G01 X40000 Y-5000

第二句中的 X40000 可省略不写。

在这种格式中,每个字长不固定,各个程序段长度、程序字的个数都是可变的,故属于可变程序段格式。

(4) 程序格式。一个完整的加工程序由程序名及若干程序段(程序主体)和程序结束指令组成。它们在程序中的安排格式称程序格式。一般数控加工的程序格式为:

程序名(单列一段)+程序主体+程序结束指令(单列一段)

1) 程序名。即程序文件名,每个程序都必须有文件名,程序文件名用字母和数字表示。注意的是文件名不能重复。

2) 程序主体。程序主体由若干程序段组成,分为主程序和子程序。有时候,一组程序段在一个程序中会多次出现(如依次加工几个相同的型面),或者在几个程序中都要使用它。我们可以把这组程序摘出来,命令后单独储存,这组程序段就是子程序。子程序是可由控制程序调用的一般加工程序,它在加工中一般具有独立意义。调用子程序所在的加工程序叫做主程序。子程序可以嵌套,最多可嵌套多少层由具体的数控系统决定。

3) 程序结束指令 M02。它安排在程序的最后,一般单列一段,当数控系统执行到 M02 程序段时,会自动停止进给、停止工作液,并使数控系统复位。

c　常用 ISO 指令(代码)

(1) G90、G91、G92 坐标指令有下列几种:

G90——绝对坐标指令。该指令表示程序段中的编程尺寸是按绝对坐标给定的,即移动指令终点的坐标值 *X*、*Y* 都是以工件坐标系坐标原点(程序零点)为基准来进行计算的。

书写格式:G90(单列一段)

说明:系统通电时机床处于 G90 状态。

G91——增量坐标指令。该指令表示程序段中的编程尺寸是按增量坐标给定的,即坐标值均以前一个坐标位置作为起点来计算下一点的坐标值。

书写格式:G91(单列一段)

G92——绝对坐标指令。G92 后面要跟坐标,确定电极丝当前位置在编程坐标系中的坐标值,一般此坐标作为加工程序的起点。如图 6-37 所示,G92 定为加工起点位置(10,10),然后切割两段圆弧。

书写格式:G92 X_ Y_

例题 8　加工图 6-38 所示零件(电极丝直径与放电间隙忽略不计)。

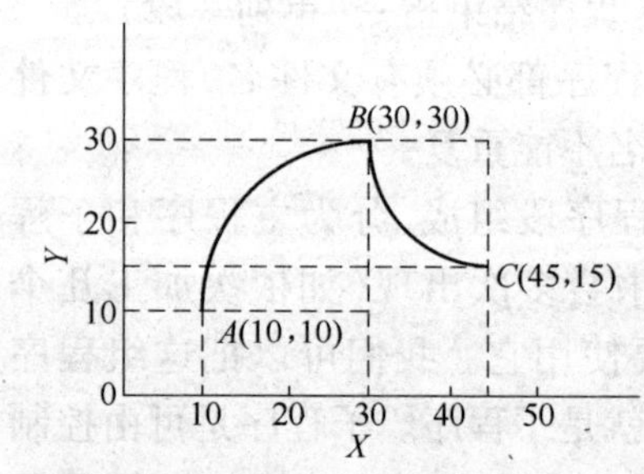

图 6-37　圆弧插补

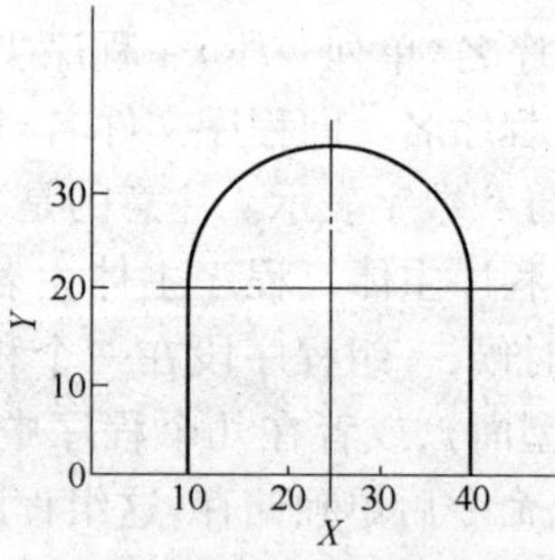

图 6-38　零件加工

G90 编程:

P1　　(程序名)

N01　G90　X0　Y0　(确定加工程序的起点)

N02　G01　X10000　Y0

N03 G01 X10000 Y20000

N04 G02 X40000 Y20000 I15000 J0

N05 G01 X40000

N06 G01 X0 Y0

N07 M02

G91 编程:

P2 (程序名)

N01 G92 X0 Y0

N02 G91 (表示后面的坐标值均为增量坐标)

N03 G01 X10000 Y0

N04 G01 X0 Y20000

N05 G02 X30000 Y0 I15000

N06 G01 X0 Y-20000

N07 G01 X-40000 Y0

N08 M02

(2) G00 为快速定位指令。

在线切割机床不放电的情况下,使指定的某轴以最快的速度移动到指定位置。

书写格式:G00 X_ Y_

例如:G00 X60000 Y80000

快速定位如图 6-39 所示。

注意:如果程序中指定了 G01、G02 等指令,则 G00 无效。有些系统将这一常用命令作为外部功能使用,即手动功能下使用。

(3) G01 为直线插补指令。

该指令书写格式:G01 X_ Y_ U_ V_

现阶段生产的线切割机床一般都具有 X、Y、U、V 四轴联动功能,即四坐标。G01 指令可使机床在各个坐标平面内加工任意斜率的直线轮廓和用直线逼近的曲线轮廓。

例如:G92 X40000 Y20000

G01 X80000 Y60000

直线插补如图 6-40 所示。

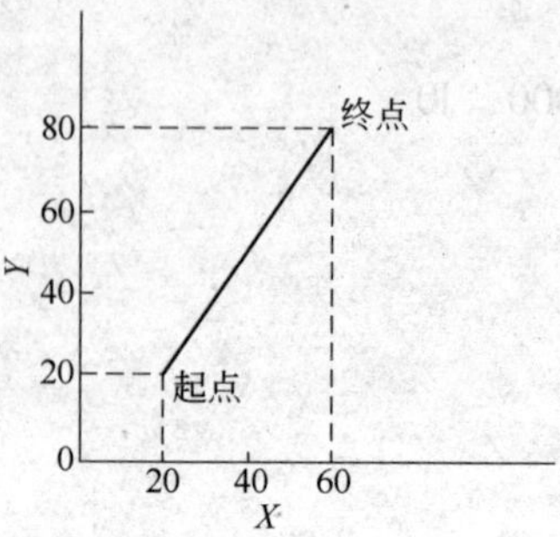

图 6 - 39　快速定位

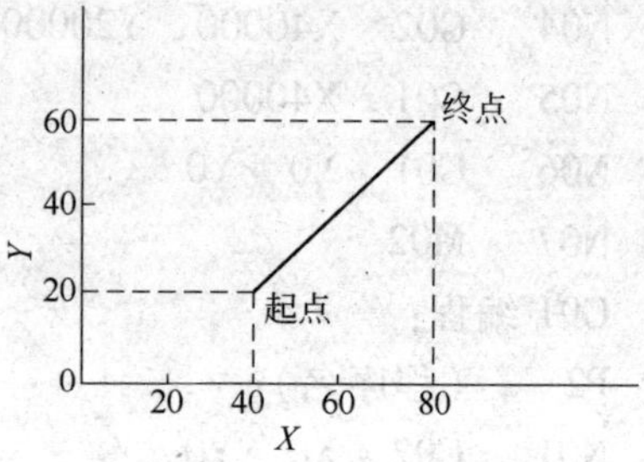

图 6 - 40　直线插补

（4）G02、G03 为圆弧插补指令。G02 为顺时针圆弧插补，G03 为逆时针圆弧插补。

书写格式：G02　X_　Y_　I_　J_

G03　X_　Y_　I_　J_

X、*Y* 为目标点位置（圆弧终点）；*I* 为圆弧的圆心相对圆弧的起点（起点指向圆心）在 *X* 方向的增量；*J* 为圆弧的圆心相对圆弧的起点（起点指向圆心）在 *Y* 方向的增量。

例如：G92　X10000　Y10000

G02　X30000　Y30000　I20000　J0

G03　X45000　Y15000　I15000　J0

圆弧插补如图 6 - 37 所示。

（5）镜像及交换指令 G05、G06、G08。

G05——*X* 轴镜像，函数关系式：$X = -X$。

G06——*Y* 轴镜像，函数关系式：$Y = -Y$。

G08——*X* 轴镜像、*Y* 轴镜像，函数关系式：$X = -X, Y = -Y$。即 G08 = G05 + G06。

书写格式：G05（单列一段）

其他指令书写格式与 G05 相同。

镜像后必须消除镜像。根据数控系统的不同，取消镜像的指令为 G09 或 G12。

镜像指令如图 6 - 41 所示，ABC 的 *X* 轴镜像（G05）得到 A′B′C′；Y 轴镜像（G06）得到 A″B″C″。

（6）间隙补偿指令 G41、G42、G40。

间隙补偿指令使电极丝在前进方向上，偏离工件轮廓一补偿量。G41 为左补偿，G42 为右补偿，G40 为取消补偿。左、右补偿与电极丝前进方向有关，如图 6－42 所示。不同的数控系统，指令格式有所差异。

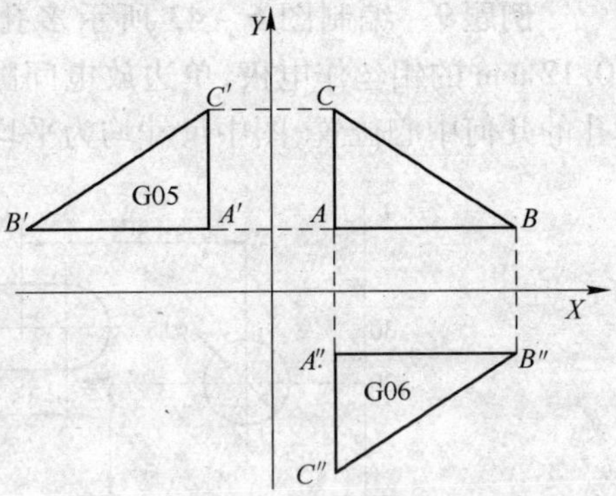

图 6－41 镜像指令

书写格式：G41 D_

G42 D_

G40 （单列一行）

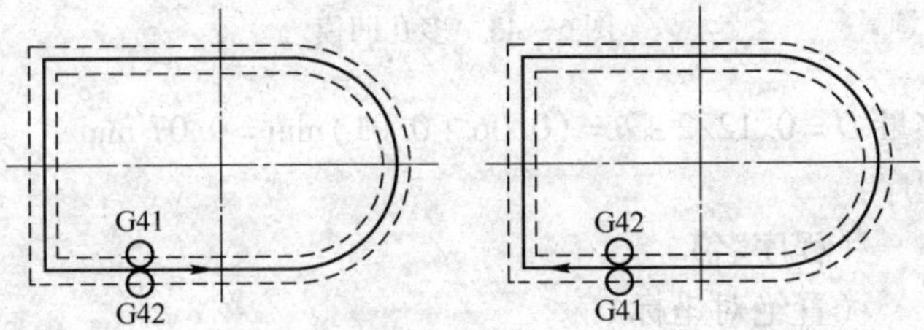

图 6－42 间隙补偿指令

（7）锥度指令 G51、G52、G50。

G51 为锥度内倾斜指令，使用该指令，切割后的工件上小下大；G52 为锥度外倾斜指令，使用该指令，切割后的工件上大下小。G50 为取消倾斜。不同的数控系统指令格式有所差异。

书写格式：G51 A_

G52 A_

G50

（8）程序结束 M02/M30。

书写格式：M02 或 M30

有些数控系统只能用 M02。

例题 9　编制图 6 - 43 所示多孔凹模的线切割加工程序。采用 0. 12 mm 的钼丝作电极，单边放电间隙为 ϕ0. 01 mm，穿丝孔在每个型孔的几何中心位置，图中尺寸均为平均尺寸。

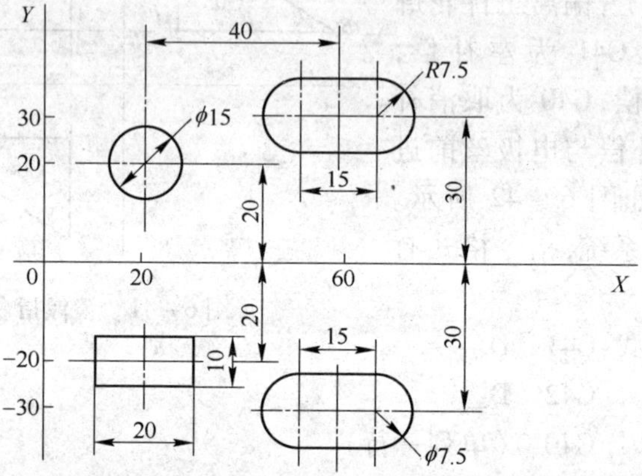

图 6 - 43　多孔凹模

偏移量 $D = 0.12/2 + \delta = (0.06 + 0.01)\ mm = 0.07\ mm$

主程序：

AM　　（程序名）

G90　　（置绝对坐标）

G54　　（取图 6 - 43 所示坐标系为 G54）

G92　　X0　Y0

G00　　X20000　Y20000

M00　　（装钼丝）

M96

M96　　B：ZCX1.（B：为 B 盘文件，ZCX1 为子程序名）

M00　　（拆钼丝）

G54

G00　　X60000　Y30000

M00　　（装钼丝）

M96　　B：ZCX2.

M00　　（拆钼丝）

```
G54
G00    X20000   Y-20000
M00    (装钼丝)
M96    B:ZCX3
M97
M02
```

子程序:

子程序Ⅰ,如图6-44a所示,程序如下:

```
ZCX1
G55
G92    X0   Y0
G42    D70
G01    X7500   Y0
G02    X7500   Y0   I7500   J0
G40
G01    X0   Y0
M02
```

子程序Ⅱ,如图6-44b所示,程序如下:

```
ZCX2
G56
G92    X0   Y0
G42    D70
G01    X7500   Y7500
G02    X7500   Y-7500   I0   J-7500
G01    X-7500   Y-7500
G02    X-7500   Y7500   I0   J7500
G01    X7500   Y7500
G40
G01    X0   Y0
M96    B:ZCX2.
M00    (拆钼丝)
```

```
G54
G00    X20000   Y-20000
M00    (装钼丝)
M96    B:ZCX3.
M97
M02
```

子程序Ⅲ,如图 6 - 44c 所示,程序如下:

```
ZCX3
G57
G92    X0   Y0
G41    D70
G01    X0   Y5000
G01    X-10000   Y5000
G01    X-10000   Y-5000
G01    X10000   Y-5000
G0     X10000   Y5000
G01    X0   Y5000
G40
G01    X0   Y0
M02
```

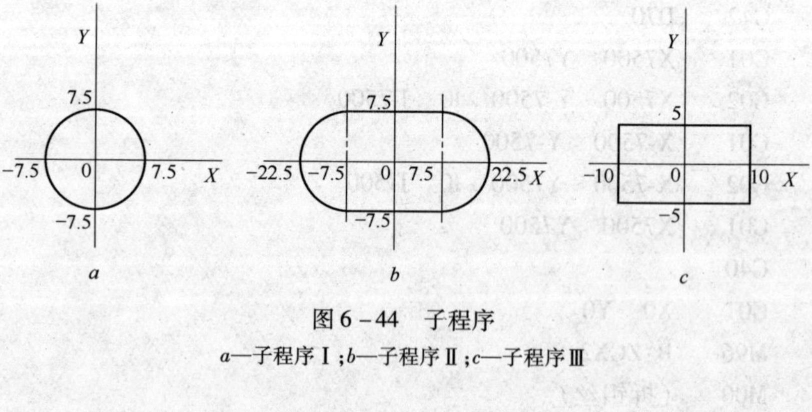

图 6 - 44　子程序

a—子程序Ⅰ;*b*—子程序Ⅱ;*c*—子程序Ⅲ

6.2.5 电火花线切割加工工艺及其影响因素

6.2.5.1 电火花线切割加工工艺

线切割加工一般作为工件加工中的最后工序，要求达到加工零件的精度及表面粗糙度要求，所以应合理控制线切割加工时的各种工艺因素，同时选择合适的工装。

A 线切割加工路线的确定

线切割加工一般安排在工件热处理后进行。选择合理的切割加工路线，则能有效控制工件的变形，保证工件的加工精度。

a 应将工件与夹持部分分割的线段安排在切削加工总程序的末端

如图 6-45 所示。图 6-45*a* 所示为切割完第一段线段后继续加工时，由于原来主要连接部位被割离，余下材料与夹持部分连接较少，工件刚度下降，容易发生变形，影响加工精度。选择图 6-45*b* 所示的切割加工路线则可避免上述问题。

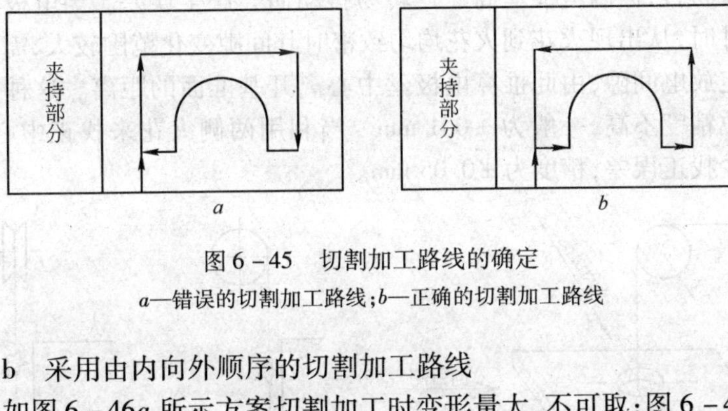

图 6-45 切割加工路线的确定

a—错误的切割加工路线；*b*—正确的切割加工路线

b 采用由内向外顺序的切割加工路线

如图 6-46*a* 所示方案切割加工时变形量大，不可取；图 6-46*b* 所示方案安排较合理，但仍有变形；图 6-46*c* 所示方案切割加工起点取在坯料预制的穿丝孔中，变形量小。

B 电极丝位置的调整

a 目测法

图 6-47 所示为目测法。利用穿丝孔处划出的十字基准线，观测电极丝与十字线的相对位置，移动拖板，使电极丝分别与纵横方向基准线重合，这种方法的定位精度较差，一般为 ±0.1 mm。

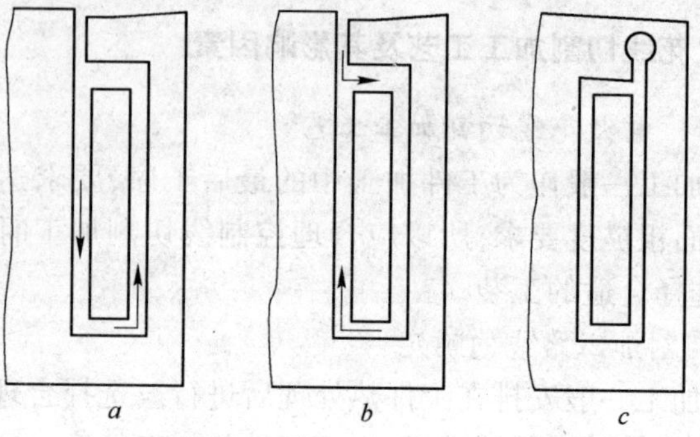

图 6－46　切割加工起始点和切割加工路线的安排

a—不正确方案；*b*—可用的方案；*c*—最好的方案

b　火花法

图 6－48 所示为火花法。电极丝靠近工件时，当其间隙小于一定数值时会产生电火花放电，通过观察火花情况来找正电极丝位置。此法简便易行，但因电极丝高速运转易抖动而会产生误差。当电极丝逼近工件时，从出现火花到火花均匀致密时其间隙变化范围较大，需凭经验确定放电间隙，由此推算电极丝中心离开基准面的距离。这种方法的定位精度不高，一般为 ±0.1 mm。当利用两侧火花来找正中心时，可减少找正误差，精度为 ±0.05 mm。

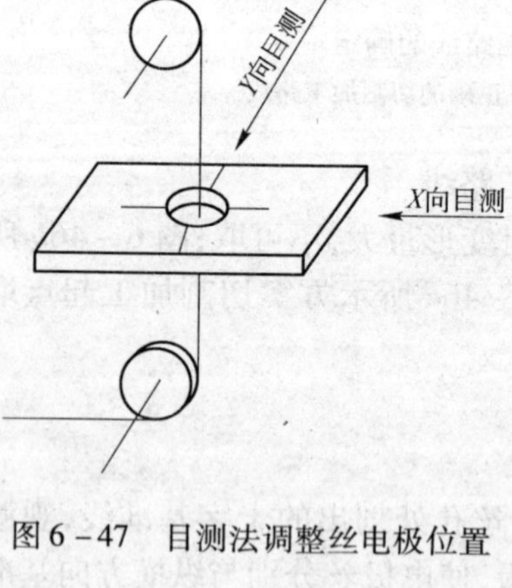

图 6－47　目测法调整丝电极位置

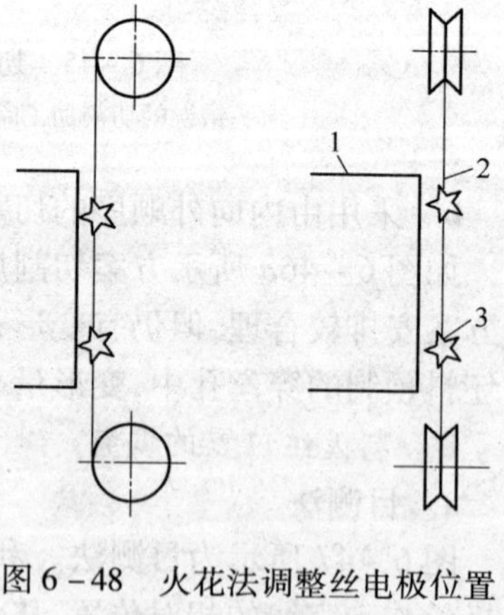

图 6－48　火花法调整丝电极位置

1—工件；2—丝电极；3—火花

c 自动找正中心

所谓自动找正中心，就是让丝电极在工件孔的中心自定位，其原理如图 6－49 所示。设 P 为丝电极在工件孔中的起始位置，先向右沿 X 坐标进给，当与孔的圆周在 A 点接触后，立即反向进给并开始计算；直至和孔周边的另一点 B 点接触时，再反向进给 1/2 的距离，移动至 AB 间的中心位置 C，然后向上沿 Y 坐标进给。重复上述过程，最后自动在穿丝孔中心 O 点停止。微处理器控制的数控电火花线切割加工机床一般都具有此项功能。

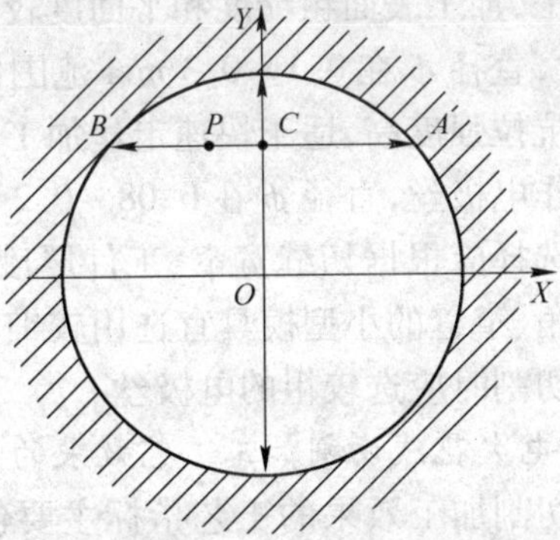

图 6－49 丝电极自动对中心原理图

C 工艺参数的选择

a 脉冲参数的选择

线切割加工一般采用单个脉冲能量小、脉宽窄、频率高的电参数进行正极性加工。快速走丝线切割加工脉冲参数的选择见表 6－8。

表 6－8 快速走丝前切割加工脉冲参数的选择

应 用	脉冲宽度 t_i/μs	电流峰值 I_c/A	脉冲间隔 t_0/μs	空载电压 /V
快速线切割加工或加大厚度工件 R_a >2.5 μm	20～40	大于 12	为实现稳定加工，一般选择 t_0/t_i = 3～4 以上	一般为 70～90
半精加工 R_a = 2.5～1.25 μm	6～20	6～12		
精加工 R_a <1.25 μm	2～6	4.8 以下		

b　工作液的选配

工作液对切割加工速度、表面粗糙度、加工精度等都有较大影响。常用工作液主要有乳化液和去离子水。慢速走丝线切割加工目前普遍采用去离子水。快速走丝线切割加工常用5%左右的乳化液。

c　电极丝的选择

电极丝应具有良好的导电性和抗电蚀性、抗拉强度高、材质均匀。常用的电极丝有钼丝、钨丝、黄铜丝等。钨丝抗拉强度高，直径 ϕ 在0.03～0.1 mm范围内，一般用于各种窄缝的精加工，但价格昂贵。黄铜丝适用于慢速加工，加工表面粗糙度和平面度较好，蚀屑附着少。但抗拉强度差，损耗大，直径 ϕ 在0.1～0.3 mm范围内，一般用于慢速单向走丝加工。钼丝抗拉强度高，适于快速走丝加工，所以我国快速走丝机床大都选用钼丝作电极丝，直径 ϕ 在0.08～0.2 mm范围内。

电极丝直径的选择应根据切缝宽窄、工件厚度和拐角尺寸大小来选择。若加工带尖角、窄缝的小型模具宜选用较细的电极丝；若加工大厚度工件或大电流切割时应选较粗的电极丝。

6.2.5.2　影响电火花线切割加工工艺效果的主要因素

衡量电火花线切割加工效果的工艺指标主要包括切割速度、表面粗糙度、放电间隙、电极丝损耗和加工精度等。研究影响工艺指标的因素，可找到提高线切割的加工质量及加工效率的有效途径。

A　脉冲参数

脉冲电源的主要参数对电火花线切割工艺效果的影响如表6－9所示。由于线切割加工一般都选用晶体管高频脉冲电源，用单脉冲能量小、脉冲宽、频率高的脉冲参数进行正极性加工。要求获得较好的表面粗糙度时，所选用的电规准要小但加工不易稳定；若要求获得较高的切割速度，脉冲参数要选大一些，但加工电流的增大仍受到排屑条件及电极丝截面积限制，过大的加工电流易引起断丝。

加工大厚度工件时，为了改善排屑条件，应选用较高的脉冲电压、较大的脉冲峰值电流和脉宽，以增大放电间隙，帮助排屑和工作液进入加工区。在容易断丝的场合（如刚切入时电极丝抖动厉害，工作液中电蚀产物浓度过高，或是调换新钼丝时），都应该增大脉冲间隔时间，减小加工电流，待加工稳定（调节线切割的进给速度）后再缩小脉冲间隔，增大加工电流，否则将会导致电极丝的烧断。

表6-9　脉冲参数对工艺效果的影响

电参数 \ 主要工艺指标	加工速度	表面粗糙度	电极丝损耗	电参数选用范围	加工情况
空载电压幅值增加	提高	增大	增大	70～90 V	加工稳定性提高，但增加不大
脉冲宽度增加（脉冲间隔不变）	提高较大	增大较多	稍有增大	精 < 10 μs	不稳定（特别是对厚工件）
				半精 10～20 μs	较稳定
				粗 20～50 μs	容易稳定
脉冲间隔缩小（脉冲宽度不变）	明显增加	稍有增大	明显增大	< 100 μs	间隔太短，不易使加工稳定

B　走丝速度的影响

加大走丝速度，有利于加快被蚀物从蚀除区迅速排离，从而明显提高了切割速度。实验证实：当走丝速度由1.4 m/s上升到7～9 m/s，走丝速度对切割速度的影响非常明显。若再继续上升走丝速度，切割速度不仅不再上升，反而开始下降。这是因为走丝速度的继续增加，对改善排屑条件的作用已经不很明显，反而由于走丝速度的增加引起了电极振幅的增大，结果使切缝变宽，进给速度下降。因此在不同的工艺条件下，应有不同的最佳走丝速度。

C　工作液的影响

在电火花线切割加工中，可使用的工作液种类很多，有煤油、乳化液、去离子水、蒸馏水、洗涤剂、酒精溶液等。去离子水、蒸馏水等水基工作液的冷却效果好，特别是在工件较厚的情况下，冷却效果更显著，容易获得较低量值粗糙度的加工表面。但电极丝在冷热的频繁变化中，容易变脆，甚至断丝。此外，水基工作液的洗涤性能差，对放电产物的排除不利，导致加工速度较低。故水基工作液适宜于慢速走丝线切割机。

煤油等油基工作液因为介电强度高、间隙消耗的放电能量多，分配到两极的能量少。同时在同样电压下放电间隙小、排屑困难，导致切割速度低。但煤油受冷热变化的影响小，且润滑性能好，电极丝运动磨损小，因此不易断丝。

如在水中加入洗涤剂、皂片等添加剂制成乳化型工作液，则其介电强度比水基工作液高，比煤油低，冷却能力比水弱，比煤油好，洗涤性能则比煤油和水都好，故切割速度高。目前快速走丝线切割机大多用乳化液作为工作液。

工作液的状况，特别是脏污程度对工艺指标的影响也很大。工作液太脏，会降低加工的工艺指标。纯净的工作液也并非加工效果最好，往往经过一段时间放电加工后，工作液中存在一些悬浮的放电产物，这些放电产物可以帮助形成放电通道，有较好的加工效果。但工作液太脏时，悬浮的加工屑过多，使间隙的消电离变差，容易发生二次放电，导致加工表面质量恶化。此时应更换工作液。

D　工件材料

在采用快速走丝方式和乳化剂介质的情况下，通常切割铜、铝及淬火钢等材料比较稳定，切割速度也快。而切割不锈钢、磁钢、硬质合金等材料时，加工就不太稳定，切割速度也慢。

对热处理后的模坯进行电火花线切割加工时，还会由于材料淬透性的影响，当大面积去除金属和切断加工时，会使材料内部残余应力的相对平衡状态受到破坏而产生很大的变形，影响加工精度，甚至在切割过程中造成材料突然开裂。为了减少这类影响，应选用锻造性能好、淬透性好、热处理变形小的材料，并正确选择热加工方法和严格执行热处理规范。或是对一些不易淬透的模坯事先进行预加工，由于切割部分都能淬透，也可减小材料内部的应力影响。此外，还应注意合理选择线切割起点及其切割路线。

E　工件厚度

工件厚度小时，工作液容易进入并充满放电间隙，有利于排屑及消电离，加工稳定性好。但是工件厚度小，对于固定丝架来说，由于电极丝的振动，会对加工精度以及表面粗糙度带来不良的影响。反之，工件厚度较大，加工不易稳定，进给速度变慢，表面粗糙度则会有所改善。

6.3　电化学及化学加工

6.3.1　电化学加工的基本原理

图6－50所示是电化学加工的原理图。当将两金属片（如Fe和Cu）

插入导电溶液(例如水中加入少量NaCl)时,两者之间将出现电位差,形成所谓的“原电池”。若用导线将两金属片连接起来,就会有电流从导线中通过,并出现Fe的溶解。而再按电流方向加上一个直流电源时,电流加大,Fe的溶解将加快。这是因为:接上直流电源后,导电溶液中的正离子将移向阴极,在阴极上得到电子而发生还原反应,并逐渐沉积在阴极上。负离子将移向阳极,在阳极表面失去电子而发生氧化反应,或者阳极上的金属原子失去电子而形成正离子进入溶液,阳极由此而被溶解。

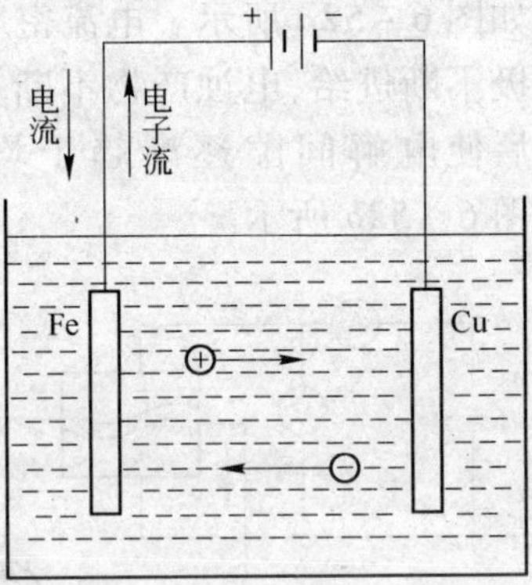

图6－50 电化学加工原理

溶液中正、负离子的定向移动称为电荷迁移,在阳极、阴极表面发生的得失电子的化学反应称为电化学反应。利用电化学反应中阳极(也称正极)的溶解,或是阴极(负极)的镀覆效应对零件进行加工的方法,就称为电化学加工。

电化学加工有三种不同的类型。第一类是利用电化学反应过程中的阳极溶解来进行加工,主要有电解加工和电化学抛光等;第二类是利用电化学反应过程中的阴极沉积来进行加工,主要有电镀、电铸等;第三类是利用电化学加工与其他加工方法相结合的电化学复合加工工艺,目前主要有电解磨削、电化学阳极机械加工等。

6.3.2 电解加工

6.3.2.1 电解加工的基本原理

电解加工是利用金属在电解液中发生阳极溶解的原理,将工件加工成形的一种方法,如图6－51所示。加工时工件接直流电源的阳极,工具电极接阴极。工具电极以恒速缓慢向工件进给,而具有一定压力(0.49～1.96 MPa)的电解液从两极之间流过,并把阳极工件溶解下来的电解产物,以5～50 m/s的高速冲走。

由于阳极、阴极之间各面的距离不等,所以电流密度也不相同,如图 6－52*a* 所示。电流密度愈大，阳极溶解的速度就愈快。随着电极不断进给，电蚀产物不断被电解液冲走，工件表面不断被溶解，最后使电解间隙逐渐趋于均匀，电极的形状被复制在工件上，如图 6－52*b* 所示。

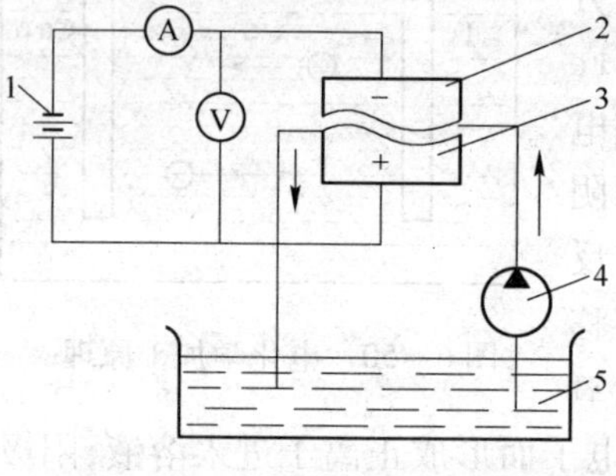

图 6－51 电解加工示意图

1—直流电源；2—工具阴极；3—工件；
4—电解液泵；5—电解液

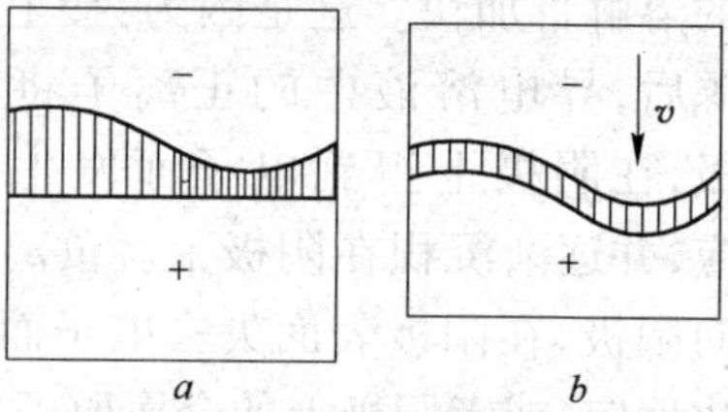

图 6－52 电解加工成形原理

a—阴、阳极之间的电流密度；
b—电极的形状被复制在工件上

6.3.2.2 电解加工的特点

电解加工与其他加工方法比较具有如下特点：

（1）加工范围广。电解加工不受金属材料的力学性能限制，可以加工硬质合金、淬火钢、不锈钢、耐热合金等高硬度、高强度、高韧性金属材料及各种复杂型面。

（2）加工速度快。约为电火花加工的 5～10 倍以上。如加工复杂形状的型腔，可在电极的进给下，一次加工成形。

（3）由于加工过程中不存在切削力作用，不会产生热变形及毛刺等，没有电火花加工那样的白亮变质层。

（4）电极耗损较小，加工表面粗糙度值小，一般 R_a 为 0.8～0.2 μm。

（5）不易达到较高的加工精度和加工稳定性，也难以加工出棱角，一般圆角半径都大于 0.2 mm。

（6）电解加工设备投资大，占地面积大；设备的锈蚀也严重；单件小批量生产时成本比较高。

（7）电解产物必须进行妥善处理，否则将污染环境。

6.3.2.3 混气式电解加工

混气电解加工也称充气式电解加工，就是将一定压力的气体与电解液混合在一起，再送入加工区进行电解加工的方法，如图 6－53 所示。电解液经锥形喷嘴喷出，气体在一定压力及电解液的引射作用下，经喷嘴四周进入混合区，与电解液强烈搅拌混合后，进入加工间隙进行电解加工。为防止气液相互分离或电解液倒流入气体管道，气体的压力应稍高于电解液的压力。目前混气电解加工用的气体为压缩空气，比较容易获得，成本低廉。

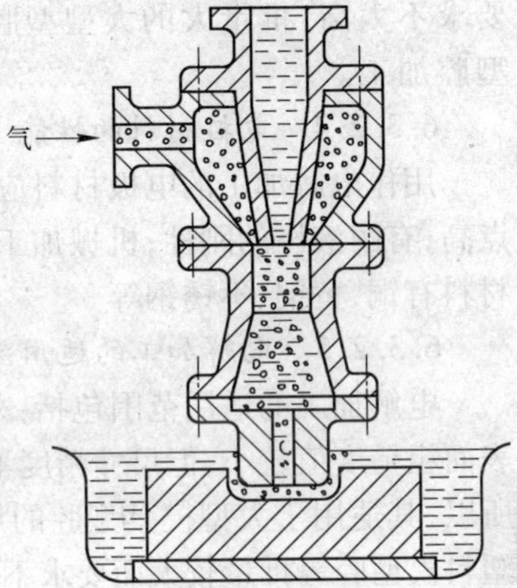

图 6－53 混气电解加工示意图

在电解液中混入气体后，产生的作用主要表现在：

(1) 增加了电解液的电阻率。由于气体是不导电的，电解液中混入气体后，增加了间隙内的电阻率，而且随着压力的变化而变化。间隙小处，压力高，气泡体积小，电阻率低，电解作用增强；间隙大处，压力低，气泡体积大，电阻率大，电解作用减弱。这就有助于使加工区的间隙迅速趋于均匀，提高了加工的精度。

(2) 改变了电解液的流动特性。由于气体的密度和黏度远小于液体，所以混气电解液的密度和黏度也大大下降，这是混气电解液加工能在低压下达到高速流动的关键。高速流动的混气电解液，还能驱散黏附在电极表面的惰性离子，改善加工区的流场分布，消除“死水区”和“空穴”现象，提高表面质量。

由于混气电解加工时电解液的电阻率较大，在相同加工电压和加工间隙的情况下，其电流密度比不混气电解液下降，因而加工时速度下降 1/3～1/2。但从全部生产过程看，它缩短了电极设计制造周期，提高了加工精度，减少了钳工修整的工作量，所以总的生产速度还是加快了。但混气电解加工需要增加一套附属的供气设备、管道、抽风设备，故投资较大。

混气电解加工生产率高，表面粗糙度数值小，加工精度为±（0.1～0.2）mm，可加工形状复杂的型腔，所以广泛应用于精度要求不太高、批量大的大型型腔的加工，如锻模、压铸模、塑料模的型腔加工。

6.3.2.4　电极材料的性能

用作电解加工的电极材料应具备下列性能：电阻小；导热性好；熔点高；有耐液压的刚性；机械加工性好；耐腐蚀性好。目前常用的电极材料有铜、黄铜、不锈钢等。

6.3.2.5　电解加工的适用范围

电解加工的适用范围包括：采用电解加工模具型腔，加工效率高、表面粗糙度值较小，但尺寸精度不高、电极设计与制造周期长、投资大。所以，其适用于大型模具型腔的加工，如锻造模型腔、压铸模型腔以及塑料模型腔等批量较大而要求不高的加工。

6.3.3　电解磨削

6.3.3.1　电解磨削的基本原理

电解磨削是电解加工的一种特殊形式，电解磨削是将金属的电化学阳极溶解作用和机械磨削作用相结合的一种磨削工艺。它是靠金属的溶解（占95%～98%）和机械磨削（占2%～5%）的综合作用来实现加工的。电解磨削原理如图6－54所示。

磨削时工件接直流电源的正极，电解磨轮接直流电源的负极。两极间由电解磨轮中凸出的磨料保持一定的电解间隙，并在电解间隙中注入一定量的电解液。接通直流电源后，工件（阳极）的金属表面发生电化学溶解，表面的金属原子将失去电子而变成离子溶解于电解液中；同时电解液中的氧与金属离子化合而在工件表面生成一层极薄的氧化膜。这层氧化膜具有较高的电阻，使阳极溶解过程减慢，这时通过高速旋转的磨轮将这层氧化膜不断刮除，并被电解液带走。由于阳极溶解和机械磨削共同交替作用的结果，使工件表面不断被蚀除并形成光滑的表面和达到一定的尺寸精度。

电解磨削过程中，金属主要是靠电化学阳极溶解作用腐蚀去除的，电解磨轮只起磨去阳极钝化膜和平整工件表面的作用。

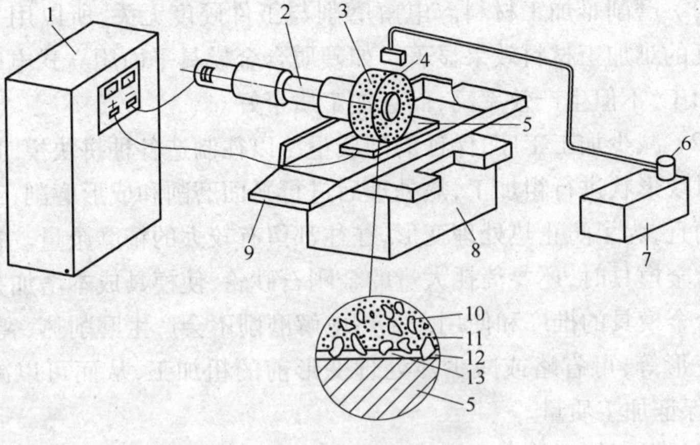

图 6-54 电解磨削原理图

1—直流电源;2—绝缘主轴;3—电解磨轮;4—电解液喷嘴;5—工件;6—电解液泵;7—电解液箱;8—机床本体;9—工作台;10—磨料;11—结合剂;12—电解间隙;13—电解液

6.3.3.2 电解磨削的特点

电解磨削的特点是:

(1) 加工范围广,生产效率高。由于电解磨削主要是电解作用,因此只要选择合适的电解液就可以用来加工任何高硬度和高韧性的金属材料,例如磨削硬质合金时,与普通的金刚石砂轮磨削相比,电解磨削的加工效率要高 3 ~5 倍。

(2) 加工精度高,表面质量好。由于磨料只起刮除氧化膜的作用,而不直接切除金属,所以磨削力和磨削热很小,因此加工精度和表面质量均可以提高,不会产生磨削裂纹、烧伤、变形等弊病。表面粗糙度 R_a 可达 0.1 ~ 0.2 μm 或更小,磨削硬质合金最高可达 R_a 小于或等于 0.012 μm 并呈现镜面。

(3) 砂轮的磨损量小。电解磨削用的金刚石导电磨轮的损耗仅为单纯机械磨削时金刚石磨轮损耗的 1/5 ~1/10 左右。

但是,电解磨削的辅助设备较多,设备的投资费用较高。且在加工过程中有刺激性气体和电解液雾沫产生,需要防护、抽风吸雾等装置。

6.3.3.3 电解磨削在模具加工中的应用

电解磨削在模具加工中主要应用于以下几个方面:

(1) 磨削难加工材料。电解磨削与工件硬度无关，所以用来加工高硬度的难加工材料效果显著。如硬质合金模具平面用立式电解平面磨床加工，不但生产效率高，而且加工质量好。

(2) 减少加工工序，保证磨削质量。以往制造各种拼块模时，需要按照拼块形状进行粗加工，热处理后进行平面磨削和成形磨削，工序较多。而且，为了防止热处理变形，往往都留有较大的精磨余量。在磨削硬质合金模具时，还要消耗大量的金刚石砂轮，使模具成本增加并影响硬质合金模具的推广和使用。采用电解磨削不会产生磨削热、裂纹、烧伤和变形等，可省略或减少热处理变形前的粗加工，从而可以减少工序，并保证加工质量。

(3) 提高加工效率。机械成形磨削一般都采用单片砂轮（或成形砂轮）用成形磨床或光学曲线成形磨床进行切入磨削。如果采用普通砂轮则由于砂轮磨损大而需要经常修整，砂轮修整成形时间往往要占整个磨削时间的1/10，因而延长了加工时间。采用电解磨削不但可同时磨削所有需要磨削的部位，而且随着磨削部位的增多以及采用较大的“吃刀深度”使电流增大，都可以获得较高的加工效率。此外，用导电成形砂轮进行切入式磨削时，由于砂轮耗损较小，磨轮的修整时间很短，这也有助于提高其加工效率。

(4) 模具的抛光。利用电解磨削原理进行电化学机械抛光是一种抛光效果较好的模具抛光方法。电化学机械抛光装置包括手枪式磨头（导电砂轮）、低压直流电源以及电解液循环过滤装置。工件接在直流电源的正极上，磨头接在直流电源的负极上。加工时，握住手枪式磨头的手柄，使磨头在模具表面上移动，而电流和电解液便在磨头与模具表面直接发生电化学反应，使模具表面发生阳极溶解，并生成一层很薄的氧化膜。而运动着的磨头则会把需要抛光的模具表面的氧化膜刮去，使模具表面微观凸起部分的金属暴露在电解液里，并继续发生阳极溶解。刮除氧化膜和阳极溶解作用如此交替进行，使需要抛光的模具表面粗糙度减小。电化学机械抛光设备简单、抛光效果好、操作方便灵活，但仍是手工操作。电化学机械抛光后如果再用油石及砂布进一步抛光，会有更好的效果。

6.3.4 电铸成形

6.3.4.1 电铸成形的基本原理

电铸是利用电化学反应中的阴极沉积现象来进行成形加工的。也就是在母模上通过电化学反应沉积金属，然后分离制成模具成形零件，如图6-55所示。用可导电的母模作阴极，电铸材料作阳极。金属盐溶液作电铸溶液，金属盐溶液中的金属离子必须与阳极的金属材料相同。在直流电源的作用下，金属盐中的金属离子在阴极获得电子而沉积镀覆在型芯阴极的表面。阳极的金属原子失去电子而成为正的金属离子，源源不断地补充到电铸液中，使金属液的金属离子浓度保持基本不变。当型芯上的电铸层达到所需的厚度时取出，将电铸层与型芯分离，即可获得型面与型芯凹、凸相反的电铸模具型腔零件的成形表面。

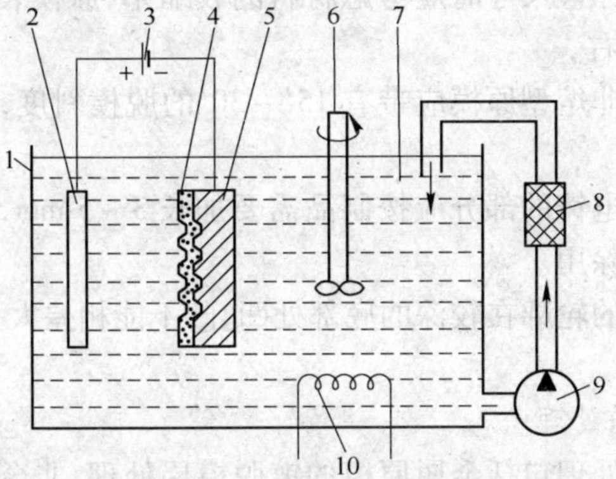

图6-55 电铸原理图

1—电解槽；2—阳极；3—直流电源；4—电铸层；5—原模（阴极）；6—搅拌器；7—电铸液；8—过滤器；9—泵；10—加热器

6.3.4.2 电铸成形的特点

（1）复制精度很高，可成形花纹细致的型腔并获得较高的尺寸和精度。型腔表面粗糙度值很小，R_a 可达 0.1 μm，一般不需抛光即可使用。

（2）电铸层硬度达 35 ~ 50 HRC，所以电铸型腔的使用寿命较长。

（3）母模可选材料种类多，加工方便。电铸过程中母模几乎没有损耗，故母模可以重复使用。

（4）电铸设备简单、操作容易，在一个电铸槽中可同时电铸多个型腔。

但是，电铸速度很慢，生产周期长（需几十小时甚至几百小时）；尖角和凹槽部分铸层不均；铸层存在一定的内应力，不能承受冲击负荷。所以，电铸难于在大、中型模具制造中推广应用。

6.3.4.3 电铸工艺过程

阴极电沉积操作只不过是模具电铸工艺过程的一部分，模具的整个电铸工艺过程，一般应包括以下几个工序：

A 在分析产品样图的基础上设计制造原模

在设计原模时，除了合理选用材料外，还应注意：

（1）确定原模尺寸时应考虑材料的收缩率，原模表面粗糙度值可在 0.01 μm 左右。

（2）对于非熔型原模应带有 15′ ~ 30′的脱模斜度，同时需考虑脱模措施。

（3）承受电铸的部分应按制品需要加长 3 ~ 5 mm，以备电铸后因端部粗糙而割除用。

（4）原模的轮廓在较深的底部处凹、凸不能相差太大，同时尽量避免尖角。

B 电铸前处理

电铸前的处理包括金属原模的镀脱模层处理、非金属原模的镀导电层处理、防水处理和引导线及包扎处理。

a 镀脱模层

用金属制的原模需镀上一层厚度为 8 ~ 10 μm 的硬铬，以便脱模。铬层表面不允许有气孔、麻点和脱铬现象。

对于深型腔而脱模较困难时，可在原模表面先喷上一次聚乙烯醇感光胶，经曝光烘干后再进行镀银处理。

b 防水处理

用石膏或木材制成的原模，在电铸前可用喷漆或浸漆的方法进行防水处理。石膏还可采用浸石蜡的方法进行防水处理。

c 用非金属制成的原模不能直接电铸,要经过镀导电层处理。对导电层的处理可以是涂敷导电漆、真空涂膜或阴极溅射,而更常用的是采取化学镀银或化学镀铜处理。

d 引导线及包扎处理

原模经脱模及镀导电层处理后还需要进行引导线、绝缘包扎处理,其目的是使导电层在电沉积操作过程中良好地通电,并将非电铸表面予以隔离。

C 电铸成形

选择电铸金属时,应考虑模具的具体要求。常用的电铸金属有铜、镍和铁。为了提高模具的硬度和耐磨性,电铸之前先在原模上镀一层0.008~0.01 mm 厚的硬铬。电铸层达到一定厚度后,取出加以清洗、擦干。

D 加固

电铸成形壁厚较薄时,一般均需加固,加固方法可根据电铸件的形状、大小和技术要求而定。一般常用的加固方法有喷涂金属、无机黏结、浇环氧树脂或低熔点合金。

喷涂金属一般在电铸件的外层进行,达到一定厚度后再将外形机加工成所需形状。

无机黏结使用无机黏结剂将电铸件外形与配合加工的钢套内型黏结在一起。黏结层厚度为0.2~0.3 mm。

铸铝一般用于在电铸件背后加固。环氧树脂或低熔点合金一般浇注在电铸电极的内壁,防止电加工时电极变形。

E 脱模

电铸成形的模具,加固进行机械加工后,一般都需要镶入模套内加固使用。脱模是最后一道工序,通常在镶入模套后进行,这样可以避免电铸件在机械加工中产生变形和损坏,也有助于加力脱模。

脱模方法有捶打、加热或冷却,用脱模架拉出等,要视原模材料不同合理选用。图6-56所示为金属原模及电铸脱模架,拧转脱模架的螺钉,就可以将原模从电铸件中取出。

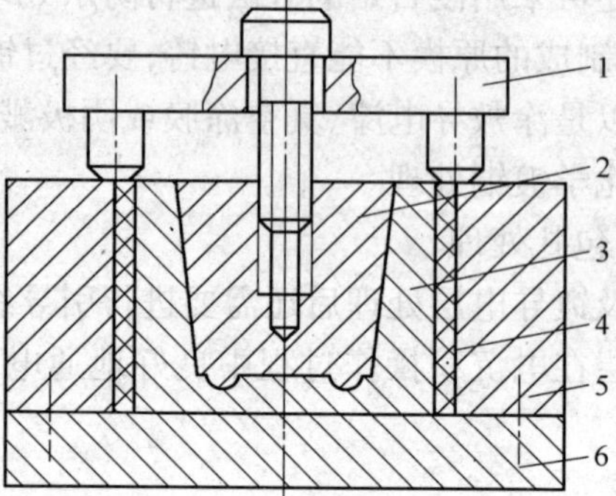

图6-56 电铸模结构与脱模架
1—脱模架;2—原模;3—电铸型腔;4—无机黏结剂;5—模套;6—垫板

6.3.5 化学腐蚀加工

6.3.5.1 化学腐蚀加工的基本原理

塑料制品表面图文的种类很多,常见的有皮革纹、橘皮纹、木纹、亚光面等装饰纹以及各种凹凸文字、商标图案等。加工这些装饰花纹和图文可利用化学腐蚀法加工。化学腐蚀加工是根据图文的加工要求,在模具零件的成形表面某些部分用防腐材料进行覆盖,然后用酸、碱、盐等化学溶液将未覆盖部分的表面金属材料腐蚀至一定的深度,即可得到所需的图文。在模具成形零件表面加工复杂图形、文字和花纹,常用照相腐蚀法。

6.3.5.2 化学腐蚀加工的特点

化学腐蚀加工作为模具成形零件表面复杂型图案、文字加工的一种特殊工艺,具有以下特点:

(1) 腐蚀加工,特别是照相腐蚀加工,加工成形的图文精度高、图案仿真性强、腐蚀深度均匀,加工的塑件具有良好的外观质量。

(2) 腐蚀加工可在零件淬火、抛光后进行,这样可确保成形表面不受热处理变形的影响。

(3) 加工大型模具零件的成形表面时,采用滴加腐蚀液的方法可进行局部腐蚀,不影响整个已加工好的成形表面。

(4) 化学腐蚀法加工不需要大型、专用设备,加工成本低廉。

6.3.5.3 照相腐蚀工艺

A 照相腐蚀的原理

照相腐蚀法是照相制片与化学腐蚀相结合的加工技术,其加工过程如图6-57所示。先在金属表面涂上一层感光胶,再用照相底片或透光图案纸进行感光显影。感光部分的胶水不仅不溶于水,而且具有抗腐蚀能力,经过清洗后,感光部分留在金属表面,起防腐蚀作用,未感光部分的胶膜因溶于水而被清洗去除,从而使金属表面局部显露。然后用腐蚀液对表面进行处理。结果没有保护膜的部分显露的金属表面发生化学腐蚀反应,金属被侵蚀溶解。最后把感光胶膜清除,便可获得所需型面。

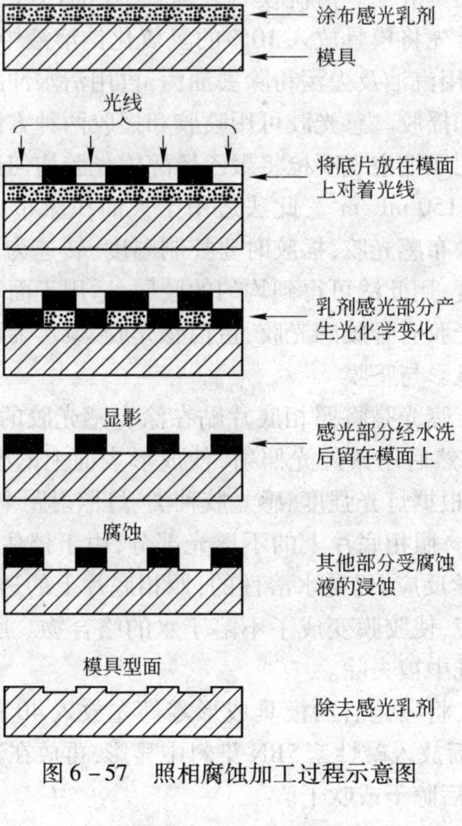

图6-57 照相腐蚀加工过程示意图

对于模具成形零件表面的局部复杂图文的加工，则需采用照相腐蚀法与电火花加工技术相结合完成。即先采用照相腐蚀法在金属薄板上将复杂图文加工成形，然后将金属薄板与工具电极相连接，用电火花加工法将成形表面的局部复杂图文加工成形。

B　照相腐蚀的工艺过程

a　原图和照相

原图是将所需图形按一定比例放大描绘在纸上，形成黑白分明的文字图案。为确保原图质量，一般都需要放大几倍。然后通过照相，将原图按需要的尺寸大小缩小在照相底片上。照相底片一般采用涂有卤化银的感光底片。

b　感光胶的涂覆

（1）清洗模具表面。清洗模具表面，去除油污可提高感光胶与模具的黏附性。首先将模具放入10%的氢氧化钠溶液中加热除油污，并用清水冲净；或用汽油及去污粉除去油污，再用清水冲净。

（2）喷胶和摇胶。感光胶可用喷胶和摇胶两种方法涂布在模具表面上。喷胶是用压缩空气喷枪将聚乙烯醇感光胶均匀地喷涂在模具表面，涂胶量约为150 mL/m^2。此法适用于大面积涂布。摇胶是用摇胶机在腐蚀表面涂布感光胶，摇胶时要控制温度，转速为50～400 r/min，以控制胶层厚度，用此法可得到均匀的胶层，适用于面积较小的成形表面。常用的感光胶有骨胶感光胶、蛋白感光胶、聚乙烯醇感光胶等。

c　曝光、显影与坚膜

（1）曝光。曝光是将照相底片贴在涂有感光胶的成形表面上，并使其紧密贴合，然后用紫外光照射，使成形表面上的感光膜按图像感光，光照时间应根据灯光强度、感光胶种类、灯照射距离等因素选择，一般为3～10 min。照相底片上的不透光部分，由于挡住了光线照射，胶膜未参与光化学反应，仍是水溶性的；照相底片上的透光部分，由于参与了光化学反应，使胶膜变成了不溶于水的络合物。所以不透光部分可在随后的水洗中被去除。

（2）显影。将曝光后的模具成形零件先放入40～50℃的热水中浸没约30 s，然后放入碱性紫5BN染料中显影，再放在流水中用脱脂棉擦洗，用水洗净后晾干或吹干。

(3) 坚膜。将已显影的模具成形表面放入电热恒温干燥箱150～200℃加热5～20 min,使膜层由青莲色变成咖啡色。然后用刀或针尖修除余膜,缺膜处用印刷油墨修补。不需腐蚀处应涂泡立水或凡士林。大面积不腐蚀部位还应涂防腐漆保护。

(4) 固化。经感光坚膜后的胶膜,抗蚀能力仍不强,必须进一步固化。聚乙烯醇胶一般在180℃下固化15 min,即呈深棕色。固化温度及时间应随金属材料而异,铝板不超过200℃,铜板不超过300℃,时间为5～7 min,直至表面呈深棕色为止。

(5) 腐蚀。腐蚀不同的材料应选用不同的腐蚀液。对于钢型腔,常用三氯化铁水溶液,可用浸蚀或喷洒的方法进行腐蚀。若在三氯化铁水溶液中加入适量的粉末硫酸铜调成糊状,涂在型腔表面(涂层厚度为0.2～0.4 mm),可减少向侧面渗透。为防止侧蚀,也可以在腐蚀剂中添加保护剂或用松香粉嵌在腐蚀露出的图形侧壁上。

腐蚀温度一般为50～60℃,根据花纹和图形的密度及深度一般约需腐蚀1～3次,每次约30～40 min。一般腐蚀深度为0.3 mm。

(6) 去胶、修整。将腐蚀好的型腔用漆溶剂和工业酒精擦洗。检查腐蚀效果,对于有缺陷的地方,进行局部修描后,再腐蚀或机械修补。腐蚀结束,表面附着的感光胶,应用火碱溶液冲洗,使保护层烧掉,最后用水冲洗若干遍。用热风吹干,涂一层油膜即完成全部加工。

6.4 超声波加工

6.4.1 超声波加工的原理和特点

超声波是指频率超过16000 Hz的声波。电火花加工只能加工导电材料,不能加工不导电的非金属材料,而超声波加工不仅能加工脆硬金属材料,而且更适合于加工不导电的脆硬非金属材料,如玻璃、陶瓷、半导体硅片等。

6.4.1.1 超声波加工的原理

超声波加工是利用产生超声振动的工具,带动工件和工具间的磨料悬浮液冲击和抛磨工件的被加工部位,使局部材料破坏而成粉末,以进行穿孔、切割和研磨等,如图6－58所示。加工时,在工具2和工件1

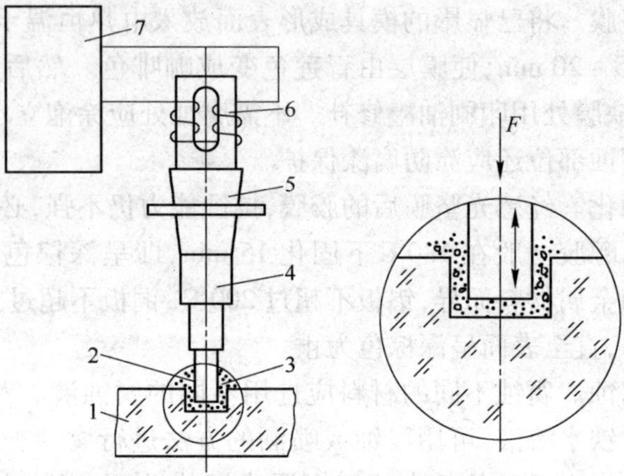

图 6－58　超声波加工原理示意图
1—工件；2—工具；3—磨料悬浮液；4、5—变幅杆；
6—换能器；7—超声波发生器

之间加入液体（水或煤油）和磨料混合的悬浮液 3，并使工具以很小的力 F 轻轻压在工件上，超声换能器 6 产生 16000 Hz 以上的超声频纵向振动，并借助于变幅杆把振幅放大到 0.05～0.1 mm 左右，驱动工具端面作超声振动，迫使工作液中的悬浮磨粒以很大的速度和加速度不断撞击、抛磨被加工表面，把加工区的工件局部材料粉碎成很细的微粒，并从工件上撞击下来。虽然每次打击下来的材料很少，但由于每秒钟撞击的次数多达 16000 次以上，所以仍有一定的加工速度。同时工作液受工具端面的超声振动作用而产生的高频、交变的液压冲击波和空化作用，将促使工作液钻入被加工材料的微裂缝及晶界内，加剧机械破坏作用，有助于提高去除材料的效果。此外，液压冲击波也能促使悬浮工作液在加工间隙中循环，使变钝了的磨粒不断更新。

由此可见，超声波加工是磨粒在超声振动作用下的机械撞击和抛磨作用以及空化作用的综合结果，其中磨粒的撞击作用是主要的。

既然超声波加工是基于高速撞击原理，因此越是硬脆材料，受冲击破坏作用也越大，而韧性材料则由于它的缓冲作用而难以加工。

6.4.1.2　超声波加工的特点

（1）超声波加工依靠磨粒的撞击作用去除材料，适用于加工各种硬脆材料,包括不导电的非金属材料。

(2) 超声波加工工具不需要作复杂的运动,因此超声波加工机床结构比较简单、操作维修也比较方便。

(3) 工具可用较软的材料做成复杂的形状,可以加工复杂的成形表面。

(4) 由于依靠极细小磨粒的瞬时局部的撞击作用去除加工材料,故工件表面的宏观作用力很小,不会引起变形和烧伤,加工精度高,而且可以加工薄壁、窄缝、低刚性工件。

6.4.2 超声波加工设备

超声波加工设备如图 6－59 所示。由超声波发生器、超声振动系统、机床本体及磨料工作液循环系统等部分组成。

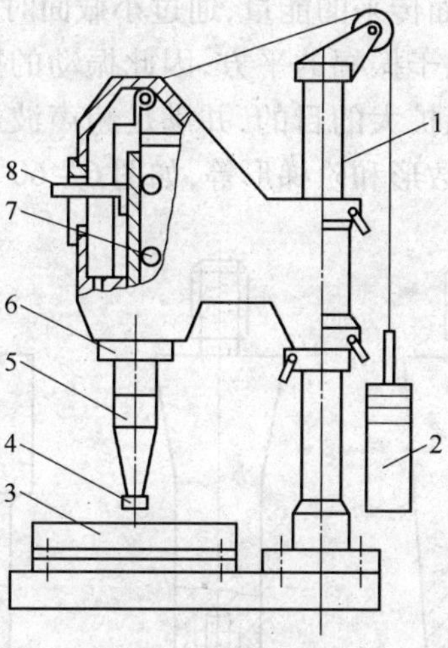

图 6－59 CSJ-2 型超声波加工机床

1—支架;2—平衡重锤;3—工作台;4—工具;5—振幅扩大棒;6—换能器;7—导轨;8—标尺

6.4.2.1 超声波发生器

超声波发生器的作用是将 50 Hz 的交流电转变成具有一定功率输出的超声波电振荡。

6.4.2.2 声学部件

声学部件的作用是把高频电能转换成机械振动,并以波的形式传递到工具端面。声学部件是超声波加工设备中的重要部件,主要由超声换能器、振幅扩大棒及工具组成。

换能器的作用是将超声波电振荡转换成机械振动。目前换能器有压电效应式和磁致伸缩效应两种。前者能量转换效率高,体积小;后者则功率大。

振幅扩大棒也称变幅杆,前述的压电式或磁致式换能器的变形量很小,在共振条件下其振幅不超过 0.005 ~0.01 mm,所以需通过变幅杆将其放大到 0.01 ~0.1 mm,才能进行超声波加工。变幅杆是一根上粗下细的杆子,将变幅杆大端与换能器的轴截面相连,小端与工具连接。上粗下细的变幅杆之所以能扩大振幅,是因为通过任一截面的能量是相等的,从大截面传来的能量,通过小截面时,其能量的密度变大,而波的能量密度正比于振幅的平方,因此振动的振幅也就愈大。从而实现将换能器的振幅扩大的目的,并满足超声波加工的需要。变幅杆的形式有圆锥形、指数形和阶梯形等,如图 6-60 所示。

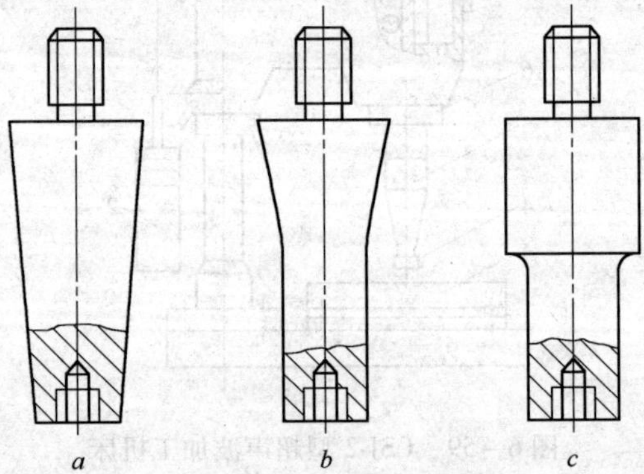

图 6-60 振幅扩大棒

a—锥形;*b*—指数形;*c*—阶梯形

工具安装在变幅杆的细小端。机械振动经扩大棒放大之后即传给工具,而工具端面的振动将使磨粒和工作液以一定的能量冲击工件,并加工出一定的形状和尺寸。工具的形状应与加工表面的形状相适应,二者只相差一个加工间隙。

6.4.2.3 机床本体

超声波加工机床一般比较简单,包括支撑声学部件的机架及工作台面,使工具以一定压力作用在工件上的进给机构以及床体等部分,如图6-59所示。平衡锤用于调节压力。

6.4.2.4 磨料工作液及其循环系统

简单的超声波加工装置,其磨料是靠人工输送和更换的,即在加工前将悬浮磨料的工作液浇注堆积在加工区,加工过程中定时抬起工具和补充磨料。也可利用小型离心泵使磨料悬浮搅拌后浇注到加工间隙中去。对于较深的加工表面,仍应经常将工具定量抬起以利于磨料的更换和补充。

作为工作液效果较好而又最常用的是水,为了提高表面质量,有时也用煤油或机油作工作液。磨料常用碳化硼、碳化硅或氧化铝等,其粒度大小是根据加工生产率和精度要求选定的,颗粒大的生产率高,但加工精度和表面粗糙度则较差。

6.4.3 影响加工速度和质量的因素

6.4.3.1 加工速度及其影响因素

加工速度是指单位时间内去除材料的多少,常用 g/min 或 mm^3/min 表示。影响加工速度的主要因素有以下几个方面:

(1) 工具的振幅和频率。提高振幅和频率可以提高加工速度,但过大的振幅和过高的频率会使工具和振幅扩大棒承受很大的交变应力,降低其使用寿命。因此一般振幅在 0.01 ~ 0.1 mm,频率在 16 ~ 25 kHz 之间。实际加工时应调节到共振频率,以获得最大振幅。

(2) 进给压力。加工时应对工件有一个适当的压力,压力过小时加工间隙大,磨粒撞击作用弱而降低生产率;压力过大又会使间隙过小而不利于磨粒循环更新,也会降低生产率。

(3) 磨料及其悬浮液浓度。磨粒硬度高和颗粒大有利于提高加工速度。工作液浓度低加工速度低,浓度高加工速度也高。

(4) 被加工材料。被加工材料越脆,加工速度越快。如以玻璃的可加工性100%为标准,则石英为50%,硬质合金为2% ~3%,淬火钢为1%，而锗、硅半导体单晶为200% ~250%。

6.4.3.2　加工精度及其影响因素

A　加工精度

超声波加工精度主要包括尺寸精度、形状精度等。一般尺寸精度可达0.01 ~0.02 mm，加工孔的尺寸精度可达±(0.02 ~0.05)mm。

B　影响因素

加工精度的影响因素包括工具安装、工具磨损、磨粒大小、加工深度以及被加工材料性质等。

工具制造或安装偏心或不对称时，加工将产生偏振，使加工精度降低。利用真空抽吸法或内冲法供给磨料悬浮液，可以提高加工精度，尤其能减少锥度；外浇法只适用于一般的超声波加工。加工深度增加，工具损耗也增加，使精度下降。当采用240 ~280 号磨料时(磨粒尺寸为63 ~40 μm)，精度可达±0.05 mm；采用W_{28} ~ W_7时(磨粒尺寸为28 ~5 μm)，精度达±0.02 mm或更高。

加工圆孔时，形状误差主要是圆度和锥度误差。圆度误差的大小与工具横向振动大小和工具沿圆周磨损的不均匀程度有关。锥度大小与工具磨损和加工深度有关。采用工具或工件旋转的方法，可以减少圆度误差。

6.4.3.3　表面质量及其影响因素

超声波加工具有比较好的表面质量，不会产生表面烧伤和表面变质层。

A　表面质量

超声波加工的零件表面粗糙度R_a可达0.1 ~1 μm。主要取决于每粒磨料撞击工件表面后留下的凹痕大小。

B　影响因素

超声波加工表面粗糙度主要与磨料粒度、被加工材料性质、工具振幅、磨料悬浮液的性能及其循环状况等有关。当磨粒尺寸较小，工件材料硬度较大，超声振幅小时，则加工表面粗糙度将得到改善，但加工速度较慢。工作液的性能对表面粗糙度影响比较复杂。实践表明，用煤油或润滑油代替水可使表面粗糙度有所改善。

6.4.4 超声波加工的应用

超声波加工的生产率虽然比电火花、电解加工等低，但加工精度和表面粗糙度都比它们好，而且能加工半导体、非导体的硬脆材料如玻璃、石英、宝石、硅甚至金刚石等，即使是一些电火花加工后的工件也常用超声波光整加工。

6.4.4.1 型孔、型腔的加工

超声波加工目前在各工业部门主要用于对脆硬材料加工圆孔、型孔、型腔、套料和微细孔等。如图6－61所示。

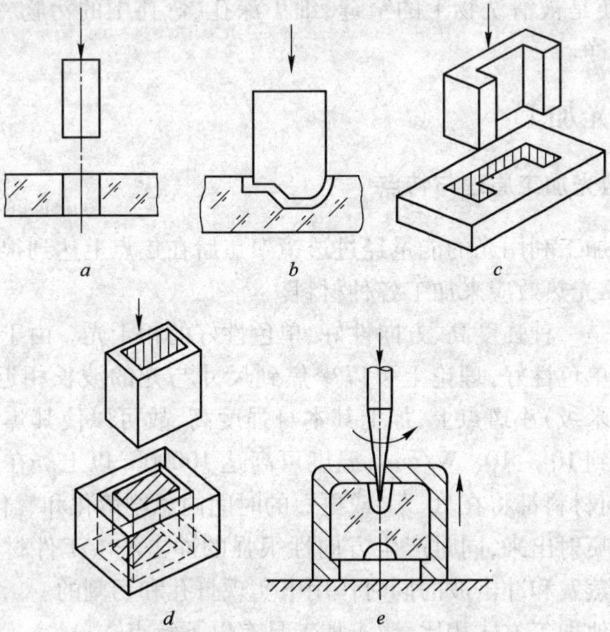

图6－61 超声波加工的应用

a—加工圆孔；*b*—加工型腔；*c*—加工异形孔；*d*—套料加工；*e*—加工微细孔

6.4.4.2 切割加工

用普通机械加工切割脆硬的半导体材料是很困难的，采用超声波则较为有效。超声波切割可以加工单晶硅片、陶瓷模块等。

6.4.4.3　超声波抛光

电加工后的模具表面是硬脆的，可以利用超声波抛光以降低表面粗糙度数值。一般 R_a 可达 0.4 ~ 0.8 μm。

6.4.4.4　超声波清洗

超声波清洗的原理主要是基于超声频振动在液体中产生的交变冲击波和空化作用。超声波在清洗液（汽油、煤油、丙酮或水等）中传播时，液体分子往复高频振动产生正负交变的冲击波。当声强达到一定数值时，液体中急剧生长微小空化气泡并瞬时强烈闭合，产生的微冲击波使被清洗物表面的污物遭到破坏，并从被清洗表面脱落下来，即使是被清洗物上的窄缝、细小深孔、弯孔中的污物，也很容易被清洗干净。

6.5　激光加工

6.5.1　激光加工原理与特点

激光加工利用光的能量经过透镜聚焦后在焦点上达到很高的能量密度，依靠光热效应来加工各种材料。

激光是一种强度高、方向性好、单色性好的相干光。由于激光的发散角小和单色性好，理论上可以聚焦到尺寸与光的波长相近的（微米甚至亚微米级）小斑点上，加上其本身强度高，故可以使其焦点处的功率密度达到 $10^7 \sim 10^{11}$ W/cm^2，温度可高达 10000℃以上。在这样的高温下，任何材料都将在 10^{-3} s 或更短的时间内急剧熔化和气化，并爆炸性地高速喷射出来，同时产生方向性很强的冲击波。工件材料就是在高温熔融蒸发和冲击波的同时作用下实现打孔和切割的。

与其他加工方式相比，激光加工具有以下特点：

（1）无需借助工具或电极，不存在工具损耗、更换调整等问题，易于实现自动化加工。

（2）功率密度高，几乎能加工所有的材料（包括金属和非金属）。

（3）效率高，速度快。热影响区较小。

（4）加工尺寸可小到几微米，能加工深而小的微孔和窄缝。

（5）能够透过透明材料对工件进行各种加工。

6.5.2　激光加工设备

激光加工设备及其结构如图6－62和图6－63所示。主要包括激光器、电源、光学系统以及机械系统四大部分。

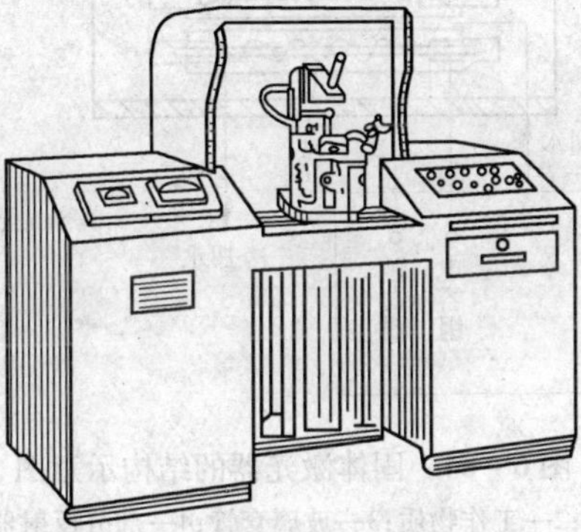

图6－62　红宝石激光打孔机

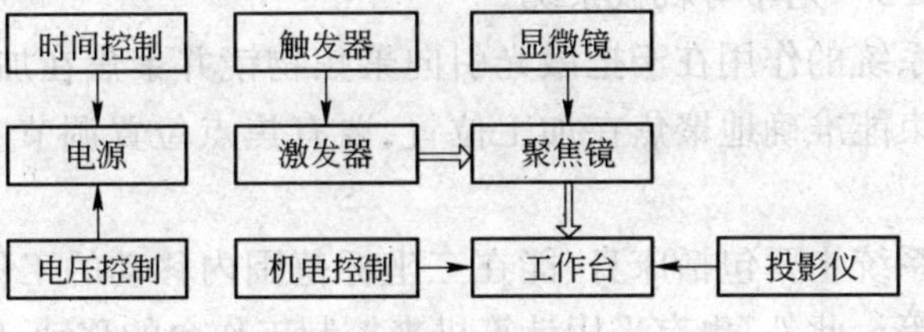

图6－63　激光加工设备结构方框图

6.5.2.1　激光器

激光器是激光加工的重要设备，它的任务是把电能转变成光能，并产生所需的激光束。

激光器按其工作物质的种类可以分为固体激光器、气体激光器、液体激光器及半导体激光器四大类。由于激光加工要求输出功率与能量大，目前广泛采用的是二氧化碳气体激光器及红宝石、钕玻璃、YAG等固体激光器。图6－64为固体激光器的结构示意图。

6.5.2.2　激光器电源

激光电源是根据加工工艺的要求，为激光器提供所需能量的装置，包括电压控制、储能电容组、时间控制及触发器等。

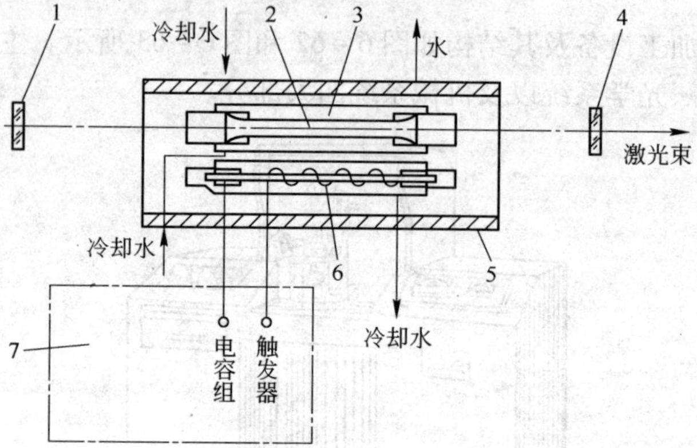

图 6-64 固体激光器的结构示意图

1—全反射镜;2—工作物质;3—玻璃套管;4—部分反射器;5—聚光器
6—氙灯;7—激光器电源(包括电容组及触发器等)

6.5.2.3 光学与机械系统

光学系统的作用在于把激光引向聚焦物镜并聚焦在加工工件上。为使激光束能准确地聚焦在加工位置,要有焦点位置调节及其观察显示系统。

机械系统主要包括床身、能在三坐标范围内移动的工作台及机电控制系统等。此外,也有采用计算机来控制工作台的移动,以实现激光加工的连续操作。

6.5.3 激光加工工艺规律

激光加工虽然也有生产率和表面粗糙度的要求,但主要的还是加工精度,如孔和窄缝大小、深度及其几何形状等。由于工艺对象的最小尺寸只有几十微米,因而其尺寸误差就必然在微米级。为了达到这样高的精度要求,除了保证光学和机械系统方面的精度外,还必须根据激光加工的一般原理和激光的特点,分析影响激光加工的几种主要因素。

6.5.3.1 焦距与发散角

发散角小、焦距短时,在焦面上可以获得更小的光斑及更高的功率密度。光斑直径小,所打的孔也小;而且,由于功率密度大,激光束对工件的穿透力也大,打出的孔不仅深,而且锥度小。所以,要千方百计减小激光束的发散角,并尽可能地采用短焦距物镜(20 mm 左右)。

6.5.3.2 焦点位置

焦点位置对加工孔的形状和深度都有很大影响,一般焦点落在工件表面或略微低于工件表面为宜,过高或过低都会导致工件表面的光斑面积增大而影响加工深度,并产生很大的锥度,即形成喇叭口。

6.5.3.3 输出能量与照射时间

实践表明,焦点固定在工件表面时,输出的激光能量最大,所打的孔就大而深,且锥度小。激光的照射时间一般为几分之一到几毫秒。当能量一定时,时间太长会使热量传散到非加工区,时间太短则因功率密度过高而使蚀除物都以高温气体喷出,二者都会使能量的使用效率降低。

6.5.3.4 光斑内的能量分布

在基模光束聚焦的情况下,焦点中心的光强度最大,而在远离中心点的地方逐渐减弱,且能量对称分布。这种光束加工出的孔必然是正圆形的。当激光束不是基模输出时,其能量分布不对称,打出的孔必然是单边形或其他形状。

6.5.3.5 激光的多次照射

用脉冲式激光照射一次,所加工的深度大约为直径的五倍左右,而且会有较大锥度。如果在焦点位置保持不变的情况下进行多次照射,则深度可以增加,锥度相应减小,而直径几乎不变。但是,孔的深度不是与照射次数成比例增加。由于孔内壁的反射、透射以及激光的散射或吸收等会使能量密度不断减小,排屑困难,加工量逐渐减小,以致不能继续加工下去。

6.5.3.6 工件材料

经透镜聚焦后的激光束功率密度很高,如果都能被工件吸收,打孔效率肯定很高。但如果工件材料对激光波长吸收率很低,则激光能量被反射或透射而散失,打孔效率就低。因此,必须根据工件材料吸收光谱的性能去选用适当的激光器;或是对一些反射率和透射率高的工件表面打毛或进行色化处理,以增大其对激光的吸收。

6.5.4　激光加工的应用

激光加工作为一种精密微细的加工方法，现在已广泛应用于陶瓷、玻璃等非金属材料和硬质合金、不锈钢等金属材料的小孔加工、多种材料的成形切割加工、焊接及表面处理等。

6.5.4.1　激光打孔

激光打孔不需要加工工具，适合于自动化连续加工。激光打孔的孔径可小到 10 μm 左右。且深度与孔径之比可达 5 ~ 30。由于激光打孔后，被蚀除的材料重新凝固，除大部分飞溅出来变为小颗粒外，还有一部分会黏附在孔壁，甚至有的还要黏附到聚焦物镜及工件表面。所以，大多数激光加工机都采用了吹气或吸气措施，以帮着排除蚀除物。有的还在聚焦物镜上装有一块透明的保护膜，以免聚焦物镜损坏。

6.5.4.2　激光切割

激光切割的原理和激光打孔原理基本相同，不同的是前者工件与激光束要相对移动。在生产实践中，一般都是移动工件。

激光切割不仅具有缝窄，速度快，热影响区小，省材料，成本低等优点，而且可以在任何方向上进行。

6.5.4.3　激光焊接

激光焊接技术具有熔池净化效应，能纯净焊缝金属，适用于相同和不同金属材料间的焊接。激光焊接能量密度高，对高熔点、高反射率、高导热率和物理特性相差很大的金属焊接特别有利。激光焊接，用比切割金属时功率较小的激光束，使材料熔化而不使其气化，在冷却后成为一块连续的固体结构。

6.5.4.4　激光打标

激光打标是利用高能量密度的激光对工件进行局部照射，使表层材料气化或发生颜色变化的化学反应，从而留下永久性标记的一种打标方法。激光打标可以打出各种文字、符号和图案等，字符大小可以从毫米到微米量级，这对产品的防伪有特殊的意义。全固体紫外波段激光打标是近年来发展起来的一项新技术，特别适用于金属打标，可实现亚微米打标，已广泛用于微电子工业和生物工程。

6.5.4.5 激光表面处理

把激光作为热源照射到金属表面，使金属组织发生变化，实现表面强化的作用，如激光表面淬火。

6.5.4.6 模具加工中的应用

A 确定试制坯料的形状

在进行三维异形件拉深加工时，很难确定坯料的形状。要根据制造的拉深模进行多次修正，才能决定坯料的形状。

以往用钳子和电动工具或电火花线切割裁剪坯料，现在用数控激光切割，不仅形状正确，而且切断速度很快。

B 确定拉深加工后的工件切边尺寸

拉深加工后的切边如果为三维形状的冲切，则比平面坯料形状要困难。若切边后凸缘需要弯曲，则须对切边尺寸进行检验后再进行修正。进行这类操作要求有熟练的技巧，并且耗费大量工时，如使用三维激光加工机，则可以进行数值处理，这样不仅可以缩短加工时间，还可以减少试加工的次数。

C 制造冲裁模

小批量生产使用的冲裁模可以用激光加工制造。由于激光加工的特点是不能加工厚板，因而常采用由几块薄板叠层的结构。根据不同激光加工机的能量，可加工的板材厚度为 2 ~ 8 mm。功率大的激光机可用于加工厚板，而功率小的激光加工机可将几块板分别加工后再叠合起来。

D 制造拉深模

将激光加工机切割的薄板叠合起来形成三维形状，可用作拉深模。具体方法是：在各块板上同时加工出外形和固定孔，并确定装配时的销钉位置，用螺钉加以固定，即可使它们结合在一起。然后，用精加工方法去除这一拼合体上各板厚度所形成的台阶，便制成所需的拉深模。

E 制作其他模具

同理，用激光加工切割薄板，然后叠合成复杂的三维曲面，这一方法可用于制造塑料注射模、压铸模、橡胶模等。

7　模具的其他制造技术

7.1　模具的无屑加工制造技术

7.1.1　型腔的冷挤压加工

7.1.1.1　冷挤压的特点和应用

冷挤压加工是在常温条件下,将淬硬的工艺凸模压入模坯,使坯料产生塑形变形,以获得与工艺凸模工作表面形状相同的内成形表面的工艺方法。

型腔冷挤压的工艺具有以下特点:

(1) 可以加工形状复杂的型腔,尤其适合于加工某些难以切削加工的形状复杂的型腔。

(2) 挤压过程简单迅速,生产率高;一个工艺凸模可以多次使用。对于多型腔凸模采用这种方法,生产效率的提高更明显。

(3) 加工精度高,可达到 IT7 级或更高,表面粗糙度小,R_a 为 16 μm 左右。

(4) 冷挤压的型腔,材料纤维未被切断,金属组织更为紧密,型腔强度高。

7.1.1.2　成形原理及挤压方式

A　冷挤压成形原理

冷挤压是利用金属塑形变形的原理来加工模具型腔的。这种方法是利用淬硬的挤压凸模,在油压机的高压下缓慢地挤入具有一定塑性的坯料中,获得与凸模形状相同、凹凸相反的型腔。冷挤压加工是一种没有切屑的加工方法,如图 7－1 所示。

B　冷挤压方式

型腔的冷挤压方式分为闭式挤压和开式挤压

a　闭式挤压

闭式挤压是将坯料放在冷挤压模套内进行挤压加工,如图 7－2 所

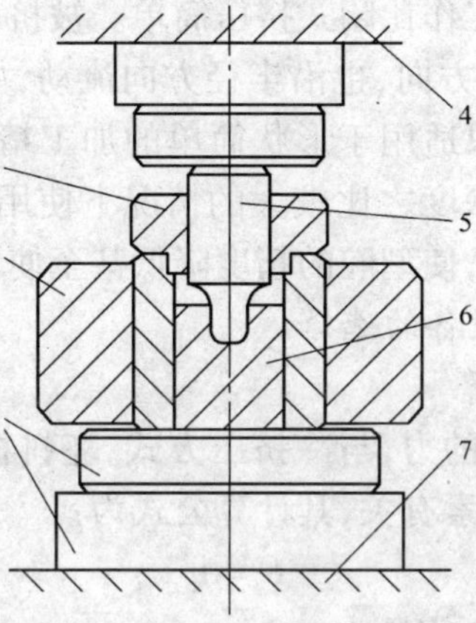

图 7－1 型腔冷挤压成形

1—导向套;2—模套;3—垫板;4—压机上座;5—凸模;6—坯料;7—压机下座

示。在将工艺凸模压入坯料的过程中,由于坯料的变形受到模套的限制,金属只能朝着工艺凸模压入的相反方向产生塑性流动,迫使变形金属与工艺凸模紧密贴合,提高了型腔的成形精度。由于金属的塑性变形受到限制,所以需要的挤压力较大。

闭式挤压适用于精度要求高、深度较大、坯料体积较小的型腔,如注射模、压缩模、压铸模的型腔等。

由于闭式挤压是将工艺凸模和坯料约束在导向套与模套内进行挤压,除使工艺凸模获得良好的导向外,还能防止凸模断裂或坯料开裂飞出。

b 开式挤压

开式挤压在挤压型腔毛坯外面不加模套,如图 7－3 所示。这种方

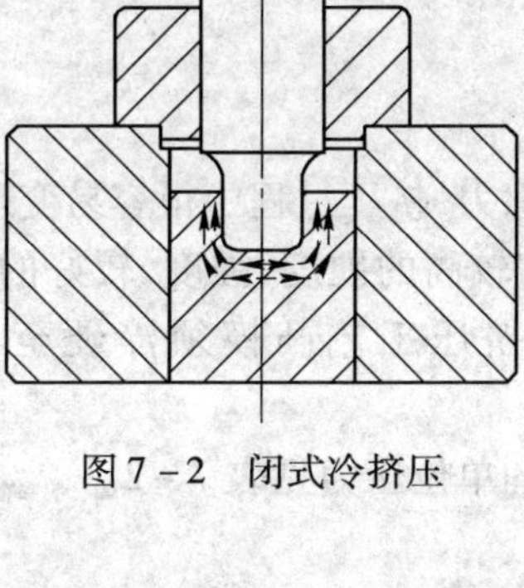

图 7－2 闭式冷挤压

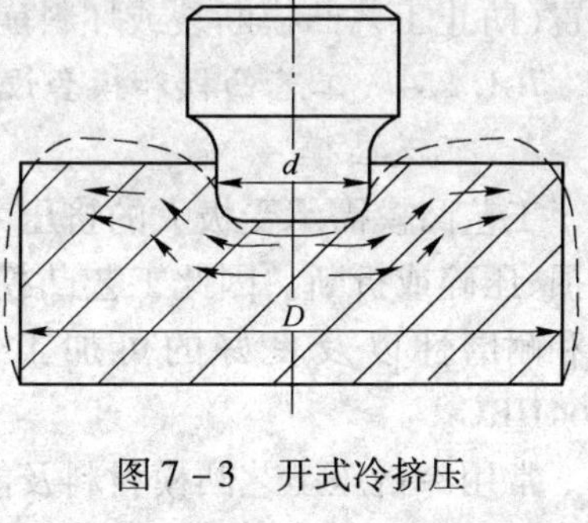

图 7－3 开式冷挤压

式在挤压前，其准备工作比闭式挤压简单。被挤压金属的塑性流动，不但沿工艺凸模的轴线方向，也沿半径方向流动，如图 7 - 3 中的箭头方向。因此，开式挤压只适用于形状简单的加工精度要求不高的锻模型腔，并在模坯和型腔深度之比较大的情况下使用。否则坯料将向外胀大或产生很大的翘曲，使型腔的精度降低甚至使坯料开裂报废。

7.1.1.3　挤压设备的选择

A　挤压力的计算

型腔冷挤压所需的力，与冷挤压方式、坯料材料及其性能、挤压时的润滑情况等许多因素有关，其计算公式为：

$$F = Ap$$

式中　F——冷挤压所需压力，N；

A——型腔投影面积，mm^2；

p——单位挤压力，MPa。

单位挤压力如表 7 - 1 所示。

表 7 - 1　单位挤压力

坯料抗拉强度 σ/MPa	250 ~ 300	300 ~ 500	500 ~ 700	700 ~ 800
单位挤压力 p/MPa	1500 ~ 2000	2000 ~ 2500	2500 ~ 3000	3000 ~ 3500

B　设备的选择

由于型腔冷挤压所需的工作运动简单、行程短、挤压工具和坯料体积小、单位挤压力大、挤压速度低，所以冷挤压一般选用构造不太复杂的小型专用油压机作为挤压设备。要求油压机刚性好、活塞运动时导向准确；工作平稳，能方便观察挤压情况和反映挤入深度；有安全防护装置（防止工艺凸模断裂或坯料崩裂时飞出）。

7.1.1.4　工艺凸模和模套设计

A　工艺凸模

工艺凸模需承受极大的挤压力和摩擦力，挤压过程中很容易变形、磨损、压碎或折断。因此工艺凸模应具有较高的硬度、强度，较好的韧性和耐磨性以及良好的可加工性。冷挤压工艺凸模须淬硬至 60 ~ 64HRC。

常用冷挤压工艺凸模材料及能承受的单位压力见表 7 - 2。

表 7-2 冷挤压工艺凸模材料的选用

工艺凸模形状	选用材料	能承受的单位挤压力 p/MPa
简单	T8A、T10A、T12A	2000~2500
中等复杂	CrWMn、9CrSi	
复杂	Cr12MoV、Cr12V、CrTiV	2500~3000

冷挤压凸模的结构如图 7-4 所示，由以下三部分组成。

a 成形工作部分

图中的 L_1 段。冷挤压凸模成形工作部分的精度与粗糙度，按型腔的精度与粗糙度提高 1~2 级，尺寸精度一般为 IT6~IT8 级，粗糙度 R_a 为 0.1~0.4 μm。为防止冷挤压时切断坯料纤维，凸模端部应有适当的圆角半径。由于挤压成形的型腔口部有塌角现象，去除塌角后，型腔的有效成形深度仅为冷挤压深度的 70%~80%，因此，凸模成形工作部分长度应比型腔深度略深，取型腔深度的 1.1~1.3 倍。

b 导向部分

图中的 L_2 段。与导向圈配合，保证挤压凸模能垂直挤入坯料中。导向部分的直径取工件型腔直径的 1.5 倍，导向套的高度尺寸一般为型腔直径的 1.5 倍。所以，凸模导向部分的长度应取型腔直径的 1.5 倍加上挤入深度。外径 D 与导向圈的配合为 H8/h7，表面粗糙度 R_a 为 1.25 μm。端部的螺孔是为了便于将工艺凸模从型腔中脱出而设计的。脱模情况如图 7-5 所示。

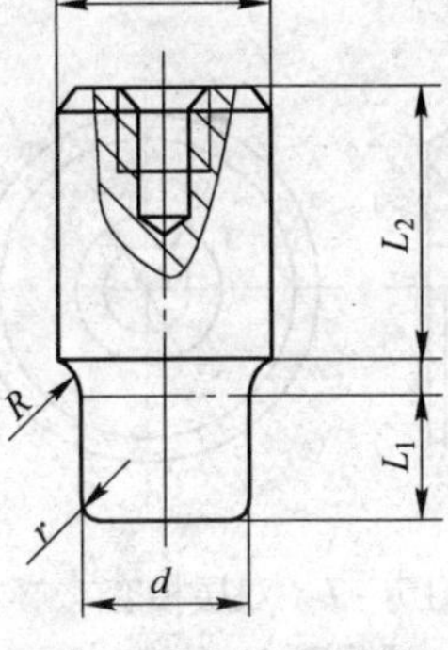

图 7-4 冷挤压凸模

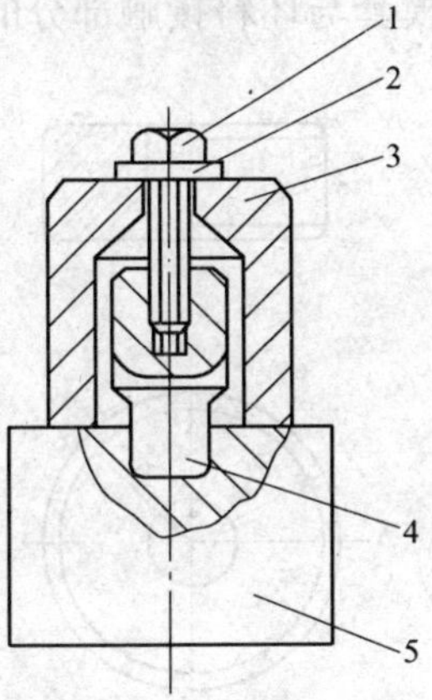

图 7-5 螺钉脱模

1—脱模螺钉；2—垫圈；3—脱模套；4—工艺凸模；5—模坯

c　过渡部分

冷挤压凸模的过渡部分是凸模工作端面与导向端的连接部分，为减少工艺凸模的应力集中，防止挤压时断裂，过渡部分应采用较大半径的圆弧平滑过渡，一般 R 大于或等于 5 mm。

B　模套

在闭式冷挤压时，将型腔毛坯置于模套中进行挤压。模套的作用是限制模坯金属的径向流动，防止坯料破裂。模套有以下两种：

a　单层模套

图 7－6 所示为单层模套。单层模套制造简单，但所能承受的挤压力较小。模套外径 $r_2=4r_1$ 时能安全地承受径向挤压力 1100 MPa，式中 r_1 为模套的内径；模套外径 r_2 一般取内径的 4～6 倍，6 倍以上对于提高模套的抗径向挤压能力作用不大。

b　双层模套

图 7－7 所示为双层模套。将有一定过盈量的内、外层模套压合成为一个整体，使内层模套在尚未使用前，预先受到外层模套的径向压力而形成一定的预应力。这样就可以比同样尺寸的单层模套承受更大的挤压力。由实践和理论计算证明，双层模套的强度约为单层模套的 1.5 倍。各层模套尺寸分别为 $h=(3.5\sim4)r_1$；$r_2=(1.7\sim1.8)r_1$。内层模套与坯料接触部分的粗糙度 R_a 为 1.25～0.16 μm。

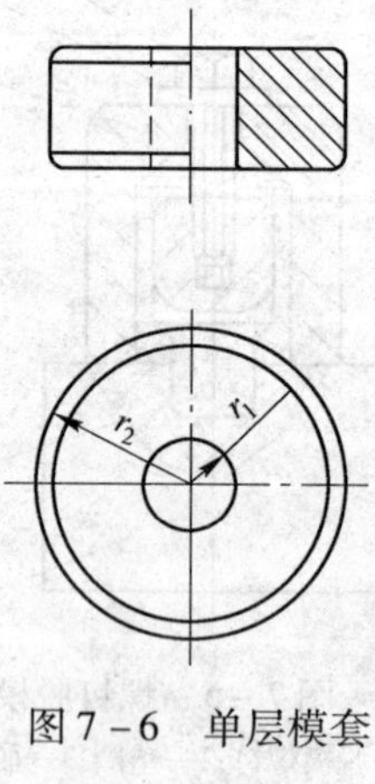

图 7－6　单层模套

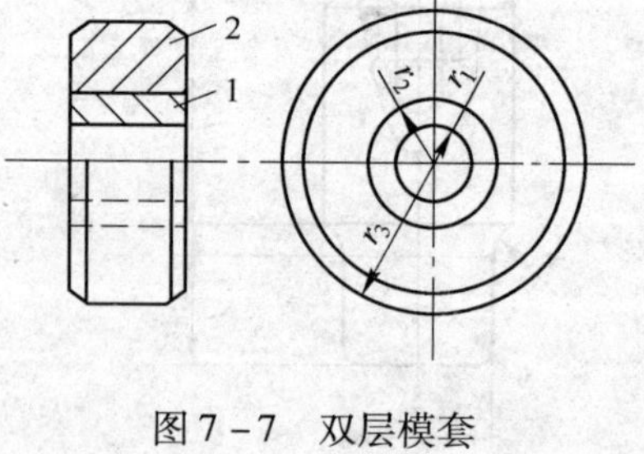

图 7－7　双层模套

1—内模套；2—外模套

单层模套和内模套的材料一般选用45钢、40Cr等材料制造，热处理硬度43～48HRC。外层模套材料为Q235或45钢。

7.1.1.5　模坯准备

冷挤压加工时，模坯材料的性能、组织以及模坯的形状、尺寸和表面粗糙度等对型腔的加工质量都有直接影响。为了便于进行冷挤压加工，模坯材料应具有低的硬度和高的塑性，型腔成形后其热处理变形应尽可能小。

宜于采用冷挤压加工的材料有：铝及铝合金、铜及铜合金、低碳钢、中碳钢、部分工具钢及合金钢。如10、20、20Cr、T8A、T10A、3Cr2W8V等。坯料在冷挤压前必须进行热处理（低碳钢退火至100～160HBS，中碳钢球化退火至160～200HBS），提高材料的塑性、降低强度以减小挤压时的变形抗力。

在决定模坯的形状时，应同时考虑模具的设计尺寸要求和工艺要求，模坯的厚度尺寸与型腔的深度以及模坯的端面积与型腔在端面上投影面积之间的比值要足够大，以防止在冷挤压时模坯产生翘曲或开裂。

对于开式挤压，坯料形状可不受限制。闭式挤压的坯料应与模套相配合，主要为圆柱体或截锥体。坯料直径按以下经验公式确定，如图7－8*a*所示。

$$D=(2\sim2.5)d$$

式中　D——坯料直径，mm；

　　　d——型腔直径，mm。

坯料高度由下式确定：

$$h=(2.5\sim3)h_1$$

式中　h——坯料厚度，mm；

　　　h_1——型腔要求深度，mm。

有时为了减小挤压力，可在模坯底部加工出减荷穴，如图7－8*b*所示。减荷穴的直径$d_1=(0.6\sim0.7)d$，减荷穴处切除的金属体积约为型腔体积的60%。但当型腔底部需要同时挤出图案或文字时，坯料不能设置减荷穴。相反应将模坯顶面作成球面，如图7－9*a*所示，或在模坯底面垫一块和图案大小一致的垫块，以使图案文字清晰。如图 7 - 9*b* 所示。

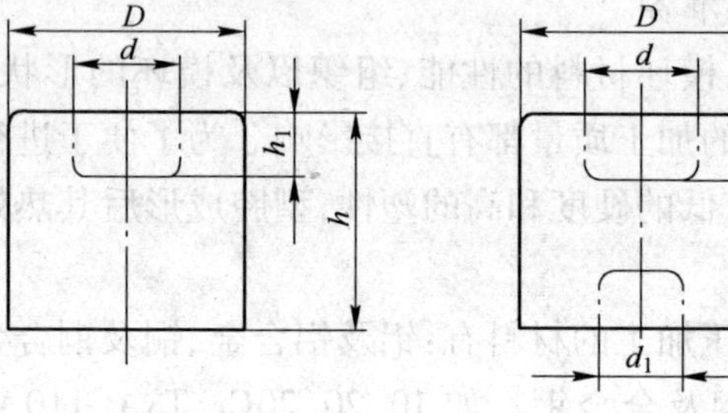

图 7 - 8　模坯尺寸

a—无减荷穴模坯；*b*—有减荷穴模坯

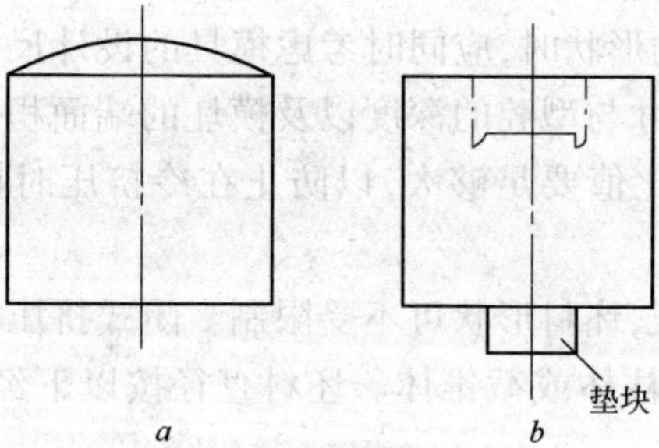

图 7 - 9　有图案或文字的模坯

a—球面模坯；*b*—垫块模坯

7.1.1.6　冷挤压时的润滑

挤压时加以必需的润滑可以防止挤压凸模与坯料表面之间的黏附咬住，同时可以减少挤压力，减少挤压凸模破坏的可能性，提高挤压凸模的使用寿命。

A　酸洗润滑法

硫酸铜水溶液加入 20% 稀硫酸后，将经过去油处理的挤压凸模与坯料一起浸渍 3 ~ 4 s，涂以凡士林或用机油稀释的二硫化钼作润滑剂。凸模端面如有细小的雕刻文字或花纹时，润滑剂不能涂入文字或花纹之内，否则，挤压时会因挤不出润滑剂而影响文字或花纹的复制质量。

B 镀层润滑法

挤压凸模先进行镀铜或镀锌处理，同时坯料表面进行磷酸盐处理，挤压时用固体二硫化钼经机油稀释后作为润滑剂。

坯料的磷酸盐处理是将坯料放入磷酸盐溶液中进行浸渍，使金属表面形成一层不溶于水的金属磷酸盐薄膜，这种磷化层是多孔性的组织，一般厚度为5～15 μm，与基体金属结合十分牢固，并能储存润滑剂，可在高压下使坯料与挤压凸模隔离开来，从而减少挤压中的摩擦阻力。磷化层的耐热能力达600℃，还可防止挤压过程中由于发热产生的黏附咬住现象。

7.1.2 超塑成形加工

某些金属材料在一定条件下具有特别好的塑性，其伸长率可达100%～2000%，这种现象叫做超塑性。伸长率能超过100%的材料均称为超塑性材料。

用超塑性成形工艺制造型腔，是以超塑性金属为型腔材料，在超塑状态下将工艺凸模压入坯料内部，以实现成形加工的一种工艺方法。采用这种工艺方法制造型腔，材料不会因大的塑性变形而断裂，也不硬化，对获得形状复杂的型腔非常有利。

超塑材料有很多种，常用于模具制造的有：ZnAl22、T8A、9SiCr等。

7.1.2.1 成形原理与应用

下面以超塑性材料ZnAl22为例，分析超塑性材料的成形原理。

ZnAl22的组成为锌基中含铝（$W_{Al}=22\%$），在275℃以上时是单相的α固溶体，冷却时分解成两相，即α(Al)+β(Zn)的层状共析组织（也称珠光体）。如在单相固溶体时，通常用电炉加热到350℃，保温1～2小时后，用0℃的冰水激冷，可以得到5 μm以下的粒状两相组织。在获得5 μm以下的超细晶粒后，当变形温度处于250℃时，其延伸率可达到1000%以上，即进入超塑性状态。在这种状态下将工艺凸模压入合金材料内部，能使合金产生任意的塑形变形，其成形压力远小于一般冷挤压时所需的压力。经超塑性成形后，再对合金进行强化处理获得两相层状共析组织，其强度可达400～430 MPa。

超塑合金 ZnAl22 的超塑性和强化处理工艺如图 7－10 和图 7－11 所示。

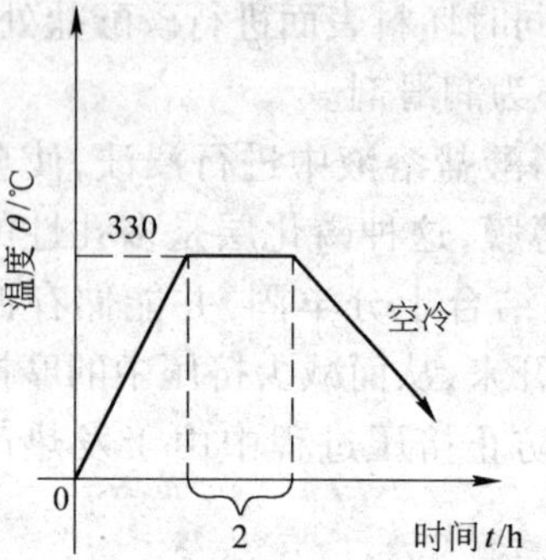

图 7－10　ZnAl22 超塑性处理工艺

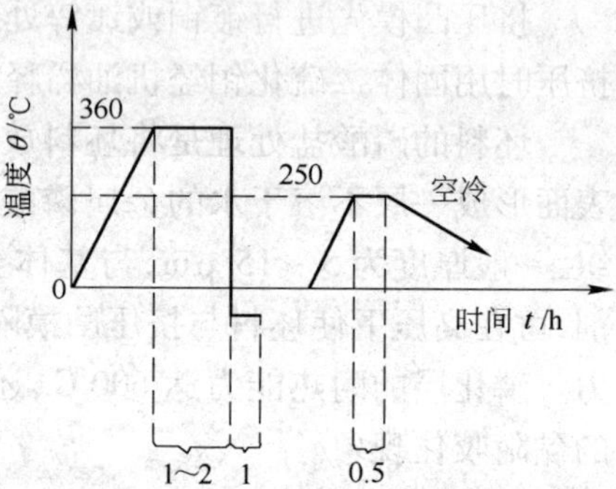

图 7－11　ZnAl22 强化处理工艺

由于 ZnAl22 的耐热性和承压能力比许多钢材差，所以多用于制造塑料注射成形模具，为增强模具的承载能力，常在超塑性合金外围用钢制模框加固。在注射成形模具温度较高的浇口部位采用钢制镶件结构来弥补合金熔点较低的缺点。

7.1.2.2　成形工艺方法

用 ZnAl22 制造塑料模型腔的工艺过程如图 7－12 所示。

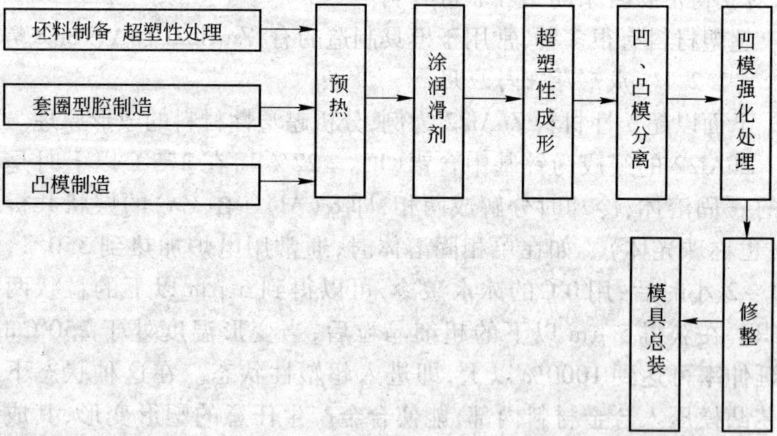

图 7－12　ZnAl22 制造塑料模型腔的工艺过程

A　坯料准备

一般情况下,原材料在出厂前均已经过超塑性处理,所以只需要选择适当的板形或棒形的 ZnAl22 合金,经切削加工为型腔坯料后,即可进行挤压成形。若材料规格不能满足要求,也可采用小规格的材料经等温锻造预成形;在特殊情况下也可使用浇铸的方法来获得大规格的坯料。但是对于预成形或已经不具有超塑性的 ZnAl22 材料,必须进行如图 7-10 所示的超塑性处理,经超塑性处理后的 ZnAl22 应具有小于 5 μm 的微细晶粒。

B　工艺凸模

工艺凸模可以采用中碳钢、工具钢、HPb-1 铅黄铜等材料制造,一般不需要热处理,且凸模的制造精度和表面粗糙度的要求均应比型腔高一级。在确定工艺凸模的尺寸时,要考虑模具材料及塑料制件的收缩率,其计算公式如下:

$$d = D[\alpha l_1 \cdot t_1 + \alpha l_2(t_1 - t_2) + \alpha l_3 \cdot t_2]$$

式中　d——工艺凸模的尺寸,mm;

D——塑料制件尺寸,mm;

αl_1——凸模的线胀系数,℃$^{-1}$;

αl_2——ZnAl22 的线胀系数,℃$^{-1}$;

αl_3——塑料的线胀系数,℃$^{-1}$;

t_1——挤压温度,℃;

t_2——塑料注射温度,℃。

αl_2 可在 0.003～0.006℃$^{-1}$ 的范围内选取,αl_1、αl_3 可按照工艺凸模及塑料类别从有关手册查得。

C　套圈

在超塑性状态,屈服极限低,伸长率高,工艺凸模压入毛坯时,金属因受力会发生自由的塑性流动而影响成形精度。因此,应按图 7-13 所示使型腔的成形过程在套圈内进行。由于套圈的作用,变形

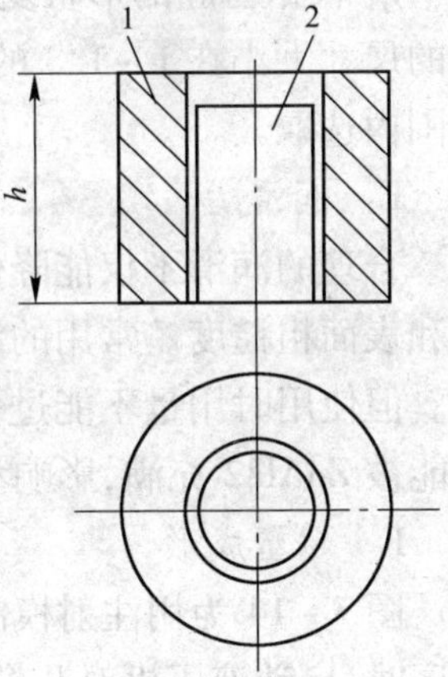

图 7-13　套圈
1—套圈;2—坯料

金属的塑性流动方向与工艺凸模的压入方向相反，使变形金属与凸模表面紧密贴合，从而提高了型腔的成形精度。套圈的内部尺寸由型腔的外部形状尺寸决定，可比坯料尺寸大 0.1 ~ 0.2mm，内壁粗糙度 R_a 小于 0.63 μm，并加工成 1∶50 的锥度，以保证易于脱模，套圈可采用普通结构钢制造，壁厚不小于 25 mm。套圈高度应略高于模坯高度。套圈的热处理硬度为 42HRC 以上。

D　设备及挤压力的计算

ZnAl22 在挤压时，坯料及凸模均应保持在 250℃ 的恒温。因此压制型腔的液压机必须设置加热装置，如采用加热圈或电加热板，配以自动控温仪表，并以一定的压力实现超塑性成形。

挤压力与挤压速度、型腔复杂程度等因素有关。挤压力可采用下列公式计算：

$$F = pA\eta$$

式中　F——挤压力，N；

p——单位挤压力，MPa，一般在 20 ~ 100 MPa；

A——型腔的投影面积，mm^2；

η——修正系数，$\eta = \eta_1\eta_2\eta_3$。

η_1 根据型腔的形状复杂程度在 1 ~ 1.2 的范围内选取；η_2 根据型腔的尺寸大小在 1 ~ 1.3 的范围内选取；η_3 根据挤压速度在 1 ~ 1.6 的范围内选取。

E　润滑

合理的润滑不仅能降低单位压力，还能使型腔获得理想的尺寸精度和表面粗糙度。常用的润滑剂有：295 硅脂、201 甲基硅油、硬脂酸锌等。但使用时用量不能过多，并应涂抹均匀，否则，在润滑剂堆积部位不能被 ZnAl22 充满，影响型腔精度。

F　超塑成形

图 7 – 14 为用注射模制作尼龙齿轮的加工过程。当进入超塑成形工序时，启动液压机对凸模加压，并在 250℃ 的条件下保压 1 ~ 10 min，使 ZnAl22 合金的流动性和填充性得到充分发挥，即可复制出与凸模形状逼真的凹型腔。

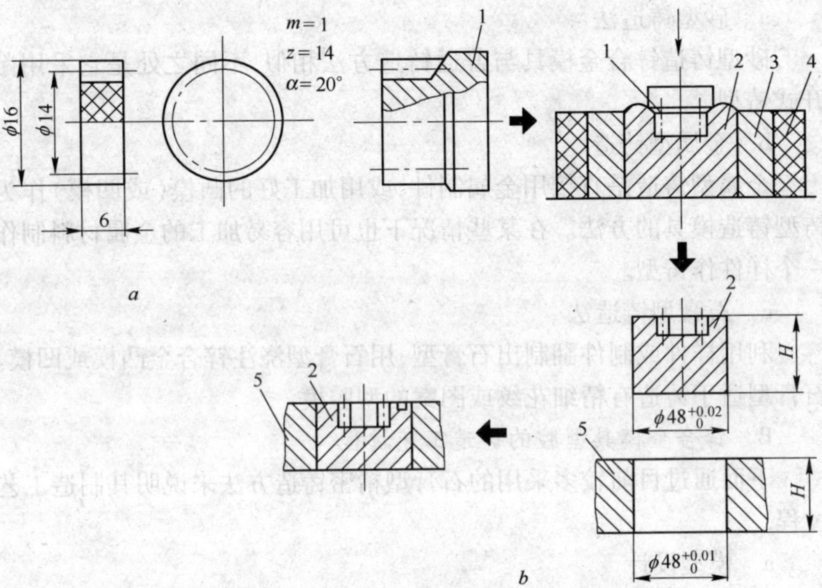

图 7-14 尼龙齿轮型腔的加工过程

a—尼龙齿轮;*b*—型腔加工过程

1—工艺凸模;2—模坯;3—套圈;4—电阻式加热圈;5—固定板

7.1.3 铸造制模技术

7.1.3.1 锌合金模具的制造

用锌合金材料制造工作零件的模具称为锌合金模具。锌合金可以用于制造冲裁、弯曲、成形、拉深、注塑、吹塑、陶瓷等模具的工作零件,一般采用铸造方法进行制造。大量实践证明,用铸造方法代替机械加工方法(特别是对形状复杂的立体曲面的加工)制造模具零件,可以缩短模具制造周期,简化模具结构,降低模具成本。这种制模技术对新产品试制、老产品改型、中小批量、多品种产品的生产具有显著的经济效益。但锌合金的抗压强度不高,所能承受的工作温度低,这使它的应用受到一定的限制。

A 锌合金模具的铸造工艺类型

锌合金模具的铸造方法,按模具用途和要求以及工厂设备条件不同大致有以下几种:

a　砂型铸造法

砂型铸造锌合金模具与普通铸造方法相似，不同之处是它采用敞开式铸型。

b　金属型铸造

金属型铸造是直接用金属制件，或用加工好的凸模（或凹模）作为铸型铸造模具的方法。在某些情况下也可用容易加工的金属材料制作一个样件作铸型。

c　石膏型铸造法

利用样件或制件翻制出石膏型，用石膏型浇注锌合金凸模或凹模。石膏型适于铸造有精细花纹或图案的型腔模。

B　锌合金模具型腔的铸造工艺过程

下面通过目前较多采用的石膏型精密铸造方法来说明其制造工艺过程。

a　模型设计

制造石膏模型时应进行以下几方面的设计工作：

(1) 确定分型面；(2) 确定脱模斜度和工艺补充部分；(3) 确定型腔尺寸。

在确定分型面时除保证容易分型外，还应设有一定的脱模斜度。当脱模斜度超过产品允许值时，在石膏铸型浇注合金前可将多余部分修去。对模型上的一些深槽窄缝处应增设工艺补充部分，该部分留待铸模后通过加工方法消除。

在确定型腔尺寸时，既要考虑到塑料本身的收缩率，还要考虑到合金的收缩率。型腔尺寸可按下式确定：

$$D = D_0 + D_0(\alpha + \beta) + C$$

式中　D——模具型腔尺寸，mm；

D_0——制件尺寸，mm；

α——塑料收缩率；

β——合金收缩率；

C——钳工修饰余量，mm。

b　石膏模型材料及制作

石膏是一种价格低廉，来源方便，具有良好仿形性能的材料。用石膏制作出来的模型轮廓清晰,表面光滑,尺寸精度高。石膏的缺点是强度低、性脆和易吸湿。

对石膏材料的技术要求:

(1) 密度:2.2 ~2.4 g/cm^3;(2) 粒度:0.074 mm(200 目);(3) 初凝时间:3 ~5 min;(4) 终凝时间:5 ~15 min;(5) 抗压强度:3 MPa;(6) 不熔性杂质含量:小于1.5%。

石膏模型制作工艺过程如下:

(1) 配制石膏浆。将石膏粉烘干,按模型所需石膏粉重量,取石膏粉与水的重量比为55∶45 进行配制石膏浆。待石膏粉浸入水中逸出气泡,将其搅拌均匀呈稀糊状即可进行浇注。

(2) 制作模框,在模型表面喷刷脱模剂。根据模型大小,用木板、铁板或玻璃板制成模框,用模框将原型围在一个平台上,周围用油泥将缝隙堵死,以免浇注时膏浆流出。在原型表面喷刷脱模剂,脱模剂用皂液为最好。待脱模剂干燥后即可浇注石膏浆。

(3) 分模、修型。石膏在凝固过程中要放出大量的热,待其温度降至室温时,凝固基本结束并具有一定强度,方可进行分模。由于模型尺寸大小不等,凝固时间对中、小型模型约为0.5 ~1 h。

分模后对局部破损处用石膏粉进行修补,待其干燥后用细金相砂纸打光。

c 石膏铸型材料及制作

制作铸型用的石膏材料与模型不同,石膏铸型要求承受420 ~450℃左右的温度,在此温度下铸型应有足够的强度要求。因此制作铸型用的石膏原料与模型不同。通常选用精级高强度熟石膏粉,粒度为0.074 mm(200 目)左右,在石膏粉中掺入25% ~30%的石英粉及5%左右耐火水泥。石英粉粒度为0.074 mm(200 目)左右。除此之外还掺入少量的填充物如氧化钙、氯化钡、酒精或细木屑。

(1) 铸型制作。石膏铸型制作方法与石膏模型制作的方法相同,主要有制作模框、配制浆料、在模型表面喷刷脱模剂、进行浇注、凝固、分型等工艺过程。

(2) 铸型的烘干。石膏型精铸是采用干型热状态下进行浇注锌合金的,石膏铸型要在150℃左右进行浇注合金,否则在150℃以下时石膏吸湿性强,可以很迅速地吸收空气中的水分,造成铸模产生大量气孔而导致失败。

石膏一般要经过两个阶段的烘干,即低温烘干和中温烘干。

低温烘干温度为室温到 100℃左右,在此阶段中烘干速度不宜过快,否则引起石膏变形和开裂,一般烘干 8 ~10 h 后随炉冷却。

经过低温烘干后达到石膏铸型表面基本干透,然后进行修型和表面打光,检验铸型尺寸完全符合要求后再装入干燥箱进行第二阶段烘干。

第二阶段中温烘干温度达 200 ~230℃,烘干速度开始不宜过快,时间稍长,为了使铸型干透又尽量减小其变形,一般烘干时间约 20 ~30 h。

d　合金浇注及注意事项

锌合金的浇注温度一般为 420 ~450℃。由于石膏铸型经烘干后强度较低,透气性、导热性差,易出现气孔、缩孔等铸造缺陷。在浇注时常采用的技术措施有:

(1) 避免高温锌合金溶液直接冲击石膏铸型,可采用雨淋式或设置挡板,以免铸型因温度差造成开裂。

(2) 浇注合金时当合金漫过型腔之后,应当缓慢细流浇注或采取分次浇注,使合金上部保持高温。当合金浇满后可用喷灯烘烤,使其上部保持高温状态,实现顺序凝固。

(3) 为了消除在型腔部分产生缩孔或疏松等铸造缺陷,可以设置合金冷铁、冒口,在模具型腔部设置冷却水管等措施。

(4) 为了使合金充满铸型的细部,获得清晰的棱角或花纹,提高金属的致密性,在合金冷却凝固过程中可以通过加压来获得满意的结果。

7.1.3.2　铍铜合金模具

铍铜合金也称铍青铜。铍青铜是一种由 0.5% ~3% 的铍和钴、硅组成的铜基合金。铍青铜模具材料的化学成分如表 7 -3 所示。经过热处理后可获得较好的综合力学性能,除具有高的强度及硬度、弹性、耐磨性、耐腐蚀性和耐疲劳性外,还具有高的导电性、导热性、无磁性等特性。

表 7－3　铍青铜模具材料的化学成分（质量分数，%）

代　号	w_{Be}	w_{Co}	w_{Si}	w_{Cu}
QBe2	1.90～2.15	0.35～0.65	0.25～0.35	其余
QBe2.75	2.50～2.75	0.35～0.65	0.25～0.35	其余

铍铜合金主要用于制造塑料模。铍铜合金模具具有以下特点：

（1）导热性好；（2）可缩短模具制造时间；（3）热处理后强度均匀；（4）耐腐蚀；（5）铸造性好，可铸成复杂形状的模具；（6）材料价格高；（7）模型精度要求高；（8）需要用压力铸造技术。

根据上述特点，铍铜合金适于制作模具需要量大、切削加工困难、形状复杂的精密塑料成型模具。其加工工艺过程如图 7－15 所示。

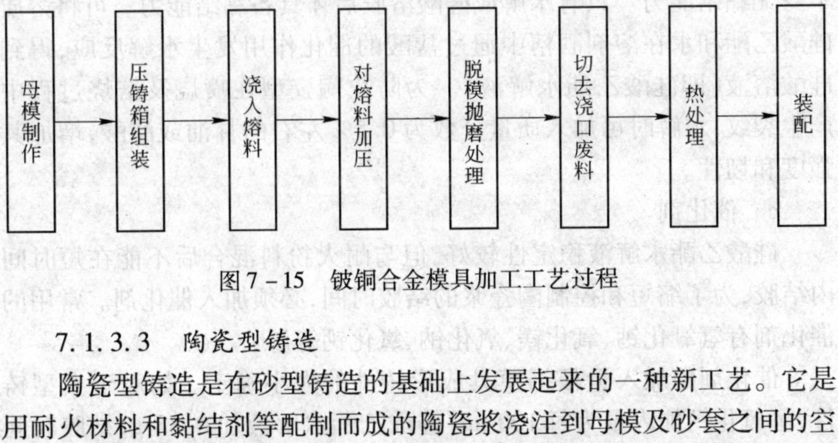

图 7－15　铍铜合金模具加工工艺过程

7.1.3.3　陶瓷型铸造

陶瓷型铸造是在砂型铸造的基础上发展起来的一种新工艺。它是用耐火材料和黏结剂等配制而成的陶瓷浆浇注到母模及砂套之间的空间中，在催化剂的作用下使陶瓷浆结胶硬化，形成陶瓷层的模腔表面。然后再经合箱、浇铸熔化合金（如锌基合金、铍铜合金、铸钢等）后即可得到模具成形铸件。用这种铸型铸造出来的铸件具有较高的尺寸精度（IT8～IT10），表面粗糙度 R_a 1.25 μm。所以这种铸造方法也称为陶瓷型精密铸造。目前陶瓷型铸造已成为铸造大型厚壁精密铸件的重要方法。在模具制造中常用于铸造形状特别复杂、图案花纹精致的模具，如塑料模、橡皮模、玻璃模、锻模、压铸模和冲模等。用这种工艺生产的模具，其使用寿命往往接近或超过机械加工生产的模具。但是，由于陶瓷型铸造的精度和表面粗糙度还不能完全满足模具的设计要求，因此对要求较高的模具可与其他工艺结合起来应用。

A　陶瓷层材料

陶瓷层是由耐火材料、黏结剂、催化剂、透气剂和脱模剂等组成。

a　耐火材料

常用耐火材料有刚玉粉、铝矾土、石英粉、碳化硅及锆砂（$ZrSiO_4$），使用粒度在0.246～0.038 mm，即60～400目之间。一般可用15%～30%的细粒（0.047～0.038 mm，即300～400目），50%～60%的中粒（0.074～0.047 mm，即200～300目）和20%～40%的粗粒（0.147～0.074 mm，即100～200目）混合而成。

b　黏结剂

黏结剂常用硅酸乙酯水解液，其分子式为$(CH_5O)_4Si$。硅酸乙酯本身无黏结能力。只有水解成硅酸溶胶后才具备黏结能力。可将溶质硅酸乙酯和水在溶剂酒精中通过盐酸的催化作用发生水解反应，得到硅酸溶液（即硅酸乙酯水解液）。为防止陶瓷型在喷烧及焙烧过程中产生裂纹，水解时可加入质量分数为0.5%左右的甘油或醋酸，增加其强度和韧性。

c　催化剂

硅酸乙酯水解液稳定性较好，但与耐火粉料混合后不能在短时间内结胶，为了缩短和控制陶瓷浆的结胶时间，必须加入催化剂。常用的催化剂有氢氧化钙、氧化镁、氧化钠、氧化钙等。

催化剂的加入量根据模具成形铸件的大小确定。如对于大型铸件，氢氧化钙加入量为每100 mL硅酸乙酯水解液加0.35 g，结胶时间为8～10 min。中小铸件用量为0.45 g，结胶时间为3～5 min。

d　脱模剂

硅胶乙酯水解液的附着力很强。为了防止脱模时粘住母模，影响陶瓷型的表面质量，需使用脱模剂。常用脱模剂有石蜡、石蜡－石墨粉混合物、凡士林油和上光蜡、地板蜡等。涂擦时应先清洁母模表面，再均匀涂上并用软布擦至均匀光亮。然后，再涂上一层均匀而薄的机油或变压器油即可。

e　透气剂

陶瓷型经喷烧后表面形成的显微裂纹具有一定的透气性能。但由于耐火材料的粒度很细，只靠显微裂纹透气不够，为了增加其透气性能，需在陶瓷浆料中加入透气剂。常用的透气剂为双氧水。

双氧水加入后会迅速分解放出氧气，形成无数细小的气泡，使陶瓷型的透气性能提高。双氧水加入量为耐火粉料重量的0.2%～0.3%。用量过多会造成陶瓷型产生裂纹、变形及气孔等缺陷。双氧水在使用中应注意安全防护，防止接触皮肤造成灼伤。

B 工艺过程

a 母模制作

母模用来制造陶瓷型的模型，常用的材料有木材、石膏、塑料、橡胶、石蜡以及金属等。用于砂套造型的称为粗母模，用于灌制陶瓷浆造型的称精母模，如图7-16*a*所示。母模的表面粗糙度对模具成形铸件的表面粗糙度有着直接的影响，母模的表面粗糙度应比模具成形零件的表面粗糙度低。一般R_a为2.5～0.63 μm。粗母模的轮廓尺寸比精母模尺寸均匀增大或缩小，两者之间相应尺寸之差就是所需浇注的陶瓷层厚度，约为5～8 mm。

母模加工时的制造公差按不同要求确定，若模具成形铸件不安排后续机加工，则取模具成形零件尺寸公差的1/3～1/6，若安排了后续机加工，一般取IT12～18。母模上的脱模斜度为0°31′～3°。

b 砂套造型

如图7-16*b*所示，粗母模置于平板上，外面套上砂箱，母模上竖立两根圆锥形排气孔木模，然后在砂箱内填入水玻璃砂。将砂击实后起模，并在砂套上打气眼，以便注入二氧化碳使其硬化，即可得到水玻璃砂底套。两个圆锥形孔一个用作灌注陶瓷浆，另一个则用作灌浆时的排气孔。

c 浇注和喷烧

为了获得陶瓷层，在精母模外套上砂底套，使两者间的间隙均匀，将预先搅拌均匀的陶瓷材料从浇注系统注入，充满间隙，如图7-16*c*所示。待陶瓷浆液结胶、硬化后起模，点火喷烧，并吹压缩空气助燃，使陶瓷型内残存的水分和少量的有机物质去除，并使陶瓷层强度增加，如图7-16*d*所示。火焰熄灭后移入高温炉中焙烧，带水玻璃砂底套的陶瓷型焙烧温度为300～600℃，升温速度为100～300℃/h，保温1～3 h。

出炉温度在250℃以下,以免产生裂纹。

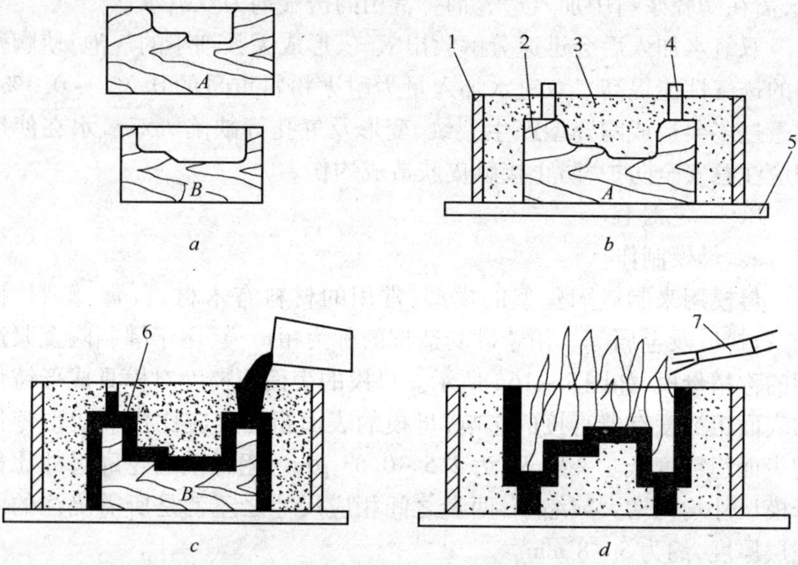

图7-16　陶瓷型浇铸工艺过程示意图

a—制作母模;*b*—砂套造型;*c*—浇注;*d*—起模喷烧

1—砂箱;2—模样;3—水玻璃砂;4—排气孔木模;5—垫板;

6—陶瓷浆;7—空气喷嘴

对不同的耐火材料与硅酸乙酯水解液的配比可按表7-4选择。最后将陶瓷型按图7-17*a*合箱,经浇注、冷却、清理即得到所需要的铸件,如图7-17*b*所示。

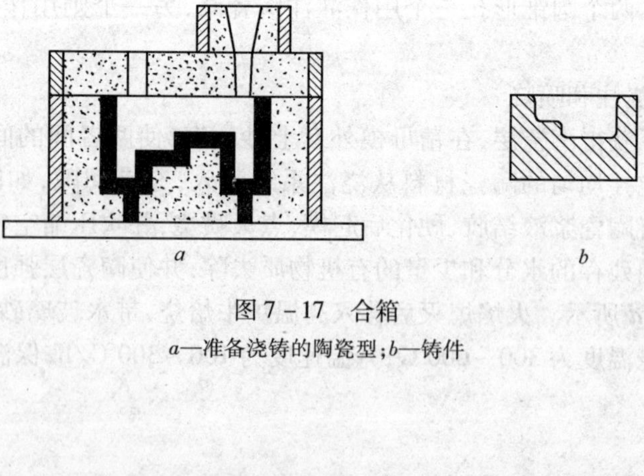

图7-17　合箱

a—准备浇铸的陶瓷型;*b*—铸件

表 7-4 耐火材料与硅酸乙酯水解液的配比

耐火材料种类	耐火材料/水解液 /$kg \cdot L^{-1}$	耐火材料种类	耐火材料/水解液 /$kg \cdot L^{-1}$
刚玉粉或碳化硅粉	2:1	铝合金土粉	10:(3.5~4)
		石英粉	5:2

C 陶瓷型铸造的特点

a 铸件尺寸精度高,表面粗糙度小,由于陶瓷型采用热稳定性高,粒度细的耐火材料,灌浆层表面光滑,故能铸出表面粗糙度小的铸件。其表面粗糙度 R_a 为 1.25~1.0 μm。由于陶瓷型在高温下变形较小,故铸件尺寸精度高,可达 IT8~IT10。

b 投资少、生产准备周期短,陶瓷型铸造的生产准备工作比较简易,不需复杂设备,一般铸造车间只要添置一些原材料及简单的辅助设备,很快即可投入生产。

c 可铸造大型精密铸件,熔模铸造虽然也能铸出精密铸件,但由于自身工艺的局限性,铸件一般比较小,最大铸件只有几十千克,而陶瓷型铸件最大可达十几吨。此外,由于陶瓷所用的耐火材料的热稳定高,所以能铸造高熔点机械难以加工的精密零件。但是硅酸乙酯、刚玉粉等原材料价格昂贵,铸件精度还不能完全满足模具要求。

7.1.4 合成树脂模具的制造

用合成树脂制造的模具与用金属制造的模具相比,其强度和耐用度虽然较差,但制模时间短、使用方便、制造和修理容易,在新产品的试制或制件批量较小的情况下,为了降低制造成本,缩短周期,可采用合成树脂制作薄钢板、铝板的弯曲、拉深模具以及中小型塑料注射模具等。用合成树脂制造的模具有以下两种方法:湿式叠层法和浇注法。前者把添加了硬化剂的树脂浸渗在玻璃纤维内,按模型逐次层叠起来。硬化后即为所需的模具零件。由于玻璃纤维的增强作用使模具具有较好的抗弯性能。由于用层叠法制造模具很费工时,除特殊情况外,一般都采用浇注法制造模具。浇注法制模是用加入硬化剂的树脂,浇注在用模框起来的模型上,树脂固化后与模型分离即成模具零件。

A　制造模具的树脂

合成树脂的种类很多，制造模具用的树脂有以下几种：

a　聚酯树脂

聚酯树脂可在常温常压下进行硬化，有以下特点：机械强度高；成形方法容易；化学性能稳定。因为聚酯树脂硬化时的收缩量大，所以制造模具时必须考虑树脂收缩对模具制造精度的影响。

b　酚醛树脂

酚醛树脂本身很脆，必须加入各种填料后方能获得所要求的性能，这种树脂的原材料丰富，价格低廉。

c　环氧树脂

环氧树脂是热固性树脂中收缩性最小的一种，若加入填料后其收缩更小，大约为0.1%，具有高的机械强度，在常温下能耐一般酸、碱、盐和有机溶剂等化学药品的侵蚀，但其制品抗冲击性能低、质脆，需要加入适量的填充剂、稀释剂、增韧剂等改善其性能。

d　塑料钢

塑料钢是铁粉和塑料的混合物，其质量分数分别为80%和20%，加入特殊固化剂，不要加压、加热，经2 h左右即可固化成金属制品。另外也能像黏土一样自由造型。塑料钢可以作拉深模，其缺点是价格昂贵。

B　树脂模具的制造工艺

由于各种树脂模具的使用要求及结构尺寸不同，其制造工艺过程也相差较大。如用环氧树脂制造注射模型腔时，仅模具的型腔用环氧树脂制造，其余部分仍采用金属材料制成。由于环氧树脂承受不了注射过程中的合模和注射压力，因此可用金属框架来增强凹模。环氧树脂型腔模的制造工艺过程如图7-18所示。

图7-18　环氧树脂型腔模的制造工艺过程

环氧树脂混合料的配方种类很多,表7-5是常用的一种。

表7-5 环氧树脂混合料的配方

材料名称	规格	重量比
环氧树脂6207	工业用	83
环氧树脂634	工业用	17
顺丁烯二酸酐	化学纯	48
金属铝粉	0.147~0.074 mm(100~200目)	220
甘油	工业用	5

环氧树脂混合料可按以下顺序配制:

环氧树脂6207及顺丁烯二酐 $\xrightarrow[\text{水溶}]{70\sim80℃\text{溶解}}$ 加入甘油 $\xrightarrow[\text{水溶}]{80\sim90℃\text{溶入}}$ 加入环氧树脂634 ⟶ 加入铝粉搅拌均匀 $\xrightarrow[\text{保温}]{80\sim90℃}$ 抽真空至无气泡 ⟶ 取出浇注。

将浇注好的模具放入90℃的烘箱保温3 h,升温至120℃保温3 h,再升温至180℃保温20 h,然后缓慢冷却,就可开模取出模型。在需要的情况下还可以对环氧树脂型腔进行机械加工。

7.2 模具的现代制造加工技术

7.2.1 快速原型制造技术

快速原型制造技术是一种用材料逐层或逐点堆积出制件的制造方法。快速原型制造被认为是近20多年来制造技术领域的一次重大突破。它集机械制造、CAD、数控技术以及材料科学等多项技术于一体,它可以自动、快速、直接、精确地将设计思想转化为具有一定结构和功能的原型或直接制造零部件,并可及时对产品设计进行快速反应、不断进行评价、现场修改,以最快的速度响应市场,从而提高企业的竞争力。

7.2.1.1 快速原型技术的基本原理及一般工艺过程

快速原型技术可分为离散和堆积两个阶段。首先建立一个三维CAD模型,并对模型数据进行处理,沿某一方向进行平面分层离散化,然后通过专门的系统将成形材料一层层加工,并堆积成原型。其工艺过程如图 7 – 19 所示。

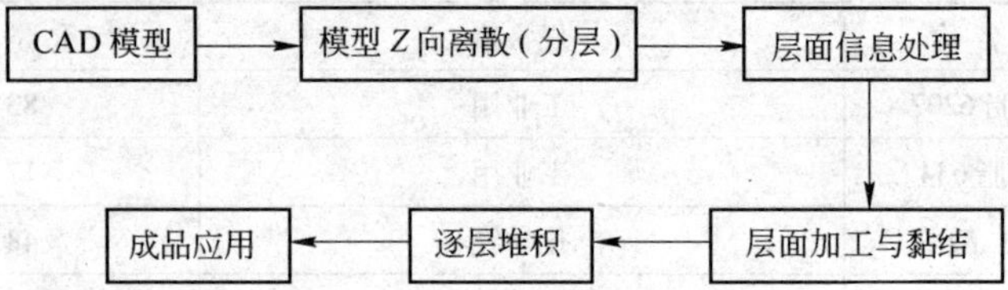

图 7 – 19　快速成形工艺

A　CAD 模型建立

CAD 模型的建立可以在 CAD 造型系统中获得,也可以通过测量仪器测取实体的形状尺寸,转化成 CAD 模型,在 CAD 系统中完成三维造型后,就要把数学模型转化成快速成形系统能够识别的文件格式。常用的有面片模型文件(如 STL、CFL 文件)或层片模型文件(如 HPGL、LEAF、CLI 文件)。由美国 3D 系统公司开发的 CAD 模型的 STL 格式目前被公认为是行业数据交换的标准。

B　模型 Z 向分离(切片)

模型 Z 向分离是一个分层过程,它将 STL 格式的 CAD 模型根据有利于零件堆积制造而优选的特殊方位横截成一系列具有一定厚度的薄层,得到每一层的内、外轮廓等几何信息。层厚通常为 0.05 ~ 0.4 mm,若每层的厚度有变化时,可采用实时切片方式。

C　层面信息处理

层面信息处理是根据层面几何信息,通过层面内、外轮廓识别及补偿、废料区的特性判断等生成成形机工作的数控代码,以便成形机的激光头或喷口对每一层面进行精确加工。

D　层面加工与黏结

层面加工与黏结即根据生成的数控指令对当前层面进行加工,并将加工出的当前层与已加工好的零件部分黏结。

E　逐层堆积

当每一层制造结束并和上一层黏结后,零件下降一个层面,铺上新的当前层材料(新的当前层位置保持不变),成形机重新布置,再加工新的一层。如此反复进行直到整个加工完成,清理嵌在加工件中不需要的废料,即得到完整的制件。

F 后处理

成形完成后的制件需要进行必要的处理,如深度固化、修磨、着色、表面喷镀等,使之达到原形或零件的性能要求。

7.2.1.2 快速原型技术的基本方法

随着 CAD 建模和光、机、电一体化的发展,快速成形技术的工艺方法发展很快,已商品化的快速成形形式主要有以下四种。

A 熔融堆积成形

图 7-20 为熔融堆积成形法的示意图。将 CAD 模型分为一层层极薄的截面,生成控制熔融堆积成形喷嘴移动轨迹的二维几何信息。加热头把热熔性材料,如 ABS、尼龙、石蜡等材料,加热到临界半流动状态,在计算机控制下,喷嘴头沿 CAD 确定的二维几何信息运动轨迹挤出半流动的材料,沉积固化精确的零件薄层,通过垂直升降系统降下新形成层,进行固化。这样层次堆积黏结,自下而上形成一个零件的三维实体。

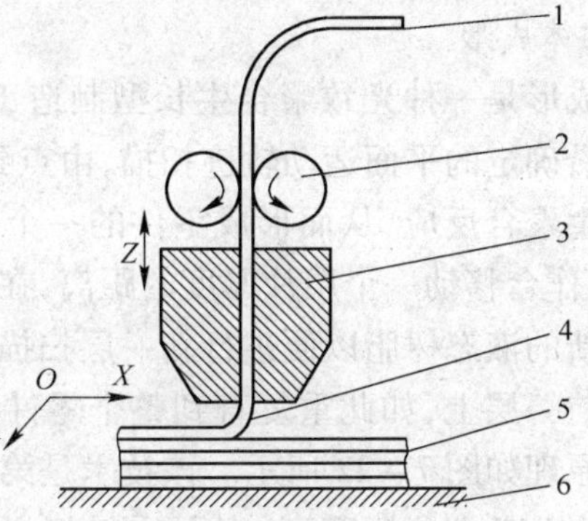

图 7-20 熔融堆积成形示意图

1—熔丝材料;2—滚轮;3—加热喷嘴;4—半熔状熔丝材料;5—制成件;6—工作台

B 物体分层成形

物体分层成形是用纸片、塑料薄膜或复合材料等片材,利用 CO_2 激光束切割出相应的横截面轮廓,得到连续层片材料构成三维实体的模型图，如图 7 - 21 所示，然后用热压机对切片材料加以高压，使黏结剂熔化，层片之间粘贴成形。采用物体分层成形制造实体时，激光只需扫描每个切片的轮廓而非整个切片的面积，生产效率较高，使用的材料广泛，成本较低。

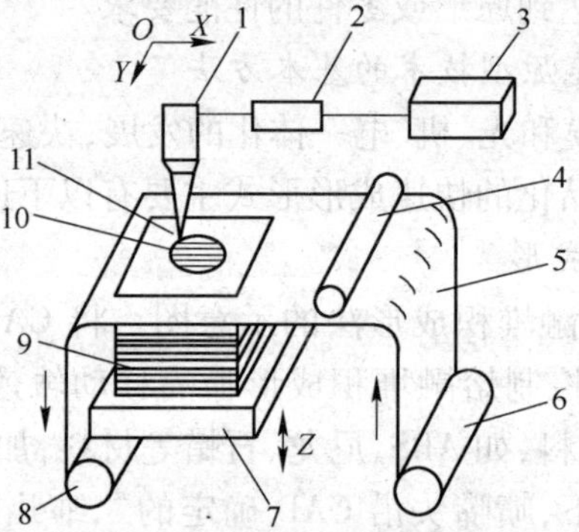

图 7 - 21　物体分层成形示意图

1—X-Y 扫描系统；2—光路系统；3—激光器；4—加热辊；5—薄层材料；6—供料滚筒；7—工作平台；8—回收滚筒；9—制成件；10—制成层；11—边角料

C　光固化立体成形

光固化立体成形是一种光致聚合生长型制造工艺，利用激光束在液体光敏树脂内沿确定的平面运动轨迹扫描，由点到线到面，使被扫描区的树脂薄层产生聚合反应，从而形成零件的一个薄层截面。当一层固化完毕，升降工作台移动一个层片厚度的距离，在原先固化好的树脂表面再覆盖一层新的液态树脂以便进行新一层扫描固化。新固化的一层牢固地粘合在前一层上，如此重复直到整个零件原型制造完毕。光固化立体成形的原理如图 7 - 22 所示。该技术是第一个投入工业应用的快速成形技术，其特点是精度高、表面质量好、原材料利用率接近 100%，可以制造特别复杂形状的、外观特别精细的零件。

D　选择性激光烧结成形

该技术以 CO_2 激光器为能量源，通过红外激光束使塑料、石蜡、陶瓷和金属（或复合粉）的粉末材料均匀地烧结在加工平面上，激光束在计算机的控制下，通过扫描器以一定的速度和能量密度按分层面的二维数据扫描。激光束扫描之处，粉末烧结成一定厚度的实体片层，未扫描的地方仍然保持松散的粉末状。根据物体截层厚度而升降工作台，铺粉滚筒再次将粉末铺上平台，开始新一层的扫描，如此反复，直至扫描完所有层面，去除多余粉末，经修整、烘干等处理后获得零件。选择性激光烧结成形原理如图 7－23 所示。

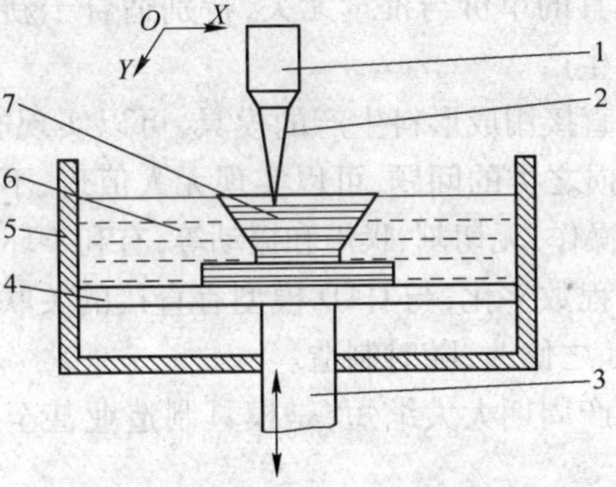

图 7－22　光固化立体成形示意图

1—激光发生器；2—激光束；3—Z 轴升降台；4—托盘；5—树脂槽；6—光敏树脂；7—制成件

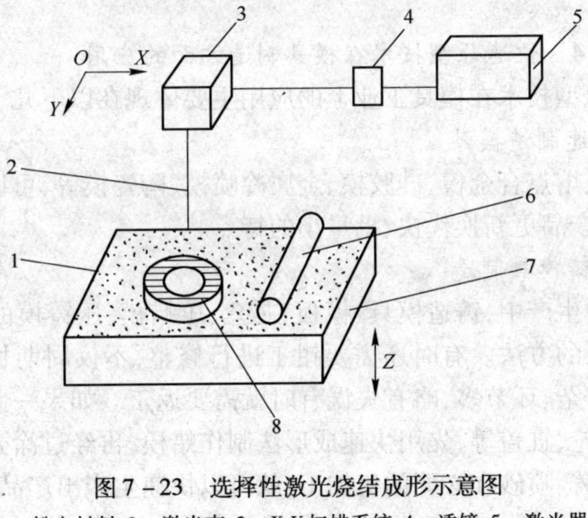

图 7－23　选择性激光烧结成形示意图

1—粉末材料；2—激光束；3—X-Y 扫描系统；4—透镜；5—激光器；6—刮平器；7—工作台；8—制成件

7.2.1.3　快速原型技术的特点

快速原型技术有如下优点：

（1）与模具的复杂程度无关，可以实现自由制造。无论多么复杂的模具，只要设计出来，就可以用快速成形技术制造出来，这是传统的模具加工方法无法比拟的。

（2）生产模具的单价与批量无关，特别适合于新模具的开发和单件小批量模具的生产。

（3）对一些直接用成形料生产的模具，可以实现非接触加工，没有工具的更换和磨损之类的问题，可以实现无人值班，不需要机加工方面的专门知识就可操作，无切割、噪声和振动等，有利于环保，材料无浪费。

（4）生产过程数字化，与 CAD 模型有直接的关联，零件可大可小，所见即所得，可随之修改，随时制造。

（5）模具生产周期大大缩短，是模具制造业甚至是制造业上的又一次革命。

（6）大大节约模具生产的费用，有的可减少到传统生产方法的几分之一甚至几十分之一。

这一技术的缺点是一次性投资较大，整个系统需要上百万元的投资。

7.2.1.4　快速原型技术在模具制造方面的应用

快速原型技术在模具工业上的应用主要体现在以下几个方面：

A　快速制造模具

一些低熔点合金模、硅胶模、金属冷喷模、陶瓷模等，可以直接用于生产，适应产品更新换代快、批量小的特点。

B　浇铸模具制造

在铸造生产中，铸造模具、模板、芯盒、压蜡模、压铸模的制造常常采用机加工的方法。有时还需要钳工进行修整，不仅周期长、耗资大，而且过程复杂、环节多，略有失误有时就需要返工。如果一些复杂铸件像叶片、叶轮、缸盖等，先用快速成形法制作蜡模，再经过涂壳、焙烧、失蜡、加压浇铸、喷砂和必要的机加工，就可以快速生产出产品。

C　模具设计和样品验证

有的模具设计完成后，很难找出其外观和结构的缺陷。如果先用快速成形法制成塑料模型，不仅可以直接看出外观，而且其结构和产品可以直接得到验证，发现失误和缺陷可以在计算机上进行修改。

D 装配和功能验证

一些塑料产品模具的设计，可以通过快速成形法制造出样品，并直接进行装配验证，一些产品经过设计后还要进行功能验证，这也可以先用精铸熔模材料借助快速成形法生产熔铸模，经过熔模铸造工艺得到铸造毛坯，再经过必要的机加工，就可完成成品的样品和功能验证。

7.2.2 逆向工程技术

7.2.2.1 逆向工程概述

传统的设计和工艺过程是从产品的设计开始，根据二维图纸或设计规范，借助 CAD 软件建立产品的三维模型，然后编制数控加工程序，并最终生产出产品。这种开发工程称为顺向工程，逆向工程则正好相反。

逆向工程是在没有产品原始图样、文档或 CAD 模型数据的情况下，通过对已有实物的工程分析和测量，得到重新制造产品所需的几何模型、物理和材料特性数据，从而复制出已有产品的过程。

两者比较，主要区别在于：顺向工程是由抽象的较高层次概念或独立实现的设计过渡到设计的物理实现，从设计概念至 CAD 模型具有一个明确的过程；而逆向工程则是从产品原型出发，进而获得产品的三维数字模型，使得能够进一步利用 CAD/CAM 以及 CIMS 等先进技术对其进行处理。

一般来说，产品逆向工程包括形状反求、工艺反求和材料反求等几个方面，在工业领域的实际应用中，主要包括以下几个方面的内容：

(1) 新产品的设计，主要用于产品的改形或仿形设计；

(2) 产品仿制，再现原产品的设计意图；

(3) 旧产品的改进，主要利用 CAD 软件在原产品的基础上进行模型的比较等；

(4) 数字模型的检测，例如检验产品的变形分析、焊接质量以及进行模型的比较等；

(5) 逆向工程技术为快速设计和制造提供了很好的技术支持，也是推行并行工程技术的重要基础和支撑技术，它已经成为制造业信息传递的重要而简捷的途径之一。

7.2.2.2　逆向工程技术过程

A　实物样件的数字化

实物样件的数字化测量手段一般采用机械式接触或激光扫描非接触等测量装置获取实物样件表面点的三维坐标值。

机械式三坐标测量机用于实物样件简单型面的测量，得到有序点坐标，机械式三坐标测量机重复性好，但测量速度慢，效率低；激光扫描三坐标测量机主要用于实物样件复杂曲面的测量，得到大批量、无序的“点云”数据。

复杂型面重构需要测量大量的数据点，以比较精确的表达原始实物，选用激光扫描非接触式测量机；简单型面重构只需测量主要型线的少量数据点，可精确的重构型线、型面，简单型面的测量，选用机械式测量机比较合适，也比较经济。

为获得完整、正确的测量数据，测量前需要做好测量规划，测量规划的基本原则有：

（1）建立统一的测量坐标系；

（2）按照曲面特征分布进行测量区域划分；

（3）表面孔域补凸后进行测量；

（4）测量复杂曲面三维边界时，测量方向与测点曲面法矢保持一致；

（5）根据实际情况选择合理的采样密度；

（6）测头半径小于曲面中凹区域的最小曲率半径；

（7）测量路径规划，选择优化的测量路径，以便测量头能够以尽可能短的路径安全而又高效地遍历待测曲面的检测区域。

B　数据处理

由于测量误差的存在，测量得到的表面数据应进行数据处理，包括异常点去除，测量噪声处理、数据分割等，以精化海量“点云”数据，压缩不必要的数据点，以减少后期计算量，然后进行曲面重建。

a　异常点处理

测量数据中的“异常点”通常由于测量设备的标定参数发生改变

和测量环境突然变化造成，对人工手动测量，还会由于操作误差如探头接触部位错误使数据失真。因此测量数据的处理首先是从数据点集中找出可能存在的“异常点”。如果在同一截面的数据扫描中，存在一个点与其相邻的点偏距较大，就可认为这样的点是“异常点”。在曲面造型中，数据中的“异常点”对曲线的光顺性影响较大。判断“异常点”的方法有：直观检查法、曲线检查法等。

b 测量噪声处理

测量数据往往带有测量噪声，为消除测量噪声，以得到精确的模型和好的特征提取效果，需要对测量数据进行数据平滑处理。数据平滑处理方法，应力求保持待求参数所能提供的信息不变。平滑处理方法有：平均法、五点三次平滑法和样条函数法。

c 数据分割

从测量数据中提取实物样件的几何特征，按测量数据的几何属性对其进行数据分割。产品型面往往由多张曲面混合而成，因此要进行边界检测，提取曲面特征线，据此将型面分成许多片曲面分别进行拟合，最后再拼合在一起。对于规则数据点，可采用曲率法来检测数据分割区的边界线。对于离散点的数据分割方法主要有基于边和基于面两种。

d 多视图拼合

对实物样件测量时，往往不能在同一坐标系下一次测量完所有数据。其原因一是样件尺寸超过测量机的行程；二是在部分区域测量探头受被测实物几何形状的干涉阻碍以及不能触及样件的反面，这时就需要在不同的定位状态(即在不同的坐标系)下测量样件的各个部分，多次扫描则获得多个独立的“点云”数据。重建时必须将这些不同坐标系下的多维数据变换或统一到同一个坐标系中，即多视图数据拼合。

C CAD 模型重建

实物原型 CAD 模型的重建，将分割后的三维数据在专业逆向工程软件或 CAD 系统中分别做表面模型的拟合，并通过各表面片的求交与拼接获取实物样件表面的曲面模型，进一步获得实物样件的实体模型。

分割后三维数据表面模型的拟合要清楚构成实物样件的表面类型以及模型要求的品质，以正确反映实物样件的原设计意图，同时也关系到建模软件或模块的选用。

Geomagic、ImageWare 等专业逆向工程软件处理大量点云数据效率高，但曲面拟合效果不如 UG、Pro/E 软件，而 UG、Pro/E 等 CAD 软件处理大量点云数据则很困难。

构成实物样件的表面类型有两类：

（1）自由曲面，如汽车、摩托车的外覆盖件，其它冲压件，玩具等，可以采用 B 样条或 NURBS 曲面、三角 Bezier 曲面等构造方法，具有方便调整曲线和曲面的模块。

（2）初等解析曲面，如平面、圆柱面、圆锥面等，没必要因为有测量数据而用自由曲面区拟合一张显然是平面或圆柱面的曲面，采用规则曲面构造方法。

模型要求的品质：

（1）A 级曲面，如汽车、摩托车的外覆盖件。A 级曲面建模要求软件具有方便的曲面调整手段，强大的曲面检测功能，而且检查结果是动态的，即曲面调整的同时检测结果动态更新。

（2）B 级曲面，如汽车的内饰件，大部分的塑料件；

（3）其它要求更低的曲面。

模型要求的品质不同对曲面模型的光顺性要求也不同。

D　重建 CAD 模型的评估

根据获得的 CAD 模型重新测量和加工出样品的方法来检验重建的 CAD 模型是否满足精度或其它试验性能指标的要求，对不满足者重复以上过程，直至达到实物样件的设计要求。

另外，在理解原实物样件设计意图的基础上，针对原实物样件存在的缺陷，进行改进设计，对再设计的模型要经过 CAE 分析或试验验证。

最后，在重建 CAD 三维模型的基础上，可后续进行 NC 数控加工、快速成形或生成零件图纸。

7.2.2.3　逆向工程技术在模具制造上的应用

模具制造过程中，运用逆向工程技术不仅能够得到精确的复制品，而且可以生成完整的数学模型和样图，为产品的更新及数控加工带来方便，对提高模具质量、缩短模具制造周期具有特别重要的意义。逆向工程技术在模具制造中的应用主要包括以下两个方面：

（1）以样本模具为对象进行复制，即对原有的模具进行复制。

（2）以实物零件为对象，设计制造模具并通过模具进行复制。即对用户提供的实物进行检测，然后通过制造模具复制零件。

前者是一种相对比较简单的复制，只要能测量出样本模具的各种参数，就能着手进行复制。后者一方面由于样本零件本身由模具成形获得，在成形时因为热或压力等因素的影响，零件已发生了变形；另一方面则由于对样本零件的生产工艺过程不甚了解，在复制时给数据的获得和处理带来了相当大的困难，特别是对这些变形的补偿。以上这两方面的困难在复杂零件的复制过程中尤为突出。

模具逆向工程的具体实施过程与传统的复制步骤一样，即在对实物测量并进行再设计后，获得模具或零件的数学模型，然后进行复制。图 7－24 是模具逆向工程的工作过程。

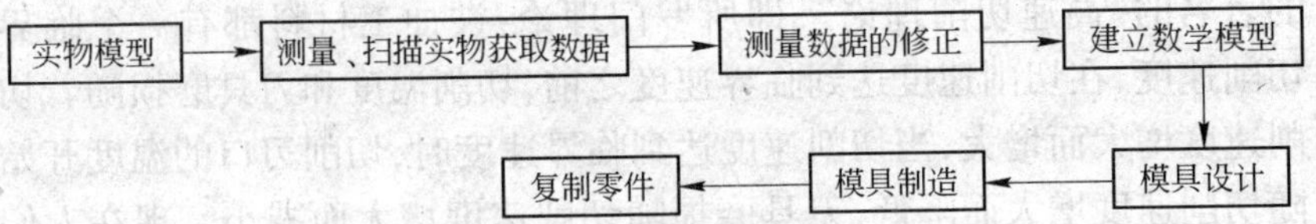

图 7－24 模具逆向工程的工作过程

（1）样本模具几何型面原始数据的获取。运用三坐标测量机以平行截面法直接从模具中获取数据，从而避免了对成形零件收缩与变形的估算。

（2）对所测得的数据进行修正。修正测量过程中由于各种因素及样本模具表面缺陷所造成的误差，从而获得样本模具原始几何模型的数据。

（3）对所测得的数据进行必要的数学拟合，为造型提供依据。

（4）运用 CAD 技术进行还原，建立生成样本模具的原始模型。

（5）由于样本模具的使用年限已较长，型腔的形状已经发生了某些变化，因此应在对零件应用功能充分理解的基础上，通过再设计对样本模具的原始模型进行必要的修正，从而产生一个新的模具几何模型。

（6）对复制模具进行工艺设计，编制复制模具的数控加工工艺，并加工复制模具。

（7）在对复制的模具进行试模后，对其生产的零件进行几何形状与应用功能的检验。

7.2.3　高速切削技术

高速切削是指在比常规切削速度高很多的速度（通常为传统切削方式的5～10倍）下进行的切削加工，因此，有时也称为超高速切削。但是具体的切削速度值在很大程度上与加工的材料有关，对于钢切削速度大于200 m/min、对于铝切削速度大于600 m/min以上则可认为是高速切削的范围了。

7.2.3.1　高速切削理论和机理

A　高速切削理论

高速切削的提出源于1931年德国切削物理学家萨洛蒙博士发表的著名的“高速切削理论”，即所罗门理论：被加工材料都有一个临界切削速度，在切削速度达到临界速度之前，切削温度和刀具磨损随着切削速度增大而增大，当切削速度达到临界速度时，切削刃口的温度开始随切削速度增大而降低，刀具磨损随切削速度增大而减小。现在人们常用“萨洛蒙曲线”来表示，如图7－25所示。萨洛蒙原理的出发点是用传统刀具进行高速度切削，从而提高生产率。尽管以后的研究表明，实际切削中切削温度并没有随切削速度的增加而降低，但萨洛蒙博士的思想给后来研究者一个非常重要的启示：如果切削过程中切削速度

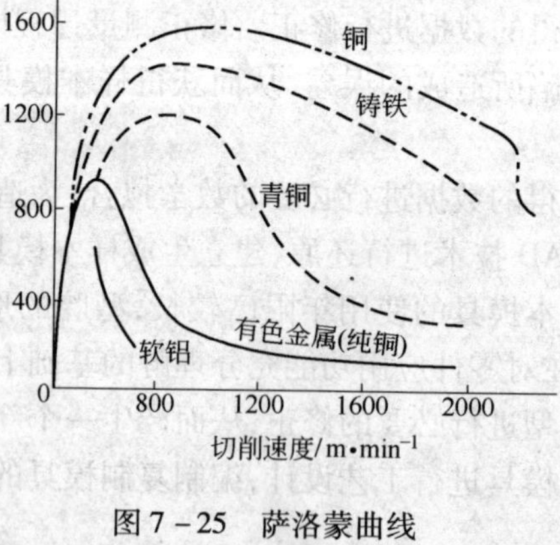

图7－25　萨洛蒙曲线

超过临界速度而进入高速区工作,则可能利用现有的刀具进行高速切削,从而大幅度提高机床的生产效率。

B 高速切削机理

高速切削机理是高速切削技术应用和发展的理论基础。在高速切削机理研究方面成就比较突出的是美国洛克希德导弹和空间公司的科学家罗伯特·金和麦克唐纳。他们提出了一套较完整的高速切削机理,从理论上证实了高速切削的可行性和优越性。他们的研究主要在切屑成形理论、金属断裂、突变滑移、绝热剪切以及各种材料的切屑成形方面。近10多年来,高速切屑机床理论研究有了进一步深入,主要是锯齿状切屑的形成机理,极高切削加工钛合金时切屑的形成机理,机床结构动态特性及切屑振颤的避免,多种刀具材料加工不同工件材料的刀具前刀面、后刀面和加工表面的温度以及高速切削时切屑、刀具和工件切屑热量的分配等。所有这些,都进一步证实了高速切削时大部分切削热被切屑所带走,而工件和刀具的温升都非常小,因此,高速切削也被称为"冷态切削"。

7.2.3.2 高速切削的特点

高速切削的特点如下:

(1) 材料切除率高,加工效率高。高速切削加工允许使用较高进给率,比常规切削加工提高5~10倍,加工单位时间材料切除率可提高3~6倍,因而零件加工时间通常可缩减到原来的1/3,从而提高了生产率和设备利用率。

(2) 切削力低,刀具寿命长。和常规切削加工相比,高速切削力至少降低30%,这对于加工刚性较差的零件来说,可减少加工变形,提高零件加工精度。

(3) 热变形小。高速切削加工过程中,所产生的95%以上的热量将被切削液带走,工件积聚热量极少,零件不会由于温度升高导致变形。

(4) 加工精度高。应用高主轴转速,高进给速度的高速度切削加工,其激振频率特别高,已远远超出机床-工件-刀具系统的固有频率范围,使加工平稳,振动较小,可实现高精度、低粗糙度加工。高速切削加工获得的工件表面质量几乎可与磨削加工相比。

(5) 简化加工工序。常规铣削加工只能在淬火之前进行,淬火造成的变形必须要经手工修整或采用电加工最终成形。现在则可以通过高速切削加工来完成,而且不会出现电加工导致的表面硬化。另外,由于切削量减少,高速加工可使用更小直径的刀具对更小的圆角半径及模具细节进行加工,节省了部分机械加工或手工修整工序,从而缩短了生产周期。

(6) 高速切削加工使模具修复过程变得更加方便。模具在使用过程往往需要多次修复以延长使用寿命,如果采用高速切削加工就可以更快地完成该工作,取得以铣代磨的加工效果,且可使用原 NC 程序,无需重新编程,且能做到精确无误。

(7) 综合经济效益好。采用高速切削加工将能取得较好的综合经济效益。如缩短加工时间,提高生产效率等,可加工刚性差的零件,提高了刀具耐用度和机床利用率,零件加工精度高,表面质量好,工件热变形小,刀具成本低,节省换刀辅助时间及刀具刃磨费用等。

7.2.3.3　高速切削加工工艺关键技术

高速机床和高速刀具是实现高速切削的前提和基本条件,在高速切削加工中对高速机床的性能和刀具材料的选择有严格的要求。

为了实现高速切削加工,一般采用高柔性的高速数控机床、加工中心,也有的采用专业的高速铣、钻床。机床同时具有高速主轴系统和高速进给系统、高的主轴刚度特性,高精度定位功能和高精度插补功能,特别是圆弧高精度插补功能。

高速切削刀具与普通加工刀具的材料有很大不同。主要使用的刀具材料有硬质合金、聚晶金刚石(PCD)、聚晶立方氮化硼(PCBN)和陶瓷等。

高速切削的工艺技术也是进行高速切削加工的关键。切削方法选择不当,会使刀具加剧磨损,完全达不到高速加工的目的。实践证明,如果只有高速机床的刀具而没有良好的工艺技术作指导,昂贵的高速切削加工设备也不能充分发挥作用。高速切削加工工艺关键技术主要包括切削方法和切削参数的优化。

A　切削方式的选择

在高速切削加工中,应尽量选用顺铣加工,因为在顺铣时,刀具刚切入工件产生的切屑厚度为最大,随后逐渐减小。在逆铣时,刀具刚切入工件产生的切屑厚度为最小,随后逐渐增厚,这样增加了刀具与工件的摩擦,在刀刃上产生大量热,所以在逆铣中产生的热量比在顺铣时多很多,径向力也大大增加。同时在顺铣中,刀刃主要受压应力,而在逆铣中刀刃受拉应力,受力状态较恶劣,降低了刀具的使用寿命。

B 保持恒定的金属去除率

高速切削加工适于浅的切削深度,这是为了避免刀具的位置偏差,确保加工模具的几何精度。保持恒定的金属去除率,保证加在工件上的切削载荷是恒定的,以获得下面几点好的加工效果:

(1) 可保持恒定的切削负载;

(2) 可保持切削尺寸的恒定;

(3) 有较好的热转移;

(4) 刀具和工件均保持在较冷的状态;

(5) 不必熟练操作进给量和主轴转速;

(6) 可延长刀具的寿命;

(7) 能保证较好的加工质量。

C 走刀方式的选择

对于带有敞口型腔的区域,尽量从材料的外面走刀,以实时分析材料的切削状况。而对于没有型腔的封闭区域,采用螺旋进刀方式,在局部区域切入。

D 尽量减少刀具的急速换向

尽量减少刀具的急速换向,由于“之”字形模式主要用于传统加工,在高速切削加工中主要选择回路或单一路径切削。这是因为在换向时 NC 机床必须立即停止然后再执行下一步操作。由于机床的加速局限性,而容易造成时间的浪费,急停或急动则会破坏表面精度,且有可能因为过切而产生拉刀或在外拐角处咬边。选择单一路径切削模式来进行顺铣,尽可能不中断切削过程和刀具路径,尽量减少刀具的切入切出次数,以获得相对稳定的切削过程。

E 在 Z 方面切削连续的平面

传统加工型腔的方法是使用靠模铣削,这种加工方式增加了刀具切入、切出工件的次数,影响了工件的表面质量,限制了机床和刀具强大功能的发挥。在高速切削加工中，常采用 Z 方向切削连续的平面。采用比常规小的步距，从而降低每次切削去除量，改善了加工表面的质量，缩短了加工工时。

7.2.3.4　高速切削在模具加工中的应用

高速切削目前在汽车工业、航空航天、仪器仪表等行业，尤其在模具制造行业获得了越来越广泛的应用，并取得了巨大的经济效益。在国外已有超过 30% 的公司在使用高速切削技术。在模具及成形制造中，加工的区域主要是模具的曲面形状。所以高速切削技术的应用范围主要有以下几方面：

（1）工具钢及铸铁模具的直接加工，特别是半精加工和精加工；

（2）模具表面曲面形状的加工；

（3）模具型腔的成形加工。

8　典型模具零件的制造

8.1　模架的加工

8.1.1　模架加工概述

8.1.1.1　模架的种类

模架是模具的主体结构。冷冲模的主要零件都要通过螺钉、销钉等连接到模架上,以构成一副完整的冲模。模架在起连接作用的同时,还用于保证凸模和凹模具有正确的位置,即起导向作用。

模架的结构形式,按导柱在模座上的固定位置不同,可分为对角导柱模架、后侧导柱模架、中间导柱模架和四导柱模架,如图 8－1 所示;按导向形式不同,有滑动导向模架和滚动导向模架。模架是标准件,一般由导柱、导套和上、下模座等零件组合而成。

8.1.1.2　模架的技术要求

模架的技术要求内容很多,要求也很高,下面是与模架加工有关的技术要求:

(1) 模架上、下模座间的平行度要求不大于 0.05∶300;

(2) 导柱、导套对上、下模板间的垂直度要求不大于 0.01∶100;

(3) 模座的上、下平面表面粗糙度 R_a 要求为 1.6 ~0.4 μm。导柱、导套配合面的表面粗糙度 R_a 要求为 0.4 ~0.1 μm。

8.1.2　模架加工工艺

8.1.2.1　导柱、导套的加工

A　导柱的加工

各类模具应用的导柱的结构种类很多,但主要结构是表面为不同直径的同轴圆柱表面。因此,可根据导柱的结构尺寸和材料要求,直接选用适当尺寸的热轧圆钢为毛坯料。

在机械加工中,除保证导柱配合表面的尺寸和形状精度外,还要保

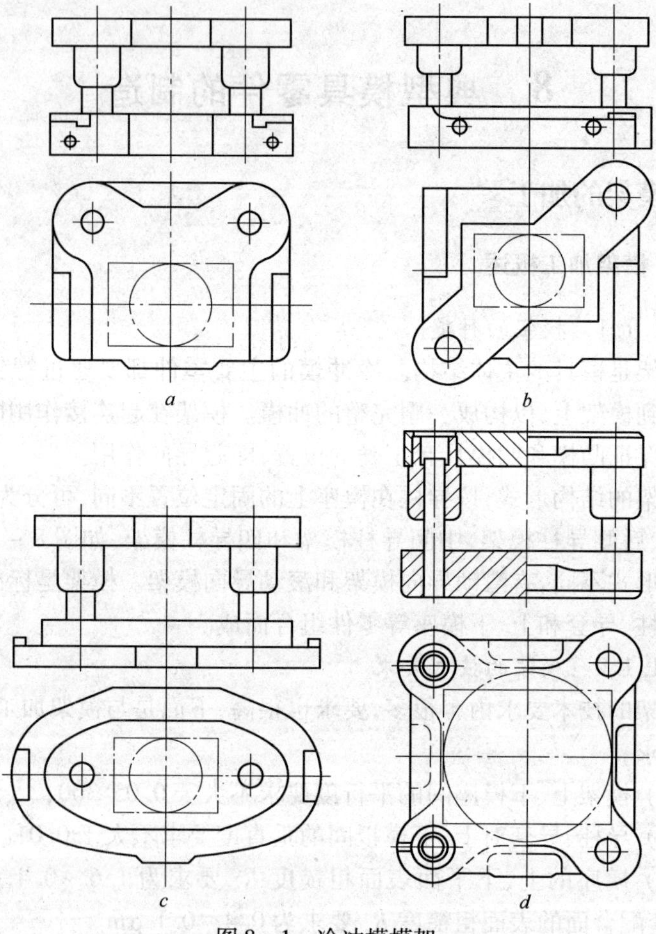

图 8－1　冷冲模模架

a—后侧导柱滑动导向模架；*b*—对角导柱滑动导向模架；
c—中间导柱滑动导向模架；*d*—四角导柱滑动导向模架

证各配合表面之间的同轴度要求。导柱的配合表面是很容易磨损的表面，应有一定的硬度要求，在精加工之前要安排热处理工序，以达到要求的硬度。

a　导柱的加工工艺过程

关于导柱的制造，下面以塑料注射模具滑动式标准导柱为例进行介绍，如图 8－2 所示。

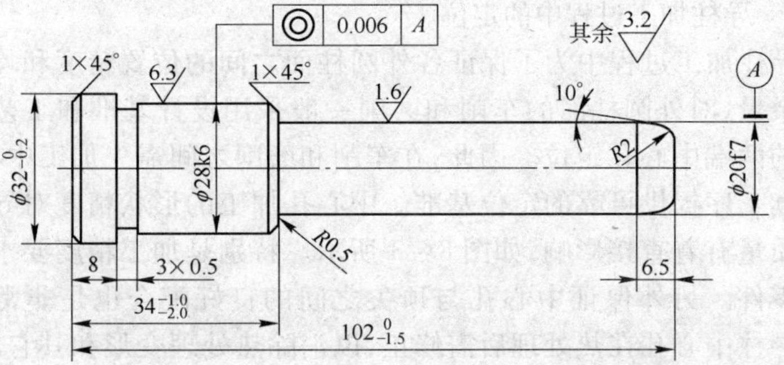

图 8-2 导柱(材料 T8A,热处理硬度为 50~55HRC)

导柱的加工过程见表 8-1。

表 8-1 导柱的加工工艺过程

工序号	工序名称	工序内容	设备
1	下 料	按图样尺寸 $\phi35$ mm×105 mm 切断	锯床
2	车端面钻中心孔	车端面保证长度 103.5 mm 钻中心孔 调头车端面至尺寸 102 mm 钻中心孔	卧式车床
3	车外圆	粗车外圆柱面至尺寸 $\phi20.4$×68 mm, $\phi28.4$×26 mm 并倒角 切 3 mm×0.5 mm 槽到尺寸 调头车外圆至 $\phi32$ mm 至尺寸并倒角	卧式车床
4	检 验		
5	热处理	按热处理工艺对导柱进行处理,保证渗碳层深度 0.8~1.2 mm,表面硬度 50~55HRC	
6	研中心孔	研中心孔 调头研另一端中心孔	卧式车床
7	磨外圆	磨 $\phi28k6$、$\phi20f7$ 外圆柱面 留研磨余量 0.01mm 并磨 10°角	磨床
8	研 磨	研磨外圆 $\phi28k6$、$\phi20f7$ 至尺寸 抛光 R2 和 10°角	磨床
9	检 验		

b　导柱加工过程中的定位

导柱加工过程中为了保证各外圆柱面之间的位置精度和均匀的磨削余量，对外圆柱面的车削和磨削一般采用设计基准和工艺基准重合的两端中心孔定位。因此，在车削和磨削之间需先加工中心孔，为后续工序提供可靠的定位基准。中心孔加工的形状精度对导柱的加工质量有着直接影响，如图 8－3 所示。特别是加工精度要求高的轴类零件。另外保证中心孔与顶尖之间的良好配合也是非常重要的。导柱中心孔在热处理后需修正，以消除热处理变形和其它缺陷，使磨削外圆柱面时能获得精确定位，保证外圆柱面的形状和位置精度。中心孔的钻削和修正，是在车床、钻床或专用机床上按图纸要求的中心定位孔的形式进行的。图 8－4 是在车床上修正中心孔示意图。用三爪自定心卡盘夹持锥形砂轮，在被修正中心孔处加入少许

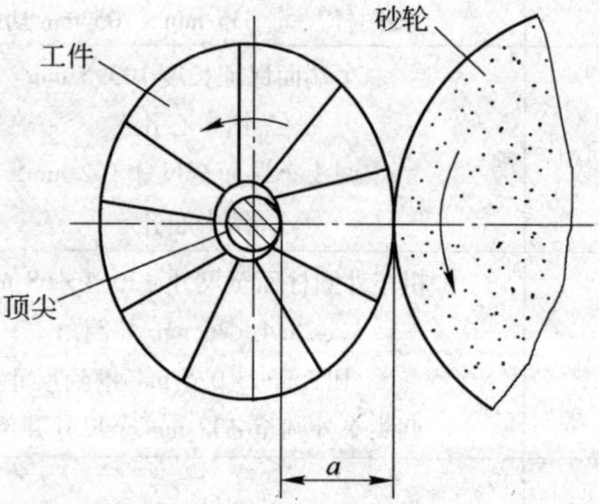

图 8－3　中心孔的圆度误差使工件产生圆度误差

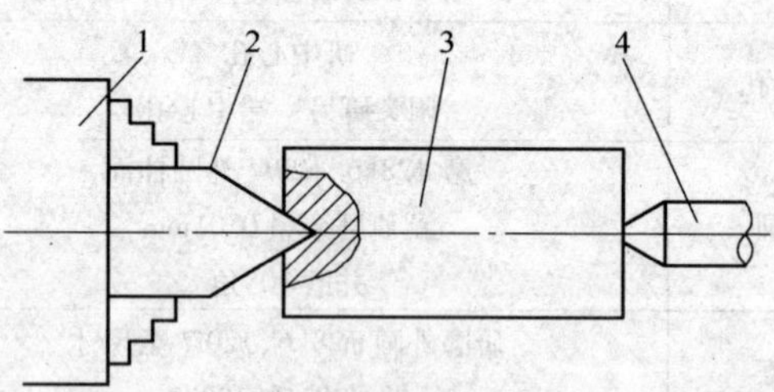

图 8－4　磨中心孔

1—三爪自定心卡盘；2—锥形砂轮；3—工件；4—尾座顶尖

煤油或机油,手持工件，利用车床尾座顶尖支撑,利用车床主轴的转动进行磨削。此方法效率高,质量较好,但砂轮易磨损,需经常修整。如果用锥形铸铁研磨头代替锥形砂轮,加研磨剂进行研磨,可达到更高的精度。

采用图 8 – 5 所示的硬质合金多棱顶尖修正中心孔的方法,效率高,但质量稍差,一般用于大批量生产,且要求不高的顶尖孔的修正。它是将多棱顶尖装入车床或钻床的主轴孔内,利用机床尾座顶尖将工件压向多棱顶尖,通过硬质合金多棱顶尖的挤压作用,修正中心定位孔的几何误差。

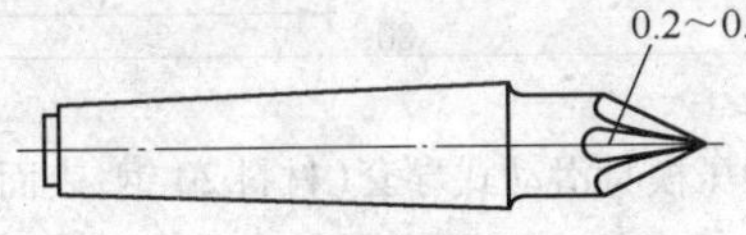

图 8 – 5　硬质合金多棱顶尖

c　导柱的研磨

研磨导柱是为了进一步提高其表面质量,即提高表面精度和降低表面粗糙度,以达到设计的要求。为保证图 8 – 2 所示导柱表面的精度和表面粗糙度 R_a 为 0. 16 ~ 0. 63 μm,增加了研磨加工。

B　导套的加工

导套和导柱一样,是模具中应用最广泛的导向零件。尽管其结构形状因应用部位不同而各异,但构成导套的主要表面是内、外圆柱面,可根据其结构形状、尺寸和材料的要求,直接选用适当尺寸的热轧圆钢为毛坯。

在机械加工过程中,除保证导套配合表面的尺寸和形状精度外,还要保证内外圆柱配合表面的同轴度要求。导套的内表面和导柱的外圆柱面为配合面,使用过程中运动频繁,为保证其耐磨性,需要一定的硬度要求。因此,在精加工之前要安排热处理,以提高其硬度。在不同的生产条件下,导套的制造所采用的加工方法和设备不同,制造工艺也不同。现以图 8 – 6 所示的冲压模滑动式导套为例,介绍导套的制造过程。其加工工艺过程如表 8 – 2 所示。

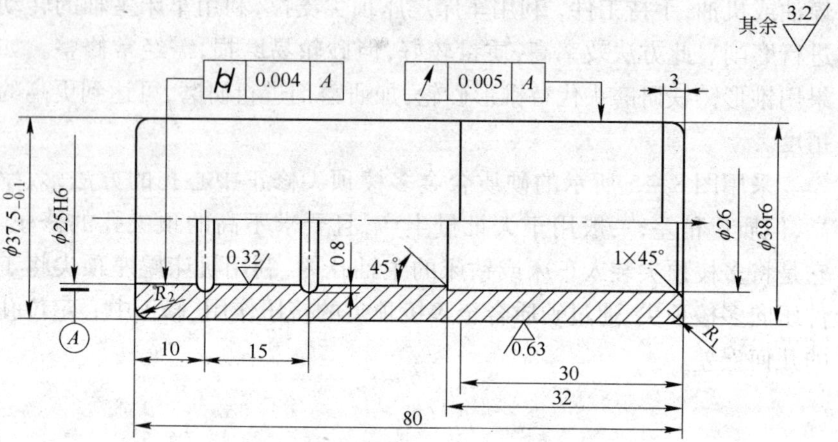

图 8-6　冲压模具滑动式导套(材料 20 钢;表面渗碳深度 0.8~1.2 mm;热处理硬度为 58~62HRC)

表 8-2　导套的加工工艺过程

工序号	工序名称	工序内容	设备
1	下料	按尺寸 ϕ48 mm×85 mm 切断	锯床
2	车外圆及内孔	车端面保证长度 82.5 mm 钻 ϕ25 mm 内孔至 ϕ23 mm 车 ϕ38 mm 外圆至 ϕ38.4 mm 并倒角 镗 ϕ25 mm 内孔至 ϕ24.6 mm 和油槽至尺寸 镗 ϕ26 mm 内孔至尺寸并倒角	卧式车床
3	车外缘 倒角	车 ϕ37.5 的外圆至尺寸 车端面至尺寸	卧式车床
4	检验		
5	热处理	按热处理工艺进行,保证渗碳层深度 0.8~1.2 mm,硬度 58~62HRC	
6	磨前内、外圆	磨 ϕ38 mm 外圆达图样要求 磨 ϕ25 mm 内孔,留研磨余量 0.01 mm	万能磨床
7	研磨内孔	研磨 ϕ25 mm 内孔达图样要求 研磨 R2 mm 圆弧	卧式车床
8	检验		

在磨削导套时正确选择定位基准，对保证内、外圆柱面的同轴度要求是非常重要的。对单件或小批量生产，工件热处理后在万能外圆磨床上利用三爪自定心卡盘夹持 ϕ37.5 外圆柱面，一次装夹后磨出 ϕ38 外圆和 ϕ25 内孔。这样可以避免多次装夹而造成的误差，能保证内外圆柱配合表面的同轴度要求。对于大批量生产同一尺寸的导套，可先磨好内孔，再将导套套装在专用的小锥度磨削心轴上。以心轴两端中心孔定位，使定位基准和设计基准重合。借助芯轴和导套内表面之间的摩擦力带动工件旋转，磨削导套的外圆柱面，能获得较高的同轴度。这种方法操作简单、生产效率高，但需制造专用高精度芯轴。

导套内孔的精度和表面粗糙度要求较高。对导套内孔配合表面进行研磨加工可进一步提高表面的精度和表面粗糙度，达到加工表面的质量和设计要求。

8.1.2.2 模座的加工

模座通常用铸铁和铸钢（HT200、ZG45）作为毛坯，经时效热处理后加工制成。

模座的加工主要是进行导柱、导套孔的镗削。为了保证模架的平行度及垂直度要求。在镗孔前，需精磨模座的上、下平面，之后粗钻一毛坯孔，留镗削余量 2 ~ 3 mm。镗孔时应保证上、下模座的孔距一致，孔的中心与模座平面垂直，孔径达到规定尺寸。

镗孔的方法很多，下面介绍几种常用的镗孔方法。

A 在普通机床上镗孔

即在普通机床上利用机床自身的精度或采取一定的措施对模座进行加工，此方法适用于模座的单件生产或非标准模座的加工。

a 坐标镗床镗孔

利用坐标镗床自身精度来保证模座的要求。当模具精度要求不高，导柱、导套配合间隙较大时，可分别镗出上、下模座的导套、导柱孔。当模具精度要求较高时，可将上、下模座组合在一起进行镗削，以完全消除机床误差，保证上、下模座的孔距严格一致。利用坐标镗床加工模具的特点是加工比较方便，加工精度较高，但设备造价高，加工成本较高。

b　工具铣床

当一些小型工厂、车间没有配备坐标镗床时，可利用工件铣床对模座孔进行镗削。下面以图 8－7 所示模座为例，详细介绍其加工过程。

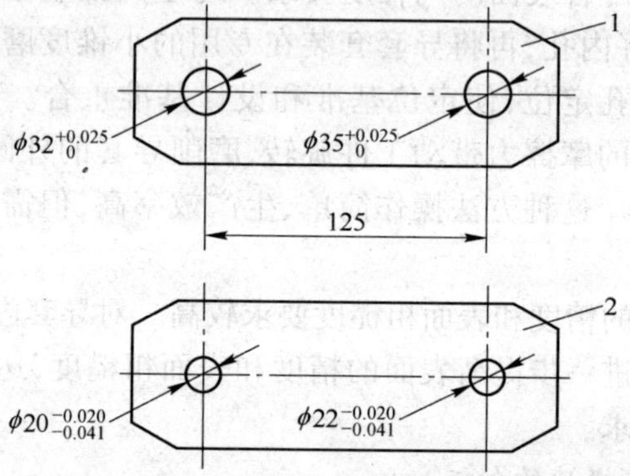

图 8－7　模座
1—上模座；2—下模座

（1）将下模板装夹在工作台上，找正后镗出孔 $\phi20^{-0.020}_{-0.041}$ mm，如图 8－8*a* 所示。

（2）工作台下降，装上上模板，与下模板对正后压紧，镗出孔 $\phi32^{+0.025}_{0}$ mm，如图 8－8*b* 所示。注意工作台只能上下移动，前后、左右均不能移动。

（3）工作台移动 125 mm，然后镗出上模板孔 $\phi35^{+0.025}_{0}$ mm，如图 8－8*c* 所示。

（4）移去上模板，工作台上移，镗出下模板孔 $\phi20^{-0.020}_{-0.041}$ mm，如图 8－8*d* 所示。注意此时工作台只能上下固定，而左右、前后均不能移动。

在工具铣床上镗削导柱、导套孔时，由于机床刚性较差，镗杆伸出过长，镗孔会带有锥度，影响模架的装配和使用。所以在工艺上采取了上下升降工作台的方法，保证镗杆伸出的距离一定，以保证镗孔精度。

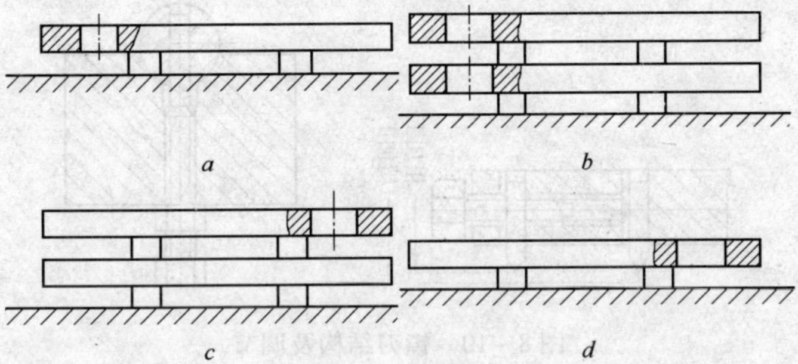

图 8－8 使用工具铣床加工模座

a—装夹下模板；*b*—装夹上模板；*c*—镗上模板孔；*d*—镗下模板孔

B 在专用镗孔机床上镗孔

当批量生产模架时，由于导套、导柱孔距离相对固定，故可用专用镗孔机床加工模座。这样不但生产效率高，加工精度也有保证。下面介绍几种专用镗孔机床及其加工方法。

a 卧式双轴镗床加工

卧式双轴镗床工作部分的结构如图 8－9 所示。镗床有两根主轴，根据孔距要求在两立轴间垫相应尺寸的块规或标准垫块，通过丝杠移动拖板可调整两主轴间的距离。每根主轴上可装两把镗刀，第一把为粗镗刀，粗镗可去除余量的 2/3～3/4；第二把为精镗刀。加工时，可根据孔径精确调整刀具尺寸。调整时，可利用对刀工具调节，调好后用螺钉紧固，如图 8－10 所示。

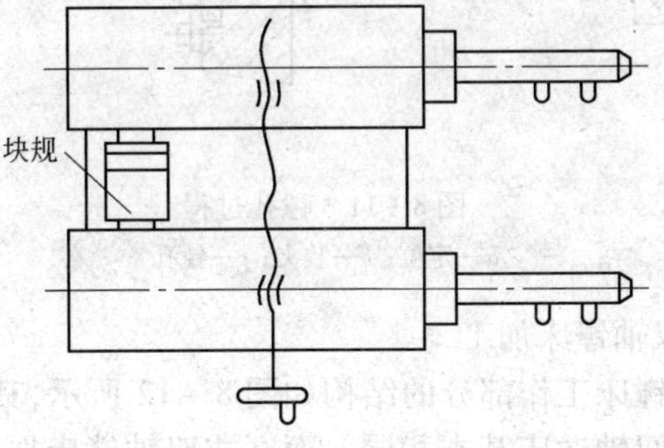

图 8－9 卧式双轴镗床

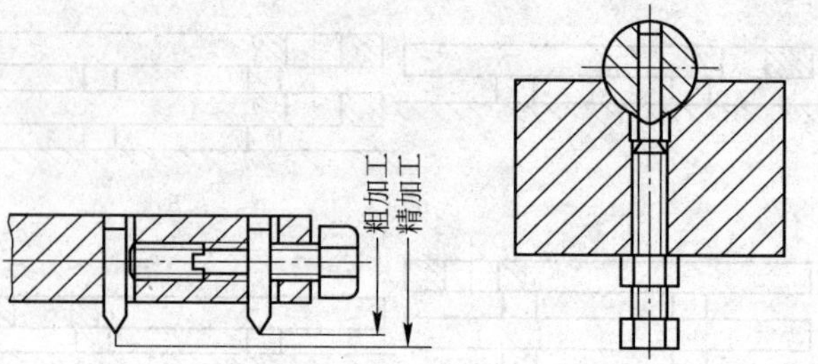

图 8 - 10　镗刀结构及调节

a—镗刀结构；*b*—对刀工具

利用双轴镗床加工模板的工艺过程如下：

（1）在镗床工作台右侧装上一定位件，并将定位套与芯棒插入，如图 8 - 11*a* 所示。移动定位件，使芯棒与镗刀杆同心，将定位件压紧在工作台上。

（2）将模座装在工作台左侧，在模座的预孔内插入一定位套并将定位套穿入芯棒，压紧模座，如图 8 - 11*b* 所示。

（3）取出芯棒等工具即可进行镗孔，如图 8 - 11*c* 所示。

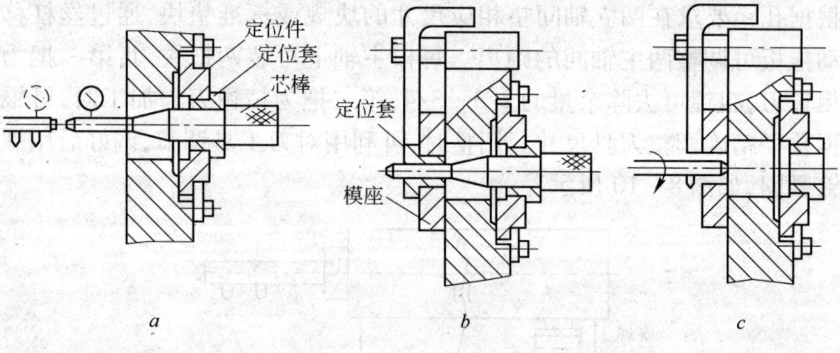

图 8 - 11　镗孔过程

a—定位；*b*—装夹；*c*—镗孔

b　立式双轴镗床加工

立式双轴镗床工作部分的结构如图 8 - 12 所示，其工作原理及操作过程与卧式双轴镗床基本相同。而立式双轴镗床加工时，模座的安装、加工余量的调整相对简单，加工方便。

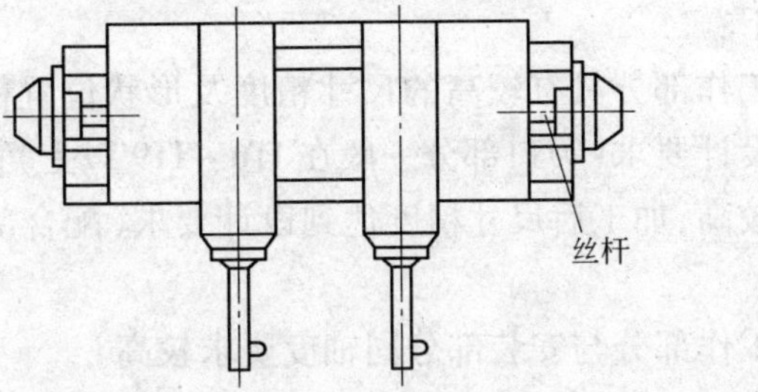

图 8-12 立式双轴镗床

8.2 凸模类零件的加工

凸模是用来成形制件内表面的,是模具的主要零件之一。常见的凸模基本结构都由工作部分和配合部分两部分组成,如图 8-13 所示。有时为了加强凸模的刚性,小凸模常常在安装部分与工作部分之间增加过渡段。

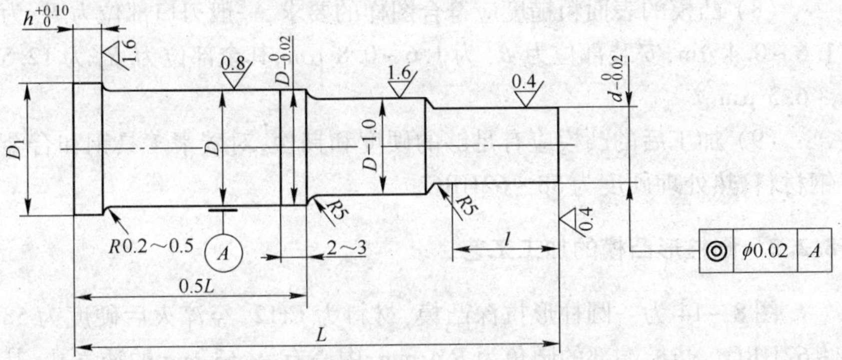

图 8-13 凸模结构

8.2.1 凸模类零件加工的技术要求

由于成形制件的形状各异、尺寸差别较大,所以凸模类零件的品种也是多种多样的,按凸模的断面形状,大致可以分为圆形和异形两类。但不论是哪种样式的凸模,制造精度将直接影响模具的使用寿命和成形制件的质量。因此,该类模具零件的质量要求较高。凸模一般的技术要求如下：

（1）工作部分具有较高的尺寸精度及形状位置精度，加工后尺寸精度达到设计要求（刃口部分一般在 IT6 ~ IT9 以上）；与固定板的配合部分要求较高，加工后尺寸精度达到设计要求（配合部分一般在 IT5 ~ IT7 以上）。

（2）工作部分与安装部分同轴度要求较高。

（3）刃口部分要保持尖锐锋利。

（4）凸模的工作部分与安装部分之间应圆弧过渡，过渡圆角半径一般为 3 ~ 5 mm。

（5）凸模转角处为尖角时（刃口部分除外），若图样上没有注明，加工时允许按 R 0. 3 mm 制造。

（6）塑料模具中，为了使塑件容易从凸模上脱下，凸模往往带有一定的脱模斜度。

（7）镶拼式凸模镶块结合面缝隙不得超过 0. 03 mm。

（8）凸模的表面粗糙度应符合图样的要求，一般刃口部位为 R_a 为 1. 6 ~ 0. 4 μm，安装部位为 R_a 为 1. 6 ~ 0. 8 μm，其余部位为 R_a 为 12. 5 ~ 6. 3 μm。

（9）加工后的凸模应有足够的硬度和韧性，对碳素工具钢和合金钢材料，热处理硬度为 58 ~ 62HRC。

8. 2. 2　圆柱形凸模的加工工艺

图 8 – 14 为一圆柱形拉深凸模，材料为 Cr12，经淬火后硬度为 58 ~ 62HRC。凸模端部的圆角为 R 4 mm，中心有一 ϕ3 mm 的透气孔，其余技术要求如图所示。工艺分析：该凸模截面呈圆形，故加工时可选用车削加工，淬火后经磨削加工达到图纸要求。由于其安装部分与工作部分有同轴度要求，加工时，应安排外圆一次车出成形，磨削时也应一次磨出，并同时磨出轴肩，以保证垂直度要求。为此，加工时可选用顶尖孔作为定位基准。另外，为方便工件在外圆磨床上装夹，在工件左侧表面合适位置钻攻一 M5 螺纹孔，并拧入一拨杆以供拨盘带动工件旋转，如图 8 – 15 所示。

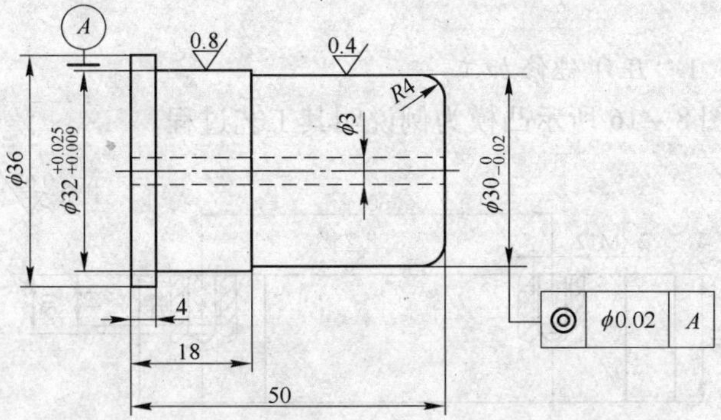

图 8－14　圆柱型拉深凸模

具体加工工艺如下：

(1) 下料。毛坯需锻造和退火。

(2) 车。车外圆，钻顶尖孔(由于凸模中心有一 $\phi3$ mm 圆孔，顶尖孔可适当钻大些)，要求 $\phi32$ mm 轴与 $\phi30$ mm 轴一起车出，并各留有 0.5 mm 的磨削余量，车出右端面及圆角 R 4 mm；调头车出 $\phi36$ mm 轴，车出右端面，并保证 50 mm，钻出顶尖孔及 ϕ 3 mm 小孔。

(3) 钳。划线并钻攻 M5 工艺螺孔。

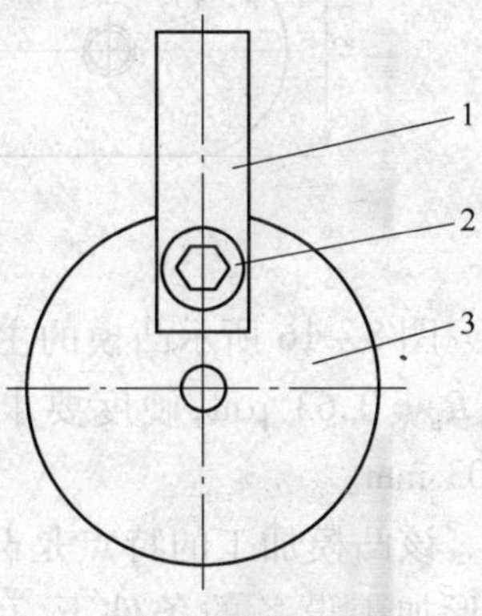

图 8－15　拔杆装配示意图

1—拔杆；2—螺钉；3—工件

(4) 热处理。即淬火和回火处理，并检查硬度是否为 58～62HRC。

(5) 车。研磨两端顶尖孔。

(6) 磨。即磨出外圆 $\phi30^{0}_{-0.02}$ mm 及 $\phi32^{+0.025}_{+0.009}$ mm 并保证同轴度要求。

(7) 钳。将凸模装入固定板。

(8) 磨。与固定板同磨左端面，翻身磨出右端面。

(9) 车。修光圆角 R 4 mm。

8.2.3　异形凸模的加工工艺

异形凸模由于形状特殊，加工难度较大，常采用的加工方法有如下几种。

8.2.3.1　压印锉修加工

现以图 8－16 所示凸模为例说明其工艺过程。

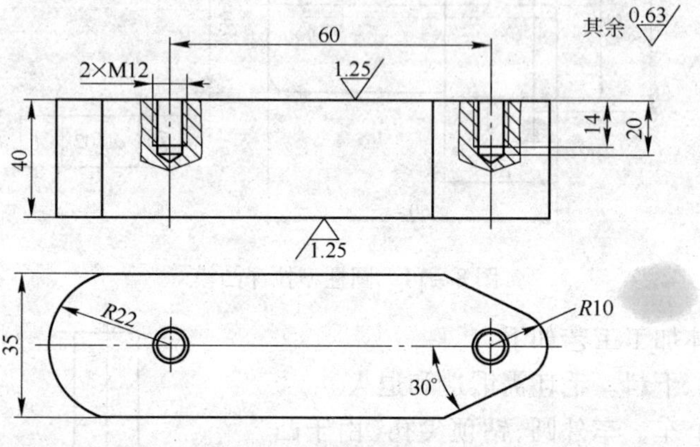

图 8－16　凸模

图 8－16 所示凸模的主要技术要求有：材料为 CrWMn，表面粗糙度 $R_a=0.63$ μm，硬度要求为 58 ~ 62HRC，与凹模双面配合间隙为 0.03 mm。

该凸模加工的特点是凸、凹模配合间隙小，精度要求高，在缺乏成形加工设备的条件下，可采用压印锉修进行加工。其工艺过程如下：

（1）下料。采用热轧圆钢，按所需直径和长度用锯床切断。

（2）锻造。将毛坯锻造成矩形。

（3）热处理。进行退火处理。

（4）粗加工。刨削六个平面，留单面余量 0.4 ~ 0.5 mm。

（5）磨削平面。磨削六个平面，保证垂直度，上、下平面留单面余量 0.2 ~ 0.3 mm。

（6）钳工划线。画出凸模轮廓线及螺孔中心位置线。

（7）工作型面粗加工。按画线刨削刃口形状，留单面余量 0.2 mm。

（8）钳工修整。修锉圆弧部分。

(9) 工作型面精加工。用已经加工好的凹模进行压印后,进行钳工修锉凸模,沿刃口轮廓留热处理后的研磨余量。

(10) 螺孔加工。钻孔、攻螺纹。

(11) 热处理。淬火、低温回火,保证硬度为58~62HRC。

(12) 磨削端面。磨削上、下平面,消除热处理变形以便于精修。

(13) 研磨。研磨刃口侧面,保证配合间隙。

8.2.3.2 电火花线切割加工

采用电火花线切割加工不仅提高了自动化程度,简化了加工过程,缩短了生产周期,而且可以在模具零件淬火后进行,模具的加工精度高,质量好。为了便于进行线切割加工,一般应将凸模设计成直通式。

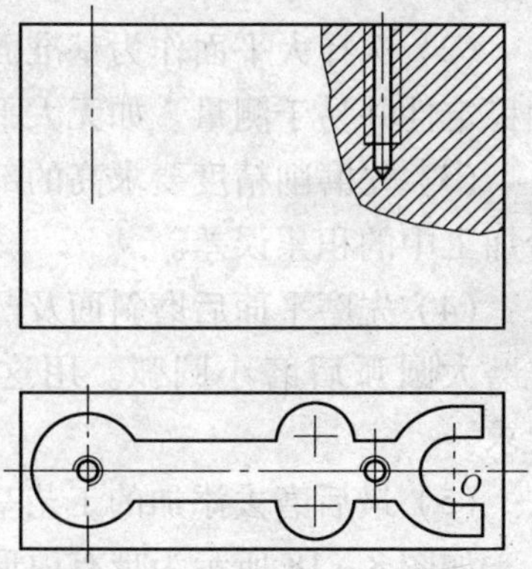

图8-17 线切割加工凸模

下面以图8-17所示凸模为例(材料为Cr12MoV,热处理淬火后硬度为58~62HRC)说明电火花线切割加工模具的过程。

(1) 下料。毛坯需锻造成方形并经退火处理。

(2) 刨。刨削六个面,经毛坯刨成六面体。

(3) 钻。钻穿丝孔,在程序加工起点(图8-17中的*O*点)处钻出直径为2~3 mm的穿丝孔;钻、攻固定凸模用的两个螺孔。

(4) 热处理。淬火、回火并检查硬度。

(5) 磨。磨上、下平面。

(6) 电加工。按图样编制线切割加工程序并进行线切割加工。

(7) 钳。研磨凸模工作部分。

电火花线切割加工凸模时应在热处理之前加工好穿丝孔,并在工艺中注明穿丝孔的位置,以方便程序的编制。

8.2.3.3 成形磨削

成形磨削具有高精度、高效率等优点。为了方便成形磨削,凸模一般设计为直通式结构;对于半封闭式的凸模,则应设计成镶拼结构,即将凸模分解成几件,分别进行磨削,最后装配成一件完整的凸模。

成形磨削前,首先要了解机床的特性,并有效地利用各种工夹具和成形砂轮,然后,根据凸模的形状选择合理的基准面及工艺孔基准,并进行工艺尺寸换算,最后,制定磨削程序。选择基准和指导磨削程序时应考虑如下几点:

(1) 当凸模有内形孔时,先加工内形孔并以其为基准加工凸模外形。

(2) 选择大平面作为基准面,先磨基准面及有关平面,以增加加工的稳定性并易于测量。如无大平面时,可添加工艺平面。

(3) 先磨削精度要求高的部分,然后磨削精度要求低的部分,以减少加工中的积累误差。

(4) 先磨平面后磨斜面及凸圆弧,先磨凹圆弧后磨平面及凸圆弧,先磨大圆弧后磨小圆弧。用这样的程序便于加工成形及达到精度要求。

(5) 最后磨去添加的工艺基准及装夹部分。

如图 8－18 所示为带有内形孔的凸模。其加工工艺如下:

(1) 毛坯准备。用圆形棒料锻成方形毛坯并退火处理。

(2) 刨六个面,使毛坯成为六面体(如图 8－18*a* 所示)。

(3) 磨上下两平面及角尺面。

(4) 钳工划线,加工固定凸模用的两螺孔(钻孔、攻螺纹)。

(5) 用坐标镗床加工内形圆孔和非圆孔的预制孔,铣床加工毛坯外形(放余量)(如图 8－18*b*)。

(6) 钳工锉修非圆形孔到要求。

(7) 热处理。淬火、回火,并检查硬度。

(8) 磨上下两平面。

(9) 钳工研磨内孔。

(10) 成形磨削。按一定的磨削程序磨削凸模外形(见图 8－18*c*)。

(11) 精修。内形孔按冲孔凸模修出间隙,或在冲孔凸模头部修出间隙;凸模外形与凹模配合间隙。

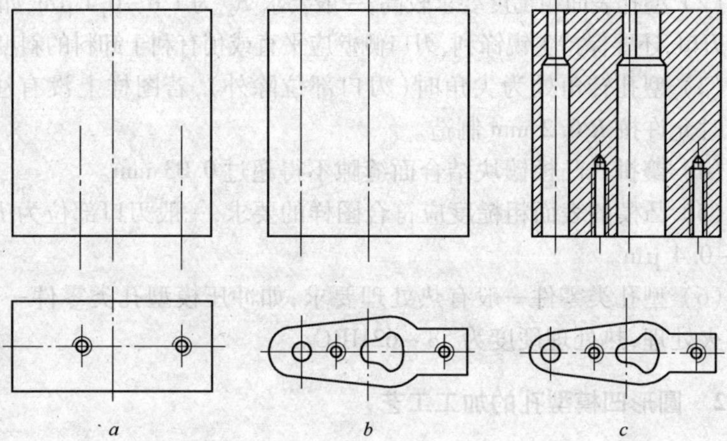

图 8－18　凸模的成形磨削
a—刨六面体；b—镗孔、铣外形；c—成形磨削

8.3　凹模型孔类零件的加工

型孔类模具零件在各种模具中都有大量的应用，如冲裁模中凹模的冲孔、落料型孔，塑料成形模具中的型腔拼块或型腔等。由于成形制件的形状繁多，所以型孔的轮廓也多种多样，按其形状可分为圆形型孔和异形型孔两类；按孔的结构可分为整体式型孔和镶拼式型孔；按零件上型孔的数量可以把型孔类零件分为单型孔板和多型孔板，单型孔板只有一个工作型孔，如单工序冲压模的凹模，加工这类型孔没有孔距精度要求，所以制造相对容易。多型孔板在一个板上有多个工作型孔，工作型孔之间一般有较高的孔距精度要求，此外还要与相关零件之间的孔距一致，所以加工较为复杂。

8.3.1　型孔类零件加工的技术要求

型孔类零件一般的技术要求如下：

(1) 型孔加工精度要求较高，加工后尺寸精度达到设计要求(如冲裁模刃口部分一般为 IT6 ~ IT9 以上，多型孔凹模孔距公差一般为 5 级以上)。

（2）型孔表面粗糙度要求较高，一般要求 R_a 为 1.6 ~0.4 μm，如是冲裁模刃口，还要保持尖锐锋利，刃口侧壁应平直或稍有利于卸料的斜度。

（3）型孔转角处为尖角时（刃口部位除外），若图样上没有注明，加工时允许按 R 0.2 mm 制造。

（4）镶拼式凸模镶块结合面缝隙不得超过 0.03 mm。

（5）凸模的表面粗糙度应符合图样的要求，一般刃口部位为 R_a 为 1.6 ~0.4 μm。

（6）型孔类零件一般有热处理要求，如冲压模型孔类零件一般经过淬火处理，热处理硬度为 58 ~62HRC。

8.3.2　圆形凹模型孔的加工工艺

8.3.2.1　凹模内、外形均为圆形

图 8 - 19 所示为一圆筒形拉深件的凹模，材料选用 Cr12，热处理淬火后硬度为 58 ~62HRC，其余尺寸及要求如图 8 - 19 所示。其加工过程如下：

（1）备料。

（2）锻造。

（3）热处理。退火。

（4）车。先车出 A 面、外形及内孔，内孔留余量 0.3 ~0.5 mm，用成形车刀车出孔口 R 5 mm 圆角，然后调头车出另一端面 B 及整个外形。

（5）磨。先磨出 B 面，再磨出 A 面。

（6）钳。划线并钻、铰 2-$\phi 8_0^{+0.015}$ mm，钻、攻 3-M8。

（7）热处理。淬火至 58 ~62HRC。

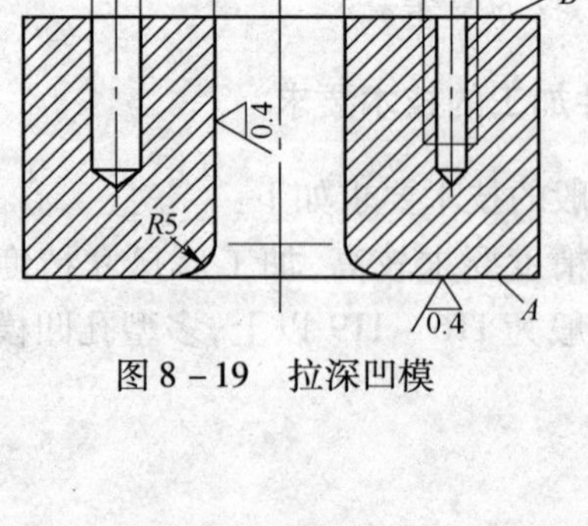

图 8 - 19　拉深凹模

(8) 磨平面。

(9) 磨内孔到尺寸。

(10) 钳。修整 R 5 mm 圆角。

加工注意事项:

(1) 车削加工时,余量要均分,即先测量毛坯的尺寸,然后根据其实测大小,分配 A、B 面和外圆的加工余量。应保证锻打后毛坯表层有缺陷的部分可以完全去除。

(2) 平面磨削时,一定要以先车的面即 A 面作为基准,磨出 B 面,然后再磨出 A 面。这样才能保证内腔与模具端面的垂直度要求,否则,会因内腔不垂直而使内腔精加工时余量不均,甚至报废工件。所以,在车加工时,一定要把先车的面做上记号,以免搞混。

(3) 内孔精磨后,一定要修整及研光孔口圆角 R。这是因为工件经平面及内孔磨削后,孔口原来圆角 R 被破坏,如图 8-20 所示。孔口圆弧与两垂直面交接处成尖角,影响模具正常工作。通常可以用硬质合金车刀小心车出,然后用金刚石锉刀慢慢修光进行修整。要注意的是,模具孔口的粗糙度要求低,特别是孔口周向的切削痕会使模具无法正常工作,所以最终修光时,一定要沿着内腔的径向进行。

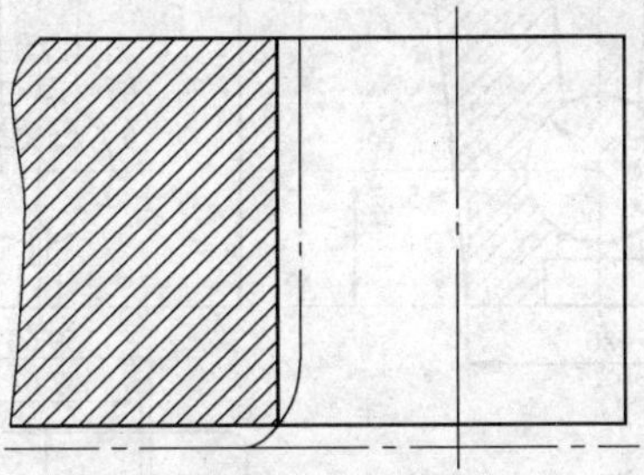

图 8-20 凹模孔口

(4) 当模具由一系列圆孔组成,而且各孔之间要求有很高的位置精度时,凹模常采用坐标镗床来加工。坐标镗床加工一般在热处理前进行。凹模经热处理后,加工精度必然会受到淬火变形的影响。因此,对于多腔模,凹模一般做成镶拼式结构。如图 8-21 所示。将凹模镶件 2 加工好后镶入固定板 1 中,这样既能满足凹模的热处理要求,又保证了孔距要求。

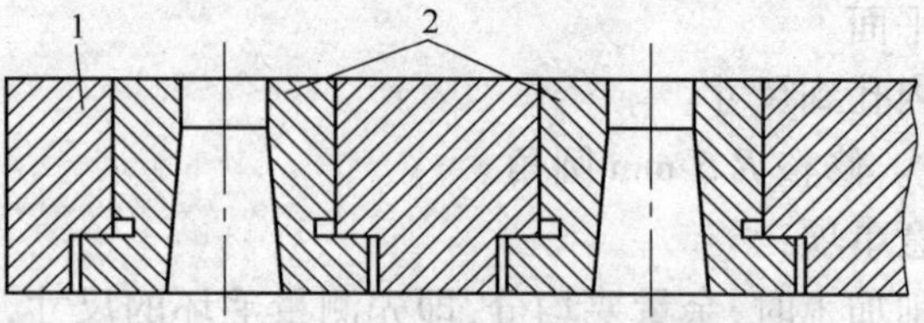

图 8 – 21　多孔模凹模镶拼结构

1—固定板；2—凹模镶件

8.3.2.2　凹模内腔为圆形，外形为方形的型腔加工

此类凹模多见于压铸模、塑料模，其加工一般也在车床上进行。

图 8 – 22 所示为一对拼式塑料模型腔，模具由两块形状完全一致的零件拼合而成。内腔口部为长方形，中间接 ϕ21.71 mm 锥孔，底部

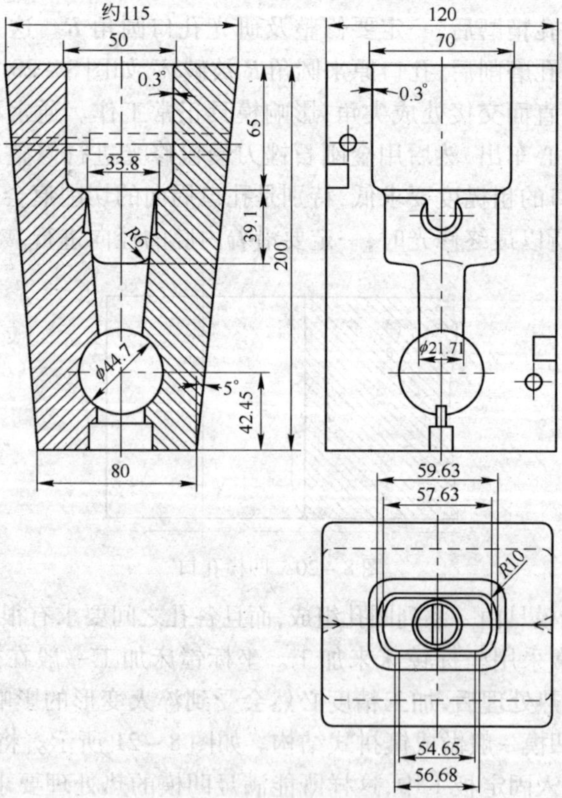

图 8 – 22　对拼式塑压模型腔

为一直径为 ϕ44.7 mm 的球，下接一长方形型腔。下面介绍其锥孔和球面部分的加工工艺。

A 坯料准备

准备两块长方形坯料，经粗加工后将两块坯料拼装在一起。要求两坯料外形尺寸一致，厚度一致，两大平面及一角尺面应分别磨出。两拼块用导正销连在一起，并在拼块 *A* 上加工工艺螺孔 2 备用，如图 8－23*a* 所示。

B 划线

在拼合面上划出 ϕ44.7 mm 外轮廓线，如图 8－23*b* 所示。

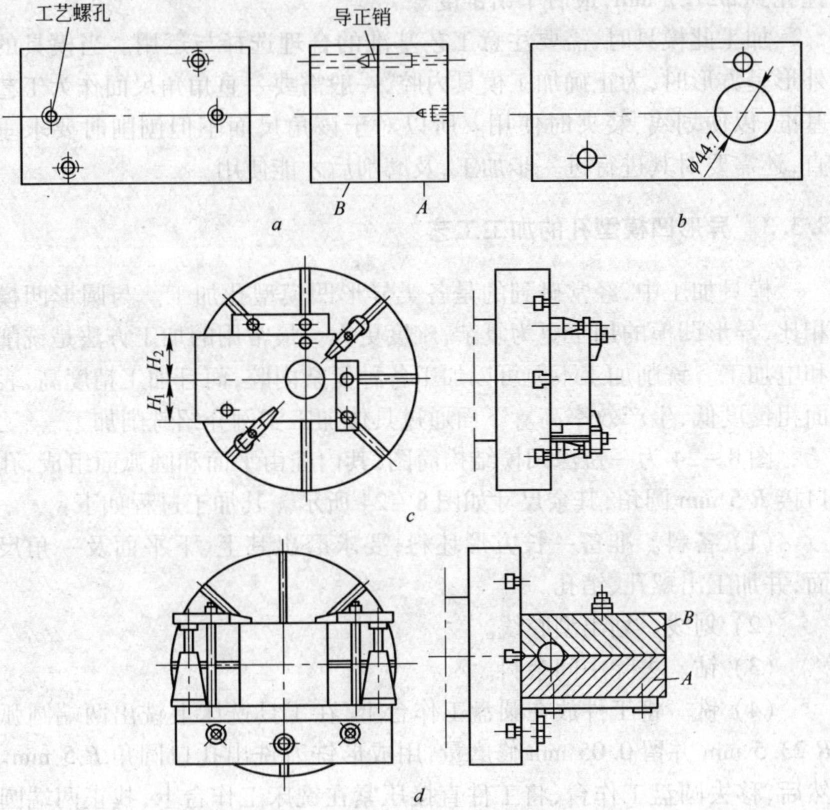

图 8－23 加工过程示意图

a—坯料准备；*b*—划线；*c*—车球面；*d*—车锥孔

C 车球面

将一拼块装夹在花盘上，用千分表找正 $\phi44.7$ mm 孔，并使 H_1、H_2 中心对称，然后在靠近工件的一对垂直面上压上两定位块，车出球面，如图 8－23*c* 所示。球面车好后，卸下拼块，装上另一拼块（用两定位块定位，不需再找正），车出另一拼块球面。

D 车锥孔

在花盘上搭上角铁，并将拼块 *A* 用螺钉初步固定在角铁上，以导正销导正，装上另一拼块 *B*，用压板轻轻压紧。用千分表找正中心后，将角铁及工件压紧，如图 8－23*d* 所示。用约 $\phi18$ mm 的钻头钻孔，并镗孔到 $\phi21.7$ mm，最后车出锥度。

加工此模具时，需要注意工艺基准的合理选择与运用。当模具的外形呈方形时，为正确加工模具内腔，一般需要一直角角尺面作为工艺基准，以便划线、装夹时使用。所以对于该角尺面不但刨削时要求垂直，还需要对其进行进一步加工，及磨削后才能使用。

8.3.3 异形凹模型孔的加工工艺

模具加工中，经常碰到的是各类异形凹模型孔加工。与圆形凹模相比，异形凹模的加工更为复杂，难度更大。最常用的加工方法是铣削和电加工。铣削加工不但可以加工各种复杂内腔，而且加工精度高，表面粗糙度低，生产效率高。下面通过具体加工实例介绍铣削加工。

图 8－24 为一拉深凹模结构简图，其内腔由平面和圆弧面组成，孔口接 *R* 5 mm 圆角，其余尺寸如图 8－24 所示。其加工过程如下：

（1）备料。准备一长方形坯料，要求磨出其上、下平面及一角尺面，并加工出螺孔、销孔。

（2）划线。划出型腔线。

（3）钻。去除中间余料。

（4）铣。将工件放在圆盘工作台上，在工具铣床上铣出两端圆弧 *R* 23.5 mm 并留 0.05 mm 修磨量，用成形铣刀铣出孔口圆角 *R* 5 mm。然后，移去圆盘工作台，将工件直接压紧在铣床工作台上，找正两端圆弧中心，铣出内腔直线部分。

（5）钳。主要进行抛光。

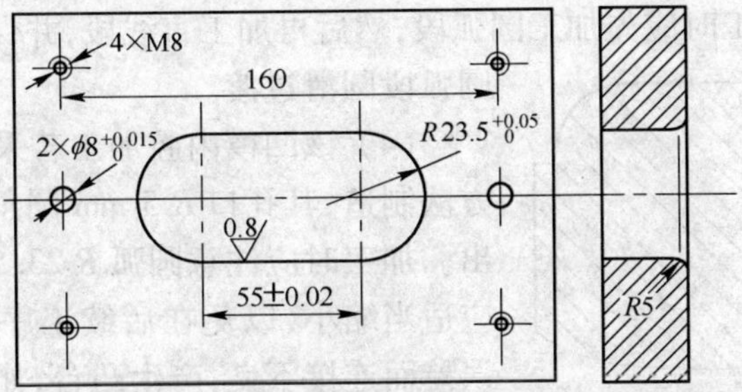

图 8－24　异形拉深凹模

加工注意事项：

（1）异形型孔的凹模，通常将毛坯锻造成矩形，加工各平面后进行划线，再将型孔中心的余料去除。图 8－25 所示是沿型孔轮廓线钻孔。凹模尺寸较大时，也可用气割方法去除。

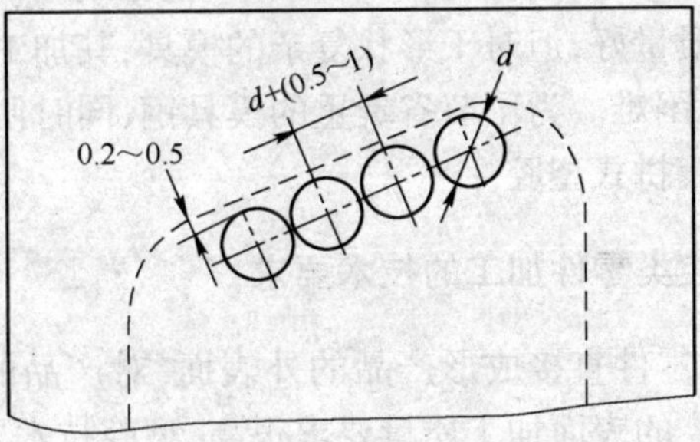

图 8－25　沿内孔轮廓钻孔

（2）为了保证内腔两端圆弧 $R23.5^{+0.05}_{0}$ mm 的中心距，可制造一简易工装（二类工具），如图 8－26 所示。然后用螺钉、销钉将其与凹模连接在一起，只有将其中心的 $\phi8^{+0.015}_{0}$ mm 与圆盘工作台中心预先设置的销轴配合，即可分别铣出两端圆弧。

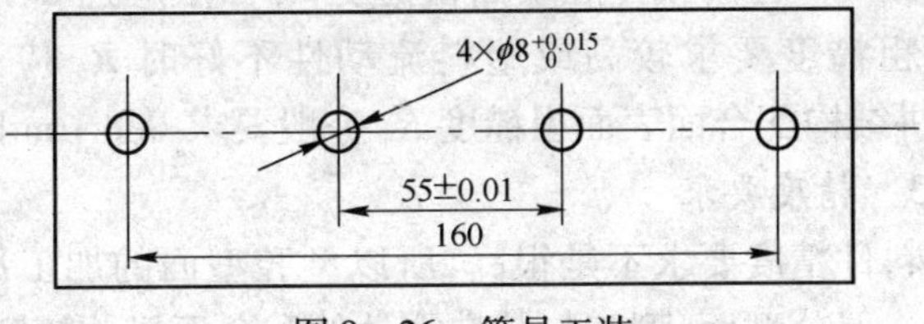

图 8－26　简易工装

（3）加工时应先加工圆弧段，然后再加工直线段，并保证直线段与圆弧段圆滑过渡。

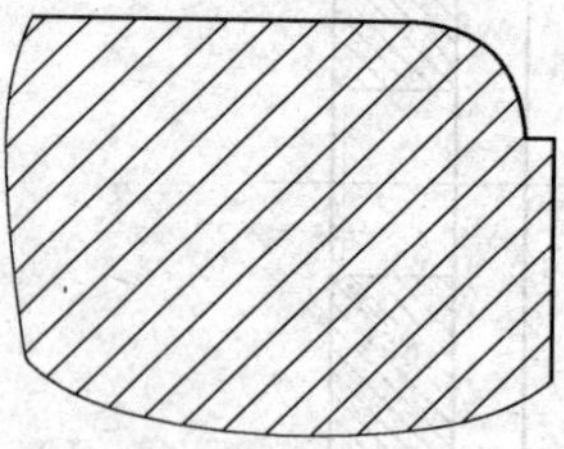

图 8 – 27　定位误差产生凸台

（4）该凹模内腔加工若采用其它工艺方法制造，其孔口 R 5 mm 圆角仍需铣床铣出。加工时应注意圆弧 R 23.5 mm 的尺寸应适当缩小，以免在后续工序中由于定位误差而连接不良，产生凸台，如图 8 – 27 所示，从而使零件报废。

8.4　凹模型腔类零件的加工

凹模型腔类零件是指成形产品外表面的模具零件。根据成形产品的需要和加工与装配工艺要求，型腔的基本结构一般可分为整体式、整体镶拼式、局部镶拼式、拼块组合式。其中，整体式结构简单牢固、强度高、成形的产品质量好，但对于形状复杂的模具，其加工工艺性较差，而且受损后维修也困难。为了节省贵重的模具钢，同时便于加工和维修、更换，经常采用镶拼式型腔。

8.4.1　凹模型腔类零件加工的技术要求

凹模型腔类零件直接成形产品的外表面，对产品的质量有直接的影响，所以对型腔的表面加工质量要求很高，型腔技术要求如下：

8.4.1.1　材料及热处理

一般采用专门的模具钢制造，如 H13 钢、P20 钢、P21 钢等。型腔的热处理也很重要，一般要求热处理硬度达 45 ~ 50HRC 以上。

8.4.1.2　表面粗糙度要求

凹模型腔类零件成形零件的外表面，其表面粗糙度对零件的外表面有直接的影响。注射模型腔表面粗糙度 R_a 一般应达 0.1 ~ 0.2 μm，当塑料表面粗糙度要求较高或塑料流动性不好时 R_a 应达 0.025 ~ 0.1 μm，镶拼结构配合面表面粗糙度 R_a 一般要求 0.8 μm 以下。

8.4.1.3　精度要求

一般塑料件精度要求不是很高，所以型腔型面的加工尺寸精度要求也不很高。但分型面、型腔与其它零件的配合面尺寸精度、形状位置精度往往要求较高,如导柱导套孔、前模与后模的扣合表面等。如果采用镶拼结构,镶拼结合处的加工精度要求也很高,所以在确定型腔加工工艺的时候要注意这些因素。

8.4.2　常用凹模型腔类零件的加工方法

凹模型腔类零件常用的机械加工方法有车削加工、铣削加工、磨削加工等。随着技术的发展,CAD/CAM 技术在型腔的制造中应用越来越广泛,数控机床在型腔加工中的应用也越来越广。目前,型腔的加工还广泛综合应用了数控铣削、数控高速铣削、数控电火花成形加工、数控线切割加工等现代加工技术。

如图 8－28 所示为一塑料模型腔。其外形为长方形,三面都带有 5°的斜度,型腔比较复杂。下面介绍其加工工艺。

(1) 坯料准备。准备一长方形毛坯,四周每边放余量 0.2 mm。待型腔加工好后再修磨外形,5°斜面暂不加工;厚度余量 0.5 mm,以备热处理发生变形或型腔加工发生质量问题时供铣削使用。

(2) 划线。将型腔线划在加工面上,其中两个穿透的型孔线划在反面。

(3) 铣。铣出 $R6$ mm 及 $R3.05$ mm,如图 8－29*a* 所示。

(4) 铣 $\phi 23.8$ mm。校正工件外形及 $R6$ mm 半圆槽,用圆盘铣刀铣出 $\phi 23.8$ mm,分粗、精两次铣到尺寸,其宽度为 65 mm,深度为 11.95 mm,如图 8－29*b* 所示。

(5) 铣 C—C 截面。将工件安装在正弦工作台上,倾角 $\alpha = \arctan\dfrac{11.9-8.5}{56.5} = 3°18'$,一端与 $\phi 23.8$ mm 圆弧底面接平,另一端接 $R5$ mm,如图 8－29*c* 所示。

(6) 铣 $R2$ mm、$R5$ mm,如图 8－29*d* 所示。

(7) 精铣。正弦工作台倾斜 α 角,精铣尺寸为 46.8 mm、23.5 mm 槽的侧面、底面及 $R2$ mm 圆角,如图 8－29*e* 所示。

(8) 铣侧面。将正弦工作台转动使之与机床工作台成 β 角,$\beta = \arctan\dfrac{2.1}{24.1} = 4°59'$,铣出侧面及底部圆角 $R2$ mm。用同样的方法铣出

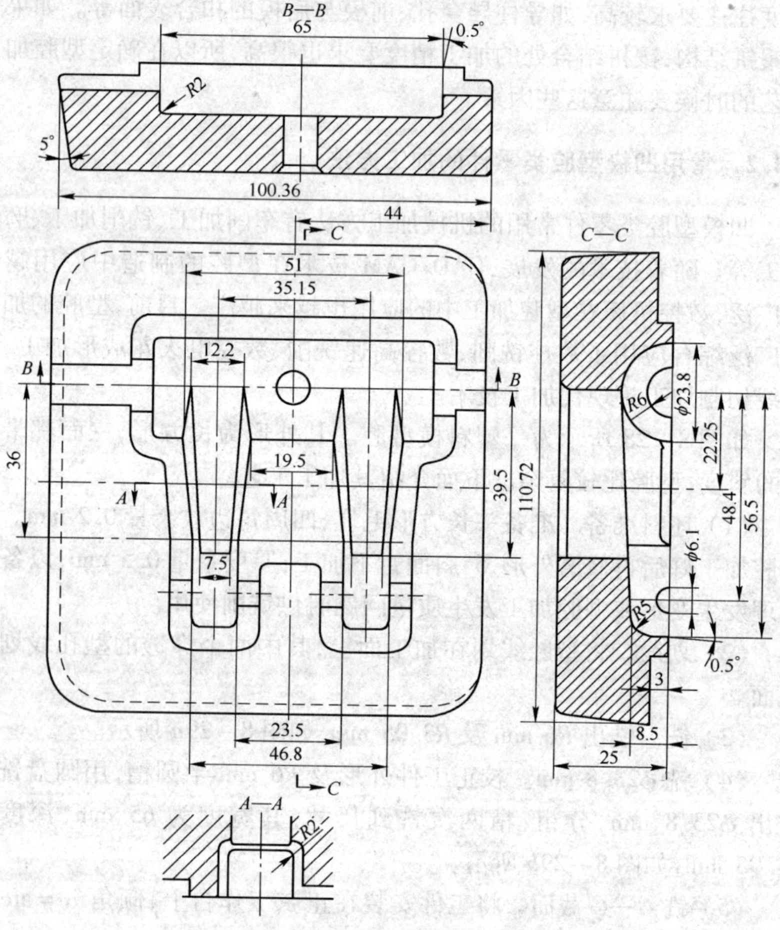

图 8－28　塑料模型腔

另外三个斜面，如图 8－29*f* 所示。

（9）铣 2 mm 平面及 3 mm 台阶。将正弦工作台放平，铣出 2 mm 深的平面及 3 mm 深的台阶，如图 8－29*g* 所示。

（10）铣孔。将工件翻身装夹，置成与工作台轴线成 θ 角，$\theta = \arctan\dfrac{12.2-7.5}{2\times39.5} = 3°24'$。用钻头将工件钻通后进行铣孔，如图 8－29*h* 所示。

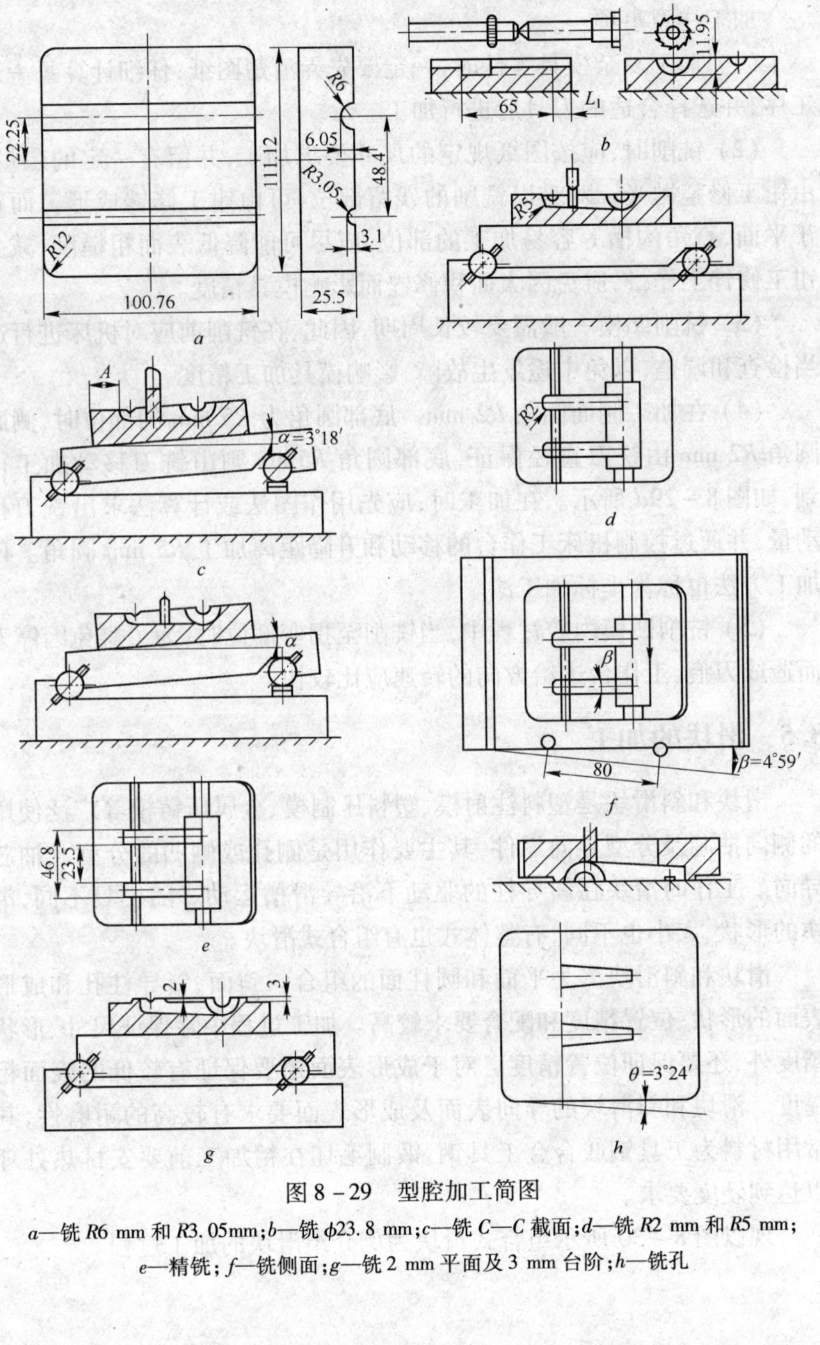

图 8－29 型腔加工简图

a—铣 *R*6 mm 和 *R*3.05mm；*b*—铣 ϕ23.8 mm；*c*—铣 *C*—*C* 截面；*d*—铣 *R*2 mm 和 *R*5 mm；*e*—精铣；*f*—铣侧面；*g*—铣 2 mm 平面及 3 mm 台阶；*h*—铣孔

加工注意事项：

（1）加工复杂模具零件时，一定要先弄清楚图纸，仔细计算每一道工序，并选择合适的刀具后进行加工。

（2）铣削时，应按图纸规定的尺寸要求加工，并留有一定的余量，由钳工修整抛光。对难以铣削的残留部位，可由钳工修锉成形。而对于平面、直角沟槽等容易加工的部位，应尽可能降低表面粗糙度，减少钳工修锉工作量，避免因大面积修锉而影响模具精度。

（3）铣削凹模一般需要较长周期，因此，在铣削前应对机床进行适当检查和调整，以免中途发生故障，影响模具加工精度。

（4）在加工侧面圆角 *R*2 mm。底部圆角为 *R*5 mm 的部位时，侧面圆角 *R*2 mm 由铣刀直径保证，底部圆角 *R*5mm 则由铣刀移动加工得到，如图 8－29*d* 所示。在加工时，应先用作图法或计算法求出铣刀移动量，并通过控制机床工作台的移动和升降距离加工 *R*5 mm 圆角。该加工方法也称为坐标加工法。

（5）铣削凹模内腔过程中，当铣削至拐弯部位时，为了避免因停刀而造成刀痕，工作台进给方向的转速应比较快。

8.5　滑块的加工

滑块和斜滑块是塑料注射模、塑料压制模、金属压铸模等广泛使用的侧向抽芯及分型导向零件，其主要作用是侧孔或侧凹的分型及抽芯导向。工作时滑块在斜导柱的驱动下沿导滑槽运动。随模具不同，滑块的形状、大小也不同，有整体式也有组合式滑块。

滑块和斜滑块多为平面和圆柱面的组合。斜面、斜导柱孔和成形表面的形状、位置精度和配合要求较高。加工过程中除保证尺寸、形状精度外，还要保证位置精度。对于成形表面还要保证有较低的表面粗糙度。滑块和斜滑块的导向表面及成形表面要求有较高的耐磨性，其常用材料为工具钢或合金工具钢，锻制毛坯在精加工前要安排热处理以达到硬度要求。

现以图 8－30 所示组合式滑块为例介绍滑块的加工过程。

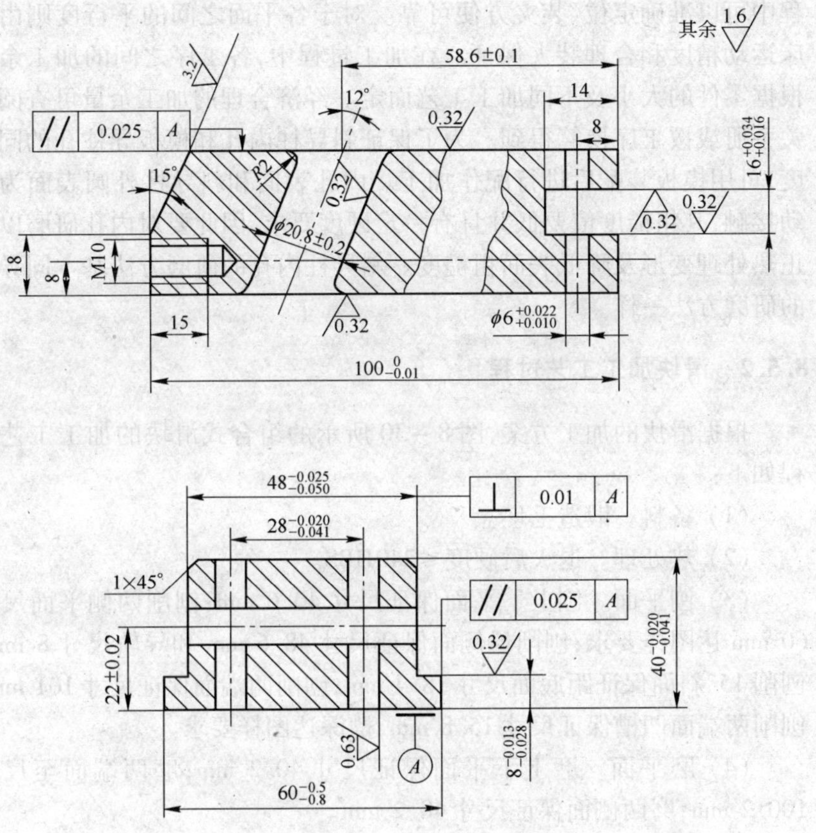

图 8－30 组合式滑块(材料 T8A;热处理后硬度为 54～58HRC)

8.5.1 滑块加工方案的选择

图 8－30 所示滑块斜导柱孔的位置和表面粗糙度要求较低,孔的尺寸精度要求较低,所以主要还是保证各平面的加工精度和表面粗糙度。另外,滑块的导轨和斜导柱孔要求耐磨性好,必须进行热处理以保证硬度要求。

滑块各组成平面中有平行度、垂直度的要求,对位置精度的保证主要是选择合理的定位基准。图 8－30 所示的组合式滑块在加工过程中的定位基准是宽度为 60 mm 的底面与和其垂直的侧面,这样在加工过程中可以准确定位、装夹方便可靠。对于各平面之间的平行度则由机床运动精度和合理装夹保证。在加工过程中，各工序之间的加工余量根据零件的大小及不同加工工艺而定。经济合理的加工余量可查阅有关手册或按工序换算得到。为了保证斜导柱内孔和模板导柱孔的同轴度，可用模板装配后进行配作加工。内孔表面和斜导柱外圆表面为滑动接触，其粗糙度值要低并且有一定硬度要求，因此要对内孔研磨以修正热处理变形及降低表面粗糙度。斜导柱内孔的研磨方法基本同导套的研磨方法一样。

8.5.2　滑块加工工艺过程

根据滑块的加工方案，图 8－30 所示的组合式滑块的加工工艺过程如下：

（1）备料。锻造毛坯。

（2）热处理。退火后硬度≤240HBS。

（3）刨平面。刨上下平面保证尺寸 40.6 mm；刨削两侧平面尺寸 60 mm 达图样要求；刨削量侧面保证尺寸 48.6 mm 和导轨尺寸 8 mm；刨削 15°斜面保证距底面尺寸 18.4 mm；刨削两端面保证尺寸 101 mm；刨削两端面凹槽保证尺寸 15.8 mm，槽深达图样要求。

（4）磨平面。磨上下平面保证尺寸 40.2 mm；磨两端面至尺寸 100.2 mm；磨两侧面保证尺寸 48.2 mm。

（5）钳工划线。划 ϕ20 mm、M10、2 × ϕ6 mm 孔中心线，划端凹槽线。

（6）钻孔。钻孔攻 M10 螺纹孔；钻 ϕ20.8 mm 斜孔至 ϕ18 mm，镗 ϕ20.8 mm 斜孔至尺寸，留研磨余量 0.4 mm；钻 2 × ϕ6 mm 孔至 ϕ5.9 mm。

（7）检验。

（8）热处理。对导轨、150 mm 斜面。ϕ20.8 mm 内孔进行局部热处理，保证硬度为 53～58HRC。

（9）磨平面。磨上下平面达尺寸要求；磨滑动轨道至尺寸要求；磨两侧面至尺寸要求；磨凹槽至尺寸要求；磨斜角 15°至尺寸要求；磨端面尺寸。

（10）研磨内孔。研磨 ϕ20.8 mm 至要求（可与模板配装研磨）。

（11）钻孔与铰孔。与型芯装配后钻 2 × ϕ6 mm 孔并配铰孔。

（12）钳工装配。对 2 × ϕ6 mm 安装定位销。

（13）检验。

8.5.3　导滑槽的加工

导滑槽是滑块的导向装置，要求滑块在导滑槽内运动平稳、无上下窜动和卡紧现象。导滑槽有整体式和组合式两种，结构比较简单，大多数都由平面组成，可采用刨削、铣削、磨削等方法进行加工。其加工工艺过程可参阅模板类零件和滑块加工的有关内容。在导滑槽和滑块的配合中，上、下和左、右两个方向各有一对平面是间隙配合，它们的配合精度一般为 H7/f6 或 H8/f7，表面粗糙度 R_a 0.63 ~ 1.25 μm。导滑槽材料一般为 45、T8、T10 等，热处理硬度为 52 ~ 56HRC。

9 模具失效分析实例

模具的合理选材、正确的热处理工艺、可行的制造工艺是保证模具寿命、防止模具早期失效的主要保证。本章旨在通过一些实例来进一步说明这一事实。

9.1 模具材料的合理选择对模具失效影响的实例

例 1 选用 5CrW2Si 钢制造车轮热打字头。

车轮、轮毂经过热轧后，要立即在 3000 t 压力机上打印，标出国标、厂标、生产日期及炉号等。出口产品的打印深度需在 7 mm 以上。T8 钢制的字头，经 780℃ 淬火、220℃ 回火处理后，在硬度为 55 ~ 60HRC 下使用时，由于字头的温度可达 550℃ 左右，在打印过程中硬度迅速降至 28 ~ 30HRC，极易产生压溃、磨损及掉块碎裂等失效现象，平均每个字头只能打印约 10 次。改用经 900℃ 淬火、500℃ 回火处理的 5CrW2Si 钢制字头，可显著提高使用寿命，平均每个字头可打印 40 次。若采用 1050℃、500℃ 回火处理的工艺，5CrW2Si 钢制字头的使用寿命还可进一步提高至 80 ~ 100 次。

例 2 选用 4Cr5MoSiV 钢制造连杆锻模。

汽车发动机的连杆锻模，尺寸为 $340_{-0.02}^{0}$ mm × $180_{0}^{+0.02}$ mm × $70_{0}^{+0.02}$ mm。锻模的直线度、平面度要求为 0.02，平行度、垂直度要求为 0.05。锻模的型槽尺寸公差和表面粗糙度要求，如表 9 - 1 所示。热处理后的硬度要求为 39 ~ 44HRC。

表 9 - 1 连杆锻模型槽尺寸公差和表面粗糙度

基本尺寸/mm	终锻模型槽		预锻模型槽	
	R_a 1.6 μm		R_a 1.6 μm	
	深度方向	水平方向	深度方向	水平方向
≤50 279.6	±0.70	±0.10 ±0.20	±0.70	±0.10 ±0.20

连杆锻模在25MN机械锻压机上使用，锻件材料为40MnB钢，锻造温度为1200～1050℃，锻压时用水基石墨液冷却润滑。

连杆锻模的制造工艺流程为：毛坯—机加工—热处理—精加工—电火花加工型槽—修磨—检查—入库。

5CrNiMo钢制的连杆锻模在硬度为39～44HRC使用时，一般寿命为5000件作用，失效形式为磨损和热疲劳裂纹。

在选用4Cr5MoSiV钢制造连杆锻模时，有较好的高温强度和耐热疲劳性能，按图9－1所示工艺处理时，硬度为39～44HRC，使用寿命可达8000件以上，最高可达11000件。

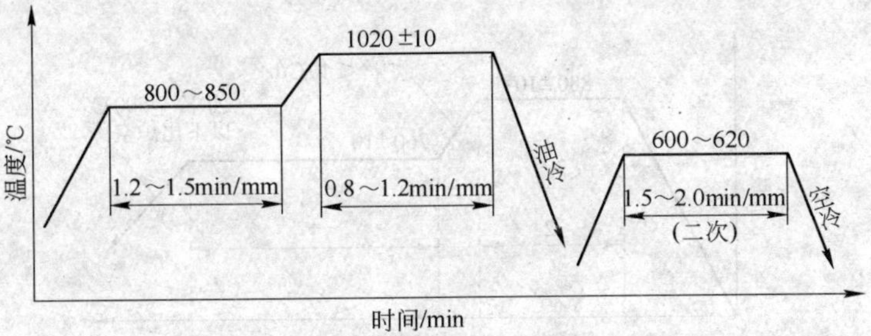

图9－1 4Cr5MoSiV钢连杆锻模热处理工艺

例3 选用4Cr5MoSiV1钢制造汽车转向前接头热锻模。

5CrMnMo钢制汽车转向前接头热锻模（250 mm×210 mm×190 mm）是典型的压力机中小截面热锻模。模具在400 t或630 t摩擦压力机上工作前，先用煤气或红铁预热。在热锻过程中，用水剂石墨进行冷却润滑。锻坯材料为40Cr或45钢，温度为1200℃，每分钟锻压6～8件，模具经常规热处理后的硬度为42～47HRC，平均寿命仅为2000件。改用H13（4Cr5MoSiV1）钢，经常规处理后，可显著提高模具寿命，如表9－2所示。

表9－2 H13钢热锻模具的寿命

模具名称	前接头1	前接头2	前接头3	后接头	主销座
硬度，HRC	45.0	47.0	46.0	46.5	46.0
使用寿命/万次	0.6	1.0	0.6	1.0	0.5

例 4　选用 7Cr7Mo2V2Si 钢制造不锈钢表壳冷挤压凸模。

不锈钢表壳形状较复杂，其材料为 0Cr18Ni9。原来用于表壳冷挤压成形的凸、凹模均采用 W18Cr4V 钢，但挤压 300 件左右就会在凸模表带销成形部位根部产生裂纹，模具的其他部位无明显磨损现象。对裂纹处进行断面分析，没有发现原始裂纹存在，钢的碳化物不均匀性小于 3 级，晶粒度为 10 级，硬度为 63HRC。分析结果表明，钢材质量没有问题，而是 W18Cr4V 钢的抗弯强度、韧性不能满足工作要求而使模具产生裂纹。因此可换用高强韧性钢 7Cr7Mo2V2Si 来制造凸模。7Cr7Mo2V2Si 锻后退火工艺如图 9－2 所示，淬火、回火工艺如图 9－3 所示。

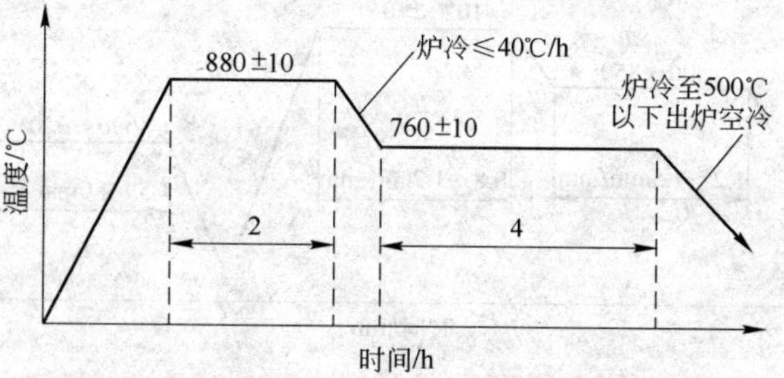

图 9－2　7Cr7Mo2V2Si 钢凸模锻后退火工艺

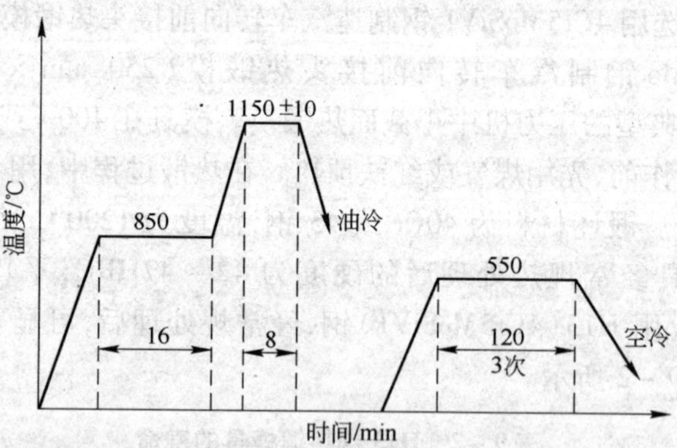

图 9－3　7Cr7Mo2V2Si 钢凸模淬火、回火工艺

7Cr7Mo2V2Si 钢制造的表壳冷挤压凸模，使用寿命可达 1.5×10^4 次。由于模具能承受特别强的载荷，克服了不锈钢的强度较高和对加

工硬化敏感的问题，因而使挤压件轮廓清晰，形状精度高，简化了挤压后的切削加工，使表壳的总加工费用明显降低。

9.2 模具正确的热处理工艺对模具失效影响的实例

例 1 60Si2MnA 钢制螺母冲孔模的高温淬火热处理工艺。

螺母冲孔模如图 9－4 所示，模具材料为 60Si2MnA 钢，硬度要求为 58～60HRC，它是冷镦螺母生产的第四道工序。使用中承受强烈的冲击、压缩、弯曲和摩擦，脱模时又承受拉应力，因此要求模具具有高的韧性、抗弯强度和耐磨性，否则会产生折断、崩刃、镦粗和成形部位软塌。该模具的原工艺如图 9－5*a* 所示，淬火后硬度符合要求，但在使用中成形部位过早软塌、镦粗和弯曲，分析其原因是由于心部未淬透，存在铁素体组织，导致冲模的强度降低。要提高强度，必须提高淬火温度，使未溶的铁素体转变为奥氏体。改进后按图 9－5*b* 的工艺进行热处理，淬火温度提高到 950℃，M_s点也相应提高，有利于形成板条状马氏体，同时促进奥氏体均匀化和残余碳化物的溶解，减少了因局部高碳而形成孪晶马氏体的可能性。螺母冲孔模由于提高了淬火温度，使断裂韧度、抗压强度和耐磨性达到较好状态，使用寿命比原工艺提高 2～3 倍。

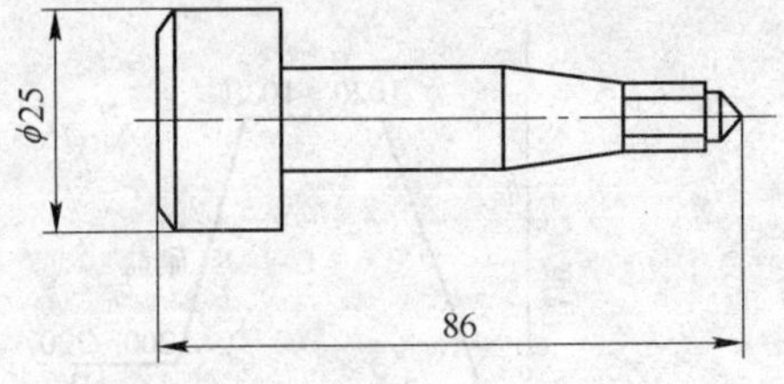

图 9－4 螺母冲孔模

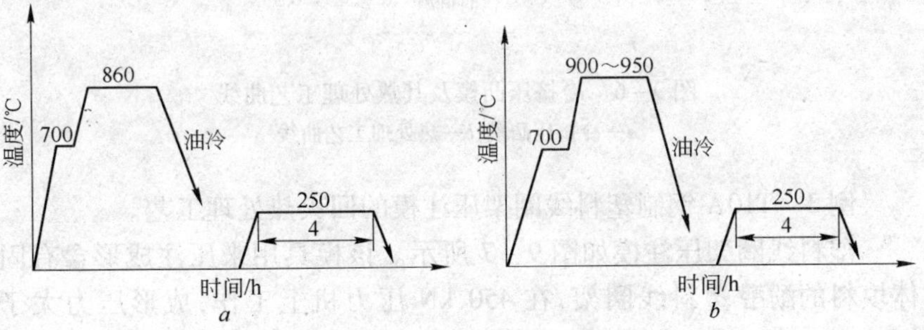

图 9－5 螺母冲孔模改进前后的热处理工艺曲线

a—改进前的模具热处理工艺；*b*—改进后的模具热处理工艺

例 2　Cr12MoV 钢制冷挤压凸模的分级淬火热处理工艺。

冷挤压凸模如图 9 - 6*a* 所示，该模具是用作冷挤压黄铜的模具，材料选用 Cr12MoV 钢，其硬度要求为 62 ~ 64HRC。采用常规工艺方法进行 960 ~ 980℃加热油淬，其硬度为 60 ~ 62HRC。在使用中发现，凸模常常发生脱帽式断裂，主要原因是韧性不足。现采用图 9 - 6*b* 所示工艺曲线进行分级淬火，可以既减少显微裂纹，又可使模具抗裂纹扩展能力加强。实践证明，采用这种分级淬火工艺后，由于热处理韧性不足引起的折断几率有明显降低。

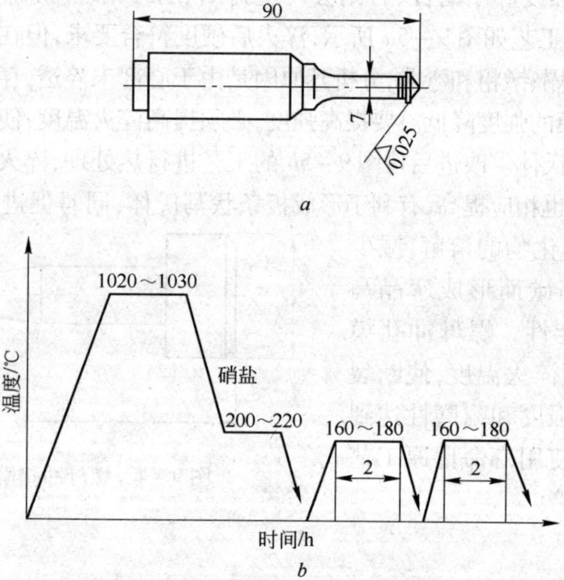

图 9 - 6　冷挤压凸模及其热处理工艺曲线

a—冷挤压凸模；*b*—热处理工艺曲线

例 3　T10A 钢制塑料线圈架压注模的回火热处理工艺。

塑料线圈架压注模如图 9 - 7 所示。该模具用来压注成形含有固体填料的酚醛塑料线圈架，在 450 kN 压力机上工作，成形压力大于 25 MPa，工作温度 200℃，模具为移动式，需要手工操作。

模具用 T10A 钢制造，其加工工艺路线是：下料—锻造—球化退火—切削加工—淬火回火—磨削—抛光。模具毛坯的始锻温度为1000℃,终锻温度为800～850℃。采用常规热处理工艺,800℃加热,160℃分级冷却淬火,180℃回火。硬度为60～62HRC。

工作中发现,模具的服役寿命不足2000件,其主要失效形式为型腔拉毛和棱边堆塌。模具硬度检查发现,型腔表面和棱角处的硬度为56～58HRC,说明有一定程度的软化。金相显微组织观察,模具淬硬层的组织为回火马氏体+粒状渗碳体+少量残余奥氏体。据此可推测工作温度高于模具的回火温度。原来模具回火不足,工作时受热继续回火过程,即马氏体继续分解,残余奥氏体发生转变,从而在压力作用下产生"相变超塑性"流动,引起棱边堆塌和型腔表面拉毛。

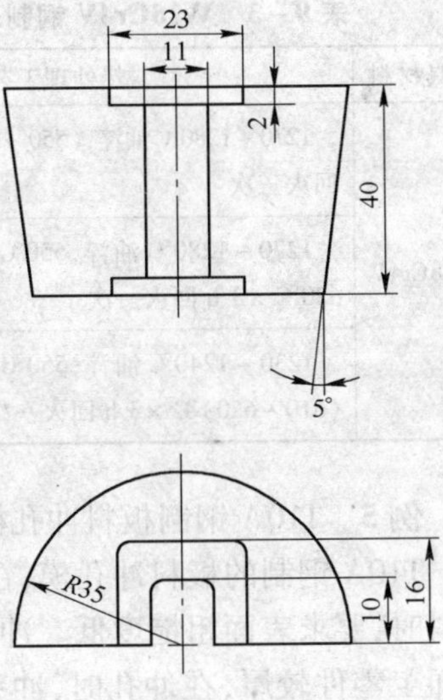

图9-7 线圈架压注模的结构尺寸

所以可以通过适当提高模具回火温度,增加回火保温时间。若采用250℃回火,即高于模具工作温度,就避免了模具在工作过程中继续回火转变,可明显减少堆塌、起皱、拉毛等现象。实际采用两段回火工艺,使模具充分回火,在保持较高硬度的同时改善韧性。其工艺是200℃×1.5 h回火1次,260℃×1.5 h回火1次,硬度为56～58HRC。

例4 W18Cr4V钢制表壳热冲模的低温淬火热处理工艺。

表壳热冲模在用80 mm的W18Cr4V钢热轧棒料制造时,碳化物级别可高达5.5～6级,淬火后模具晶粒度不均匀(8.5～11级),脆性较大,使用过程中易发生崩刃、掉块、甚至劈裂现象,寿命低。采用低温淬火、高温回火的热处理工艺,并合理确定使用硬度,可显著提高模具寿命,如表9-3所示。

表 9－3　W18Cr4V 钢制表壳热冲模低温淬火后的使用寿命

模具材料	热处理工艺	硬度，HRC	使用寿命/万次
W18Cr4V	1270～1280℃油淬，(550～560)℃×(3～4) h 回火三次	64～65	0.1～0.3
	1270～1280℃油淬，550℃×3 h 回火二次，620℃×3 h 回火一次	60～62	0.3～1.0
	1230～1240℃油淬，550℃×3 h 回火一次，(610～620)℃×3 h 回火一次	58～60	2.8～4.0

例 5　T10A 钢制板料冲孔模的化学沉积镍磷层处理。

T10A 钢制的板料冲孔模，在冲 A3 钢的 8 mm、10 mm 和 12 mm 的板料时，要求表面粗糙度低。冲模在 50～54HRC 的硬度下使用时，由于加工零件较厚，在冲孔时，冲头的下端外圆表面易发生黏着磨损、咬合和拉毛现象。在刃口处会发生局部撕裂，出现小缺口和小凹坑现象，使冲头报废，冲头寿命一般只能冲 1000 多次。

对 T10A 钢制冲头进行化学沉积镍磷层后，可使冲头寿命提高 4 倍以上。

冲头的化学沉积镍磷层处理，可在酸性镀液中进行。沉积 20～30 μm 的镍磷层，可大大提高模具表面的硬度、耐磨性和抗咬合性能，可有效地防止冲头的磨损和咬合，防止刃口撕裂和小凹坑的产生。

经化学沉积镍磷层的冲头，有极高的使用寿命，如表 9－4 所示。化学沉积镍磷层，还可用于修复因尺寸超差而报废的冲头，并可使其寿命提高一倍以上。

表 9－4　化学沉积镍磷层冲头的寿命

热处理状态	料厚/mm		
	8	10	12
	冲头使用寿命/次		
经化学沉积镍磷层	2648	1466	2412
未进行化学沉积镍磷层	463	284	1792
报废冲头经化学沉积镍磷层	940	846	598

9.3 模具的制造工艺对模具失效影响的实例

例1 采用研磨方法改善冲切模的刃面状态。

刃面状态是影响冲切模寿命的不可忽视的重要因素，良好的刃面状态可保证模具有高的使用寿命。实践证明，刃面上的微小磨痕、裂纹、伤痕等缺陷的存在，不但影响冲切面毛刺的大小，而且直接影响刀模具的寿命。例如彩色显像管电子枪内用于控制三电子束的膜片上的3个$\phi 0.6^{+0.01}_{0}$的小孔，要求冲切面毛刺高度不大于0.005 mm，对冲切模的刃面有极高的要求。用CrWMn钢或高速钢制造的冲孔凸模，其刃面粗糙度与刃磨寿命的关系如表9-5所示。

表9-5 刃面粗糙度与刃磨寿命的关系

刃面粗糙度 R_a/μm	刃面加工方法	刃磨寿命/万次
0.8	磨 削	—
0.4	研 磨	2
0.2~0.1	研 磨	5~8

当磨削凸模的表面粗糙度R_a为0.8 μm时，其小孔冲切面的毛刺不可能小于0.005 mm。这是因为磨削的刃面有0.0015 mm左右的磨削痕，刃部凸凹不平，冲切毛刺大于0.005 mm。

刃面状态与崩刃也有直接关系。一般崩刃是由冲击疲劳及材料与热处理问题所造成的，是局部损伤；但也有的是由于刃磨面存在有微小裂纹、伤痕及材料缺陷等所造成，特别是对于薄料的精密冲切更是如此。为了消除这些缺陷，刃面在磨削之后应进行研磨抛光，这对于硬质合金模具尤为重要。粗糙的或未经研磨的刃面，不仅影响模具寿命，而且有可能导致整个模块的开裂，因而必须保证冲切模具有良好的刃面状态。

例2 采用喷丸强化改善线切割落料模变质层的性能。

Cr12钢制洗衣机电机定、转子落料模，在经淬火、回火处理和线切割加工后直接使用时，常呈折断失效，平均寿命只有3万余次。改用在电火花加工后增加一道喷丸强化处理工艺后，使用寿命可提高到10万余次。

喷丸强化可提高电火花加工模具的寿命的原因是：

(1) 可使放电加工层中存在的拉应力变为压应力；

(2) 可改变电加工层中的应力分布状态，使模具表面形成一条很宽的压应力分布带，其宽度远超过变质层深度，从而可极大地提高疲劳强度和模具的实际承载能力；

(3) 可促使放电加工变质层中的残余奥氏体转变为马氏体。

例 3　采用收缩工艺修复磨损的冷镦凹模。

冷镦模型腔磨损后，可用缩孔处理并重新淬火的方法予以修复，重新装机使用。缩孔工艺可采用将模具加热到 600～650℃左右，然后使模具由外表面向中心冷却，在冷到 150℃左右时，由于外表面的冷缩，可使模具中心产生压应力，并使型腔收缩 0.15～0.20 mm。收缩后的模具，经再淬火后，即可重新使用。一般在正常情况下，此法可处理 2～3 次，从而可大大提高模具的总寿命。

参考文献

[1] 曾珊琪,丁毅.模具寿命与材料.北京:化学工业出版社,2005.
[2] 潘宝权.模具制造工艺.北京:机械工业出版社,2004.
[3] 程培源.模具寿命与材料.北京:机械工业出版社,1999.
[4] 张鲁阳.模具失效与防护.北京:机械工业出版社,1999.
[5] 模具使用技术丛书编委会.模具材料与寿命.北京:机械工业出版社,2000.
[6] 高为国.模具材料.北京:机械工业出版社,2004.
[7] 黄毅宏,李明辉.模具制造工艺.北京:机械工业出版社,1999.
[8] 吴兆祥.模具材料及表面处理.北京:机械工业出版社,2005.
[9] 张铮.模具制造技术.北京:电子工业出版社,2002.
[10] 张荣清.模具制造工艺.北京:高等教育出版社,2006.
[11] 杨善义,甄瑞麟.模具制造工艺学.北京:清华大学出版社,2005.
[12] 胡石玉.模具制造技术.南京:东南大学出版社,1997.
[13] 涂序斌.模具制造技术.北京:北京理工大学出版社,2007.
[14] 吴泊良,梁庆,雷日扬.模具机械加工工艺分析与操作案例.北京:化学工业出版社,2007.
[15] 李奇,朱江峰.模具设计与制造.北京:人民邮电出版社,2006.
[16] 张东民.逆向工程技术及其在模具行业的应用.上海应用技术学院学报,2006,6(2):133~136.
[17] 周瑞强,莫才颂.逆向工程技术及其在模具制造中的应用.茂名学院学报,2007,17(4):15~17.
[18] 洪慎章.快速成型技术是模具加工的创新.机械制造,2004,42(474):54~56.
[19] 王再明,李明喜.快速成型技术在模具工业中的应用.唐山高等专科学校学报,2002,15(1):88~90.
[20] 曹正明,王升科,廖忠兵.高速切削技术在模具制造中的应用.模具制造,2007(4):62~66.
[21] 王娜.模具制造的高速切削加工技术.广西轻工业,2008(4):24~25.
[22] 徐哲.高速切削加工在模具制造中的应用.CAD/CAM 与制造业信息化,2004(11):90~92.
[23] 徐滔.高速切削技术及其在模具加工中的应用.四川职业技术学院学报,2008,18(2):120~121.
[24] 张清辉.模具材料及表面处理.北京:电子工业出版社,2003.
[25] 赵昌盛.国外模具材料的应用与发展.模具制造,2004,(8):65~67.
[26] 牟红霞.模具材料的发展与动向.现代制造技术与装备,2006,173(4):83~84.
[27] 朱福顺,郭胜利,路丽英.模具材料及其发展概况.辽宁省交通高等专科学校学报,

2006,8(1):51～52.

[28] 黄荣学,范洪远.我国模具工业发展概述及展望.机械工程师,2007(5):13～15.

[29] 屈伟平.我国模具制造业发展现状、存在的问题及对策.模具技术,2006(5):59～63.

[30] 邓明,杜丽伟,赵伟霖.现代模具制造技术的现状及其发展.模具制造,2004(5):1～6.

[31] 武兵书.我国的模具材料及其应用技术.机械工人(冷加工),2002(4):16～18.

[32] 赵昌盛,朱邦全.我国模具材料的应用发展.模具制造,2004(11):61～65.

[33] 杨显宏.数控加工编程技术.成都:电子科技大学出版社,2006.

[34] 周雄辉,彭颖红.现代模具设计制造理论与技术.上海:上海交通大学出版社,2000.

[35] 王德文,朱雅年.模具实用技术200例.北京:冶金工业出版社,1990.

[36] 姜祖赓.模具钢.北京:冶金工业出版社,1988.